Einführung

in das

Studium der theoretischen Chemie.

Von

Dr. Adelbert Rössing,
Privatdozent an der Herzogl. Technischen Hochschule Carolo-Wilhelmina
zu Braunschweig.

München und Leipzig.
Druck und Verlag von R. Oldenbourg.
1890.

Vorwort.

Die offenkundige Thatsache, daſs die gröſsere Anzahl unserer heutigen Chemie Studierenden von theoretischen Kenntnissen nur die allerwenigsten besitzen, von der geschichtlichen Entwicklung der Theorien so gut wie nichts wissen, vielmehr erst in späteren Jahren, wenn überhaupt, sich diese Kenntnis aneignen, hat den Verfasser veranlaſst, eine kurze Darstellung der chemischen Theorien nebst ihrer historischen Entwicklung zu geben. In der Erwägung, daſs jener Übelstand nur in dem Mangel eines kurzen Lehrbuches zu suchen sein dürfte, welches dem Lernenden das einschlägige Material in möglichst knapper, verständlicher Form bieten muſs, um ihn zum Studium gröſserer Werke vorzubereiten, wurde das vorliegende Buch vollendet. Dasselbe konnte und durfte nur das Notwendige enthalten, wenn die Erreichung des Zweckes nicht illusorisch werden sollte. Ganz besonders galt es für den ersten, historischen Teil, sich in den bescheidensten Grenzen zu halten, um durch Hervorhebung des Wichtigsten, unter Vernachlässigung des weniger Wichtigen dem Leser in groſsen Zügen ein klares Bild zu entwerfen.

Der Zweck des Buches lieſs es ratsam erscheinen, Citate als überflüssiges Beiwerk möglichst zu umgehen. Daſs für den ersten Teil Kopp's grosses Werk als fast ausschlieſsliche Quelle benutzt wurde, braucht wohl kaum erwähnt zu werden.

Die Anordnung des Stoffes im zweiten Teil, von der anderer Werke nicht unwesentlich verschieden, bezweckt, dem Leser, von dem Begriff des Atoms ausgehend, die Zusammenlagerung zu Molekülen infolge der Verwandtschaft, deren Wesen und Beeinflussung durch Masse, Wärme, Licht und Elektrizität klarzulegen, um dann, nach Entwickelung des Begriffes Valenz, fortschreitend zu der Struktur der entstandenen Moleküle, mit der Ermittelung derselben und der neueren Anschauung über die räumliche Lagerung der Atome innerhalb des Moleküls zu schliefsen.

Braunschweig, im Juni 1890.

Der Verfasser.

Inhalts-Verzeichnis.

I. Teil. Geschichtliche Entwicklung der chemischen Theorien.

II. Teil. Die heutigen Theorien.

I. Teil.

Geschichtliche Entwickelung der chemischen Theorien.

Einleitung.

Bei dem Beginn des Studiums der Chemie drängt sich zunächst die Frage nach der Abstammung und der Bedeutung des Wortes »Chemie« uns auf. Einige wollen dasselbe von dem griechischen *χέω*, d. i. giefsen, flüssigmachen, schmelzen, andere von *χυμός*, d. i. Saft, herleiten, und danach wäre Chymie zu schreiben, wie es allerdings auch eine Zeit lang geschehen ist. Wieder Andere glauben in dem Worte den Namen eines alten Forschers zu erblicken; denn Noah's Sohn Cham sei den Hebräern gleichbedeutend mit Zoroaster, dem Stifter der alten iranischen Glaubenslehre, der als Urheber der Magie angesehen wurde; oder man habe die Wissenschaft schlechtweg mit dem Namen des Landes, in dem sie zuerst betrieben wurde, bezeichnet. Letztere Ansicht scheint einiges für sich zu haben. Denn in den althebräischen Dichtungen finden sich Ausdrücke wie Cham, Chami, Chemi als Bezeichnung für das Land Ägypten. Vergleicht man hiermit eine Stelle in Plutarchs Schrift über Isis und Osiris, worin er sagt: *Τὴν Αἴγυπτον ἐν τοῖς μάλιστα μαλάγγειον οὖσαν, ὥσπερ τὸ μέλαν τοῦ ὀφθαλμοῦ, χημίαν καλοῦσι* (das meist schwarzerdige Ägypten nennen sie wie das Schwarze im Auge, Chemia), so gewinnt die Ansicht sehr an Wahrscheinlichkeit, dafs unsere Wissenschaft, die »schwarze Kunst«[1]), ihren Namen erhalten hat von dem alten Ägypten, dem Lande, wo sie zuerst, oder doch besonders gepflegt wurde, dem Lande der schwarzen Erde. Später wurde wahrscheinlich dem Wort Chemie der arabische

1) So viel wie dunkle, geheimnisvolle Kunst, von dem Schwarzen des Auges als Sinnbild des Geheimnisvollen. Es kann nicht glaublich erscheinen, dafs der Ausdruck »schwarze Kunst« herrühre von ars atracia (v. d. Stadt Atrax in Thessalien), durch Sinnverschiebung in ars atra umgewandelt, weil die Bewohner der Stadt sich mit das Licht scheuenden Künsten abgegeben haben sollen.

Artikel al vorgesetzt, und so findet man durchgängig den Ausdruck Alchemie, nachweislich viel früher als zu der Zeit, wo unter der Herrschaft der Araber in Spanien sich Kunst und Wissenschaft zur schönsten Blüte entfalteten. Das erste Auftreten dieses Wortes finden wir bei einem Schriftsteller aus Kaiser Konstantin des Grofsen Zeit, also im 4. Jahrhundert n. Chr., in einem gewöhnlich Mathesis betitelten Werke des Julius Maternus Firmicus, einer nur in sehr korrumpiertem und lückenhaftem Zustande uns erhaltenen Astrologie, in welcher der Genannte den Einflufs der verschiedenen Stellung der Gestirne bei der Geburt eines Menschen auf dessen Neigungen und Anlagen bespricht. In dieser Astrologie, welche in einer andern Ausgabe Julius Firmicus de nativitatibus betitelt ist, findet sich folgende Stelle: Et si fuerit haec domus Mercurii, dabit astronomiam, si Veneris, cantilenas et laetitiam, si Martis, opus armorum et instrumentorum, si Jovis, divinum cultum scientiamque in lege, si Saturni, scientiam alchemiae, si solis, providentiam in quadrupedibus, si vero Cancri, scientiam dabit omnium, quae ex aqua exeunt. Da sich hier das Wort Alchemie — nach Andern soll in der Handschrift des Firmicus selbst wirklich chemiae gestanden haben — ohne jedwede Erläuterung findet, so ist offenbar, dafs man zu dieser Zeit sich der Bedeutung des Wortes klar bewufst war. Dafs darunter Goldmacherkunst verstanden wäre, ist eine Erklärung, die durch Stellen aus Schriften des Johannes von Antiochien im 7. Jahrhundert und des Suidas am Ende des 10. Jahrhunderts gestützt wird, welche sich des Wortes *χημία* und *χημεία* bedienen zur Bezeichnung der Darstellung von Gold und Silber (*χημεία ἡ τοῦ ἀργύρου καὶ χρυσοῦ κατασκευή*). Beide Schriftsteller erzählen, dafs der Kaiser Diokletian im Jahre 296 n. Chr. nach der Unterdrückung eines Aufstandes der Agypter deren Bücher *περὶ χημείας χρυσοῦ καὶ ἀργύρου* habe verbrennen lassen, offenbar nur, um seine Feinde der Möglichkeit zu berauben, sich auf alchemistischem Wege in den Besitz neuer Geldmittel zu setzen.

Ob das Wort Chemie auch zu Anfang die Bedeutung der Goldmacherkunst gehabt oder nicht, darüber ist viel für und wider gestritten; endgültige Beweise werden sich wohl niemals erbringen lassen.

Ein ägyptischer Schriftsteller, Zosimos, der vielleicht im 3. oder 4. Jahrhundert unserer Zeitrechnung gelebt haben mag, gebraucht ein Wort *χημᾶ* für eine Kunst, welche von höheren Wesen den Menschen gelehrt sein sollte. Diese Sage war weit verbreitet. Auf Abwege gerathene Engel sollten irdischen Frauen zur Erlangung ihrer Liebe das Geheimnis verraten haben, Gold und Edelsteine u. a. m. darzustellen.

Diese Fabel von dem intimen Verkehr überirdischer Wesen mit den Töchtern der Erde hatte die Entstehung einer Sage zur Folge, welche unter andern Geheimnissen auch die Alchemie den Menschen durch höhere Wesen mitgeteilt sein läfst.

Bereits im zweiten Jahrhundert v. Chr. finden wir ähnliches angegeben. Im Buche Henoch (dem Patriarchen Henoch, dem Vater Methusalems, zugeschrieben), wird erwähnt, dafs Engel sich zu den Töchtern der Menschen hingezogen fühlten. Azâzêl, einer derselben, lehrte namentlich die Menschen auch »ihre Kunstwerke: Armspangen und Schmuckwaren und den Gebrauch der Schminke, und die Verschönerung der Augenbrauen, und die kostbarsten und auserlesensten Steine, und alle Farbstoffe, und die Metalle der Erde.«

Wir sehen somit, dafs es unmöglich ist, in diesen, so zu sagen vorgeschichtlichen Zeiten unserer Wissenschaft Sagen und Thatsachen auseinander zu halten, und dafs es einigermafsen berechtigt ist, diese vorgeschichtliche Zeit mit derjenigen, in welcher man sich nur mit der Aufgabe des Goldmachens beschäftigte, als Zeitalter der Alchemie zusammenzufassen; die Geschichte der Chemie dieser Zeiten ist wesentlich eine Geschichte der Alchemie, der Kunst, den Stein der Weisen zu finden, um mit seiner Hilfe alle Metalle in das edelste derselben, in Gold, zu verwandeln.

Die Anfänge in den Bestrebungen des Goldmachens reichen in graue Vorzeit zurück. Moses, der in der Wüste bitteres Wasser in süsses verwandelte, seine Schwester Mirjam (Maria Prophetissa), Johannes der Täufer, Kleopatra, welche eine Perle löste, u. A. sollten jenes Geheimnis besessen haben: sie gehörten zu den Adepten, d. h. den Meistern. Johannes von Antiochien erzählt uns, es gehe eine Sage, nach welcher das goldene Vliefs ein auf Tierhaut geschriebenes Rezept gewesen, wie Gold zu machen sei. Die alten griechischen und römischen Dichtungen wurden in gleichem Sinne interpretiert, und selbst die Gesänge eines Homer waren vor der Gier, in den Besitz solcher Anweisungen zu gelangen, nicht sicher. In welcher höchst ergötzlichen Weise jene ausgelegt wurden, lehrt uns eine Stelle aus Homers Odyssee, wo die Legende vom Liebesabenteuer des Ares mit der Aphrodite geschildert wird, aus der man eine Angabe eines Rezeptes Gold zu machen herauslas. Hephästos schmiedet mit unsichtbaren Fesseln den liebedurstenden Ares mit der Aphrodite zusammen, d. h. in etwas weniger poetischer, aber um so praktischerer Auffassung, mit Feuer ist man im Stande, Eisen und Kupfer wie mit unsichtbaren Banden zu vereinigen. Denn Hephästos oder Vulkan war den Alchemisten das Feuer, Hermes oder Merkur das Quecksilber, Ares oder Mars das Eisen, und Aphrodite oder Venus das Kupfer.

Ob dies Rezept etwas genützt hat, ist uns leider nicht überliefert.

Die erste Kunde von Bestrebungen, Gold auf künstliche Weise zu erlangen, verdanken wir Diodor von Sicilien (um 30 v. Chr.), welcher uns eine Angabe des Agatharchides von Knidos (im 2. Jahrhundert v. Chr.) überliefert hat, nach welcher schon seit undenklichen Zeiten bei den Ägyptern in der Thebais besondere Werke zur Goldgewinnung bestanden hätten. Das Streben nach künstlicher Gewinnung des Goldes mufs als der eigentliche Zweck des chemischen Experimentierens in damaliger Zeit angesehen werden, wenn auch, wie uns von Andern überliefert ist, in Ägypten die Kunst der Farben- und Glasfabrikation und der Herstellung von Arzneimitteln hoch angesehen war. In diesen Bestrebungen lag zu jener wie in späterer Zeit bis zum 14. Jahrhundert keineswegs etwas so Unwissenschaftliches oder gar Betrügerisches. Dafs zu jenen Zeiten, wo besonders in Ägypten und Phönizien, und später auch im Abendlande, die Metallgewinnung in Blüte stand, wo nach der damaligen Auffassung erdige Massen durch Zusatz bestimmter Stoffe, wie der Kohle, in Metall verwandelt wurden, spekulative Köpfe sich mit Versuchen beschäftigten, auf ähnlichem Wege auch das Gold darzustellen, kann uns nicht überraschen, zumal da der teilweise reiche Gehalt der Bergwerke an Gold- und Silbererzen die Möglichkeit einer »Transmutation«, wie man es später nannte, nur bestärken mufste. Es galt eben das Mittel zu finden, welches jene erdigen Substanzen statt in Eisen oder Kupfer, in edles Gold verwandeln könne, und dieses Mittel nannte man später den Stein der Weisen. Ebensowenig kann es Wunder nehmen, dafs man bei diesen experimentellen Versuchen zu höchst wichtigen Entdeckungen gelangte, wenn auch durch Zufall, wie denn Berthold Schwarz, der sonst wahrscheinlich das Pulver nicht erfunden haben würde, die bezügliche Nichtanwendbarkeit des alten Sprichwortes nur seinem Suchen nach dem Stein der Weisen und seinem Kochtopfe zu verdanken hatte, der ihm die Wirkung des darin befindlichen Gebräus in etwas schlagender Weise demonstrierte.

Der Umstand, dafs den Alchemisten bei ihren Arbeiten zuweilen gelbe, goldähnliche Metalllegierungen unter die Hände kamen, trug nicht wenig zur Bekräftigung der Meinung bei, dafs eine künstliche Herstellung des Goldes möglich sei, und das einmal der Natur entrungene Geheimnis wurde wie ein Heiligtum bewahrt, oder, wenn es überhaupt der Öffentlichkeit übergeben wurde, so doch nur in dunkeln Worten als alchemistisches Rätsel der Nachwelt zu Nutz und Frommen überliefert. So ist ein solches bekannt, welches von Friedlieb übersetzt, lautet:

Buchstaben zähle ich neun; viersilbig ich bin: Nun erkenn' mich.
Welche von dreien zuerst, hat zwei der Buchstaben jede;
Und was übrig die andern fafst; aber fünfe sind lautlos.
Aber die Summe der Zahlen enthält Achthunderte zweimal,
Dreimal dreifsig, dazu mit sieben. Und weifst du, wer ich bin,
Dann bist du nicht uneingeweiht in die göttliche Weisheit.

Selbst Männer wie Leibnitz unterzogen sich alles Ernstes der Mühe, eine Lösung solcher Rätsel zu finden; weniger wunderbar ist das bei einem Manne wie Kortüm, dem Verfasser der Jobsiade, welcher seinerzeit das Haupt der hermetischen Gesellschaft war, die, wie vor ihr die Gesellschaft der Rosenkreuzer und Buccinatoren, sich die Aufgabe gestellt hatte, die letzten Reste von Phantasterei und Aberglauben zu erhalten. Dieser Kortüm glaubte in dem Worte ἀμπελῖτις, d. i. so viel wie Erdpech, die richtige Lösung des mitgeteilten Rätsels gefunden zu haben und es mit Theer übersetzen zu müssen. Treffend bemerkt Kopp hierzu, an die Richtigkeit dieser Auflösung möchten diejenigen glauben, »welchen in neuerer Zeit die Verwertung von Produkten aus dem Steinkohlentheer den letzten wirklich als materia prima zur Gewinnung des Steins der Weisen resp. von Reichtümern erscheinen lassen konnte«.

Zu welchen Absurditäten in Betreff der materia prima man gelangte, zeigen mehrfache Beispiele, wo Alchemisten ihre eigenen Exkremente daraufhin untersuchten, worin zwar kein Gold, wohl aber der Phosphor von Brandt im Jahre 1669 entdeckt wurde. Höchst originell ist in dieser Beziehung eine Stelle in Haimos Epistola de lapidibus philosophicis, worin er sagt, man solle, um die materia prima zu erlangen, an das Hinterteil der Welt gehen, da werde man donnern hören und des Windes Brausen vernehmen, Hagel mit Platzregen werde fallen. Da finde man die Sache, so man suche, und sie sei köstlicher für die Alchemisten, als alle Steine der Gebirge.

Die älteste chemische Handschrift, eine Sammlung von Rezepten, von denen bis jetzt nicht viel mehr bekannt ist als die Überschriften, ist ein in griechischer Sprache geschriebenes Papyrusmanuskript, welches zu Leyden aufbewahrt wird. Ein anderes, nur in lateinischer Sprache bekanntes Dokument, dem früher die gröfste Bedeutung beigelegt wurde, ist die sogenannte tabula smaragdina, welche Alexander der Grofse im Grabe des Hermes vorgefunden, nach einer andern

Sage einen Magier Hermes, genannt τρισμέγιστος, der Dreimalgröfste, zum Verfasser haben soll, welcher vielleicht mit einem ägyptischen Priester Hermon aus dem 1. oder 2. Jahrhundert n. Chr. identisch ist, und der, in mystisches Dunkel gehüllt und mit überirdischen Gaben ausgestattet, eine grofse Rolle in alter Zeit gespielt hat. Ebenso ungewifs wie die Abstammung dieser vielleicht höchst genauen Anweisung zum Goldmachen ist es, ob sie ihrem Verfasser selber verständlich gewesen; bis jetzt wenigstens haben sich die klügsten Leute den Kopf darüber zerbrochen.

Genauere Berichte über chemische resp. alchemistische Thätigkeit in ältester Zeit sind uns jedenfalls bei der Zerstörung Alexandrias, des Sammelplatzes und der Bildungsstätte der gröfsten Gelehrten damaliger Zeit, und der Vernichtung der grofsartigen Bibliothek durch die Araber im Jahre 640 verloren gegangen. Erst unter der Herrschaft der Araber in Spanien sollte sich die Alchemie von neuem erheben.

Abu Musa Dschafar al Sofi, gewöhnlich Geber genannt, ein Gelehrter von bedeutendem Wissen, welcher in Sevilla einen grofsen Kreis von Schülern aus allen Ländern um sich versammelte, hat den Alchemisten späterer Zeit als leuchtendes Vorbild gedient. Er war es, welcher, sich stützend auf die bis spät hin gültigen Lehren des Aristoteles über die Natur der Elemente, mit seiner Lehre von der Zusammensetzung der Metalle die Alchemie in vollständig wissenschaftliche Bahnen lenkte. Nach Aristoteles liegt allem Körperlichen ein Urstoff, πρώτη ὕλη, zu Grunde, welcher, an sich unvergänglich, die Möglichkeit zu Allem (Potenzialität) in sich trägt, aber nichts Wirkliches (Aktualität) ist. Dieser Urmaterie kommen vier Grundeigenschaften zu, das Warme, Kalte, Trockene und Feuchte, aus denen durch Vereinigung von je zweien die vier Elemente entstehen, aus dem Warmen und Feuchten die Luft, aus dem Warmen und Trockenen das Feuer, aus dem Kalten und Trockenen die Erde, aus dem Kalten und Feuchten das Wasser. Da diese Elemente nicht dem Prinzip nach von einander verschieden, sondern gewissermafsen nur allotropische Modifikationen der πρώτη ὕλη sind, so mufs unter geeigneten Bedingungen aus dem einen das andere entstehen können Auf dieser Grundlage basierte die naturwissenschaftliche Anschauung der früheren Jahrhunderte bis in späte Zeit. So glaubte Plinius, dafs die Luft sich zu Wasser umbilden könne in Gestalt der Wolken, und das Wasser durch Verdunstung wieder in Luft. Ebenso zweifellos war ihm der Bergkrystall durch starke Kälte erstarrtes Wasser, welches die einmal angenommene Eigenschaft ohne Weiteres nicht verliert.

Von dieser Ansicht ging auch Geber bei der Aufstellung seiner Theorie über die Zusammensetzung der Metalle [1]) aus. Dieselben konnten danach keine einfachen Körper sein, wie die vier Grundelemente, sondern mufsten durch Wechsel gewisser Eigenschaften, d. h. durch Zuführung oder Wegnahme irgend eines Grundelements, in einander übergeführt werden können. Nur in einer Hinsicht wich Geber von der aristotelischen Lehre ab, als er besondere Stoffe zum ersten Male als vorzügliche Träger dieser Eigenschaften annahm, den Schwefel (das Farbige) und das Quecksilber (das unzersetzt Flüchtige), welche jedoch nicht im engern chemischen Sinne, sondern nur als hypothetische Grundstoffe galten. Aus beiden sind die Metalle zusammengesetzt, eine Ansicht, welcher sich auch Albertus Magnus, Roger Baco, Raimundus Lullus und Arnoldus Villanovus, und mit ihnen eine Reihe der späteren Alchemisten anschlossen, während Basilius Valentinus noch das (feuerbeständige) Salz hinzufügte.

Wenn wir gleich Geber das Verdienst zuerkennen müssen, die Chemie für seine Zeit am wissenschaftlichsten behandelt zu haben, so dürfen wir doch andererseits nicht übersehen, dafs durch seine, obwohl indirekte, Schuld ein Moment in die Wissenschaft eingeführt ist, welches dieselbe zum Theil wieder auf Irrwege führen mufste, nämlich die Belegung eines Allheilmittels mit einem Namen, welchen seine Zeitgenossen einer Substanz gaben, die alle Körper in Gold verwandeln sollte, einer Ansicht, der Geber feindlich gegenüberstand. Man darf sich nicht wundern, dafs ein so unklarer Begriff, wie er mit dieser Substanz immerhin verbunden wurde, leicht zu der Annahme führen mufste, dafs das Magisterium, wie man sie nannte, beide Eigenschaften in sich vereinige.

Von dieser Zeit an datiert der Glaube an die Wunder wirkende, ewiges Leben gebende Kraft des Steins der Weisen, und als zwei holländische Ärzte, Isaak und Johann Hollandus, ein alle Krankheiten beseitigendes Mittel angaben, wurde, ihrer Ansicht entgegen, das »Goldpulver« zugleich als ewig verjüngendes Medikament gepriesen.

Aufserdem aber trug die bilderreiche Sprache Gebers und der damaligen Alchemisten überhaupt wesentlich zu der allgemeinen Verwirrung bei. Welche Narrheiten in späterer Zeit angestellt wurden, beweisen die Überschriften einiger alchemistischer Werke, wie »Hauptschlüssel zu dem eröffneten, philosophischen Vaterherz«,

1) Der Name stammt nach Plinius von μετ' ἄλλα, daran erinnernd, dafs im Innern der Erde Metalladern und -Gänge jedesmal zu mehreren, hintereinander, aufgedeckt werden.

oder »philosophische Jägerlust und Nymphenfang«. Dafs die in alchemistischen Schriften mehrfach vorkommende Angabe, man solle bei irgendeiner Operation so und so viel Vaterunser beten, lediglich dazu gedient haben solle, die Zeitdauer anzugeben, ist nicht unbestreitbar; denn zu welchen Überspanntheiten z. B. Leute wie Basilius Valentinus gelangen konnten, geht aus dessen Schriften hervor, in denen er überall die Beschäftigung mit der Alchemie als eine Ausübung der Religion, und die Erreichung des Zieles, die Darstellung des Steins der Weisen, als eine göttliche Belohnung für reinen Lebenswandel und gottergebenes Wesen ansieht. Aus diesem Grunde war es auch sündhaft, das entdeckte oder vielmehr von Gott geoffenbarte Geheimnis anderen mitzuteilen.

Es war nichts natürlicher, als dafs Leute, welche auf alchemistischem Wege Gold nicht erlangen konnten, allein schon, um ihren Ruf zu retten, Gold ähnliche Substanzen für solches ausgaben. Eine notwendige Folge dieser Charlatanerie war die Sucht hochgestellter Personen, solche Goldmacher in ihren Dienst zu bringen, um, selbst Betrüger oder Betrogene, ihrem Geldbeutel die oft so notwendige Füllung angedeihen lassen zu können. Nur wenige besassen die geistige und moralische Fähigkeit, solche Adepten, d. h. Leute, welche von den Alchemisten für Kenner des grofsen Geheimnisses von der Darstellung des Steins der Weisen gehalten wurden, einfach abzutrumpfen, wie Papst Leo X., welcher jenem Augurelli einen leeren Geldbeutel schenkte, mit der Aufserung, dessen Füllung werde er selber doch wohl am besten bewerkstelligen können.

Dafs den Alchemisten in dieser Zeit von Seite ihrer Gönner gewöhnlich nichts Gutes blühte, mochten sie nun offen ihre Unfähigkeit gestehen, oder des wissentlichen Betruges überführt werden, lehrt u. a. ein Fall, welcher in Wolfenbüttel sich ereignete, wo Herzog Julius im Jahre 1575 eine Alchimistin, im Volksmunde Schlüter-Lieschen genannt, in einem eisernen Stuhle verbrennen liefs, der am Schlofs zu Wolfenbüttel noch lange öffentlich ausgestellt war zu Nutz und Frommen solcher Leute, welche sich erdreisten wollten, ihrem Herrn und Gebieter mit falschem Gold unter die Augen zu gehen. Aber selbst zu Anfang dieses Jahrhunderts noch haben Leute, wie der herzoglich braunschweigische Hofrat und Professor Beireis, »der Zauberer von Helmstedt«, der mit seinem Charlatanismus allerdings ein höchst gediegenes Wissen verband, sich gerne den Anschein gegeben, dafs sie Gold zu machen im Stande seien, ohne jedoch weiteren Nutzen daraus zu schlagen, als sich in den Geruch eines aufsergewöhnlichen Menschen zu setzen.

Wie fürstliche Personen ihrem Geldsäckel aufzuhelfen verstanden, erhellt aus der Handlungsweise König Karls VII. von Frankreich, welcher einfach falsches Geld in Umlauf setzte, wozu er in seinem Finanzminister Le Cor ein williges Werkzeug fand; Barbara von Cilli, die zweite Frau des Kaisers Sigismund, verstand aus Kupfer und Arsenik eine silberweifse Masse darzustellen, welche sie als ächtes Silber verkaufte; denn das kaiserliche Haus stak, wie bekannt, in jämmerlicher Geldnot.

Während so die Chemie nach einer Richtung versumpfte, gewann sie nach einer anderen hin Bedeutung durch die Leistungen eines Mannes, welchem die Heilkunde als eine angewandte Chemie (Chemiatrie, Iatrochemie) erschien, und der die Krankheitserscheinungen im menschlichen Körper als eine Störung des Gleichgewichts der drei Grundbestandteile aller Körper, des Sulphur, Mercurius und Sal, betrachtete. Theophrastus Paracelsus steht mit dieser seiner Anschauung in Betreff der Zusammensetzung in dieser Zeit nur noch vereinzelt da. Kein Wort der Erwähnung dessen findet sich bei seinem Amts- und Zeitgenossen Agricola, der besonders in der Metallurgie und Hüttenkunde Hervorragendes geleistet, sich aber der ganzen von Paracelsus angebahnten Richtung ferngehalten hat Das Zeitalter der Iatrochemie hat eine Reihe bedeutender Männer, wie Libavius, eigentlich Libau, Angelus Sala, ganz besonders van Helmont, aufzuweisen, und es ist gerade das hauptsächlichste Verdienst des Paracelsus, die Chemie den Händen von Pfuschern, wie es die Alchemisten zu seiner Zeit waren, entrissen und ihr tüchtige, gebildete Männer zugeführt zu haben. Dafs auch bei diesen, ausschliefslich dem ärztlichen Stande angehörenden Personen ein gewisser Aberglaube noch herrschte, kann uns ja nicht wundernehmen, und geht aus einer Ansicht des bedeutendsten Mannes dieser Zeit, van Helmonts, hervor, welcher wirklich die Metallveredelung, die Transmutation, wie man sie nannte, noch für möglich hielt, und, abgesehen von dem Glauben an sein Allheilmittel »Alkahest«, der Meinung war, aus einem schmutzigen Hemde mit Weizenmehl gingen Mäuse hervor. Aber dieser van Helmont war es auch, welcher zuerst gegen die Lehren des Aristoteles und Paracelsus Widerspruch erhob. Er sprach sich entschieden gegen die Ansicht aus, dafs bei der Verbrennung die drei Bestandteile aller Körper, wie sie bei Paracelsus galten, zum Vorschein kämen, dafs im Gegenteil bei der Mannigfaltigkeit der Verbrennungsprodukte von einer genauen Erkennung der Grundbestandteile nicht die Rede sein könne, ebensowenig wie die Ansicht des Aristoteles gerechtfertigt erschiene, welcher Feuer als Materie, in gleicher Weise die Erde als Element angesehen wissen wolle. Da van Helmont die Berechtigung dieser Ansicht, dafs Erde, von der doch so viele Arten existierten, als Element anzusehen wäre, bestritt, ist es um so mehr zu verwundern, dafs er der Luft diese Bezeichnung liefs, wo er doch als der erste die Existenz verschiedener Luftarten, wie das gas sylvestre (Kohlensäure), gas pingue wohl kannte und dieselben wohl unterschied.

Das ist in kurzem die Geschichte des Zeitalters der alchemistischen und medizinisch-chemischen Bestrebungen. Wir haben gesehen, wie ein Mann von hochragender Bedeutung, Geber, die Erfahrungen vergangener Zeiten zu einem Ganzen zu vereinigen suchte und der Chemie die erste Theorie gab; wir haben gesehen, wie mehr und mehr unwissende Leute und Charlatane seine Erbschaft antraten, welche mit dem Pfunde nicht zu wuchern verstanden, wie die Alchemie der späteren Zeit schliefslich als stinkender Pfuhl giftigen Pesthauch um sich verbreitete, welcher alles wissenschaftliche Streben zu ersticken drohte, wie in Paracelsus der Wissenschaft ein Mann erstand, welcher, wenn auch aus anderen Prinzipien, die chemische Forschung wieder in wissenschaftliche Bahnen lenkte und sie vor vollständigem Untergange bewahrte. Ihr, die in fremdem Dienst ihr Dasein gefristet, sollte durch eines englischen Forschers, Boyles, Verdienst eine neue Zukunft erblühen, welche mit den unsterblichen Arbeiten Lavoisiers in ungeahntem Glanze anbrach.

Kapitel 1.

Begründung einer rein wissenschaftlichen Richtung, Bekämpfung der aristotelischen Lehre von den Elementen durch Boyle. Hooke, Mayow.

Was Roger Baco dunkel geahnt, was van Helmont unklar ausgesprochen hatte, sollte durch Boyles geistvolle Interpretation die Basis der heutigen Wissenschaft werden. Robert Boyle, 1627 in Irland als siebenter Sohn des Grafen von Cork geboren, erhielt, anfangs für den geistlichen Stand bestimmt, erst zu Windsor im Eaton-College, dann in Genf seinen Unterricht. Nach mehrjährigen Reisen durch Frankreich und Italien kehrte er in seine Heimat zurück, wo er seine Vermögensverhältnisse infolge von Unruhen so zerrüttet vorfand, dafs er anfangs in stillster Zurückgezogenheit leben mufste, bis er, wieder in günstigeren Verhältnissen, in Oxford sich dem Studium der Naturwissenschaften widmen konnte, denen er von jeher zugeneigt war. Seit 1668 lebte er in London, wo er als Präsident der Royal Society in hohem Ansehen stand, wo im Jahre 1691 seinem ganz der Wissenschaft gewidmeten Leben der Tod ein Ende machte. Seine Erziehung hatte seinem Geist den Stempel einer tiefreligiösen Denkungsart aufgedrückt. Seine Zweifel, durch die Widersprüche der christlichen Lehre mit der Wissenschaft erzeugt, suchte er durch eifriges Studium der Quellen christlicher Glaubenslehre zu beseitigen und seinem schwankenden Glauben wieder festen Halt zu geben. Schriften religiösen Inhalts und milde Stiftungen zeugen für sein gottergebenes Wesen.

Nicht die Sucht nach materiellem Erfolg, sondern reine Liebe zur Wissenschaft war die Führerin bei seinen wissenschaftlichen Arbeiten, und offener Kampf gegen alle Andersdenkenden war seine Parole. Das ist Boyles unermeſsliches Verdienst, die Wissenschaft um ihrer selbst willen, nicht im Dienste der Technik, des Goldmachens, der Medizin, betrieben wissen zu wollen. Und was diesem seinem Verdienst die Krone aufsetzt, ist der entschiedene Kampf gegen die Lehre des Aristoteles von den Elementen, womit er der Wissenschaft die solide Grundlage gab, auf der sie weiter entwickelt wurde, und, wenn auch nicht ohne Kampf, heutigen Tages als stolzer Bau festgefügt steht.

Im Chemista scepticus, der im Jahre 1661 erschien, verwirft Boyle zuerst die aristotelische Lehre. Ein Urstoff ist es allerdings, aus dem alle Körper hervorgehen; aber die so mannigfache Verschiedenheit derselben ist Ausfluſs der Eigenschaften seiner kleinsten Teilchen; ihre verschiedene Form und ihre Gröſse nicht minder wie ihre Bewegung oder Ruhe und ihre gegenseitige Lage beeinflussen die Verschiedenheit der Körper. Diese kleinsten Teilchen sind die Komponenten von äuſserst schwer zersetzbaren Substanzen, welche Verbindungen eingehen und aus denselben abgeschieden werden können, ohne eine Veränderung zu erleiden, d. h. also Substanzen, welche die Chemie als Elemente anzusehen hat. Damit wurde Boyle der Begründer unserer heutigen Ansicht über die einfachen Körper.

Ob unsere jetzigen Elemente wirklich die durch die Verschiedenartigkeit ihrer kleinsten Teilchen unterschiedenen, aber einheitlichen Modifikationen des einen Urstoffs oder noch zusammengesetzte Körper im wahren Sinne des Wortes sind, d. h. aus mehreren solcher Elemente bestehen, darüber lassen sich jetzt nur Vermutungen aussprechen. Daſs in diesem Falle auch für das Gold z. B., welches uns noch als Element gilt, als Element nur deshalb, weil seine Zerlegung uns bis heute noch nicht geglückt ist, eine Zeit kommen würde, in der selbige und damit auch seine Zusammensetzung, also Darstellung, die Tendenz der alchemistischen Bestrebungen, gelingen müfste, unterliegt kaum einem Zweifel. Das wäre ein weiterer Beweis, wie der menschliche Geist sich allzu frühzeitig mit Problemen beschäftigt, deren Lösung erst nach Jahrhunderten durch allmähliche Erweiterung der wissenschaftlichen Erkenntnis erwartet werden darf.

Die chemische Vereinigung zweier Körper besteht nach Boyle in der Anziehung der kleinsten Teilchen, der Corpuscula, der einzelnen Bestandteile, und die Zerlegung andererseits darin, dafs der eine dieser Bestandteile zu einem dritten eine gröfsere Anziehung, eine gröfsere Verwandtschaft besitzt als zu dem, mit welchem er verbunden war. Die lange herrschend gewesene und namentlich von Paracelsus bekräftigte Ansicht, durch die Anwendung von Hitze, von Feuer, liefsen sich die Grundbestandteile der Körper sicher erkennen, hatte in Boyle den heftigsten Gegner. Denn er wufste, dafs einerseits die Gewichtsvermehrung einer Substanz durch Bildung einer Verbindung bedingt ist, und dafs andererseits bei der Verbrennung eine solche Gewichtsvermehrung, also Vereinigung, stattfindet, wenn er sich auch keine klare Vorstellung von dem Wesen dieser die Erhöhung des Gewichts bedingenden Substanz geben konnte, obwohl er sich mit der Untersuchung der Luft und ihrer Veränderung namentlich durch den Verbrennungs- und Atmungsprozefs lebhaft beschäftigt hatte. Es war die fast alle Naturforscher charakterisierende konservative Richtung, das Festhalten an einmal gefafster Ansicht, welches ihn den Grund der Gewichtszunahme, z. B. bei der Verkalkung der Metalle beim Erhitzen an der Luft, in dem Eindringen von Feuermaterie, »Feuerteilchen«, in den ursprünglichen Körper sehen liefs und ihn mit dieser alten Meinung ohne weiteres zu brechen verhinderte.

Es standen diese Arbeiten im Zusammenhang mit seinen physikalischen Untersuchungen, unter denen ganz besonders die Auffindung des nach ihm benannten Gesetzes von der gleichen Ausdehnung aller Gase bei gleichem Druck Erwähnung verdient. Von der Schwesterwissenschaft, der Physik, die damals schon eine bei weitem gröfsere Ausbildung genossen hatte, glaubte Boyle der Chemie den gröfsten Nutzen versprechen zu können. Wir wissen, mit wie grofsem Recht, ganz abgesehen von der viel würdigeren Auffassung, als sie nur Sklavin der Goldmacherei oder der Heilkunde sein zu lassen.

Man mufs sich vergegenwärtigen, welchen Bestrebungen und Anschauungen die Chemiker, oder besser gesagt, die Alchemisten, vor Boyle gehuldigt hatten, um zu erkennen, welchen Riesenschritt die Chemie an seiner Hand gemacht hat. Durch ihn ist sie erst zur Wissenschaft geworden. Mag er auch in mehrfachen Täuschungen befangen gewesen sein, mag er manches unbeachtet gelassen haben, sicher ist eines: wir haben der Feinheit seiner Experimente ebensowohl wie der Scharfsinnigkeit seines Geistes die unbedingteste Hochachtung zu zollen.

Vorderhand waren es nur einige wenige Forscher, welche Boyles Erbschaft antraten.

Die aus seiner Beobachtung, dafs in gleicher Weise, wie die atmosphärische Luft, der Salpeter die Verbrennung zu unterhalten im stande ist, gefolgerte Ansicht Hookes, dafs der Salpeter eben den wirksamen Bestandteil der Luft in sich enthielte, wurde von B. Mayow adoptiert und weiter ausgeführt. In seiner im Jahre 1669 erschienenen Abhandlung »de Sale Nitro et Spiritu Nitro-aero« wies er nach, dafs der Salpeter beim Erhitzen ein eigentümliches Gas entläfst, welches eben die Eigenschaft besitzt, die Verbrennung zu unterhalten wie gewöhnliche Luft. Dieser Spiritus Nitro-aereus sei derjenige Bestandteil der Luft, welcher die Gewichtszunahme bei der Verkalkung der Metalle bewirke. Dafs die atmosphärische Luft wirklich einen ihrer Bestandteile bei der Verbrennung abgiebt, zeigte er zuerst dadurch, dafs er Körper in durch Wasser abgesperrter Luft verbrannte; und dieses führte ihn zu der Behauptung, die beobachtete Volumverminderung der Luft könne nur in der Absorption eines ihrer Bestandteile ihre Veranlassung haben. Da ein ganz gleicher Vorgang bei der Atmung eintritt, schlofs er, dafs bei beiden Erscheinungen, Verbrennung sowohl wie Atmung, eine Absorption eines und desselben gasförmigen Körpers stattfinden müsse, des Spiritus Nitro-aereus, welchem er nun auch den Namen Spiritus vitalis, Lebensluft, gab.

Diese Thatsachen werden von denjenigen verkannt, welche Lavoisier als den Entdecker der thätigen Anteilnahme der Luft bei der Verbrennung preisen. Lavoisiers unsterbliches Verdienst ist die grandiose Experimentierkunst, die quantitative Forschung, und die Energie, mit welcher er das als richtig Erkannte als unumstöfsliche Wahrheit überzeugend zu machen verstand.

Kapitel 2.

Die Begründung der Phlogistontheorie durch Becher und Stahl. Hofmanns, Boerhaves und Buffons Anteil an der Bekämpfung derselben. Macquer. Boyles und Lemerys Annahme einer wägbaren Feuermaterie. Kunkels Ansicht. Cavendish. Kirwan. Priestley. Scheele. Bergmanns Versuche zur Bestimmung des Phlogistons. Black.

Es mufs uns wunder nehmen, dafs Boyles und Mayows grofsen und klaren Ideen vorderhand keine Beachtnng geschenkt wurde, dafs die Bedeutung quantitativer Forschung, deren Wert erstere scharfsinnig erkannt hatten, und welche von Black experimentell durch Anwendung der Wage bethätigt wurde, nicht genügende Würdigung fand. Und trotz alledem dürfen wir die Aufstellung der Phlogistontheorie nicht als einen Rückschritt bezeichnen; wenn man auch von der Untersuchung der Gewichtsverhältnisse Abstand nahm — die Wissenschaft war noch nicht reif dafür — und nur die Qualität berücksichtigte, so hatte doch die neue Theorie das unbestreitbare Verdienst, eine grofse Menge bekannter Thatsachen unter einem einheitlichen Gesichtspunkte zusammenzufassen, was bislang noch nicht erreicht war.

Sie war die eigentliche erste umfassendere Theorie; die Chemie war endlich in eine Bahn gelenkt, von der sie nicht mehr entweichen konnte, der wissenschaftliche Fortbau war ihr für alle Zeiten gesichert. Mögen wir auch heutzutage die phlogistische Theorie als irrtümlich bezeichnen, welchen Wert sie besafs, geht zur Genüge daraus hervor, dafs alle denkenden Geister der damaligen Zeit, alle Autoritäten unserer Wissenschaft zu ihrer Fahne schworen.

Ihr Nutzen ist unbestreitbar; sie war der Anlafs, dafs, als ihre Mängel mehr und mehr hervortraten, eine neue Theorie Boden gewinnen konnte. Und wissenschaftlicher Fortschritt ist nur da möglich, wo bestehende Ansichten durch emsiges Forschen weiter ausgebildet werden, bis auch sie dem Schicksal anheimfallen, wo ihre Ruinen einer anderen, neuen Idee das Leben geben können.

Als Aufgabe der Chemie betrachtete man jetzt die Aufklärung über die Zusammensetzung und Zerlegung der Körper. Dafs alle Körper aus sogenannten chemischen Elementen beständen, galt als unbestrittene Thatsache; aber man hatte sich doch insoferne von alten Anschauungen noch nicht losgesagt, als man Schwefel, Quecksilber und Salz als Grundbestandteile ansah, jenen als das Prinzip der Verbrennlichkeit, diese als das der Flüchtigkeit und Beständigkeit. Die paracelsianische Anschauung, dafs durch Anwendung des Feuers alle brennbaren Körper in ihre Bestandteile zerlegt werden sollten, war viel zu bequem, als dafs man sie so ohne weiteres hätte über

Bord werfen mögen, obgleich Boyle die Unzulänglichkeit dieser Methode hinreichend dargethan hatte. Die Verbrennung galt eben allgemein als das sicherste Mittel, auf einfachstem Wege die Bestandteile zu erkennen; und hierauf gründete sich die Theorie, welche, bei Becher angedeutet, von Stahl zur grundlegenden erhoben wurde.

Nach ersterem sind die Grundbestandteile aller anorganischen, oder, wie er sie nennt, unterirdischen Körper die brennbare (terra pinguis), merkurialische und die feuerbeständige Erde, von denen mindestens zwei in wechselndem Verhältnisse die Existenz aller zusammengesetzten Körper bedingen. Wenn Metalle unter Luftzutritt erhitzt werden, so entweicht das brennbare Prinzip, und die unverbrennliche Erde, in diesem Falle ein Metallkalk, der »Leichnam« des Metalls nach Paracelsus im Gegensatz zu der »Seele«, bleibt zurück. Es bestehen daher alle Metalle aus zwei Grundstoffen, dem verbrennlichen und dem feuerbeständigen, und deshalb kann die Eigenschaft, zu verbrennen, nur zusammengesetzten Körpern zukommen. Diese Beobachtung war nicht neu, Plato, Plinius, Geber, Albertus Magnus hatten ähnliche Ansichten aufgestellt. Aber schwerlich würde Bechers Theorie in ihrer oberflächlichen und teilweise unklaren Fassung grofsen Einflufs gewonnen haben, wenn ihr nicht ein Mann, der unter den gröfsten seiner Zeit genannt zu werden verdient, Georg Ernst Stahl, durch präzise und umfassende Deutung allgemeine Geltung zu verschaffen gewufst hätte. Und dieses Verdienst müssen wir ihm zuerkennen trotz der Bescheidenheit, mit welcher er nur Bechers Ansicht zu erklären vorgab.

In Bechers »Physica subterranea«, welche im Jahre 1702 von ihm neu bearbeitet erschien, erläuterte er des weiteren seine Anschauung über die Verbrennung. Alle Metalle sind zusammengesetzte Körper, bestehend aus Metallkalk und einer brennbaren Substanz, welche unter geeigneten Bedingungen zur Verflüchtigung gebracht werden kann. Aber diese flüchtige Substanz, die terra pinguis Bechers, ist nicht Feuermaterie, sondern nur das Prinzip, »quod solo citatissimo motu ignis fiat«. Diese Substanz, von ihm Phlogiston (φλογιστός, brennbar) genannt, ist die Ursache der Verbrennlichkeit aller Körper: »Es ist vor die Augen zu legen, dafs sowohl in dem Fett, da man die Schuhe mit schmieret, als in dem Schwefel aus den Bergwerken und allen verbrennlichen halben und ganzen Metallen in der That einerlei und eben dasselbige Wesen sei, was die Verbrennlichkeit eigentlichst giebt und machet«. Das bei der Verbrennung auftretende und in die Luft entweichende Phlogiston wird aus dieser von den Pflanzen aufgenommen und geht aus den vegetabilischen Stoffen in die animalischen über. Körper, welche Phlogiston in grofser Menge enthalten, wie die Kohle, geben leicht ihren Gehalt an phlogistonlose ab; so nehmen Metallkalke, mit Kohle geglüht, aus letzterer Phlogiston auf und gehen wieder in regulinische Metalle zurück.

Was man sich eigentlich unter diesem Phlogiston für einen Körper vorzustellen habe, darüber äufsert sich Stahl nur sehr vorsichtig; er sagt zwar, dafs man durch Verbrennen des Terpentinöls das Phlogiston in verhältnismäfsig reinem Zustande als Rufs erhalten könne, verwahrt sich aber dagegen, dafs dieser Rufs nun wirklich reines Phlogiston sei, und ebensowenig bestimmt äufsert er sich über die Möglichkeit einer Darstellung überhaupt, wenn er auch nicht in Abrede stellt, dafs es etwas Körperliches sei.

Aus vorgenannten Äufserungen hat man schliefsen wollen, Stahl habe doch wohl die Identität des Phlogiston mit dem Kohlenstoff für wahrscheinlich gehalten, eine Ansicht, welche nur mit grofser Vorsicht aufzunehmen ist, obwohl Stahl u. a. behauptet, dafs das Phlogiston zur Bildung organischer Substanz wesentlichste Bedingung sei und solchen Körpern nie fehle.

Das Eigentümliche des chemischen Experimentierens damaliger Zeit, wobei alle auf quantitative Untersuchung abzielenden Versuche für unnötig erachtet wurden, erhellt aus einem Versuche Stahls, in dem er einen Stützpunkt für seine Ansicht zu haben glaubte. Dafs beim Verbrennen des Schwefels mit Salpeter Schwefelsäure entstehen könne, war eine bekannte Thatsache, der Theorie gemäfs die Zerlegung des Schwefels in Phlogiston und Säure. Hieraus schlofs Stahl, dafs umgekehrt durch Zuführung von Phlogiston die Schwefelsäure in Schwefel sich überführen lassen müsse, und er fand die Bestätigung, indem er Schwefelsäure, zur Erlangung einer gröfseren Beständigkeit mit kaustischem Kali verbunden, mit Kohle erhitzte. Das Resultat war eine Schwefelleber, ganz identisch mit einer aus Schwefel und Kali durch Schmelzung erhaltenen, aus der er durch Säuren freien Schwefel ausscheiden konnte, das Produkt der Phlogistisierung der Schwefelsäure durch Kohle.

Wir wissen jetzt, dafs diese Ansicht grundfalsch ist, dafs aus den Metallkalken die Kohle durch Entziehung des Sauerstoffs Metalle hervorgehen läfst, dafs nicht die Schwefelsäure ein Bestandteil des Schwefels ist, sondern umgekehrt jene aus diesem durch Oxydation hervorgeht. Aber wir dürfen Stahls grofses Verdienst nicht übersehen, zum erstenmale die gleiche Beziehung der Metallkalke zu den Metallen wie die der Schwefelsäure zum Schwefel richtig erkannt, mit der Phlogistontheorie zum erstenmale die wichtigsten

Erscheinungen der Chemie genügend und von einem einheitlichen Gesichtspunkt aus zusammengefaſst, der späteren Entwicklung der Chemie wesentlich vorgearbeitet zu haben. Und daſs diese Theorie ein groſses Bedürfnis befriedigte, daſs sie einen klaren Blick über das ganze chemische Wissen gewährte, lehrt uns die hohe Anerkennung, welche ihr von den Autoritäten der damaligen Zeit gezollt, und die Hartnäckigkeit, mit welcher sie gegen alle Angriffe verteidigt wurde.

An solchen fehlte es ihr nicht. Aber nicht besser als Boyles, Hookes und Mayows Bestrebungen sollte es denen einer Reihe anderer Forscher ergehen, unter welchen besonders Hofmann, Boerhave und Buffon der Erwähnung verdienen. Während ersterer zum Teil mit Stahls Lehre übereinstimmende Ansichten hatte, auf der anderen Seite jedoch die Anschauung verwarf, daſs die Verkalkung der Metalle auf einem Verluste eines ihrer Bestandteile beruhe, dieselbe vielmehr auf die Verbindung mit Schwefelsäure [1]) zurückführte, schrieb Boerhave die Erscheinung der Verkalkung dem Gehalt der Luft an gewissen salzigen und schwefligen Bestandteilen zu. Buffon ging so weit, daſs er die Existenz des Phlogistons mehr in den Köpfen der Anhänger der Stahl'schen Lehre als in der Natur annahm, wobei er sich eine schroffe Zurechtweisung von Seiten Macquers, des bedeutendsten Vertreters der Phlogistontheorie in Frankreich, gefallen lassen muſste.

Der alleinige Grund, weshalb alle die genannten Forscher in der Bekämpfung der Theorie keinen Erfolg zu verzeichnen hatten, lag einzig und allein in der Überlegenheit Stahls, mit welcher er seiner Theorie allgemeinste Anerkennung zu verschaffen wuſste, und in ihrer eigenen Zerfahrenheit, welche sie manches in phlogistischem, anderes wieder in entgegengesetztem Sinne deuten lieſs.

Aber für Boyles groſse Idee der quantitativen Forschung sollte doch nun bald die Stunde der Anerkennung schlagen, welche auch die richtige Würdigung der Ansichten der übrigen Chemiker herbeiführen muſste. Die Thatsache, daſs bei der Verkalkung der Metalle in jedem Falle, anstatt, wie man nach Stahls Hypothese erwarten muſste, Gewichtsverminderung, eine Gewichtsvermehrung eintrat, lieſs sich nicht länger hinwegleugnen, obwohl Männer wie Boyle selbst und Lemery diese Erscheinung dahin zu deuten versucht hatten, daſs eine wägbare Feuermaterie bei der Verbrennung von den Metallkalken zurückgehalten werde. Bei Boyle muſs diese Anschauung um so mehr befremden, als er sonst in ungemein

1) Da beim Rosten der schwefelhaltigen Erze ein Metallkalk zurückbleibt der Schwefelsäure enthält.

scharfsinniger Weise die Berechtigung der aristotelischen Elemente bestritt, auf deren Annahme der Glaube an die Existenz einer ponderablen Feuersubstanz doch beruhte, und da schon vor ihm van Helmont richtig erkannt hatte, daſs die Feuererscheinung nur in dem Glühendsein eines durch die Hitze entwickelten Gases bestehe. Dieser Ansicht huldigte auch Newton, während Kunkel sich eine nicht zu entschuldigende Begriffsverwirrung zu Schulden kommen lieſs, indem er erklärte, die Erscheinung der Gewichtszunahme habe ihren Grund in dem Bestreben der Luft, den durch einen Körper erfüllten Raum ihrerseits auszufüllen und den Körper somit schwerer zu machen, eine Erscheinung, welche in evidenter Weise zur Anschauung gebracht werden könne, sobald man einen Körper unter Wasser wäge und ihn dadurch dem Einfluſs der umgebenden Luft entziehe.

Als Kuriosum möge Boerhaves Ansicht über die Entstehung der Flamme hier einen Platz finden. Darnach ist sie die Folge einer mechanischen Thätigkeit der Luft, welche auf den brennenden Körper wie ein Hammer auf einen Amboſs wirkte, die Partikelchen in heftige Bewegung bringe, wodurch Feuererscheinung stattfinden müsse, und zwar so lange, bis alles Brennbare zerstört sei.

Es war eine Ironie des Schicksals, daſs gerade diejenigen, welche die Phlogistontheorie nach Möglichkeit zu stützen sich bestrebten, durch ihre Untersuchungen das Material lieferten, welches zum Sturz derselben wesentlich beitragen sollte. Gegen ihren Willen haben Cavendish, Priestley und Scheele, welche unermüdlich im Dienst der Wissenschaft thätig waren, sich aber von der einmal gefaſsten Meinung nicht lossagen konnten und alles demgemäſs im Sinne der phlogistischen Theorie zu erklären suchten, einer neuen Theorie zum Siege verholfen.

Als Cavendish im Jahre 1766 das schon von Paracelsus dargestellte Wasserstoffgas als eine eigentümliche Luftart erkannte, seine Darstellung und Eigenschaften lehrte, war mit ihm die chemische Welt nur allzusehr geneigt, dasselbe als reines Phlogiston anzusehen. Was war auch natürlicher? Sobald Metalle, d. h. Verbindungen von Metallkalk und Phlogiston, mit verdünnter Schwefelsäure in Berührung kommen, geht letztere mit dem Metallkalk eine Verbindung ein, das Phlogiston muſs entweichen. Wird demselben jedoch die Gelegenheit gegeben, auf die Schwefelsäure einzuwirken, indem man dieselbe in konzentriertem Zustande anwendet, so wird es sich mit dieser vereinigen, die auftretende schweflige Säure ist phlogistisierte Schwefelsäure im Sinne Stahls. In gleichem Sinn wirkt der Phlogiston-Wasserstoff auf Salpetersäure; mit den Metallkalken verbindet sich dieselbe unter Abscheidung von Phlogiston, welches seinerseits einen anderen Teil der Säure phlogistisiert, salpetrige Säure erzeugt.

Auf der anderen Seite ist der Wasserstoff im stande, Metallkalke in Metalle überzuführen, indem er sich mit jenen verbindet.

Einen weiteren Stützpunkt für diese Ansicht, welche besonders auch Kirwan vertrat, glaubte man gefunden zu haben, als im Jahre 1774 Priestley und fast zu gleicher Zeit, unabhängig von ihm, Scheele den Sauerstoff entdeckten, welchen sie zuerst aus Quecksilberoxyd darstellten. Noch war der Zeitpunkt nicht gekommen, wo man die Rolle des Sauerstoffs in ihrer ganzen Bedeutung klar erkennen sollte.

Vorderhand hielt Cavendish noch an der Überzeugung fest, welche ihn den Sauerstoff als gänzlich des Phlogistons entbehrende, den Stickstoff [1]) als vollständig mit solchem gesättigte Luft ansehen liefs, da ersterer die Verbrennung nur aus dem Grunde unterhalte, weil er den brennbaren Körpern das Phlogiston entziehe. Hiernach stand er nicht an, die Bildung der Salpetersäure aus Stickstoff und Sauerstoff unter Vermittelung des elektrischen Funkens, wie Priestley beobachtet hatte, als auf der Zerlegung der phlogistisierten Luft in ihre Komponenten, Salpetersäure und Phlogiston, beruhend zu betrachten. In ganz ähnlichem Sinne erklärte er die Bildung von Wasser bei der Explosion eines Gemenges von Luft und Wasserstoff, eine Bildung, welche Priestley als zufällig bezeichnete, als eine Zerlegung des Wasserstoffs, welchen man als phlogistisiertes Wasser ansehen könne, in Wasser und Phlogiston, welches letztere dann von dem Sauerstoff aufgenommen würde. Da das Gezwungene dieser Erklärung einleuchtete, gab Cavendish noch eine andere, in der er den Wasserstoff als reines Phlogiston und den Sauerstoff als dephlogistisiertes Wasser auffafste; die Vereinigung beider mufste natürlich Wasser geben. Aber wo blieb da die alte Theorie? Wenn Stahl die Verbrennung dahin gedeutet hatte, dafs den brennenden Körpern Phlogiston entzogen werde, so mufste jetzt, wo der Wasserstoff als dem Phlogiston gleichbedeutend angesehen wurde und seine Eigenschaften hinlänglich bekannt waren, das Nichtauftreten desselben bei der Verkalkung der Metalle notwendig Bedenken erregen. Zwar glaubte Scheele letzteres dadurch entfernen zu können, wenn er annahm, dafs das Phlogiston mit dem einen Teil der Luft sich zu Wärme vereinige, eine Ansicht, welche, wie alle theoretischen

1) 1772 von Rutherford entdeckt; Scheele und Lavoisier erkannten die Zusammensetzung der atmosphärischen Luft als aus Stickstoff und Sauerstoff bestehend.

Ideen Scheeles, glücklicherweise sich nie einer grofsen Beachtung zu erfreuen hatte. Die Erfolge, welche Scheele bei seinen experimentellen Arbeiten zu verzeichnen hatte, die Verdienste, welche er sich hiermit um die Chemie erworben, sind zur Genüge bekannt und werden ewig unvergessen bleiben. Die Unklarheit seiner Ideen, so weit sie sich auf Theorie beziehen, sind eine Folge des hartnäckigen Festhaltens der Ansichten, welche ihm während seines wissenschaftlichen Bildungsganges eingeflöfst waren.

Man kann sich des Gedankens nicht erwehren, dafs zum grofsen Teil nur das Wort Phlogiston, nicht vielmehr die damit verbundene Idee es war, welches Scheele von der Annahme der neuen Ansicht abhielt, deren Verteidigung durch experimentelle Belege Lavoisier sich angelegen sein liefs. Beide Theorien waren die Heubündel, zwischen denen Scheele seine Befriedigung nicht finden sollte.

Durch die vielfachen Anfeindungen, welchen die Theorie Stahls in dieser Zeit schon ausgesetzt war, liefs sich ein schwedischer Chemiker Bergmann, nicht von Versuchen abhalten, den relativen Gehalt der Metalle an Phlogiston zu bestimmen. Genannter hatte beobachtet, dafs eine neutrale Lösung eines Metallsalzes unter geeigneten Bedingungen durch ein anderes Metall in der Weise zersetzt wird, dafs gerade so viel des Metalls in Reaktion tritt, um mit der Säure des anderen eine neutrale Verbindung bilden zu können, und eine entsprechende Menge des in Lösung befindlichen Metalls zur Fällung bringt. Dieses zur Ausfällung dienende Metall mufste demgemäfs sein Phlogiston an das ausgefällte Metall abgegeben haben, und, da die Neutralität der Lösung nicht gestört wurde, mufste die in Lösung gegangene Menge ebensoviel Phlogiston enthalten haben als die nun gefällte Menge des anderen Metalls beanspruchte, um als solches bestehen zu können, d. h. mit anderen Worten, die auf gleiche Gewichtsmengen zweier Metalle bezogenen Mengen Phlogiston, welche in jedem derselben enthalten sind, stehen im umgekehrten Verhältnis zu der Menge der angewandten Metalle. So fand Bergmann, dafs 100 Gewichtsteile Silber durch 135 Gewichtsteile Quecksilber ausgefällt wurden, welche Mengen gleichviel Phlogiston enthalten mufsten. Wird die in einer besimmten Menge Silbers enthaltene Menge Phlogiston = 100 gesetzt, so enthält dieselbe Quantität Quecksilber $\frac{100}{135} \cdot 100 = 74$ Phlogiston.

Der einzige Chemiker dieser Zeit, welcher die phlogistische Theorie offen und energisch bekämpfte, war Joseph Black, welcher, von Profession Arzt, in Glasgow und später in Edinburg die Professur für Chemie bekleidete. Die Methode seiner Vorgänger, welche bei der Erklärung chemischer Erscheinungen nur die qualitativen Verhältnisse ins Auge fafsten, bezeichnete er als völlig verkehrt, da nur die Beachtung der Gewichtsverhältnisse die Möglichkeit geben könne, jene Prozesse zweifellos klar zu legen. Was Boyle nicht gelungen, sollte durch Blacks Bestrebungen endlich zu verdienter Anerkennung gelangen; Lavoisiers späteren Arbeiten war durch diejenigen Blacks schon erheblich der Weg gebahnt. Was hier in Betracht kommt, ist nicht die Entdeckung der latenten Wärme, durch die sich Black einen Namen auch als Physiker erwarb, sondern seine Untersuchungen über die Kaustizität der Alkalien. Dafs kohlensaure Alkalien beim Behandeln mit Ätzkalk selbst ätzend werden, war damals eine allen Chemikern schon bekannte Thatsache. Während man jedoch allgemein annahm, dafs einfachen Körpern, für welche die Alkalikarbonate galten, durch Behandlung mit verschiedenen Substanzen, welche sogenannte Feuermaterie enthalten sollten, diese letztere mitgeteilt werde, zeigte Black, dafs eine solche Feuermaterie gar nicht existiere, dafs vielmehr die kohlensauren Alkalien zusammengesetzte Körper seien, denen durch geeignete Reagentien der eine Bestandteil, die Kohlensäure, von ihm fixe Luft genannt, entzogen werden könne, dafs sie also nicht durch die Aufnahme einer Substanz, sondern durch den Verlust eines ihrer Bestandteile die ätzende Wirkung erlangten. Den Beweis führte Black, indem er zeigte, dafs der nicht ätzende Kalk beim Ätzendwerden durch Glühen an Gewicht verliert, dafs dieser Gewichtsverlust auf dem Freiwerden einer Luftart beruhe, welches auch durch Behandlung des Kalkes mit Säuren bewirkt werde, dafs in beiden Fällen dasselbe Gas, die fixe Luft, erhalten werde, welche gleichfalls in den nicht ätzenden Alkalien enthalten sei, und welche letzteren durch vorher ätzend gemachten, d. h. von der Kohlensäure befreiten Kalk entzogen werden könne.

Man sollte nicht glauben, dafs eine so einfache Thatsache, wie diese, dafs ein Körper, wenn er an Gewicht verliert, einen Bestandteil abgegeben haben mufs, und andrerseits nur dadurch Gewichtsvermehrung erfahren kann, wenn er irgend eine Substanz aufnimmt, nicht einleuchtend genug war, um alle Chemiker von ihrer alten Meinung abzubringen. Zum Trost gereicht es, dafs es nur wenige waren, welche dauernd der Opposition angehörten.

Aber wie es so häufig zu geschehen pflegt, dafs Forscher die letzte Konsequenz ihrer Entdeckungen, ihrer Theorien nicht zu ziehen wagen oder dieselbe gar nicht erblicken, so auch hier. Dafs die Entdeckung dieser Thatsachen, auf Stahls Theorie angewandt, dieser den Todesstofs versetzt haben würde, scheint Black nie geahnt zu haben. Es mufste erst ein Mann geboren werden, welcher alle bislang geschmiedeten Waffen in einer Hand vereinigte, welcher ihre Wirkung und ihre Tragweite ganz zu erfassen vermochte, welcher mit dem Sturz der Phlogistontheorie der Chemie die von Boyle errichtete Grundlage von Grund aus renovierte, der Wissenschaft die feste Basis gab, auf der sie noch heute ruht, der als Reformator unserer Wissenschaft angesehen werden mufs; und dieser Mann war Lavoisier.

Kapitel 3.

Begründung der antiphlogistischen Theorie durch Lavoisier. Theorie der Säuren, Basen, Salze; Tachenius', Boyles, Bechers und Stahls Ansichten; Mayows richtigere Erklärung; Aufnahme derselben durch Lavoisier. Der Dualismus. Ausgang des Kampfes zwischen Phlogistikern und Antiphlogistikern; die Hypothese von der negativen Schwere des Phlogistons; der Wasserstoff als Phlogiston betrachtet; Kirwan. Lichttheorie, Richter.

Antoine Laurent Lavoisier erblickte im Jahre 1743 zu Paris das Licht der Welt. Die äufserst günstigen Vermögensverhältnisse seiner Eltern gestatteten eine vortreffliche Erziehung, und die nahen Beziehungen, welche sein Vater mit den bedeutendsten Naturforschern der französischen Metropole pflegte, verfehlten nicht, früh in dem jungen Lavoisier Interesse für die Naturwissenschaften zu erwecken. Es waren zunächst nicht chemische Fragen, deren Lösung er sich angelegen sein liefs. Als jedoch die Interpretation neu entdeckter bedeutungsvoller Thatsachen unter den Chemikern der damaligen Zeit eine lebhafte Polemik hervorrief, wandte sich Lavoisier ausschliefslich dem Studium der Chemie zu. So sehen wir ihn denn bald nach Beginn seiner wissenschaftlichen Thätigkeit die Reihe seiner chemischen Versuche eröffnen, welche ihn durch ihre noch nicht dagewesene Exaktheit im Verein mit der Klarheit seiner Deduktionen unvergänglichen Ruhm eintragen sollten.

Die hohe Bedeutung, welche sich Lavoisier erworben hatte, war die Veranlassung, dafs die Pariser Schreckensherrschaft seiner Thätigkeit ein Ende bereitete. Robespierre, welcher in jämmerlichem Neide jeden, der wahrhaft Grofses zu wege gebracht, nicht neben sich duldete, liefs ihn auf eine jämmerliche Beschuldigung hin am 8. Mai des Jahres 1794 enthaupten.

Die zum Teil gezwungenen Erklärungen, welche die Anhänger der Stahl'schen Theorie für chemische Erscheinungen gegeben, hatten im Verein mit der vollständigen Vernachlässigung der Gewichtsverhältnisse in Lavoisier den Glauben an die alte Hypothese stark erschüttert. Es liefs sich doch nicht einfach hinwegleugnen, dafs ein Verbrennungsprodukt in der That schwerer ist als der verbrannte Körper; es mufste zu diesem eine Substanz hinzugetreten sein, welche sich bislang der Beobachtung entzogen hatte. Lavoisier sprach es unumwunden aus, dafs an eine Vergänglichkeit der Materie nicht gedacht werden könne, und dafs, wenn ein Körper verbrenne, dieser Prozefs eine Vereinigung der verbrennenden mit einer in der Luft enthaltenen Substanz sei, und keine Zerlegung, da das entstandene Produkt ein höheres Gewicht besitze. Er wiederholte zum Beweise Boyle's Versuch, indem er Zinn in einem zugeschmolzenen Kolben erhitzte; das Gewicht desselben nahm sofort zu, als er geöffnet und der Luft der Eintritt gestattet wurde.

Diese seine Ansicht fand eine Stütze, als Priestley den Sauerstoff entdeckte. Zwar behauptete Lavoisier später, dafs derselbe von Priestley, Scheele und ihm selber zu gleicher Zeit entdeckt sei und nannte ihn zuerst »air vital«, erst später »oxygène«. Doch kann kein Zweifel darüber herrschen, da ersterer seine Entdeckung ihm in Paris mitteilte, ohne dafs Lavoisier eine Ahnung davon gehabt hatte. Es ist immer unerquicklich, Charakterschwächen grofser Männer erwähnen zu müssen, und doch verlangt es eine geschichtliche Darstellung hier um so mehr, da dieses nicht der einzige Fall ist, wo Lavoisier Entdeckungen anderer sich selbst zuschrieb. Man mufs offen heraussagen, dafs Lavoisier, soweit es die Verbrennungstheorie betrifft, nur die letzten Konsequenzen dessen gezogen hat, was andere vor ihm schon einmal gedacht hatten. Sein wirkliches Verdienst soll nicht im geringsten geschmälert werden, und dieses ist die Scharfsinnigkeit, mit welcher er anderer Gedanken zu einem Lehrgebäude zusammenfügte, ist die bis dahin beispiellose Eleganz seiner experimentellen Beweise, bei denen zum erstenmale die Wage als ausschlaggebendes Moment zur Lösung theoretischer Fragen angewandt wurde. Das mufs erwähnt werden, um eine Überschätzung der Verdienste Lavoisiers, wie sie namentlich von französischer Seite ausgegangen ist, in die gebührenden Schranken zurückzuweisen.

Lavoisier bewies, dafs der Sauerstoff derjenige Bestandteil der atmosphärischen Luft ist, welcher die Verbrennung unterhält, dafs er sich dabei mit dem verbrennenden Körper vereinigt, und dafs die rückständige Luft jetzt eine andere Zusammensetzung besitzt, nämlich aus Stickstoff, der sich an der Verbrennung nicht beteiligt, und, beim Verbrennen organischer Substanzen, aus Kohlensäure. Damit war die Theorie von der Zusammensetzung der Metalle beseitigt, der alte Glaube an ihre Zusammensetzbarkeit in nichts zerronnen, die Bestrebungen der Alchemisten als eitel hingestellt. Die Metalle waren als einfache Körper erkannt, welche sich unter geeigneten Bedingungen mit dem Sauerstoff der Luft zu Metallkalken vereinigen, aus denen durch Behandlung mit Kohle die ersteren wieder regenerirt werden können unter Bildung fixer Luft, von Kohlensäure, welche Lavoisier ganz richtig als Verbindung von Kohle mit Sauerstoff betrachtete. Späterhin gewann er dieselbe Luft durch Verbrennen von Diamant auf synthetischem Wege.

Damit begannen seine Versuche zur Ermittelung der Zusammensetzung der Säuren. Als solche hatte früher schon Tachenius Substanzen bezeichnet, welche mit ätzenden Alkalien sich zu salzartigen Verbindungen vereinigten. Boyle hatte ihre wesentlichsten Eigenschaften, ihre Lösungsfähigkeit und Verhalten gegen Pflanzenfarbstoffe genauer studiert, darüber hinaus aber war man nicht gekommen. Alle Versuche, ihre Konstitution zu erklären, ermangelten der Beweise. Bechers Ursäure, der gemeinsame Bestandteil aller Säuren, Lemerys Annahme spitzer Gestaltung ihrer kleinsten Teilchen, welche die Eigenschaft des Scharfen erklären sollte, waren nichts anderes als euphemistische Umschreibung für Nichtwissen. Einen guten Schritt vorwärts hatte Mayow gethan mit seiner Annahme, dafs alle Säuren ihren Charakter einem Bestandteile der Luft, dem Spiritus Nitro-aereus, verdankten.

Dafs dieser Gedanke keiner grofsen Beachtung gewürdigt wurde, war Schuld des Altmeisters Stahl, welcher mit seinem Glauben an die Möglichkeit einer Umwandlung der einen Säure in die andere einen grofsen Teil Unklarheit mehr hineinbrachte, bis endlich Lavoisier auf experimentellem Wege die teilweise Richtigkeit jener Ansicht bewies. Jedoch ist zu bemerken, dafs Lavoisier noch als Bestandteil aller Säuren den Sauerstoff ansah, eine Lehre, welche später durch Berthollet den ersten Stofs erleiden sollte.

Phosphor, Schwefel, Kohle, also nichtmetallische Elemente, hatten beim Verbrennen unter Absorption von Sauerstoff Säuren gegeben; anders verhielten sich Metalle, deren Sauerstoffverbindungen, die Oxyde, die Eigenschaft besafsen, mit Säuren sich zu Verbindungen zu vereinigen, in denen der saure Charakter der Säuren sowohl als auch der basische der Oxyde verdeckt war. Zu diesen Salzen konnte man auch auf anderem Wege gelangen. Die Mannigfaltigkeit der Erscheinungen bei Auflösung von Metallen in Säuren hatte die Chemiker in Verwirrung gebracht, Lavoisier gab wieder die richtige Erklärung.

Sobald ein Metall mit einer Säure in Berührung gebracht wird, erfolgt eine Aufnahme von Sauerstoff aus der letzteren unter Bildung eines Oxydes. Der zersetzte Teil der Säure bildet ein niederes Oxydationsprodukt, z. B. schweflige, salpetrige Säure, der unzersetzte vereinigt sich mit dem gebildeten Oxyde zu einem Salz. Anders zum Teil verläuft der Prozefs bei Gegenwart von Wasser. Wird Eisen, Zink, mit verdünnter Schwefelsäure in Berührung gebracht, so erfolgt die Oxydation der Metalle auf Kosten des Sauerstoffs des Wassers unter Entbindung von Wasserstoff, welcher entweicht, und die Säure vereinigt sich mit dem entstandenen Oxyde. Damit war der Grundstein zu einem neuen chemischen System gelegt:

Zwei Elemente vereinigen sich mit einander zu einer binären Verbindung erster Ordnung. Ist eine solche im stande, sich ebenfalls mit einer andern zu vereinigen, so entsteht eine binäre Verbindung zweiter Ordnung. Ein Metall vereinigt sich mit Sauerstoff zu einem Oxyd, ein nichtmetallisches Element zu einer Säure, beides binäre Verbindungen erster Ordnung, beide geben beim Zusammentritt eine binäre Verbindung zweiter Ordnung, ein Salz.

So ist eine jede chemische Verbindung eine binäre; das ist der Grundgedanke des dualistischen Systems und das Prinzip einer neuen Nomenklatur, bei deren Aufstellung Lavoisier in Guyton de Morveau einen eifrigen Helfer fand, und welche durch ihre Klarheit und Präzision nur zum Vorteil des Systems von den unklaren, zum Teil schwulstigen Ausdrücken der begrabenen Zeit sich auszeichnete.

Aber kein Sieg ohne Kampf, und der Kampf entbrannte heifs. Als man Lavoisiers experimentellen Versuchen nichts anhaben konnte, tauchte die zu so trauriger Berühmtheit gelangte Theorie von der sogenannten negativen Schwere des Phlogistons auf, nicht plötzlich, sondern als letzter, kümmerlicher Trieb eines absterbenden Philosophenglaubens von der elementaren Feuermaterie, die entgegen Stahls Ansicht, mit dem Phlogiston für identisch gehalten wurde. Verbrennung solle nichts anderes sein als Austreibung dieser Materie, die das Bestreben habe, sich von der Erde zu entfernen, und in Verbindung mit Substanzen dieselben natürlich leichter machen müsse, als sie nach der Verbrennung sich ergäben.

Als den Phlogistikern von Lavoisier entgegnet wurde, dafs sie einem Phantom nachjagten, wurde, wie wir schon früher gesehen haben, ganz besonders von Kirwan, der Wasserstoff als Phlogiston ausgegeben, oder, wie von Richter, der Lichtstoff. Die erstere Ansicht verlor alle Stütze, als die Zusammensetzung des Wassers bekannt wurde und Lavoisier die genaue Erklärung der Entstehung von Salzen aus Säuren und Metallen geben konnte. Der Kampf endete mit dem Siege der Antiphlogistiker, den zu erleben Lavoisier noch vergönnt war, bevor das Blutregiment von Paris seinem Leben ein Ende machte. Die Revolution, welche er in der Wissenschaft hervorrief, hat ihm unvergänglichen Ruhm gebracht. Nur wenige sind in beständiger Opposition verharrt; Cavendish, Priestley vermochten niemals von ihrem Glauben zu lassen.

Kapitel 4.

Berthollet; die chemische Verwandtschaft. Bergmanns Verwandtschaftstafeln. Proust.

Der ersten einer, welche zu Lavoisiers Fahne schworen, war Berthollet. Nur in einem Punkte glaubte er seinen Meister einer Unrichtigkeit zeihen zu müssen, indem er nachwies, dafs zwei Säuren, die Blausäure und der Schwefelwasserstoff, des Sauerstoffs entbehrten, während Lavoisier denselben als integrierenden Bestandteil aller Säuren bezeichnet hatte. Die übrigen Arbeiten Berthollets können wir füglich übergehen, da sie bis auf eine theoretischer Bedeutung entbehren. Um so wichtiger erscheint die Ausbildung der Lehre von der chemischen Verwandtschaft, welche Berthollet in den »Recherches sur les lois de l'affinité« und dem »Essai de statique chymique«, welche in dem Zeitraume von 1801 bis 1806 erschienen, des weiteren erläuterte.

Von alters her hatte man der Ansicht gehuldigt, dafs Gleichartiges sich nur mit Gleichartigem zu vereinigen vermöchte. Je ähnlicher in chemischer Beziehung ein Körper dem andern ist, um so stärker sollte ihre Neigung sein, mit einander sich zu vereinigen, um so gröfser sollte ihre »Verwandtschaft« sein. Wir haben heute diesen Standpunkt nicht nur verlassen, sondern sind zu einer Ansicht übergetreten, welche in geradem Gegensatz annimmt, dafs zwei Körper desto gröfsere Affinität zu einander besitzen, je unähnlicher sie in chemischer Beziehung sind, eine Ansicht, welche hauptsächlich Boerhave begründete.

Naturgemäfs mufs, wie Glauber schon bemerkte, eine grofse Verschiedenheit in der Stärke der Affinität der einzelnen Substanzen stattfinden. Es waren mannigfache Beobachtungen bekannt, wo ein Körper die Verbindung zweier anderer in der Weise aufhob, dafs er sich mit dem einen Bestandteil vereinigte und den anderen in Freiheit setzte. Die Affinitätsgröfse des letzteren mufste also geringer sein als die des zerlegenden Körpers. Der sinnbildlichen Darstellung dieser verwandtschaftlichen Verschiedenheit trug man nach Geoffroys Vorgang Rechnung durch Aufstellung von Verwandtschaftstafeln, welche die stufenweise Ab- oder Zunahme der Affinität der verschiedensten Körper zu einem und demselben kenntlich machten. Ganz besonderen Ansehens erfreuten sich später die Bergmann'schen Tafeln, von denen einige hier eine Stelle finden mögen.

Schwefelsäure.		**Kali.**	
auf nassem Wege	auf trockenem Wege	auf nassem Wege	auf trockenem Wege
Baryterde	Phlogiston	Schwefelsäure	Phosphorsäure
Kali und Natron	Baryt	Salpetersäure	Boraxsäure
Ammoniak	Kali	Salzsäure	Arseniksäure
Thonerde	Natron	Phosphorsäure	Schwefelsäure
Zinkoxyd	Kalkerde	Arseniksäure	Salpetersäure
Eisenoxyd	Bittererde	Essigsäure	Salzsäure
Bleioxyd	Metalloxyde	Boraxsäure	Essigsäure
Kupferoxyd	Ammoniak	Schwefelige Säure	
Quecksilberoxyd	Thonerde	Kohlensäure	
Silberoxyd			

Die Reihenfolge ist in diesen Tafeln nach der Gröfse der Affinität bestimmt, also in der Weise, dafs eine jede folgende Substanz von der vorhergehenden aus ihrer Verbindung mit dem Körper, für den die betreffende Tafel aufgestellt ist, austreibt. Da aber bekannt war, dafs die Affinitätsgröfse mit der Temperatur sich änderte, so war man gezwungen, für jeden Körper eine doppelreihige Tafel aufzustellen, worin diesem Umstande Rechnung getragen war; die eine Kolumne galt für niedrige Temperatur (auf nassem Wege), die andere für höhere (auf trockenem Wege).

Das ist die attractio electiva simplex Bergmanns, die einfache Wahlverwandtschaft, im Gegensatz zu der doppelten, der attractio electiva duplex. Von letzterer ist Macquers affinitas reciproca wohl zu unterscheiden, d. h. die wechselseitige, fast gleich grofse Verwandtschaft zweier Körper zu einem dritten, aus dessen Verbindung bald der erste von dem zweiten, bald der zweite von dem ersten nur durch geringfügige Umstände verdrängt wird.

Wie ein Donnerschlag traf dieses schöne Lehrgebäude die Behauptung Berthollets, dafs die Affinitätswirkung eines Körpers seiner Masse proportional sei. Dann war es möglich, dafs ein Körper von geringerer Affinität einen anderen von gröfserer nur durch die Gröfse seiner Masse aus einer Verbindung verdrängen konnte. Der chemische Effekt, die masse chimique eines Körpers war das Produkt aus der Affinitätsgröfse und der wirkenden Masse. Allein von diesen beiden ist der chemische Effekt nicht allein abhängig; es treten zwei physikalische Faktoren hinzu, welche den Verlauf einer chemischen Reaktion wesentlich zu ändern vermögen, das ist die Kohäsion, d. h. das Bestreben, in den festen Zustand überzugehen, und die Elastizität, d. i. das Bestreben, den gasförmigen Zustand anzunehmen. Werden Natriumsulfat und Kaliumnitrat in wässeriger Lösung vereinigt, so findet eine wechselseitige Verteilung in der Weise statt, dafs Natrium- und Kaliumsulfat, und Natrium- und Kaliumnitrat entstehen. Sobald man jedoch Baryumnitrat zu einer Lösung von Natriumsulfat fügt, so entzieht sich das sich bildende Baryumsulfat der weiteren Teilnahme an gleichmäfsiger Verteilung von Base und Säure, das ist die Folge seiner Kohäsion, nicht die gröfsere Verwandtschaft der Schwefelsäure zum Baryum.

In ähnlicher Weise kann sich z. B. eine leicht flüchtige Säure jeder weiteren chemischen Aktion entziehen, sobald ihr die Gelegenheit zur Verdampfung gegeben wird; in diesem Falle ist es die Folge ihrer Elastizität.

Notwendig folgte aus dieser Theorie Berthollets, dafs, wenn zwei Körper einen gleichen chemischen Effekt hervorbringen, derjenige die gröfsere Verwandtschaftsstärke besitzt, dessen vorhandene Menge die kleinere ist. Auch hier machten sich Ausnahmen geltend. Das Ammoniak verbindet sich mit derselben Menge einer Säure zu einem neutralen Salz in geringerer Menge als Kali und Natron, mufs also eine stärkere Verwandtschaft besitzen als diese, trotzdem es von ihnen aus seinen Verbindungen ausgetrieben wird. Das erklärt Berthollet wiederum durch die Elastizität des Ammoniaks.

Diesen Anschauungen gemäfs mufste die Annahme einer konstanten Zusammensetzung chemischer Verbindungen eine Unmöglichkeit sein. Zwar konnte Berthollet nicht läugnen, dafs, wie durch zahlreiche Beispiele klar gestellt war, eine bestimmte Menge einer Base auch eine ganz bestimmte Menge einer und derselben Säure zur Neutralisation erfordert. Das Gewichtsverhältnis der Schwefelsäure zum Baryum sei allerdings ein konstantes, aber nur, weil es gerade dasjenige sei, in welchem ein unlösliches Salz gebildet werden könne, welches sich aller weiteren Einwirkung der Säure damit entziehe. Berthollets hohes Ansehen war es allein, welches seiner Theorie eine gröfsere Lebensdauer gewährte, als sie wirklich verdiente. Seine Gegner, vor allen Proust, hatten einen schweren Stand; aber den Beweisen, deren Zahl sich schliefslich zu einer erdrückenden gestaltete, konnte die Theorie auf die Dauer nicht Stand halten.

Es mufs allerdings Wunder nehmen, dafs Berthollet einer solchen Anschauung huldigte, welche schon mit den Arbeiten seiner Vorgänger in direktem Widerspruch stand. Lavoisiers quantitative Arbeiten, Bergmanns Versuche zur Bestimmung des Phlogistongehalts der Metalle wären sinnlos gewesen, hätten diese Forscher die Ansicht gehegt, dafs die chemischen Verbindungen ihre Bestandteile in wechselnden Verhältnissen enthielten. Lavoisier sprach sogar direkt die Ansicht von der Konstanz der Gewichtsverhältnisse aus, indem er anführte, dafs in jeder Base und Säure das Gewichtsverhältnis des Sauerstoffs zu dem anderen Element ein ganz bestimmtes sei, welches für jede Sauerstoffverbindung zu bestimmen nötig sei.

Nur die übermäfsige Bedeutung, welche Berthollet jenen physikalischen Faktoren zuerkannte, liefs ihn mit Proust in jenem Kampfe verharren, der, wie Lothar Meyer treffend bemerkt, gleich bewundernswert war »durch die Hartnäckigkeit und den grofsen Aufwand an Scharfsinn, wie durch die Höflichkeit und Objektivität, mit der er Jahre lang geführt wurde«. Ausgezeichnete Arbeiten, welche Proust über Oxyde, Salze und Schwefelverbindungen anstellte und welche sich von denen Berthollets durch Akkuratesse und Genauigkeit auszeichneten, suchten darzulegen, dafs die Elemente nur in wenigen, bestimmten Mengenverhältnissen sich vereinigen; ausgezeichnete Versuche bewiesen, dafs Berthollet Gemische und Verbindungen mit einander verwechselt hatte. So verlor Berthollet an Terrain Fufs um Fufs, von allen Seiten rückten Proust Verbündete zu, im Jahre 1807 war dieser fast siebenjährige Krieg mit der Niederlage Berthollets entschieden.

Kapitel 5.

Richter. Wenzel. Gesetz der Äquivalenz und der konstanten Gewichtsverhältnisse. Daltons Atomtheorie. Kants und Schellings dynamische Theorie. Gay-Lussac, Humboldt. Avogadro, Ampère. Wollaston.

Den Ausschlag in jenem Kampfe hatten vor allem Untersuchungen gegeben, welche in einer Reihe von Jahren ein deutscher Gelehrter, Richter, ausgeführt hatte, denen jedoch in dem heifsen Kampfe der Antiphlogistiker gegen Stahls Theorie keine Beachtung geschenkt war, und welche erst jetzt ihre verdiente Würdigung fanden. Man hatte bemerkt, dafs zwei neutrale Salze durch Wechselwirkung zwei neue, ebenfalls neutrale Salze zu bilden vermögen. Wird eine Lösung von schwefelsaurem Natrium mit einer solchen von Baryumnitrat vermischt, so bildet sich schwefelsaures Baryum und salpetersaures Natrium, ohne dafs die Neutralität gestört ist. Die Lösung dieses Rätsels gab Richter; er zeigte, dafs bei der wechselseitigen Zersetzung zweier neutraler Salze die Neutralität deshalb erhalten bleibt, weil diejenigen Gewichtsmengen verschiedener Basen, welche eine bestimmte Menge einer Säure zu sättigen im stande sind, auch gerade hinreichen, um eine bestimmte Menge anderer Säuren zu neutralisieren. Wenn das schwefelsaure Natrium in solcher Menge mit dem salpetersaurem Baryum zusammentrifft, dafs seine Schwefelsäure die Basis des zweiten Salzes, das Baryum, zu neutralisiren vermag, so stellt auch die Menge der Salpetersäure genau diejenige dar, welche erforderlich ist, um mit dem Natrium ein neutrales Salz zu bilden. Diese Gewichtsmengen der Säuren sind einander äquivalent, d. h. sie können sich in ihren Verbindungen vertreten, ebenso auch die Gewichtsmengen der Basen, und das Gesetz der Äquivalenz schliefst das der konstanten Gewichtsverhältnisse in sich.

Noch heute schreiben einige in einem von Berzelius veranlafsten Irrtum das Verdienst, das Gesetz der konstanten Proportionen erkannt zu haben, Wenzel zu. Wenzel hat davon nicht die leiseste Ahnung gehabt, hat im Gegenteil ganz entgegengesetzte Ansichten geäufsert. Oder ist das nicht etwa entgegengesetzt, wenn er behauptet, dafs bei der doppelten Zersetzung Basis oder Säure im Überschufs bleiben könne?

Wie es so häufig zu geschehen pflegt, dafs die ganze Tragweite einer Entdeckung von ihren Autoren nicht erkannt wird, so auch in jenem Streit über die konstante Zusammensetzung. Proust hatte bemerkt, dafs Elemente sich in mehr als einem Verhältnis mit einander vereinigen können. Aber dadurch, dafs er seine Analysen immer auf 100 Gewichtsteile berechnete, entging ihm ein Gesetz, welches von einem Andern erkannt werden sollte. Hätte er die Gewichtsmengen berechnet, in welchen z. B. der Sauerstoff sich mit einer und derselben Menge Metalls, des Kupfers, des Zinns, verbindet, so würde er bemerkt haben, dafs die erhaltenen Zahlen in einem einfachen Verhältnis stehen, bei den angeführten Metallen wie 1 : 2 sich verhalten.

Als Dalton die quantitative Zusammensetzung des Methans und Äthylens studierte, zeigte es sich, dafs ersteres Gas auf dieselbe Menge Kohlenstoff genau doppelt so viel Wasserstoff enthielt, als das letztere. Ähnliche Beobachtungen bei den Oxyden des Stickstoffs und Kohlenstoffs liefsen ihn ein Gesetz erkennen, welches man als das der multiplen Proportionen bezeichnet hat; und nicht genug damit, Dalton wufste diesen Thatsachen (1805) eine Erklärung durch eine Hypothese zu geben, welche in ihrer Einfachheit und Umfassung aller bekannten Thatsachen einzig dastand und noch heute die Grundlage unserer modernen chemischen Anschauungen bildet. Es ist die Atomtheorie.

Das Wort Atom war der Wissenschaft nicht fremd. Nach einer von alten griechischen Philosophen, Leukipp und Demokrit, aufgestellten und später von Epikur ausgebildeten, naturphilosophischen Anschauung bezeichnete das Wort Atom, d. h. das Unteilbare, die kleinsten Teilchen der Materie, starre, unteilbare Corpuscula, welche durch mechanische Teilung der Materie nicht erreicht werden können und uns deshalb auch nicht wahrnehmbar sind. Diese unteilbaren, unveränderlichen Atome waren den alten Philosophen das Ewige, in allen Wechselungen Bleibende, es waren die kleinsten materiellen Teilchen, deren Existenz aber durch den leeren Raum bedingt war; denn sonst würde alles eine zusammenhängende Masse sein, die Atome wären an der Bewegung verhindert, die der letzte Grund aller Veränderung sei. Die Verschiedenheit der Körper sei bedingt durch die Anzahl und Lagerung der Atome wie durch ihre Gestalt. Eine glatte Oberfläche der Atome gäbe die weifse, eine rauhe die dunkle Farbe; runde Atome bedingten den süfsen, zackige den bitteren Geschmack u. s. w. Die Annahme der Atome sollte auch die geistigen Vorgänge erklären.

Diesen Begriff des Atoms nahm Dalton wieder auf. Auch nach ihm sind die Atome die letzten kleinsten Teilchen der Materie, aber mechanisch wie chemisch unteilbar; es sind die kleinsten Teile der Elemente. Durch Aneinanderlagerung verschiedener Atome entstehen die zusammengesetzten Körper, und da allen Atomen desselben Elements ein gleiches Gewicht zugesprochen wurde und werden mufste, so war damit der denkbar einfachste Grund für die Erscheinung der einfachen wie vielfachen Gewichtsverhältnisse gegeben. Diese einfachen Gewichtsverhältnisse mufsten zu gleicher Zeit die relativen Gewichte der Atome repräsentieren.

Es ist hier der Ort, auf eine Theorie einzugehen, welche weniger wegen ihres Inhalts als der Namen ihrer Begründer Erwähnung verdient.

Kant, welcher die Theorie in ihren Grundzügen zuerst im Jahre 1786 in »Metaphysische Gründe der Naturwissenschaft« aufstellte, suchte die Affinitätserscheinungen durch eine gegenseitige Durchdringung der Stoffe zu deuten, wobei er annahm, dafs ein Körper in Unendlichkeit teilbar sei, dafs diese Teilchen eines Körpers immer dieselbe Zusammensetzung besitzen, ohne irgendwie räumlich von einander getrennt zu sein oder jemals durch weitere Teilung in die Elementarbestandteile des Körpers zerfallen zu können. Er befand sich damit im Gegensatz zu den Atomisten, welche die chemische Wirkung als auf der Anziehung der kleinsten Teilchen der elementaren Körper beruhend ansahen, kleinster Teilchen, welche in einer chemischen Verbindung nicht mehr einander gleichartig sind, sondern durch eine weitergehende Teilung der noch gleichartigen physikalisch kleinsten Partikel, der Moleküle, in Atome, die kleinsten Teilchen der chemischen Grundstoffe, zerfallen.

Als Grundkräfte der Materie, welche alle chemischen Erscheinungen hervorrufen sollten, bezeichnete Kant die ausdehnende und anziehende Kraft, die vis expansiva und attractiva. Eine weitere Ausbildung gab Schelling dieser Theorie, welche, wie schon angedeutet, einer dauernden Anerkennung sich nicht erfreuen durfte und welche ganz in die Rumpelkammer wanderte, als Dalton die Atomtheorie in neuer Gestalt erstehen liefs.

Eine bedeutsame Förderung erfuhr die letztere durch eine gemeinsame Arbeit Gay-Lussacs und A. v. Humboldts, welche im Jahre 1805 beobachteten, dafs zwei Volumina Wasserstoff mit einem Volumen Sauerstoff zu zwei Volumina Wasserdampf sich vereinigen. Einige Jahre später konnte diese Erscheinung dahin verallgemeinert werden, dafs zwischen den Voluminibus aller sich mit einander verbindenden Gase und dem Volumen der daraus resultierenden gas- oder dampfförmigen Verbindung immer ein einfaches Verhältnis obwaltet. Wenn man mit dieser Thatsache nun diejenige vergleicht, dafs alle Körper sich nach ganz bestimmten, einfachen Gewichtsverhältnissen vereinigen, welche nach Dalton ihre relativen Atomgewichte ausdrücken, so ergibt sich als notwendige Folgerung, dafs die Gewichte der sich vereinigenden Volumina der Gase ihre Atomgewichte darstellen und, da die Volumgewichte der Gase, auf das eines einzigen als gleich eins bezogen, ihre Dichten sind, das zwischen den Atomgewichten und den Dichten eine einfache Beziehung stattfinden mufs: Die Dichten der Gase stehen zu einander in demselben Verhältnis wie ihre Atomgewichte, oder sind Vielfache derselben.

Das Schicksal spielte hier wiederum in merkwürdiger Weise, indem es die Folgen der Gay-Lussac'schen Entdeckung sowoll von Dalton wie von Gay-Lussac selbst total verkennen ließ. Dalton bezweifelte die Richtigkeit der Gay-Lussac'schen Angaben, und Gay-Lussac glaubte der Berthollet'schen Lehre einen wesentlichen Stützpunkt gegeben zu haben, indem er das von ihm gefundene Gesetz mit den von Berthollet angenommenen, veränderlichen Gewichtsverhältnissen als wohl vereinbar erachtete.

Und wie kamen nun beide auf diesen Irrtum? Dalton hatte schon früher angenommen, dafs gleiche Volumina verschiedener Gase eine gleiche Anzahl von Atomen enthielten. Von dieser Ansicht wurde er später zurückgebracht, als sich herausstellte, dafs ein Volumen Stickstoff und ein Volumen Sauerstoff sich zu zwei Volumina Stickoxyd vereinigten, anstatt zu einem Volumen, was letzteres der Fall sein mufste, falls jene Ansicht richtig war.

Da war es ein italienischer Gelehrter, Avogadro, welcher diese Unzuträglichkeiten durch eine Annahme beseitigte, welche er im Jahre 1811 der wissenschaftlichen Welt mitteilte. Er unterschied molécules intégrantes von den molécules élémentaires. Sobald ein Körper den gasförmigen Zustand annähme, löse er sich in die integrierenden Moleküle auf, und von diesen Molekülen enthalte ein jedes Gas in einem bestimmten Volumen eine gleiche Zahl, einen gleichen Druck und eine gleiche Temperatur vorausgesetzt. Diese molécules intégrantes bezeichnen wir heute mit dem Namen Moleküle schlechtweg, während wir unter molécules élémentaires die eigentlichen Atome verstehen. Es war dann erklärlich, dafs ein Volumen Stickstoff und ein Volumen Sauerstoff nicht ein Volumen Stickoxyd geben konnten, sondern zwei Volumina, da im Moment der Vereinigung die Moleküle, die aus zwei Atomen bestehen, erst in diese zerfallen mufsten, um die neue Verbindung zu bilden, die ebenfalls in einem Molekül zwei Atome, nun aber verschiedenartige, ein Atom Stickstoff und ein Atom Sauerstoff enthielt.

Diese integrierenden Moleküle der gasförmigen Körper sind räumlich so weit von einander getrennt, dafs eine gegenseitige Anziehung nicht mehr stattfinden kann, dafs nur der Druck und die Temperatur ihre Wirkung ausüben; wechseln diese beiden, sei es gleichzeitig oder nur eine, so ändert sich das Volumen, und zwar bei allen Gasen in gleicher Weise.

Vorderhand gelang es nicht, die Männer der Wissenschaft für diese Ansicht zu interessieren; es mag das wohl nicht zum geringsten Teil Avogadros Schuld selbst sein, welcher die Hypothese auch auf nicht gasförmige Körper anwenden wollte. Einige Jahre später versuchte sie Ampère zur Geltung zu bringen, aber mit nicht viel besserem Erfolge. Nur in Bezug auf die Benennung der verschiedenen Moleküle wich er etwas ab, indem er die integrierenden Moleküle Avogadros particules, und die constituierenden allein molécules nannte, um den Unterschied genügend hervorzuheben.

Sei es nun, dafs man sich mit dieser Unterscheidung von Molekül, oder Partikel und Atom, im heutigen Sinne, nicht recht befreunden wollte, oder dafs diese Hypothese nur auf gasförmige Körper Anwendung finden konnte, kurz, einen nachhaltigen Einflufs vermochte sie vorläufig noch nicht zu gewinnen, und um so weniger, als Wollaston mit seinem Begriff der Äquivalenz, ein Wort, das er zuerst gebraucht und zwar in demselben Sinne wie Dalton's Atomgewicht, neue Unklarheit hineinbrachte, da beide etwas ganz Verschiedenes bezeichnen.

Eine lange Reihe von Jahren hat die Atomtheorie geschlummert, bis es endlich einem schwedischen Forscher gelang, mit klarem, umfassenden Blick ihre Bedeutung zu erkennen und sie der chemischen Welt nutzbar zu machen, und dieser Mann war Berzelius.

Kapitel 6.

Berzelius. Die elektrochemischen Untersuchungen von Davy und Berzelius. Theorie der Säuren.

Die wissenschaftliche Welt beherrschte zu dieser Zeit die Theorie des Dualismus, wie sie Lavoisier begründet hatte. Auf ihrer Grundlage weiterbauend, unter Zuhilfenahme von analytischen Methoden, so vorzüglich, wie sie bislang nicht bekannt waren, hat Berzelius ein Lehrgebäude geschaffen, welches alle wissenschaftlichen Thatsachen in sich vereinigte.

Die kleinsten Teilchen der Elemente bilden die Atome, durch die Vereinigung solcher verschiedenartiger Atome entstehen chemische Verbindungen. Waren jedoch bei Dalton die Gewichte dieser Atome den Verhältnissen entsprechend, nach welchen sich die Elemente mit einander vereinigen, so gelten als solche bei Berzelius die relativen Gewichte gleicher Volumina derselben im Gaszustand. Zwei Volumina Chlor und zwei Volumina Wasserstoff verbinden sich mit einander zu Chlorwasserstoff, die Atomgewichte von Chlor und Wasserstoff entsprechen mithin dem Gewichte von einem Volumen.

Aber zwei Volumina Chlor und zwei Volumina Wasserstoff sind nötig, um mit einem Volumen Sauerstoff die entsprechenden Verbindungen zu bilden; die Gewichte dieser zwei Volumina sind die Äquivalentgewichte der Gase bezogen auf Sauerstoff. Damit war jener durch Wollaston herbeigeführte Irrtum beseitigt und der Unterschied zwischen Äquivalent- und Atomgewicht klar gestellt.

Nach Berzelius' Ansicht sind die Atome von Chlor, Brom, Jod, Wasserstoff u. a. zu zweien mit einander vereinigt; sie bilden die »Doppelatome«, welche sich nicht zerspalten lassen und demgemäſs den Äquivalenten dieser Elemente entsprechen, den kleinsten Mengen, welche chemische Verbindungen einzugehen vermögen. Das Wasser bestand aus einem Atom Sauerstoff und einem Doppelatom Wasserstoff, der Chlorwasserstoff aus Doppelatomen von Chlor und Wasserstoff, Ammoniak aus einem Doppelatom Stickstoff und drei Doppelatomen Wasserstoff.

Das war allerdings nicht richtig; denn nicht zwei Atome Chlor und zwei Atome Wasserstoff sind nötig, um ein Molekül Chlorwasserstoff zu bilden, sondern ein Atom Chlor und ein Atom Wasserstoff vereinigen sich, wie wir wissen, zu einem Molekül jener Verbindung. Aber man darf nicht übersehen, daſs gerade diese Annahme wesentlich dazu beigetragen hat, Daltons Atomtheorie mit Gay-Lussacs Entdeckungen zu vereinbaren.

Dalton und Wollaston hatten schon, in wenig befriedigender Weise die Aufgabe der Bestimmung der Atomgewichte zu lösen versucht. Ersterer hatte dieselben auf das des Wasserstoffs = 1, letzterer seine Äquivalentgewichte, die dasselbe bezeichneten, auf das des Sauerstoffs = 10 bezogen; Berzelius nahm als Einheit das Atomgewicht des Sauerstoffs = 100 an. Eine weitere Ausführung der Regeln, wie er sie bei der Bestimmung der Atomgewichte anwandte, würde hier zu weit führen; es genüge die Bemerkung, daſs er das Gewicht der Atome aus den Oxyden, Schwefelverbindungen und Salzen ableitete, und zum Teil mit einer Genauigkeit, die uns heute, wenn wir die Mängel der damaligen analytischen Methoden berücksichtigen, Bewunderung einflöſsen muſs.

Was war nun aber die Veranlassung zur Vereinigung der Atome mit einander? Es war die chemische Verwandtschaft, die man bisher angenommen hatte, ohne sie näher definieren zu können. Berzelius führte sie auf das elektrische Verhalten der Atome zurück.

Galvanis und Voltas Entdeckungen über die Entstehung des elektrischen Stromes sind bekannt. Als Nicholson und Carlisle die Beobachtung machten, daſs bei der Entladung der Volta'schen Säule durch Wasser dieses in seine Komponenten zerlegt wird, war den chemischen Versuchen ein neues Feld geöffnet. Es war aufgefallen, daſs bei der elektrolytischen Zersetzung des Wassers neben Sauerstoff und Wasserstoff auch andere Substanzen, hauptsächlich Salpetersäure, Salzsäure, Natron und Ammoniak, auftraten, und man war geneigt, hier an eine Umwandlung zu glauben, bis Davy das

Irrtümliche dieser Ansicht darlegte. Jene Substanzen entstanden nicht aus dem Wasser selbst, sondern aus Beimengungen, welche aus der Luft oder den zur Anwendung gekommenen Gefäfsen stammten. Hierdurch wurde Davy dazu geführt, die Wirkung des elektrischen Stromes auf Salzlösungen zu studieren, und das Resultat war jene Epoche machende, die ganze chemische Welt mit Bewunderung erfüllende Zerlegung der ätzenden Alkalien, die Entdeckung der Alkalimetalle.

Was war natürlicher, als dafs dies Geheimnisvolle der elektrischen Erscheinungen, welches so Grofses verursachen konnte, die Gemüter ganz gefangen nahm, dafs man glaubte, hier die wahre Ursache der chemischen Vorgänge gefunden zu haben?

Berzelius und Hisinger hatten schon die Wirkung des elektrischen Stromes auf einige Salzlösungen studiert und gefunden, dafs an dem positiven Pole sich Sauerstoff und Säuren, am negativen Pole die Alkalien sich abschieden, vermochten jedoch nicht über unklare Vorstellungen von dieser Erscheinung hinauszukommen. Davy stellte gleiche Untersuchungen an, in deren Verlauf es ihm gelang, nachzuweisen, dafs die Alkalien und alkalischen Erden nicht elementare Körper waren, wie man bisher (aufser Lavoisier) angenommen hatte, sondern die Oxyde bislang unbekannter Metalle. Da darf es nicht wundernehmen, wenn man nun die Affinitätserscheinungen auf die Elektrizität zurückführte.

Davy war der Erste, welcher eine elektrochemische Theorie und als deren Grundprinzipien folgende Sätze aufstellte. Die chemischen und elektrischen Erscheinungen sind Äufserungen einer und derselben Kraft. Beim Kontakt zweier Substanzen entsteht eine elektrische Spannung der Atome, zufolge derer die beiden Körper entgegengesetzt elektrisch werden und gegenseitige Affinität erlangen. Die Vereinigung der verschiedenen Atome ist die Wirkung der verschiedenen Elektrizitäten, die sich auszugleichen bestreben, und dieser Ausgleich erfolgt unter Wärme- und Lichterscheinung. Je weiter entfernt in der elektrischen Spannungsreihe zwei Körper liegen, um so gröfser mufs ihre Affinität sein.

Das war recht schön; aber wie kommt es, dafs zwei verschiedene Atome, die vorher entgegengesetzt elektrisch sind, nach ihrer Vereinigung durch Ausgleich der Elektrizitäten noch die Kraft besitzen, einander festzuhalten? Hierauf vermochte Davys Theorie keine Antwort zu geben.

Auch Berzelius nahm wie Davy an, dafs die Verwandtschaft zweier Körper in den elektrischen Eigenschaften der Atome zu suchen sei; aber diese elektrischen Eigenschaften werden nicht erst durch Kontakt hervorgerufen, sondern sind der Materie ureigen, und zwar in der Weise, dafs jedes Atom sowohl negative wie auch positive Elektrizität besitzt, von denen die eine die vorherrschende ist. So kommt es, dafs ein Körper zu einem zweiten elektropositiver, zu einem dritten elektronegativer erscheinen kann. Je gröfser die Elektrizitätsmenge in einem Körper ist, desto gröfsere Verwandtschaft besitzt er; aber erstere ist veränderlich, z. B. durch Wechsel der Temperatur, und es ist eine allgemein bekannte Erscheinung, dafs bei Erhöhung derselben leichter Vereinigung zweier Körper stattfindet. Ebenso erklärlich ist es, dafs eine Verbindung leichter in flüssigem Zustande erfolgen kann, da hierdurch den kleinsten Teilchen eine gröfsere Beweglichkeit mitgeteilt wird. Je gröfser nun die Anzahl verschiedenartiger Atome in einer Verbindung ist, um so mehr mufs letztere an freier Elektrizität und damit an Affinität verlieren, denn chemische Wirkung ist nur Wirkung der Elektrizität.

Diese Anschauung gab dem Dualismus eine neue Stütze. Berzelius sagt selbst: »Sind die elektrochemischen Ansichten richtig, so folgt daraus, dafs jede chemische Verbindung einzig und allein von zwei entgegengesetzten Kräften, der positiven und der negativen Elektricität abhängt, und dafs also jede Verbindung aus zwei durch die Wirkung ihrer elektrochemischen Reaktion vereinigten Teilen zusammengesetzt sein mufs, da es keine dritte Kraft gibt. Hieraus folgt, dafs jeder zusammengesetzte Körper, welches auch die Anzahl seiner Bestandteile sein mag, in zwei Teile getrennt werden kann, wovon der eine positiv, der andere negativ elektrisch ist. So ist das schwefelsaure Natron nicht aus Schwefel, Sauerstoff und Natrium zusammengesetzt, sondern aus Schwefelsäure und Natron, die wiederum in einen positiven und negativen Bestandteil getrennt werden können.«

Damit war auch die Einteilung in Verbindungen erster, zweiter etc. Ordnung gerechtfertigt.

Im Sinne dieser dualistischen Anschauung führte Berzelius eine neue Zeichensprache ein, welche zum Verständnis chemischer Reaktionen aufserordentlich beitrug, und deren Prinzip noch heutzutage das geltende ist.

Aber auch diese Theorie unterlag dem Schicksale, das ihre Vorgängerinnen ereilt hatte, die sie an Umfang und Bedeutung weit überragte. Die ersten Differenzen ergaben sich, als man sich mit dem Studium der Säuren mehr beschäftigte.

Lavoisier, in dessen theoretischen Anschauungen der Sauerstoff die gröfste Rolle spielte, hatte denselben als charakteristischen

Bestandteil aller Säuren angenommen und ihm aus diesem Grunde den Namen oxygène gegeben. Berthollet war der erste, welcher diese Ansicht in ihrem ganzen Umfange nicht zu teilen vermochte, da er gefunden hatte, dafs die Blausäure und der Schwefelwasserstoff Körper sauren Charakters waren, ohne jedoch Sauerstoff zu enthalten. Dieser Einwurf blieb wenig beachtet, bis sich nach der Entdeckung des Chlors durch Scheele im Jahre 1774 einige andere Forscher, besonders Gay-Lussac, Thénard und Davy der neuen Ansicht zuwandten. Den ersten beiden war es nicht gelungen, dem Oxydationsprodukt der Salzsäure, dem Chlor, durch Behandlung mit Kohle Sauerstoff zu entziehen. Aber sie glaubten noch nicht an die zweifellose Richtigkeit ihres Versuches, bis Davy im Jahre 1810 ganz entschieden dem Chlor den Charakter eines Elementes zuerkannte, dessen Wasserstoffverbindung die Salzsäure sei. Diese Ansicht, die noch nicht ganz unbestritten blieb, fand einen bedeutenden Stützpunkt, als bald darauf auch das Jod durch Courtois entdeckt wurde, das sich dem Chlor ganz analog verhielt. Nur Berzelius hielt an dem alten Glauben an die Zusammensetzung des Chlors fest, bis die genauen Untersuchungen der Cyanverbindungen auch ihn bekehrten. Damit war eine Zweiteilung der Säuren nothwendig geworden, man unterschied sauerstofffreie und sauerstoffhaltige Säuren; die ersteren sind hervorgegangen aus der Vereinigung der elektronegativen Halogene oder des Cyans mit dem elektropositiven Wasserstoff, die letzteren durch Vereinigung des elektronegativen Sauerstoffs mit elektropositiven nichtmetallischen Elementen oder Radikalen. Hiernach unterschied man auch die Salze als sauerstoffreie Haloid- und sauerstoffhaltige Amphid-Salze.

Zuerst im Jahre 1815 wies Davy darauf hin, dafs der Charakter der Säuren wesentlich wahrscheinlich durch den Gehalt an Wasserstoff bedingt werde, da dieser mit dem Chlor und Jod allein schon starke Säuren zu erzeugen im stande sei; Sauerstoffverbindungen der Halogene, wie die wasserfreie Jodsäure, erhielten ihren Säurecharakter erst durch Eintritt von Wasser, und erst durch die Ersetzung des Wasserstoffs in demselben durch Metalle entständen die Salze. Diese sauerstoffhaltigen Salze, wie das Kaliumchlorat, seien defshalb nicht mehr binär, sondern trinär zusammengesetzt. Das war der erste Stofs, welcher gegen den Dualismus geführt wurde.

Auf ähnliche Untersuchungen Dulongs und diejenigen Grahams über die Phosphorsäuren gestützt, trat endlich im Jahre 1838 Liebig mit einer Abhandlung hervor, welche von aufserordentlicher Bedeutung war. Die Basizität der verschiedenen Säuren des Phosphors beruhe auf dem verschiedenen Gehalt an Wasserstoff, welcher durch Zutritt von Wasser eingeführt sei, die Entstehung der Salze darauf, dafs je ein Wasserstoffatom auch durch ein Atom Basis vertreten werde. Unklar blieb nur der Grund des verschiedenen Gehaltes an Wassermolekülen der verschiedenen Hydrate der Phosphorsäuren.

Was war hier ein neutrales, was ein saures Salz? Ein saures Salz war doch aus neutralem Salz und freier Säure zusammengesetzt. Saures schwefelsaures Kali bildet mit Natron zwei neutrale Salze, schwefelsaures Kali und schwefelsaures Natron; saures phosphorsaures Natron und eine gewisse Menge freien Kalis geben aber phosphorsaures Natronkali, welches dem sauren Salz ganz anolog zusammengesetzt ist; es ist kein Doppelsalz.

Hierdurch unterschied sich die Phosphorsäure wie eine Anzahl anderer Säuren, so der Arsensäure, Weinsäure, Cyanursäure, Citronensäure, wesentlich von den übrigen.

So war eine Trennung in ein-, zwei- und dreibasische Säuren herbeigeführt.

Diese Ideen waren mit dem Dualismus nicht zu vereinigen. Zwar verliefs die Anschauung Liebigs noch nicht ganz den alten Boden, aber die Anlagerung zweier entgegengesetzt elektrischer Atomgruppen wurde damit bestritten.

Die hauptsächlichsten Momente jedoch, welche den Sturz der alten Theorie herbeiführen sollten, lagen auf einem anderen Gebiete Berzelius mufste noch erleben, dafs die Erfolge, welche nun die organische Chemie zu verzeichnen anfing, den festen Grundstein seines schönen Lehrgebäudes untergruben und dasselbe ins Wanken brachten.

Kapitel 7.

Entwickelung der organischen Chemie. Lavoisiers Ansicht über die Zusammensetzung organischer Verbindungen. Berzelius' Theorie der zusammengesetzten Radikale. Ätherintheorie von Dumas und Boullay; Berzelius' Theorie der Äther. Substitutionserscheinungen. Paarlinge.

Bereits in ältester Zeit waren organische Körper bekannt; Harze und Balsame, Gummi, Stärke, Zucker und Essig waren Begriffe, die den Alten geläufig waren. Aber erst spät fing man an organische Körper zu studieren. Als mit Paracelsus die Wissenschaft wesentlich in medizinischer Richtung gepflegt wurde, liebte man gerade metallische Körper als Heilmittel anzuwenden. Der Gegensatz, den diese Richtung im Vergleich zu der alten des Hippokrates und Galenus charakterisirt, pflanzte sich auch auf die Einteilung der chemischen Verbindungen fort. Man unterschied bald die mineralischen Substanzen von den vegetabilischen und animalischen. Diese Einteilung war mit Rücksicht auf den Ursprung der Körper getroffen. Namentlich waren es die Anhänger der Phlogiston-Theorie, welche auf diesen Unterschied sich kaprizierten, indem sie annahmen, dafs in den Substanzen des Pflanzen- und Tierreiches das brennbare Prinzip das vorherrschende sei. Ein Aufschwung der organischen Chemie begann mit Scheele, dessen Entdeckungen der verschiedenartigsten organischen Körper, wie Milchsäure, Oxalsäure, Zitronen-, Äpfel-, Gallussäure, Harnsäure, Schleimsäure, Glycerin etc. hinlänglich bekannt sind. Aber erst Lavoisier fafste die näheren Bestandteile der organischen Körper näher ins Auge und stellte die Ansicht auf, dafs dieselben wesentlich aus Kohlenstoff, Wasserstoff und Sauerstoff, in einigen Fällen auch aus Stickstoff und Phosphor beständen.

Berzelius, der mit den meisten Forschern der Ansicht gewesen war, dafs die organischen Substanzen in Bezug auf das Gesetz der konstanten und multiplen Proportionen eine Ausnahmestellung einnähmen, sah sich gezwungen, von dieser Meinung abzugehen, als er ihre Zusammensetzung mit Hilfe einer besseren Methode der Analyse näher studierte. Auf Grund seiner Erfahrungen und seiner dualistischen Anschauung definierte er jetzt die anorganischen Körper als Verbindungen einfacher, die organischen als Sauerstoffverbindungen zusammengesetzter Radikale. Ein solches war der aus Kohlenstoff und Sauerstoff bestehende, von Sauerstoff getrennte Rest, welcher sich wie ein Element verhielt. Dieser Anschauung gemäfs wurden Körper, welche nur aus Kohlenstoff und Wasserstoff oder Stickstoff bestanden, denen der Sauerstoff jedoch fehlte, wie Sumpfgas, ölbildendes Gas, Cyan, als anorganische beschrieben.

Den Unterschied zwischen den Körpern vegetabilischen und animalischen Ursprungs hatte man schon fallen lassen müssen, seitdem man erkannt hatte, dafs viele der bekannten Verbindungen in beiden Reihen auftreten.

Aber die organischen Verbindungen mufsten doch ganz anderen Gesetzen gehorchen, auf sie konnte man die elektrochemische Theorie, was Berzelius selbst zugab, nicht anwenden, da sie in der Natur, wie Gmelin betonte, als Produkt der Lebenskraft auftreten, also künstlich nicht dargestellt werden konnten. Und dieser Glaube blieb unerschüttert, bis im Jahre 1828 es Wöhler gelang, aus cyansaurem Ammon, einer nach damaliger Anschauung anorganischen Verbindung, den Harnstoff zu bereiten, der bislang nur aus thierischen Produkten gewonnen werden konnte.

Aber es war noch nicht gelungen, das cyansaure Ammon synthetisch aus den Elementen darzustellen, und dieser Umstand im Verein mit der Thatsache, dafs diese künstliche Darstellung eines organischen Körpers lange Zeit die einzige blieb, liefs die Annahme einer Lebenskraft noch nicht sofort fallen. Erst als im Laufe der späteren Zeit die Synthesen organischer Verbindungen sich mehrten, mufste der Glaube den Thatsachen weichen. Heute wissen wir, dafs die Gesetze der Chemie überall dieselbe Geltung haben.

Unter jenen Körpern, welche ein zusammengesetztes Radikal enthielten, war der Äther schon lange bekannt. Im Jahre 1815 hatte Gay-Lussac die nahe Beziehung zwischen dieser Verbindung und dem Alkohol nachgewiesen, als bei seinen volumetrischen Versuchen sich herausstellte, dafs zwei Volumina des ölbildenden Gases, des Äthylens, mit einem Volumen Wasserdampf zu Äther, mit zwei Voluminibus desselben zu Weingeist sich vereinigten. Dumas und Boullay stellten späterhin die Ansicht auf, dafs die Derivate des Alkohols ölbildendes Gas — späterhin Ätherin genannt — als Radikal enthielten und den Ammoniaksalzen vergleichbar seien. Ölbildendes Gas 2 C_2H_2 vereinige sich mit Salzsäure zu salzsaurem Äther 2 $C_2H_2 \cdot HCl$, gerade wie das Ammoniak zu Salmiak $NH_3 \cdot HCl$; mit Wasser entständen Schwefeläther 4 $C_2H_2 \cdot H_2O$ und Ammoniumoxyd 2 $NH_3 \cdot 2\,H_2O$, resp. Alkohol 4 $C_2H_2 \cdot 2\,H_2O$.

Hier war der erste Versuch, die Zusammensetzung einer Klasse von organischen Körpern der atomistischen Theorie zu unterwerfen. Berzelius, der anfänglich zu den Gegnern dieser Ansicht gezählt hatte, griff sie später auf und schlug vor, diese Äther den Salzen gleichzustellen, in jenen wie in diesen ein Oxyd anzunehmen, welches in diesem Falle der Äther selbst war. Derselbe enthielt als Radikal einen aus vier Atomen Kohlenstoff und zehn Atomen Wasserstoff bestehenden Atomcomplex (von Liebig später Äthyl genannt), welcher an ein Sauerstoff-Atom gebunden ist. Verbindet sich das Äthyl mit Chlor, so entsteht der Salzsäureäther, mit Wasser bildet es wie die Metalloxyde ein Hydrat, den Alhohol, mit Säuren die den Salzen entsprechenden zusammengesetzten Säureäther. Damit war der Dualismus auch in der organischen Chemie zur Geltung gebracht.

Der Streit wogte hin und her. Die Gegner behaupteten, Radikale wie das Äthyl existierten nur in den Köpfen der Anhänger, und diese stützten sich wiederum auf Gay-Lussac's Entdeckung des

Cyans, späterhin namentlich auf diejenigen des Kakodyls durch Bunsen und einiger Kohlenwasserstoffradikale durch Kolbe und Frankland, von denen wir jetzt wissen, dafs das nicht freie Radikale, sondern durch Aneinanderlagerung zweier solcher entstandene Verbindungen sind. Diese Körper waren aber damals Radikale, sie verhielten sich wie Elemente, waren wie diese z. T. von ausgezeichneter Reaktionsfähigkeit, und machten die Existenzfähigkeit auch der übrigen Radikale wahrscheinlich.

Bislang hatte man angenommen, dafs die organischen Radikale des Sauerstoffs ermangelten. Da war es eine epochemachende Arbeit, welche Wöhler und Liebig 1832 veröffentlichten, welche dem Radikalbegriff eine ganz neue Wendung gab.

Bei der Untersuchung des Bittermandelöls fanden sie nämlich, dafs dasselbe bei der Oxydation durch Aufnahme von Sauerstoff in die Benzoesäure übergeht, und dasselbe mit dieser wie mit einer Reihe anderer Substanzen in näherer Beziehung steht. Sie nahmen in ihnen ein Radikal Benzoyl $C_{14}H_5O_2$ (von ὕλη der Stoff) an, welches aber Sauerstoff enthielt, und definierten das Bittermandelöl als Benzoylwasserstoff $C_{14}H_5O_2 \cdot H$, die Benzoesäure als dessen Sauerstoffverbindung + Wasser $C_{14}H_5O_2 \cdot O + HO$, das Benzoylchlorid als Chlorid desselben $C_{14}H_5O_2 \cdot Cl$ u. s. w.

Diese Entdeckung nötigte selbst Berzelius ein unbeschränktes Lob ab, von ihr versprach er sich die Eröffnung ganz neuer Bahnen für die Chemie. Der Sauerstoff hatte seine von Lavoisier ihm zugeschriebene Bedeutung verloren, das Radikal war ein Begriff geworden, es war ein Atomkomplex, der sich aus einer Verbindung in die andere übertragen liefs wie das Atom eines Elementes, dessen Existenzfähigkeit aber immer noch für möglich gehalten wurde.

Da waren es Beobachtungen, welche Dumas bei der Untersuchung der Einwirkung des Chlors auf organische Körper, besonders auf Essigsäure, machte, welche den Gedanken an eine Unrichtigkeit der dualistisch-elektrochemischen Theorie bestärken mufsten. Das Chlor war im stande, den Wasserstoff der Essigsäure vollständig zu ersetzen, ohne die charakteristischen Eigenschaften derselben zu stören. An Stelle des elektropositiven Wasserstoffs war ein stark elektronegatives Element getreten, welches trotzdem eine wesentliche Veränderung des chemischen Verhaltens der neuen Verbindung nicht herbeizuführen vermochte. Es war das freilich nicht neu; schon Wöhler und Liebig hatten in ihrer Abhandlung über die Benzoylverbindungen die Ansicht ausgesprochen, dafs Wasserstoff durch Chlor ersetzbar sei. Aber die richtige Erkenntnis, dafs diese Substitution, oder Metalepsie, die Chemie in andere Bahnen lenken müsse, ist erst Dumas gekommen.

Und in der That waren diese Erscheinungen mit Berzelius' Theorie nicht vereinbar. Zwar bemühte sich derselbe, das leckgewordene Schiff noch über Wasser zu halten, aber mit keinem dauernden Erfolg; er verwickelte sich in der Hitze des Kampfes derart in gewagten Behauptungen, dafs von allen Seiten ihm neue Gegner erwuchsen. So fafste er die Essigsäure als Verbindung des Radikals Acetyl C_4H_3 mit Sauerstoff und Wasser auf.

$$C_4H_3 \cdot O_3, HO,$$

die Chloressigsäure aber als eine mit Chlorkohlenstoff »gepaarte« Oxalsäure

$$C_2Cl_3, C_2O_3, HO.$$

Gegen diese und andere Abstrusitäten wandte sich vor allen Liebig, der aber auch die neuere französische Richtung in die gebührenden Grenzen wies und niemals den realen Boden des Experimentes verlassen wissen wollte.

Aber den ersten Substitutionserscheinungen folgten bald neue, aus den substituierten Verbindungen gelang es, die ursprünglichen wieder zu regeneriren, und so sah sich Berzelius genötigt, die Ansicht von der Zusammensetzung der Essigsäure wieder aufzugeben und dieselbe als mit Methyl »gepaarte« Oxalsäure hinzustellen:

$$C_2H_3, C_2O_3, HO.$$

Es sollten alle Körper einen solchen aus Kohlenstoff und Wasserstoff bestehenden Paarling enthalten, der seinen Wasserstoff gegen Halogen auszutauschen vermöchte.

So enthielten nach seiner Ansicht die von Hofmann entdeckten Chlorderivate des Anilins wie alle organischen Basen neben Ammoniak, das den basischen Charakter bedinge, einen Paarling; Anilin sei $C_{12}H_{14}$, NH_3, Chloranilin $C_{12}H_{13}Cl \cdot NH_3$. Damit hatte Berzelius selber, ohne es zu wollen, der Substitutionstheorie sich angeschlossen.

Kapitel 8.

Kerntheorie Laurents. Typentheorie von Dumas und Gerhardt.

Hatte Dumas anfangs nur die Ansicht ausgesprochen, dafs das Chlor die Stelle des Wasserstoffs einnehmen könne, ging sein Schüler Laurent einen Schritt weiter mit der Behauptung, das

Chlor spiele dieselbe Rolle in der neuen Verbindung wie der Wasserstoff in der ursprünglichen. Ja noch mehr; beide behaupteten später allen Ernstes, daſs die Natur der in einer Verbindung enthaltenen Atome weniger Einfluſs auf den Charakter derselben habe, als ihre Anzahl und räumliche Lagerung. Der Lehrer stand hier meistens auf des Schülers Schultern; Dumas wagte erst dann mit einer Theorie hervorzutreten, wenn Laurent dieselbe vorher aufgestellt hatte, ohne daſs er des Letzteren Verdienste anerkannt hätte.

Laurent ging rücksichtslos gegen anderer Meinungen vor, sobald sie ihm falsch erschienen, und diese Rücksichtslosigkeit, verbunden mit einer regen Phantasie, die ihn häufig zu weit trieb, verschuldeten die Nichtbeachtung oder Anfeindung seiner Ideen, die allerdings, wie man nicht verhehlen darf, nur allzuhäufig durch Unklarheit und Geschraubtheit glänzten.

Es war überhaupt das Kennzeichen der französischen Richtung, den Boden der experimentellen Forschung zu verlassen und sich in Spekulationen zu verlieren, die des thatsächlichen Haltes entbehrten.

Laurents Phantasie hat eine Theorie gezeitigt, welche niemals einer besonderen Anerkennung sich zu erfreuen gehabt hat. Die organischen Körper enthalten Gruppen von Atomen, welche enger aneinander gelagert sind, die Kerne; diese sollten stets eine gerade Anzahl von Atomen besitzen und durch Anlagerung der verschiedenartigsten Atome in andere Verbindungen übergehen, ohne jedoch ihren inneren Zusammenhang zu verlieren. So lieſsen sich von dem Methylen C_2H_4, das Chloroform $C_2H_4 \cdot H_2Cl_2$ und Bromoform C_2H_4 H_2Br_2 ableiten.

Laurent stützte sich zu wenig auf experimentelle Versuche, und diejenigen, welche er anstellte, lieſsen gröſstenteils nur allzusehr die nötige Genauigkeit vermissen; sein Ideengang war, wie Liebig bemerkt, nur ein willkürliches »Spiel mit Begriffen und Formeln.«

Die Substitutionserscheinungen bildeten die Basis, auf denen Dumas die Typentheorie errichtete. Die chemischen Verbindungen sollten nicht aus zwei Bestandteilen, sondern aus einer einheitlichen Atomgruppe bestehen. Alle Körper, welche ihre Atome in derselben Weise gebunden enthielten und ähnliche Eigenschaften besäſsen, gehörten zu demselben chemischen Typus. So gehörten zum Typus Essigsäure die Chloressigsäuren. Aber nach Regnaults Vorgang stellte Dumas auch mechanische oder Molekulartypen auf, und zu diesen gehörten alle Körper, welche eine gleiche Anzahl von Atomen besäſsen. Auf diese Weise wurden jedoch Körper zu einem und demselben Molekulartypus gezählt, welche miteinander in gar keiner Verbindung standen, so die Essigsäure und Oxalsäure, das Sumpfgas, die Ameisensäure, das Chloroform.

Diese Theorie hatte somit ihre Schwächen, aber sie brachte doch die unitare Anschauung zur Geltung, und darin liegt ihr gröſstes Verdienst. Es wurde nicht der Einfluſs des elektrischen Zustandes der Atome bestritten, sondern nur die Unveränderlichkeit desselben, die Zerlegung der Körper in zwei entgegengesetzt elektrische Bestandteile.

Dumas' und Laurents zum Teil in ihrer Bedeutung verkannte Ansichten fanden in Gerhardt einen geistvollen Interpretator, der ihnen erst diejenige Ausbildung gab, welche sie lebensfähig machen sollte.

Man hatte im allgemeinen angenommen, daſs, wenn ein Körper aus einem anderen hervorginge, derselbe in diesem als solcher präexistirt haben müsse. Wenn bei einer chemischen Reaktion Wasser auftritt, so muſs dasselbe als solches in den reagierenden Körpern enthalten gewesen sein. Dagegen wendet sich Gerhardt: »Wenn zwei Körper auf einander reagieren, so tritt aus dem einen ein Element aus, das sich mit einem Elemente des andern vereinigt, um eine stabile Verbindung zu erzeugen, während die Reste zusammentreten.«

Diese Reste sind aber als solche nicht existenzfähig, sie vermögen nur Atome einer anderen Verbindung zu substituieren. Tritt ein solches Radikal an Stelle eines Atoms irgend einer Verbindung, so bildet diese den »Typus« der neuentstandenen. So ist das Wasser nach Williamson nicht nur der Typus für den Alkohol und Äther, sondern auch für die Säuren, Oxyde und Salze:

$$\left.\begin{matrix} H \\ H \end{matrix}\right\} O \qquad \left.\begin{matrix} C_2H_5 \\ H \end{matrix}\right\} O \qquad \left.\begin{matrix} C_2H_5 \\ C_2H_5 \end{matrix}\right\} O$$

Das Äthyl ist an Stelle der Wasserstoff-Atome des Wassers getreten.

Das Kaliumhydroxyd ist als Wasser anzusehen, in dem ein Wasserstoff-Atom durch das Metall-Atom vertreten ist:

$$\left.\begin{matrix} H \\ H \end{matrix}\right\} O \qquad \left.\begin{matrix} K \\ H \end{matrix}\right\} O;$$

wird auch das zweite Wasserstoff-Atom durch ein Säureradikal ersetzt, so entsteht ein Salz:

$$\left.\begin{matrix} K \\ C_2H_3O \end{matrix}\right\} O;$$

werden beide Wasserstoff-Atome im Wasser durch Säureradikale ersetzt, so entstehen Anhydride:

$$\left.\begin{matrix} C_2H_3O \\ C_2H_3O \end{matrix}\right\} O.$$

Die von Hofmann und Wurtz entdeckten Aminbasen sind substituiertes Ammoniak, nach dessen Typus zusammengesetzt:

$$\left.\begin{array}{l}H\\H\\H\end{array}\right\}N. \qquad \left.\begin{array}{c}C_2H_5\\H\\H\end{array}\right\}N.$$

Gerhardt stellte vier einfache Grundtypen auf:

$$\left.\begin{array}{l}H\\H\end{array}\right\} \qquad \left.\begin{array}{l}H\\Cl\end{array}\right\} \qquad \left.\begin{array}{l}H\\H\end{array}\right\}O \qquad \left.\begin{array}{l}H\\H\\H\end{array}\right\}N,$$

Wasserstoff Salzsäure Wasser Ammoniak

denen später von Kékulé noch der Typus CH_4, Methan, zugefügt wurde, daneben jedoch eine Reihe von Nebentypen, wie

$$\left.\begin{array}{l}H\\Br\end{array}\right\} \qquad \left.\begin{array}{l}H\\H\end{array}\right\}S,$$

Bromwasserstoff Schwefelwasserstoff

sowie eine Reihe zusammengesetzter Typen, wie

$$\left.\begin{array}{l}O\left\{\begin{array}{l}H\\H\end{array}\right.\\O\left\{\begin{array}{l}H\\H\end{array}\right.\end{array}\right\} \qquad \left.\begin{array}{l}HCl\\HCl\end{array}\right\} \text{u. a.}$$

Es läfst sich nicht läugnen, dafs bei der Aufstellung der chemischen Formeln nach diesen Typen Gerhardt sich manche Freiheiten erlaubte, die natürlich seinen Gegnern willkommenen Anlafs boten, über ihn herzufallen. So wurde ihm auch die grofse Anzahl von Radikalen vorgehalten, welche nötig waren, um alle Verbindungen auf so wenige Typen zurückführen zu können, und dieser Umstand veranlafste Gerhardt zur Annahme der »Paarlinge« — eines Ausdrucks, den Berzelius von ihm entlehnte — d. h. Gruppen von Atomen, welche innerhalb des Radikals als zusammengehörig, aber von weniger wesentlichem Einflufs, angenommen wurden. Radikale, welche solche Paarlinge enthielten, z. B. $(SO_2)(CH_3)$ oder $C_7H_4(NO_2)$, hiefsen gepaart. Das gab wiederum Anlafs zu Streit.

Als die Zahl der komplicierten Verbindungen wuchs, reichten auch diese Typen nicht mehr aus, und man nahm nach Kékulés Vorgang seine Zuflucht zu »gemischten« Typen, wie

$$\left\{\begin{array}{l}\left.\begin{array}{l}H\\H\\H\end{array}\right\}N\\ \qquad ,\\ \left.\begin{array}{l}H\\H\end{array}\right\}O\end{array}\right.$$

wodurch natürlich die Übersichtlichkeit der Abstammung der verschiedenen Körper beträchtliche Einbufse erlitt oder ganz verloren ging.

Und dennoch ist Gerhardts Typentheorie von bedeutendem Einflufs gewesen. Die Kern- und Radikaltheorie, welche man auf den Trümmern des dualistischen Systems aufgebaut hatte, verbunden mit der Dumas'schen Typenlehre, haben wesentlich unter Gerhardts Händen die einheitliche Gestalt gewonnen, welche sie als Ersatz der Berzelius'schen Lehre einigermafsen gelten lassen konnte und welche hierdurch die Vorgängerinnen der modernen Anschauungen wurden.

Zu dem trug wesentlich ein Moment bei, welches ebenfalls Gerhardt zu danken ist. Die Begriffe von Atomgewicht, Aquivalent- und Verbindungsgewicht waren, vorzugsweise unter dem Einflufs Gmelins, wieder in arge Verwirrung geraten. Die Lehre des Berzelius hatte zweifellos alle bekannten chemischen Thatsachen in bewundernswerter Weise zu erklären vermocht. Als Erscheinungen bekannt wurden, welche sich mit jener nicht vertrugen, und die verschiedensten Theorien zu Tage gefördert wurden, welche anfangs die gähnende Leere nicht ausfüllen zu können schienen, hatte Gmelins Schule immer mehr Anhänger gefunden, welche wie ihr Meister sich von Theorien ferne hielten. Diese Richtung verschuldete zum nicht geringsten Teil die Stagnation, welche durch Begriffsverwirrung in völlige Versumpfung überzugehen drohte. Denn bei Gmelin war eine scharfe Trennung von Verbindung und blofsem Gemisch und damit ein konkreter Begriff von Atom überhaupt nicht zu finden.

Die atomistische Theorie wurde von diesem Untergange durch Gerhardt bewahrt, welcher zwischen Atom und Äquivalent genau unterschied, gestützt auf die Untersuchungen der mehrbasischen Säuren, welche besonders Liebig zu verdanken waren.

Die Typentheorie, wie sie am Ende ihrer Entwickelung erschien, hat der Radikaltheorie die Vorstellung von Atomkomplexen entlehnt, welche aber hier nicht als wirklich existierend, sondern als Reste, Residuen, aufgefafst wurden, welche die Stelle von einzelnen Atomen einzunehmen vermögen. Wie dieselben beschaffen, wie ihre Konstitution, davon wufste die Typentheorie nichts zu berichten, diesen Schritt that erst die Atomtheorie in ihrer heutigen Gestalt.

Ehe wir zur Erörterung dieser übergehen, dürfte ein kurzer Rückblick auf die Entwickelung der theoretischen Anschauungen am Platze sein.

Die Ansichten und Bestrebungen der Alchemisten und Iatrochemisten basierten auf aristotelischem Glauben an die vier alten Elemente. Es ist Boyles Verdienst, diesen Glauben bekämpft und die Existenz einer Reihe von wirklichen Elementen, d. h. nicht zerlegbaren einfachen Körpern, den physikalisch verschiedenen Modifikationen eines Urstoffs, betont zu haben. Das ist die Grundlage der heutigen Chemie, und Boyle somit der Begründer derselben, soweit ein solcher Ausdruck gestattet ist.

Die erste umfassende Theorie ist die Phlogistontheorie von Becher und Stahl. Die Verbrennung war die am meisten in die Augen fallende chemische Erscheinung; sie beruhte nach Stahl auf dem Entweichen einer Feuermaterie, des Phlogistons. Man unterschied demnach phlogistonhaltige und phlogistonfreie Körper. Die ersteren entlassen bei der Verbrennung das Phlogiston in die Luft, aus dieser wird dasselbe von den Pflanzen und Tieren aufgenommen, um wieder Kohle zu bilden, mit Hilfe derer den phlogistonfreien Körpern Phlogiston wieder zugeführt werden kann. Metalle gehen beim Verbrennen in phlogistonfreie Metallkalke über, letztere werden durch Erhitzen mit Kohle wieder in Metalle zurückgeführt.

Lavoisier betonte die Zunahme des Gewichts verbrennender Metalle, ein Beweis, daſs bei der Verbrennung nicht eine Substanz entweicht, sondern eine bisher unbekannte aufgenommen werden muſs. Da wird der Sauerstoff entdeckt und seine Mitwirkung bei der Verbrennung gezeigt. Die Anhänger der Phlogistontheorie nehmen jetzt den Wasserstoff als Phlogiston an. Da derselbe aber bei der Verkalkung der Metalle nicht auftritt, lieſs man diese Ansicht fallen und nahm seine Zuflucht zu der Hypothese der negativen Schwere des Phlogistons.

Lavoisiers Ansicht behielt die Oberhand, da der experimentelle Beweis für ihre Richtigkeit mit Hilfe der Waage in evidentester Weise geführt wurde. Der Sauerstoff wirkt aber nicht nur in freiem Zustande auf die Metalle, auch in Verbindungen wie Salpetersäure, Schwefelsäure. Die richtige Erkenntnis des Vorgangs bei Auflösung der Metalle in Säuren ist wiederum Lavoisier zu danken, und damit eine Definition von Säuren, Basen und Salzen. Der Sauerstoff verbindet sich mit Metall zu einem Oxyd, einer Basis, mit einem nichtmetallischen Element zu einer Säure; beide, binäre Verbindungen erster Ordnung, geben bei ihrer Vereinigung ein Salz, eine binäre Verbindung zweiter Ordnung. Das ist die Grundlage des Dualismus, welcher späterhin von Berzelius weiter ausgebildet wurde.

Jetzt stellt einer der bedeutendsten Anhänger Lavoisiers, Berthollet, die Ansicht auf, der chemische Effekt eines Körpers sei abhängig von seiner Affinität und seiner Masse, auſserdem von der Kohäsion und Elastizität; unter letzteren beiden versteht er das Bestreben in den festen oder gasförmigen Zustand überzugehen.

Damit war aber eine konstante Zusammensetzung chemischer Verbindungen geleugnet. Gegen ihn wendet sich Proust, gestützt auf die quantitativen Untersuchungen Richters, welche die Unrichtigkeit der Ansicht Berthollets bewiesen. Aber die Elemente vereinigen sich nicht allein in einem konstanten Gewichtsverhältnis miteinander, sondern in mehreren, welche aber in einem einfachen Verhältnis zu einander stehen, und diese Thatsache führte Dalton zur Aufstellung der Atomtheorie, welche durch Gay-Lussacs volumetrische Versuche und Avogadros resp. Ampères Annahme von Atomen und Molekülen wesentlich gestützt wurde.

Diese Atomtheorie wurde nun mit dem Dualismus Lavoisiers in genialer Weise durch Berzelius vereinigt. Als die Wirkung des elektrischen Stromes auf chemische Verbindungen bekannt wurde, hatte Davy die Ursache der Affinität der elektrischen Beschaffenheit der Atome zugeschrieben. Beim Kontakt zweier verschiedenartiger Atome sollten dieselben entgegengesetzt elektrisch werden. Die chemische Vereinigung erfolge durch Ausgleich dieser Elektrizitäten. Damit war aber der Bestand einer chemischen Verbindung nicht erklärt. Berzelius nimmt nun an, dafs die Atome sowohl positive wie negative Elektrizität von Anfang an besitzen, beide aber in ungleichem Mafse. Es mufste also jede chemische Verbindung von diesen abhängen und aus zwei verschieden elektrischen Bestandteilen bestehen, gleichgültig wie viele Atome auch in ihr enthalten sind.

Es waren wesentlich Erscheinungen auf dem jetzt mehr gepflegten Gebiete der organischen Chemie, welche den Sturz der Berzelius'schen Theorie, soweit sie dualistisch-elektrisch war, herbeiführen sollten.

Es war aufgefallen, dafs das Chlor den Wasserstoff in organischen Verbindungen ersetzen konnte, ohne dafs deren Eigenschaften eine wesentliche Änderung erfuhren. Berzelius suchte eine Erklärung, indem er diese Chlorderivate als ganz anderartige Körper hinzustellen unternahm, ohne jedoch Erfolg damit zu haben. Jetzt fafst Dumas die Verbindungen nicht mehr binär auf, sondern unitar; sie sollten nicht mehr aus zwei entgegengesetzt elektrischen Bestandteilen, sondern nur aus einer einheitlichen Atomgruppe bestehen. Die Anordnung der Atome bedingt den charakteristischen Unterschied der Körper, welche alle nach gewissen Typen zusammengesetzt sind. Gerhardt endlich findet die Vermittelung der alten Atomtheorie mit der Typenlehre, indem er den Begriff des Radikals in neuer Weise fafst, als in Wirklichkeit nicht existierende Atomgruppe, welche die Rolle eines Elementaratoms spielt.

II. Teil.

Die heutigen Theorien.

Einleitung.

Allem Seienden, dem sinnlich Wahrnehmbaren, liegt ein Urstoff zu grunde, die an sich unveränderliche und unvergängliche Materie; ihre verschiedenartige Bewegung ist die Ursache der so mannigfaltigen Naturerscheinungen. Wie wir uns diese Materie vorzustellen haben, darüber können wir uns noch keine Rechenschaft geben. Unsere Erfahrungen zwingen uns zu der Annahme, dafs sie aus aufserordentlich vielen und kleinen, räumlich von einander getrennten Partikelchen bestehe. Notgedrungen folgt hieraus eine begrenzte, wenn auch mit den uns zu gebote stehenden Mitteln nicht erreichbare Teilbarkeit der Materie, ihre Zerlegbarkeit in die kleinsten Teilchen, die Moleküle (moles, molecula). Dieselben sind von einander durch Molekularzwischenräume getrennt; in anderer Weise würde uns die Veränderung des Volumens durch Wärme und Druck, würden uns die verschiedenartigen Aggregatformen und der Übergang eines Körpers in dieselben nicht erklärbar sein. Ob und durch welche Materie diese Zwischenräume ausgefüllt sind, ob wir uns unter einer solchen ausfüllenden Materie Lichtäther, oder Kraft- und Wärmesphären vorzustellen haben, auch da kommen wir über Hypothesen nicht hinaus.

Vorläufig müssen wir eine Reihe von unzerlegbaren Grundstoffen annehmen, Elementen, die als Modifikationen des Urstoffs und als Grundbestandteile aller Körper anzusehen sind und in einander nicht übergeführt werden können.

Die Materie ist in einer steten Bewegung. Das tierische und pflanzliche Leben, die Erscheinungen der Atmosphäre und des Weltraumes, Licht und Wärme, sind nichts anderes als Äufserungen dieser Bewegung, welche alle Veränderungen verursacht. Selbst die leblos genannte Natur, die Gesteine, sind in fortdauernder Veränderung begriffen. Atmosphärische Einflüsse, physikalische und chemische Wirkung des Wassers oder der in diesem enthaltenen

Bestandteile bedingen dieselbe, und nur unserem Auge erscheint die Natur so häufig leblos, das in der so winzig kleinen Spanne Zeit unseres Lebens die langsam stetig fortschreitende Veränderung nicht wahrzunehmen vermag.

Wenn das Wasser von der Erdoberfläche verschwindet, wenn die Flamme unsere Kerze verzehrt, so sind wir geneigt, auch ein Verschwinden, eine Vergänglichkeit der Materie anzunehmen. Aber jenes kommt als atmosphärischer Niederschlag zurück, die Produkte der Verbrennung, der Verwesung, des Atmens, dienen den Pflanzen, und diese wieder den Tieren, als Bausteine zu fernerem Wachstum. Es ist ewige Veränderung und ewiges Bestehen, ein fortdauernder Kreislauf des Stoffes.

Und diesem Stoff wohnt eine ureigene Bewegung inne, eines ohne das andere ist nicht denkbar. Nicht nur die grofsen Massen sind beweglich, sondern jedes Atom, jedes Molekül besitzt seine eigene Bewegung, und diese ist die Ursache der Wärme, des Lichts, der Elektrizität, d. h. Erscheinungen, welche man früher auf das Vorhandensein unwägbarer Stoffe zurückführte.

Ebensowenig vergänglich wie die Materie ist die ihr innewohnende Kraft, beide sind untrennbar. Wenn die Bewegung eines Körpers allmählich infolge der Reibung verschwindet, so ist sie nicht verloren gegangen, sondern in Wärme umgesetzt. Ein aus grofser Höhe herabfallender Körper wird, wenn durch das plötzliche Aufschlagen auf den Erdboden ihm die Bewegung genommen wird, stark erhitzt; ein Wagenrad kann durch zu starke Reibung auf der Achse diese bis zur Entflammung erhitzen. In umgekehrter Weise läfst sich die Wärme in Bewegung umsetzen; das Feuer verwandelt Wasser in Dampf, die Dampfteilchen sind in Bewegung gesetzt und bestreben sich, sich möglichst von einander zu entfernen, und diese Bewegung ist es, welche unsere Maschinen treibt; dieselbe Bewegung erzeugt Elektrizität, Licht und Wärme.

Die Erforschung des ursächlichen Zusammenhanges dieser Erscheinungen, des Wesens und der Eigenschaften der Materie ist die Aufgabe aller Naturforschung.

Ein jeder Körper besitzt eine konstante Zusammensetzung aus unveränderlichen Elementen. Und doch lehrt uns die Erfahrung, dafs Körper, welche die gleichen Grundbestandteile und diese in gleichem Mengenverhältnis aufzuweisen haben, doch ein wesentlich verschiedenes Verhalten zeigen können. Das zwingt uns zu der Annahme, dafs in den zusammengesetzten Körpern die Elementarbestandteile sich nicht gleichmäfsig durchdringen, sondern an einander gelagert sind. Da ein solcher Körper selbst in seinen kleinsten, auf mechanischem Wege herstellbaren Teilchen immer die gleiche Zusammensetzung zeigt, so müssen die sich zu einer chemischen Verbindung aneinanderlagernden Partikelchen der Elementarbestandteile unendlich klein sein. Ein Gleiches gilt auch für die Elemente selbst. Die verschiedenen Modifikationen derselben, wie des Schwefels, des Phosphors, des Kohlenstoffs, lassen nur die Erklärung einer verschiedenartigen Gruppierung ihrer kleinsten Teilchen zu; auf eine andere Weise wären die verschiedenen Aggregatformen, die Härte, Dichtigkeit, Krystallform, nicht zu deuten. Diese kleinsten Teilchen der Elemente sind die Atome.

Die Chemie ist die Wissenschaft der Atome. Diese sind die kleinsten, chemisch und mechanisch nicht mehr teilbaren Teilchen der elementaren Körper, welche als solche in das Molekül, d. h. der kleinsten, mechanisch nicht weiter, nur auf chemischem Wege teilbaren Menge einer chemischen Verbindung einzutreten vermögen; auf ihnen allein beruht das Zustandekommen einer chemischen Verbindung. Wenn man sagt, die Chemie beschäftige sich mit der Zusammensetzung und Zerlegung der Körper, so heifst das nichts anderes, als mit der chemischen Veränderung derselben, also mit den Atomen.

Vereinigen sich zwei oder mehrere, gleichartige oder verschiedene, Atome, so entsteht das Molekül eines Elementes oder einer chemischen Verbindung, und diese Moleküle sind wirkungslos; erst dann vermag eine chemische Veränderung vor sich zu gehen, wenn das Molekül, also Atomgruppe, in seine Atome zerfällt.

Ein Atom Wasserstoff und ein Atom Chlor vereinigen sich mit einander zu einem Molekül Chlorwasserstoff. Dieses Molekül ist wirkungslos, falls nicht sein Zerfall bewirkt wird. Wenn ein Atom Kalium mit einem Molekül Salzsäure in Berührung gebracht wird, so entzieht es dem letzteren sein Chloratom und setzt das Wasserstoffatom in Freiheit. Aus Kaliumhydroxyd und Salzsäure entstehen Chlorkalium und Wasser; das Kaliumatom entzieht der Salzsäure wiederum das Chlor, das Sauerstoff- und Wasserstoffatom des Hydroxydes vereinigen sich mit dem ebenfalls in Freiheit gesetzten Wasserstoffatom der Salzsäure zu Wasser. Das Molekül Salzsäure, Kalium, Hydroxyd, Wasser, die Eigenschaften der Moleküle überhaupt haben für die Chemie nur ein beschränktes Interesse; sie zu studieren ist Aufgabe der Physik.

Zwar ist eine scharfe Trennung beider Disziplinen nicht möglich. Wenn das Wasser auf seinem Wege durch das Gestein, den Erdboden, Verwitterung und Zerklüftung verursacht, so ist solches nur für Physik und Geologie von Interesse; wenn das wieder hervorquellende Mineralsubstanzen gelöst enthält, so hat sich hiermit auch die Chemie zu beschäftigen, da die Lösungsfähigkeit des Wassers in diesem Fall auch auf dem Gehalt an freier Kohlensäure beruht, die mit in der Erde vorhandenen Karbonaten saure Salze bildet, welche das Wasser aufzunehmen vermag. Die Lösungsfähigkeit auch des reinen Wassers für die verschiedenartigen Körper ist gleichfalls noch Sache der Chemie, solange nicht nachgewiesen ist, dafs die Auflösung eines Stoffes in Wasser nur auf physikalischen Gründen beruht. Es ist ebenso möglich, dafs hierbei eine gewisse Lockerung, eine Verschiebung der Atome stattfindet, ohne dafs der frühere Zusammenhang gänzlich gestört wird, oder dafs infolge von Molekularkräften eine Vereinigung stattfindet. Das Hydratwasser, das Krystallwasser scheinen hierfür zu sprechen.

Aus vorstehendem erhellt die Berechtigung des Satzes, dafs Chemie die Wissenschaft der Atome ist; ihre Aufgabe ist das Studium der Eigenschaften derselben, ihr Ziel die Auffindung der Gesetze der Affinitätserscheinungen, welche in den Atomen ihren Sitz haben, die Mechanik der Atome.

Um aber für die chemischen Erscheinungen eine Erklärung zu finden, sind die aus den Beobachtungen abgeleiteten Gesetzmäfsigkeiten nicht ausreichend; die Chemie bedarf mehr als jede andere Wissenschaft der Hypothese, welche eine Summe von Erscheinungen einheitlich zu erklären vermag, und deren Wahrscheinlichkeit um so gröfser ist, je mehr Thatsachen durch sie ihre Deutung finden. Und hierin wird sie in willkommener, ja notwendiger Weise von der Physik unterstützt, welche den Zustandsänderungen der Materie mit wohl ausgebildeten Methoden, mit Mafs und Zahl nachzuforschen vermag, Zustandsänderungen, mit denen auch die chemischen Erscheinungen verbunden sind, und auf welche sich die letzteren in vielen, wenn nicht in allen Fällen werden zurückführen lassen.

Kapitel 9.

Gemisch und chemische Verbindung. Gewichtsverhältnisse; Gesetz der konstanten und multiplen Proportionen; Gesetz der Verbindungsgewichte. Volumverhältnisse; Boyle-Mariotte'sches und Gay-Lussac'sches Gesetz. Avogadros Lehrsatz. Atom und Molekül. Kinetische Theorie der Gase.

Das Kennzeichen einer chemischen Verbindung ist ihre unveränderliche Zusammensetzung. Schwefel und Eisenpulver, noch so innig gemischt, lassen stets doch ihre Bestandteile ohne weiteres erkennen, gleichgültig in welchem Gewichtsverhältnis sie stehen. Wird aber durch geeignete Bedingungen eine chemische Vereinigung beider Substanzen erzielt, so verbinden sich genau 63,6 Gewichtsteile Eisen mit 36,4 Gewichtsteilen Schwefel zu 100 Teilen Schwefeleisen, dessen Bestandteile jetzt nur auf chemischem Wege ermittelt werden können. Ein Überschufs von einem derselben bleibt aufser Reaktion.

Es gibt eine Reihe von Körpern, welche in veränderlichen Gewichtsverhältnissen zusammengesetzt sind, ohne jedoch ihre Bestandteile ohne weiteres erkennen zu lassen. Gold und Silber wie viele andere Metalle lassen sich in beliebigen Mengen zu einer Legierung zusammenschmelzen, Wasser löst die verschiedenartigsten Salze, manche Flüssigkeiten mischen sich miteinander in beliebigen oder doch innerhalb gewisser Grenzen liegenden Mengen. Solche Vereinigungen können wir nicht als chemische Verbindungen im strengen Sinne bezeichnen; sie sind nicht entstanden durch Anlagerung verschiedenartiger Atome aneinander, sondern durch Vermischung der Moleküle.

Auf welchem Wege nun auch eine chemische Verbindung entstehen mag, das Verhältnis der Gewichte der Bestandteile ist immer dasselbe, und das Gewicht der Verbindung ist gleich der Summe der Gewichte ihrer Bestandteile.

Aber die chemische Analyse lehrt uns noch etwas Anderes; das Gewichtsverhältnis nämlich, in welchem sich die verschiedenen Elemente mit einer bestimmten Menge eines gegebenen verbinden, ist für alle ihre Verbindungen mit anderen Elementen dasselbe. (Gesetz der konstanten Proportionen.)

Mit	100	Gewichtsteilen	Cl	verbinden	sich	2,82 H;	64,8 Na;	109,9 K.
„	100	„	Br	„	„	1,25 H;	28,75 Na;	48,75 K.
„	100	„	J	„	„	0,79 H;	18,11 Na;	30,71 K.
„	100	„	O	„	„	12,5 H;	287,5 Na;	487,5 K.

Das Verhältnis der Gewichte des Wasserstoffs verhält sich zu dem des Natriums immer wie 1 : 23, das des Wasserstoffs zum Kalium immer wie 1 : 39, das des Natriums zum Kalium immer wie 1 : 1,7.

Ein Element verbindet sich jedoch mit einem andern nicht immer in einem einzigen Gewichtsverhältnis. So vereinigen sich 100 Teile Quecksilber nicht nur mit 8 Teilen, sondern auch mit 16 Teilen Schwefel; 1 Teil Wasserstoff vereinigt sich sowohl mit 8 Teilen Sauerstoff wie mit 16 Teilen desselben. Es geht hieraus hervor, dafs, wenn sich ein Element in mehr als einem Verhältnis mit einem andern verbindet, diese Gewichtsmengen in einem sehr einfachen Verhältnis zu einander stehen. (Gesetz der multiplen Proportionen.)

So vereinigen sich 14 Teile Stickstoff mit 8, 16, 24, 32 und 40 Gewichtsteilen Sauerstoff; die Gewichtsmengen des letzteren stehen also zu denen des ersteren im Verhältnis wie 1 : 2 : 3 : 4 : 5.

Nimmt man eine beliebige Menge irgend eines Stoffes als Gewichtseinheit an, und ermittelt nun diejenigen Gewichtsmengen anderer Stoffe, welche sich mit jener vereinigen, d. h. also ihre Verbindungsgewichte, so wird man finden, dafs alle Stoffe sich nur in dem Verhältnis dieser ihrer Verbindungsgewichte oder einfacher rationaler Multiplen derselben miteinander verbinden. (Gesetz der Verbindungsgewichte.)

Das Verbindungsgewicht des Wasserstoffs wurde als Einheit genommen; die geringste Menge Chlor, welche sich mit 1 Teil Wasserstoff verbindet, ist zu 35,37, diejenige des Sauerstoffs zu 15,96 gefunden; 35,37 Teile Chlor verbinden sich mit 22,99 Teilen Natrium, 39 T. Kalium, 19,95 T. Calcium u. s. w. Diese Zahlen geben also die Verbindungsgewichte von Sauerstoff, Chlor, Natrium, Kalium, Calcium an, bezogen auf Wasserstoff. Mit 16 T. Sauerstoff vereinigen sich 45,98 Natrium, 78 Kalium, 39,9 Calcium u. s. w. Das sind die Verbindungsgewichte derselben bezogen auf dieselbe Menge Sauerstoff. Wie ersichtlich, gelten also als Verbindungsgewichte der einzelnen Elemente ganz verschiedene Mengen, je nach der Beziehung zu dem einen oder andern Element. Eine Norm zur Feststellung eines einzigen Verbindungsgewichtes für jedes einzelne Element ist hier also nicht vorhanden; das ist der Unterschied der Verbindungsgewichte gegenüber den Atomgewichten, wie wir später kennen lernen werden. Das Gesetz der Verbindungsgewichte betont nur, dafs die verschiedenen eines und desselben Elements ein rationales Vielfaches des geringsten derselben betragen, dafs also z. B. Chlor mit 35,37 Gewichtsteilen oder dem 2-, 3-, 4- etc.-fachen, Sauerstoff mit 15,96 oder dem 2-, 3-, 4- etc.-fachen sich an der Zusammensetzung einer ihrer Verbindungen beteiligen.

Ähnliche Regelmäfsigkeiten bieten die Elemente in gasförmigem Zustande bei ihrer Vereinigung. So vereinigen sich ein Volumen Wasserstoff und ein gleiches Volumen Chlor, beide unter demselben Druck und bei gleicher Temperatur gemessen, zu zwei Voluminibus Chlorwasserstoffgas, zwei Volumen Wasserstoff und ein Volumen Sauerstoff zu zwei Volumen Wasserdampf, drei Volumen Wasserstoff und ein Volumen Stickstoff zu zwei Volumen Ammoniak,

d. h. bei der Vereinigung zweier gasförmigen Elemente ist das Volumen der resultierenden gasförmigen Verbindung gleich der Summe der Volumina der Komponenten oder in einfachem Verhältnis verkleinert.

Der Zusammenhang zwischen den Erscheinungen der Gewichts- und Volumverhältnisse läfst sich mit Hilfe der von Dalton aufgestellten, oder besser gesagt reformierten Atomtheorie leicht darlegen. Sämtliche Gase, elementare wie zusammengesetzte, gehorchen den Boyle-Mariotte'schen und Gay-Lussac'schen Gesetzen: Sie verhalten sich gegen Änderungen des Druckes und der Temperatur gleichmäfsig. Ein verminderter Druck läfst sie sich um das Gleiche ausdehnen, ebenso wie eine Erhöhung der Temperatur; umgekehrt bewirkt ein erhöhter Druck und verminderte Temperatur gleichmäfsige Kontraktion. Das Boyle-Mariotte'sche Gesetz sagt, dafs die Volumina aller Gase sich umgekehrt verhalten wie der Druck, der auf ihnen lastet.

Bezeichnet V und P das Volumen und den Druck eines Gases, so ist das Volumen V' desselben Gases bei einem Druck P' bestimmt durch die Gleichung:

$$V : V' = P' : P, \qquad (1$$

also

$$V \cdot P = V' \cdot P'$$

und

$$V' = \frac{VP}{P'}.$$

Ist also das Volumen eines Gases bei einem Atmosphärendruck von 760° Mm. = 1 Liter, so ist es bei doppeltem Druck = ½ L, bei halbem Druck = 2 Liter.

Jedoch gilt das Gesetz nicht für alle Gase ganz gleichmäfsig; je schwerer kondensierbar eine Gasart ist, um so mehr folgt dieselbe dem Gesetz, aber auch hier niemals absolut vollkommen. Bei wachsendem Druck (bis zu etwa 30 Atmosphären) verringert sich das Volumen des Wasserstoffs in geringerem Grade, das des Sauerstoffs und Stickstoffs in etwas stärkerem Grade als nach dem Gesetz zu erwarten stände; leicht kondensierbare Gase werden nahe dem Kondensationspunkte bei weitem stärker comprimiert, folgen aber dem Gesetz bei höheren Temperaturen.

Nach dem Gay-Lussac'schen Gesetz erleiden alle Gase bei gleicher Temperaturerhöhung eine gleiche Ausdehnung, für je 1° C. um $\frac{1}{273}$ = 0,003665 ihres Volumens bei 0°. Die Zahl 0,003665 nennt man den Ausdehnungscoefficienten und bezeichnet denselben der Kürze wegen gewöhnlich mit α.

Wird das Volumen eines Gases bei 0^0 mit V^0 bezeichnet, so ist sein Volumen V bei t^0

$$V = V^0 + \alpha t \cdot V^0$$

oder

$$V = V^0 (1 + \alpha t). \tag{2}$$

Ebenso ist das Volumen V' eines Gases bei $t_1{}^0$

$$V' = V^0 (1 + \alpha t_1). \tag{3}$$

Aus Gleichung 2 und 3 folgt

$$\frac{V}{V'} = \frac{V^0 (1 + \alpha t)}{V^0 (1 + \alpha t_1)}$$

oder

$$\frac{V}{V'} = \frac{1 + \alpha t}{1 + \alpha t_1} \tag{4}$$

oder

$$V' = V \frac{1 + \alpha t_1}{1 + \alpha t}.$$

Tritt gleichzeitig Änderung des Druckes und der Temperatur ein, so folgen die Gase gleichzeitig beiden Gesetzen. Für ein Volumen V bei einem Druck P und einer Temperatur t wird bei einem Druck P' und einer Temperatur t_1 sich Folgendes ergeben:

Nach Gleichung 1 und 4 ist

$$\frac{V}{V'} = \frac{P' (1 + \alpha t)}{P (1 + \alpha t_1)}$$

also

$$V' = \frac{P V (1 + \alpha t_1)}{P' (1 + \alpha t)}.$$

Auch das Gay-Lussac'sche Gesetz gilt nicht mit voller Schärfe.

Diese Erscheinungen, welche in den beiden Gesetzen ihren Ausdruck finden, lassen sich durch die Annahme erklären, dafs alle Gase bei gleichem Druck und gleicher Temperatur eine gleiche Anzahl kleinster materieller Teilchen enthalten. Wenn sich ein Volumen Wasserstoff und ein Volumen Chlor zu zwei Volumen Chlorwasserstoff vereinigen, so mufs eine Anlagerung des kleinsten Teilchens Wasserstoff und des kleinsten Teilchens Chlor stattfinden, so zwar, dafs ein kleinstes Teilchen Chlorwasserstoff entsteht, aber ohne dafs eine Änderung des Volumens eintritt. Das kann nur dann der Fall sein, wenn die kleinsten Partikelchen elementarer Gase von denjenigen zusammengesetzter verschieden sind. Wir nennen diese kleinsten Teilchen der Elemente, welche sich auf mechanischem und chemischem Wege nicht weiter teilen lassen, Atome, und die kleinsten Teilchen der chemischen Verbindungen, welche wohl noch chemisch, aber nicht mehr mechanisch spaltbar sind, Moleküle, und präzisieren den obigen Lehrsatz dahin, dafs wir sagen, alle Gase enthalten bei gleichem Druck und gleicher Temperatur eine gleiche Anzahl von Molekülen. (Avogadros Lehrsatz.)

Die Atome eines Elementes lagern sich nun zu mehreren, meistens zweien, aneinander zu einem Molekül desselben, zwei oder mehrere Atome verschiedener Elemente bilden durch Vereinigung das Molekül einer chemischen Verbindung. Das Atom ist die kleinste Menge eines Elementes in dem Molekül seiner Verbindungen, das Molekül die kleinste Menge eines Körpers in freiem Zustande. Wenn wir annehmen, dafs das Molekül Chlor und das Molekül Wasserstoff aus zwei Atomen, das Molekül Chlorwasserstoff aus einem Atom Wasserstoff und einem Atom Chlor besteht, so ist begreiflich, dafs bei der Vereinigung der Atome eine Volumänderung nicht eintreten kann, da ein Molekül Wasserstoff und ein Molekül Chlor, zusammen vier Atome, zwei Moleküle Chlorwasserstoff zu ebenfalls vier Atomen geben.

Avogadros Lehrsatz gewinnt als Fundament unserer heutigen Atomtheorie an Bedeutung durch Betrachtungen, welche über anderweitige Eigenschaften der Gase angestellt worden sind. Alle Gase haben das gleiche Bestreben, den Raum möglichst auszufüllen, mit andern Worten, ihre kleinsten Teilchen suchen sich möglichst weit von einander zu entfernen. Früher suchte man diese Erscheinung durch die Annahme zu erklären, die kleinsten Teilchen der Gase übten eine abstofsende Wirkung auf einander. Die Thatsache jedoch, dafs bei dieser Ausdehnung der Gase ohne Arbeitsleistung keine Wärme auftritt, mufste notgedrungen den Glauben an Repulsivkräfte fallen lassen, wir sind vielmehr zu der Annahme gezwungen, dafs die Moleküle beim Übergang eines Körpers in den gasförmigen Zustand durch Zuführung von Wärme in so heftige Bewegung geraten, dafs ihre gegenseitige Anziehung überwunden wird und sie in gradlinig fortlaufender Bewegung erhalten werden. Die geringe Anziehung, der die Gasmoleküle unterliegen, ist der Grund, warum die Gase nicht streng den Boyle-Mariotte'schen und Gay-Lussac'schen Gesetzen folgen, sie denselben bei erhöhter Temperatur oder geringeren Druck näher kommen, da die Entfernung der einzelnen Moleküle von einander in diesen Fällen gröfser und ihre gegenseitige Anziehung geringer werden mufs. In dieser ihrer Bewegung werden sie nun beharren, bis sich ihnen ein Hindernis bietet, von dem sie abprallen. Die auf diese Ansicht sich stützende Theorie von der Bewegung der Moleküle wird als »kinetische Theorie der Gase« (κινέω bewegen) bezeichnet, welche in ihren Anfängen von Bernoulli herrührt und namentlich von Clausius und Maxwell weiter ausgebildet wurde.

Der Druck, welchen ein Gas infolge dieser Bewegung der Moleküle auf die dasselbe umgebende Gefäſswand ausübt, muſs abhängig sein von der Masse und Geschwindigkeit der Moleküle, sowie ihrer Anzahl und dem Volumen des Gases. Zunächst soll der Einfluſs der ersten beiden Faktoren auf den Druck, der auf der Flächeneinheit der umschlieſsenden Wand lastet, untersucht werden.[1])

Es bezeichne m und M die Masse der Moleküle zweier Gase und c und C ihre Geschwindigkeit; die Stärke der Stöſse steht in direktem Verhältnis der Masse und Geschwindigkeit, ist also dem Produkt beider, der »Bewegungsgröſse«, proportional, also

$$\frac{mc}{MC}.$$

Die Anzahl der Stöſse in gleichen Zeiten muſs aber proportional der Geschwindigkeit sein, also

$$\frac{c}{C}.$$

Bezeichnen nun p und P den Druck der beiden Gase auf die Flächeneinheit, so ist

$$\frac{p}{P} = \frac{mc \cdot c}{MC \cdot C} = \frac{mc^2}{MC^2} = \frac{\frac{mc^2}{2}}{\frac{MC^2}{2}}. \qquad (1$$

d. h. **die Drucke zweier Gase verhalten sich wie die lebendigen Kräfte der Molekularbewegung**; denn das halbe Produkt aus Masse und dem Quadrat der Geschwindigkeit wird bekanntlich als mittlere lebendige Kraft bezeichnet.

Untersuchen wir ferner den Einfluſs des Gasvolumens und der darin enthaltenen Anzahl von Molekülen. In dem Raum v, den das eine Gas ausfüllt, seien n Moleküle in gleichen Abständen von einander und in Ruhe befindlich enthalten; dann wird die Anzahl der Moleküle in der Raumeinheit

$$n' = \frac{n}{v}, \qquad (2$$

1) Ich folge hier im Allgemeinen der Abhandlung von Naumann in den Ber. d. d. chem. Ges. II S. 690.

in der Längeneinheit

$$l = \sqrt[3]{\frac{n}{v}},$$

und in der Flächeneinheit

$$f = \left(\sqrt[3]{\frac{n}{v}}\right)^2 \text{ sein.}$$

Wird nun ohne Änderung der Molekülzahl das Volumen v auf das Volumen V gebracht, so wird die Anzahl der Moleküle in der Raumeinheit

$$n'' = \frac{n}{V}, \tag{3}$$

in der Längeneinheit

$$L = \sqrt[3]{\frac{n}{V}},$$

in der Flächeneinheit

$$F = \left(\sqrt[3]{\frac{n}{V}}\right)^2$$

sein.

Im Bewegungszustande mufs der Druck auf die Flächeneinheit direkt proportional sein der Anzahl von Molekülen, welche sich in einem bestimmten Augenblicke in der Flächeneinheit befinden, weil letztere bei der Bewegung gleichzeitig von allen getroffen wird, und direkt proportional der Anzahl der Moleküle, welche in der Längeneinheit in demselben Augenblicke sich befinden, weil die Flächeneinheit um so häufiger getroffen wird, je geringer der Abstand der Moleküle ist. Daher verhalten sich die verschiedenen Drucke p und P

$$\frac{p}{P} = \frac{fl}{FL} = \frac{\left(\sqrt[3]{\frac{n}{v}}\right)^2 \sqrt[3]{\frac{n}{v}}}{\left(\sqrt[3]{\frac{n}{V}}\right)^2 \sqrt[3]{\frac{n}{V}}} = \frac{\frac{n}{v}}{\frac{n}{V}} = \frac{V}{v}, \tag{4}$$

d. h. **die Drucke der Gase verhalten sich umgekehrt wie ihre Volumina.** (**Mariotte'sches** Gesetz.)

Nach Gleichung 4 ist also $\frac{p}{P} = \frac{n}{v} : \frac{n}{V}$.

Werden die Werte für n' (Gleichung 2) und n'' (Gleichung 3) in die letztere Gleichung eingeführt, so erhalten wir

$$\frac{p}{P} = \frac{n'}{n''}.$$

Da dieses Verhältnis der in der Volumeinheit enthaltenen Moleküle gleich ist dem Verhältnis $\frac{n}{N}$ der in gleichem Volumen

$v = V$ enthaltenen Zahl von Molekülen, so ist also für gleiche Volumina

$$\frac{p}{P} = \frac{n}{N}, \tag{5}$$

d. h. im gleichen Volumen der Gase stehen die Drucke in geradem Verhältnis zu der Anzahl der Moleküle. Sind also sowohl die Volumina v und V, wie auch die Molekülzahlen n und N verschieden, so folgt aus Gleichung 4 und 5

$$\frac{p}{P} = \frac{nV}{Nv}, \tag{6}$$

d. h. die Drucke der Gase sind der Molekülzahl direkt, den Voluminibus umgekehrt proportional.

Aus Gleichung 6 und 1 erhält man

$$\frac{p}{P} = \frac{nV\frac{mc^2}{2}}{Nv\frac{MC^2}{2}}, \tag{7}$$

d. h. die Drucke sind den Molekülzahlen und den lebendigen Kräften der Molekularbewegung direkt, den Voluminibus umgekehrt proportional.

Nach dem Mariotte'schen und Gay-Lussac'schen Erfahrungsgesetz nimmt bei gleichbleibendem Volumen und der Erhöhung der Temperatur um 1^0 C. der Druck um $\frac{1}{273} = 0{,}003665$ des Druckes bei 0^0 zu. Sind t_0, $t_,$, $t_{,,}$ verschiedene Temperaturen und p_0, $p_,$, $p_{,,}$ die entsprechenden Drucke, so ist

$$\frac{p_,}{p_{,,}} = \frac{p_0 + \frac{t_,}{273} p_0}{p_0 + \frac{t_{,,}}{273} p_0} = \frac{273 + t_,}{273 + t_{,,}} = \frac{T_,}{T_{,,}},$$

wo $T_,$ und $T_{,,}$ die von -273^0 C. an gezählten Temperaturen, die sogenannten absoluten Temperaturen, bedeuten.

Da der Druck der Gase von ihrer Dichte oder der Anzahl der im gleichen Volumen enthaltenen Moleküle abhängig ist, so ist, wenn $n_,$ und $n_{,,}$ die Molekülzahlen gleicher Volumina bedeuten,

$$\frac{p_,}{p_{,,}} = \frac{n_, T_,}{n_{,,} T_{,,}}, \tag{8}$$

d. h. die Drucke gleicher Volumina desselben Gases verhalten sich wie die Molekülzahlen in gleichen Räumen und wie die absoluten Temperaturen.

Bedeuten $c_,$ und $c_{,,}$ die Geschwindigkeiten der Moleküle desselben Gases bei den absoluten Temperaturen $T_,$ und $T_{,,}$, so folgt aus 7

$$\frac{p_{,}}{p_{,,}} = \frac{n_{,} \cdot \frac{m c_{,}^2}{2}}{n_{,,} \cdot \frac{m c_{,,}^2}{2}}. \tag{9}$$

Aus 8 und 9 folgt:

$$\frac{\frac{m c_{,}^2}{2}}{\frac{m c_{,,}^2}{2}} = \frac{T_{,}}{T_{,,}}, \tag{10}$$

d. h. bei demselben Gase verhalten sich die lebendigen Kräfte der Molekularbewegung wie die absoluten Temperaturen.

Nun wird beim Mischen verschiedener, chemisch auf einander nicht reagierender Gase von gleicher Temperatur, z. B. $T_{,,}$, die letztere nicht geändert. Weiterhin lehrt uns die Erfahrung, dafs solche Gase ganz unabhängig von einander durcheinander diffundieren. Deshalb mufs bei derselben Temperatur die lebendige Kraft der Molekularbewegungen auch bei verschiedenen Gasen gleich grofs sein, also

$$\frac{m c_{,,}^2}{2} = \frac{M C_{,,}^2}{2},$$

woraus mit der Gleichung 10 folgt, dafs

$$\frac{\frac{m c_{,}^2}{2}}{\frac{M C_{,,}^2}{2}} = \frac{T_{,}}{T_{,,}}, \tag{11}$$

d. h. dafs auch bei verschiedenen Gasen die lebendigen Kräfte der Molekularbewegung sich ebenfalls wie die absoluten Temperaturen verhalten.

Wird in Gleichung 7 das Verhältnis der lebendigen Kräfte der Moleküle nach Gleichung 11 durch das Verhältnis der absoluten Temperaturen ersetzt, so ist

$$\frac{p}{P} = \frac{n \cdot V \cdot T_{,}}{N \cdot v \cdot T_{,,}}, \tag{12}$$

d. h. die Drucke verhalten sich direkt wie die Anzahl der Moleküle im gleichen Raume und wie die absoluten Temperaturen, aber umgekehrt wie die Volumina.

Wird nun Gleichheit des Druckes, des Volumens und der Temperatur angenommen, also $p = P$, $T_{,} = T_{,,}$, $v = V$ gesetzt, so ist auch

$$n = N,$$

d. h. bei gleichem Druck und gleicher Temperatur ist in gleichen Voluminibus verschiedener Gase eine gleiche Anzahl von Molekülen enthalten.

Kapitel 10.

Volumgewicht, Molekular-, Atom- und Äquivalentgewicht. Bestimmung derselben.

Aus dem Avogadro'schen Lehrsatze, dafs in gleichen Voluminibus aller Gase bei gleichem Druck und gleicher Temperatur gleichviel Moleküle enthalten sind, folgt, dafs die Volumgewichte, d. h. die Gewichte gleicher Volumina verschiedener Gase, sich wie die Gewichte der Moleküle verhalten. Ein Liter Wasserstoff wiegt bei 0° und 760 mm Quecksilberdruck 0,089578 g, ein Liter Sauerstoff unter denselben Bedingungen 1,43028 g, ein Liter Chlor 3,17344 g, und diese Zahlen verhalten sich wie 1 : 15,96 : 35,37.

Wie diese Zahlen verhalten sich also auch die Molekulargewichte der drei Gase.

Wenn sich ferner dic Gewichte gleicher Volumina Chlorwasserstoff und Wasserdampf wie 36,37 : 17,96 verhalten, so ist das auch das Verhältnis der Gewichte der Moleküle dieser Verbindungen. Das Molekül eines zusammengesetzten Gases mufs notwendig aus zwei oder mehreren Atomen bestehen. Wir haben die triftigsten Gründe, anzunehmen, dafs das Molekül Chlorwasserstoff aus einem Atom Wasserstoff und einem Atom Chlor, und das Molekül Wasser aus zwei Atomen Wasserstoff und einem Atom Sauerstoff bestehe. Wir wissen ferner (vgl. Kap. 9), dafs ein Volumen Wasserstoff und ein Volumen Chlor zwei Volumina, zwei Volumina Wasserstoff und ein Volumen Sauerstoff ebenfalls zwei Volumina, drei Volumina Wasserstoff und ein Volumen Stickstoff wiederum zwei Volumina Chlorwasserstoff, Wasserdampf und Ammoniak geben. Wir können somit ganz allgemein sagen, dafs das Molekül einer gasförmigen Verbindung gleich zwei Voluminibus ist; das relative Gewicht dieser zwei Volumina ist also das Molekulargewicht, ist also diejenige Menge, welche in Gasform denselben Raum einnimmt wie zwei Volumina Wasserstoff.

Nehmen wir nun einmal an, dafs in einem Volumen Chlorwasserstoff 1000 Moleküle enthalten seien, so mufs nach Avogadros Lehrsatz ein Molekül Wasserstoff und Chlor ebenfalls 1000 Moleküle enthalten. Wenn jetzt ein Molekül Chlorwasserstoff aus einem Atom Wasserstoff und einem Atom Chlor besteht, und ein Volumen Chlorwasserstoff durch Vereinigung von einem halben Volumen Wasserstoff und einem halben Volumen Chlor entsteht, so müssen diese halben Volumina Wasserstoff und Chlor 1000 Atome enthalten, also ist ein Volum Wasserstoff und Chlor = 2000 Atomen = 1000 Molekülen; daher mufs auch das Molekül Wasserstoff und Chlor gleich zwei Atomen sein. Das Molekül eines elementaren Körpers besteht mithin gleichfalls aus zwei Atomen.

Wenn die Volumgewichte das Verhältnis der Molekulargewichte ausdrücken, so drücken sie, wenn ein Molekül zwei Atome enthält, auch das Verhältnis der Atomgewichte aus. Da das Molekulargewicht eines gasförmigen Elementes gleich dem Gewicht von zwei Voluminibus ist, so müssen die Gewichte eines Volumens das Atomgewicht eines Elementes darstellen. Es müssen also die für die Moleküle Wasserstoff, Sauerstoff, Chlor gefundenen Zahlenverhältnisse auch das Verhältnis ihrer Atome angeben. Wenn zwei Volumina Wasserstoff 2 wiegen, so wiegen zwei Volumina Chlorwasserstoff 36,37, zwei Volumina Wasserdampf 17,96, zwei Volumina Ammoniak 17. Da in zwei Voluminibus dieser Verbindungen ein, zwei und drei Volumina Wasserstoff enthalten sind, und zwei Volumina das Gewicht eines Moleküls repräsentieren, so wiegt ein Volumen Chlor 35,37, ein Volumen Sauerstoff 15,96, ein Volumen Stickstoff 14. Da niemals weniger als ein Volumen Chlor sich mit einem Volumen Wasserstoff, ein Volumen Sauerstoff mit zwei Voluminibus Wasserstoff, ein Volumen Stickstoff mit drei Voluminibus Wasserstoff vereinigen, so drücken die eben für diese Elemente gefundenen Zahlen die kleinsten relativen Gewichtsmengen aus, welche in ein Molekül eintreten. Diese kleinsten Mengen sind ihre Atome, ihre relativen Gewichte (H = 1) die Atomgewichte.

Die Atomgewichte sind also die kleinsten relativen Gewichtsmengen der elementaren Körper, welche in das Molekül einer chemischen Verbindung eintreten.

Wir wissen ferner, dafs in 100 Gewichtsteilen Wasser 88,89 Gewichtsteile Sauerstoff mit 11,11 Gewichtsteilen Wasserstoff vereinigt sind; auf ein Gewichtsteil Wasserstoff kommen demnach 8 Gewichtsteile Sauerstoff. Im Ammoniak sind in 100 Teilen auf 17,65 Teile Wasserstoff 82,35 Teile Stickstoff enthalten; auf ein Gewichtsteil Wasserstoff kommen also 4,67 Teile Stickstoff. Diese Gewichtsmengen Sauerstoff und Stickstoff sind die Äquivalent- oder Ersatzgewichte beider Gase, d. h. 8 Teile Sauerstoff, 4,67 Teile Stickstoff sind einem Teile Wasserstoff gleichwertig, vermögen ein Teil Wasserstoff in chemischen Verbindungen zu ersetzen.

Äquivalent- oder Ersatzgewichte sind also diejenigen Gewichtsmengen elementarer Körper, welche einen Teil Wasserstoff zu ersetzen vermögen. Da in 36,37 Teilen Chlorwasserstoff ein Teil Wasserstoff und 35,37 Teile Chlor enthalten sind, so ist ersichtlich, dafs in diesem Fall das

Atomgewicht dem Äquivalentgewicht gleich ist, also in allen Fällen, wo sich ein Atom Wasserstoff mit einem Atom irgend eines andern Elementes zu einem Molekül vereinigt.

Das Verhältnis der Gewichte gleicher Volumina verschiedener Körper ist bekanntlich ihr spezifisches Gewicht. Da dasselbe nur relativ ist, mufs zum Vergleich das Volumgewicht eines beliebigen Körpers als Einheit angenommen werden. Bei festen und flüssigen Körpern wird Wasser von 4° C., bei gasförmigen Luft (oder Wasserstoff) als Einheit gesetzt. So sagen wir, das spezifische Gewicht eines festen oder flüssigen Körpers ist das Verhältnis eines beliebigen Volumens desselben zu einem gleich grofsen Volumen Wasser. Zur Bestimmung ermittelt man das absolute Gewicht des Körpers und dividiert mit dem absoluten Gewicht eines gleich grofsen Volumens Wasser; die gefundene Zahl gibt das spezifische Gewicht der betreffenden Substanz an.

Unter der Dichte eines Gases, der Gas- oder Dampfdichte, versteht man das spezifische Gewicht des überhitzten Gases, bezogen auf ein gleich grofses Volumen trockener Luft von gleicher Temperatur und gleichem Druck.

Bezeichnet D die Dichte, G das Gewicht einer beliebigen Menge eines Gases, g das Gewicht eines gleichen Volumens trockener Luft von gleicher Temperatur bei gleichem Druck, so ist

$$D = \frac{G}{g}.$$

Ist v das Volumen des Dampfes und der Luft, s das spezifische Gewicht der trockenen Luft, auf Wasser bezogen, bei gleichem Druck und gleicher Temperatur, so ist

$$g = v \cdot s$$

und demnach

$$D = \frac{G}{v \cdot s}.$$

Man findet also die Gasdichte, indem man das absolute Gewicht einer beliebigen Menge des Gases durch sein Volumen und durch das spezifische Gewicht trockener Luft unter demselben Druck bei gleicher Temperatur dividiert. Sämtliche Methoden beruhen auf der Ermittelung von G und v, während das spezifische Gewicht s der Luft für jeden Druck und jede Temperatur bekannt ist.

Im vorigen Kapitel haben wir gesehen, dafs wir genötigt sind, anzunehmen, dafs in allen Gasen bei Gleichheit des Raumes, des Drucks und der Temperatur, gleichviel Moleküle enthalten sind. Da die Gewichte der Volumina, auf das Gewicht eines gleichen

Volumens eines bestimmten bezogen, die spezifischen Gewichte sind, so müssen sich auch die Gewichte der Moleküle wie die spezifischen Gewichte verhalten. Nimmt man das Molekulargewicht irgend eines beliebigen Gases als ein bestimmtes zum Vergleich, so kann man für die übrigen Elemente oder Verbindungen, welche in gasförmigem Zustande sich befinden oder denselben annehmen können, die Molekulargewichte berechnen. Als Einheit gilt das Atomgewicht des Wasserstoffs. Da das Molekül desselben als aus zwei Atomen bestehend angenommen werden mufs, so ist sein Molekulargewicht = 2. Bedeutet nun M das Molekulargewicht eines Körpers, bezogen auf das Atomgewicht des Wasserstoffs = 1, s das spezifische Gewicht desselben im Gaszustand auf das der Luft = 1 bezogen, so ist, da das spezifische Gewicht des Wasserstoffs auf Luft bezogen = 0,06926 ist,

$$0,06926 : 2 = s : M,$$

daher

$$M = \frac{2\,s}{0,06926} = 28,877\ s.$$

Das spezifische Gewicht eines Körpers im Gaszustande auf Luft bezogen, braucht also nur mit 28,877 multipliziert zu werden, um das Molekulargewicht desselben zu erhalten. Setzt man jedoch nicht das spezifische Gewicht der Luft als Einheit, sondern das des Wasserstoffs, so wird das Molekulargewicht eines Körpers das Doppelte des spezifischen Gewichtes betragen, denn

$$1 : 2 = s : M$$

und

$$M = 2\ s.$$

Wir wissen, dafs die Vereinigung der Elemente unter einander in bestimmten Gewichts- und Volumverhältnissen erfolgt. Diese Verbindungsgewichte müssen zu den Atomgewichten in sehr einfacher Beziehung stehen; da ebenso aber auch die Molekulargewichte in einfachem Verhältnis zu den Atomgewichten stehen müssen, mufs ebenfalls zwischen den Verbindungsgewichten und Molekulargewichten eine einfache Beziehung obwalten. Mit einem Teil Wasserstoff verbinden sich acht Teile Sauerstoff zu Wasser; die Dichte des Wasserdampfes ist 0,6235, das Molekulargewicht demnach $28,87 \times 0,6235 = 17,99$. Die Zahl der entstandenen Teile Wasser = 9 ist fast gleich dem halben Molekulargewicht, berechnet = 18.

Mit einem Gewichtsteil Wasserstoff verbinden sich 35,37 Gewichtsteile Chlor zu 36,37 Gewichtsteilen Chlorwasserstoff. Die Dichte des letzteren ist = 1,247 gefunden, das Molekulargewicht demnach 36. Auf diese Weise lassen sich die gefundenen Werte leicht kontrollieren und korrigieren.

Es ist hierbei vorausgesetzt, dafs der betreffende Körper gasförmig oder doch unschwer in dieser Form zu erhalten ist. Das ist nun bei verhältnismäfsig wenigen der Fall. Einige ändern ihr spezifisches Gewicht mit der Temperatur, wie der Schwefeldampf, Amylenverbindungen; andere, wie das Chlorammon, sind nicht ohne Zersetzung oder doch wenigstens Dissociation flüchtig. Andererseits gelten das Boyle-Mariotte'sche und Gay-Lussac'sche Gesetz nicht in aller Strenge, da auch in gewisser Weise die einzelnen Moleküle der Gase gegenseitiger Anziehung unterliegen. In diesen Fällen, wo eine Bestimmung der Dampfdichte aus dem einen oder andern Grunde nicht ausführbar ist, geben uns die stoechiometrischen Zahlenwerte ein Mittel in die Hand, das Molekulargewicht von Verbindungen zu berechnen. Erfordernis hierzu ist allerdings die Kenntnis des Volumverhältnisses, in welchem einer von den Bestandteilen zu der ganzen Verbindung steht. So sind die Dampfdichten des Selen- und Tellurwasserstoffs nicht direkt bestimmt. Werden diese Gase mit Metallen erhitzt, so geht das Selen und Tellur mit denselben Verbindungen ein, unter Freilassung eines gleichen Volumens Wasserstoff. Demnach mufs jedes Teilchen Selen- und Tellurwasserstoff ebensoviel Wasserstoff enthalten, wie in einem Teilchen Wasserstoff in freiem Zustande, also einem Molekül, enthalten ist, nämlich zwei Atome. Nun enthalten beide Gasarten auf einen Teil Wasserstoff 39,45 Teile Selen, resp. 62,5 Teile Tellur. Folglich müssen dieselben aus zwei Teilen Wasserstoff und 78,9 Teilen Selen resp. 125 Teilen Tellur bestehen. Die Molekulargewichte sind demnach 80,9 und 127, die Dichten beider Gase $= \frac{80,9}{28,877} = 2,801$ und $= \frac{127}{28,877} = 4,398$.

Es sei hier in kurzem zweier neuen Methoden zur Ermittelung des Molekulargewichts fester Körper gedacht, welche von Raoult zuerst angegeben sind, jedoch in praktischer Beziehung noch einer weiteren Ausbildung bedürfen.

Jede Auflösung eines festen, flüssigen oder gasförmigen Körpers bewirkt eine Depression des Erstarrungspunktes des betreffenden lösenden Mittels, und diese Depression ist, unter gewissen Bedingungen, der Menge des gelösten Stoffes direkt, der des lösenden umgekehrt proportional. Wird mit d die Depression bezeichnet, welche durch g Gramm irgend einer Substanz in G Gramm eines Lösungsmittels hervorgebracht wird, mit D die Depression für 1 Gramm Substanz und 100 Gramm des Lösungsmittels, so ist

$$\frac{d \cdot G}{g} = \frac{D \cdot 100}{1}, \qquad (1$$

also $$D = \frac{d \cdot G}{g \cdot 100}. \tag{2}$$

Wird diese Gröſse D, nach Raoult der Depressionskoeffizient der betreffenden Substanz für das betreffende Lösungsmittel, mit dem Molekulargewicht M der gelösten Substanz multipliziert, so erhält man die »molekulare Depression« Δ des betr. Körpers, also

$$D \cdot M = \Delta. \tag{3}$$

D und Δ sind für verschiedene Substanzen veränderlich, doch bleibt der Wert von Δ annähernd konstant bei Anwendung desselben Lösungsmittels für viele analog zusammengesetzte Stoffe, d. h. Verbindungen analoger Zusammensetzung zeigen gleiche Molekulardepression.

Berechnet man jetzt diejenige Depression, welche durch Lösung eines Moleküls der zu untersuchenden Substanz in 100 Molekülen des Lösungsmittels hervorgerufen wird, so erhält man

$$\frac{D \cdot M}{M_,} = \frac{\Delta}{M_,} = \Delta_,, \tag{4}$$

wenn M und $M_,$ die Molekulargewichte der gelösten und der lösenden Substanz bezeichnen.

Aus 3 und 4 folgt, daſs, solange Δ konstant ist, auch $\Delta_,$ konstant bleiben muſs.

Berechnet man nun aber weiter diese Gröſsen für mehrere Lösungsmittel, so findet man, daſs $\Delta_,$ doch annähernd constant bleibt, trotzdem der Wert für Δ immerfort sich ändert. Bedeuten $\delta_,$, $\delta_{,,}$, $\delta_{,,,}$ etc. die Werte von Δ für beliebige Lösungsmittel, $m_,$, $m_{,,}$, $m_{,,,}$ etc. die Molekulargewichte derselben, so ist

$$\frac{\delta_,}{m_,} = \frac{\delta_{,,}}{m_{,,}} = \frac{\delta_{,,,}}{m_{,,,}} \text{ etc.} = \Delta_,. \tag{5}$$

Der Wert von $\Delta_,$ ist im Mittel $= 0{,}63^0$.

D. h., wird ein Molekül irgend einer Substanz in 100 Molekülen irgend einer andern aufgelöst, so wird der Erstarrungspunkt der letztern um $0{,}63^0$ herabgedrückt. Das ist das allgemeine Gesetz der Erstarrung nach Raoult.

Da dasselbe jedoch nicht für alle Körper in gleicher Weise Gültigkeit besitzt, so müssen bei Ausführung der Molekulargewichtsbestimmung zunächst Versuche mit Körpern von bekanntem Molekulargewicht den Wert für Δ für bestimmte Körperklassen und bestimmte Lösungsmittel feststellen. Nach Ausführung solcher Vorversuche kann das Molekulargewicht eines jeden Körpers, welcher einer solchen Klasse angehört, bestimmt werden, indem man mit dem gefundenen Wert für D in Δ dividiert, denn nach 3) ist

$$M = \frac{\Delta}{D}.$$

Das andere Gesetz beruht auf der Erfahrung, dafs, wenn beliebige Stoffe in einer Flüfsigkeit gelöst werden, der Dampfdruck der letztern stets kleiner ist als der reinen. Die Verminderung des Dampfdruckes nimmt proportional der Menge der gelösten Substanz zu. Das Gesetz lautet allgemein: Bei einer beliebigen, aber gleichen Temperatur verhält sich die Dampfdruckerniedrigung $f-f'$ zum Dampfdruck des Lösungsmittels f wie die Anzahl n der Moleküle eines gelösten Körpers zur Gesamtzahl der Moleküle $n+N$, also

$$(f-f'):f = n:(n+N).$$

Als Anzahl der Moleküle bezeichnet man die Quotienten aus den Molekulargewichten m und M der gelösten und lösenden Substanz in ihre Gewichtsmengen g und G. Dann ist

$$(f-f'):f = \frac{g}{m}:\left(\frac{g}{m}+\frac{G}{M}\right).$$

Sind g, G und M bekannt, so ergiebt sich das Molekulargewicht m des gelösten Körpers durch die Bestimmung der Dampfdrucke f und f' des Lösungsmittels und der Lösung. Werden 100 g des erstern und p Gramm des zu untersuchenden Körpers angewandt, so ist

$$m = \frac{M}{100} \cdot \frac{f'.p}{f-f'}.$$

Aus den auf die eine oder andere Weise gefundenen relativen Molekulargewichten lassen sich nun auch die relativen Gewichte der Atome berechnen. Als solche betrachten wir ja die kleinsten, auch chemisch nicht mehr teilbaren Teilchen der Elemente, welche sich zu mehreren zu einer Gruppe, dem Molekül, zusammenlagern. Es folgt hieraus, dafs der für das Molekulargewicht eines Elementes gefundene Wert ein ganzes Vielfaches des Atomgewichtes betragen mufs.

Das Atomgewicht des Wasserstoffs wird als Einheit festgesetzt, die Anzahl der Atome im Molekül desselben zu 2 angenommen. Wir haben gesehen, dafs sich ein Gewichtsteil Wasserstoff mit 35,37 Gewichtsteilen Chlor zu Salzsäure vereinigen. Die Formel für dieselbe wäre vorläufig HCl_n zu schreiben, worin n die Anzahl der Atome und eine ganze Zahl bedeutet. Die Gewichtsmenge 35,37 mufs der Maximalwert für das Gewicht der in der Salzsäure enthaltenen n Chloratome, und kann nur ein rationales Vielfaches desselben sein. Bis jetzt ist keine Verbindung des Chlors mit Wasserstoff bekannt, in der auf ein Teil des letzteren weniger als 35,37 Teile des ersteren kommen, mithin repräsentiert letztere Zahl das Gewicht eines Atomes Chlor. In der Formel HCl_n ist deshalb $n = 1$ zu setzen, vorausgesetzt, dafs nicht eine Verbindung entdeckt wird, welche auf einen Teil Wasserstoff Bruchteile von 35,37 enthält. Ein Gewichtsteil Wasserstoff verbindet sich mit 8 Gewichtsteilen Sauerstoff zu Wasser; das Molekulargewicht des Wasserdampfes ist 18, folglich sind in dem Wasser zwei Gewichtsteile Wasserstoff und 16 Gewichtsteile Sauerstoff enthalten. Die Formel des Wassers wäre H_2O_n zu schreiben, worin n wiederum die Anzahl der Atome bedeutet. Es ist bislang noch keine Verbindung bekannt, welche auf zwei Teile Wasserstoff weniger als 16 Teile Sauerstoff enthielte, das Atomgewicht des letzteren mufs daher zu 16 angenommen und die Formel für Wasser H_2O geschrieben werden

Aus Vorstehendem können wir deshalb den Schlufs ziehen, dafs als wahrscheinlichster Wert des Atomgewichts eines Elementes die kleinste in den Molekulargewichten seiner Verbindungen auftretende Menge anzunehmen ist, und dafs die Gasdichten unmittelbar nur den Maximalwert der Atome erkennen lassen.

Die folgende Tabelle enthält eine Reihe von Elementen nebst ihrem nach der angegebenen Methode bestimmten Atomgewichte, sowie die wichtigsten Verbindungen, welche die kleinste Quantität der betreffenden Elemente enthalten, die Dichten derselben und die Molekulargewichte.

Elemente mit Atomgewicht	Verbindungen		Dampfdichte D	$28{,}87 \times D$	M
Fluor 19,06 . . .	Fluorwasserstoff . . .	1 H. 19,06 Fl.	—	—	20,06
Chlor 35,37 . . .	Chlorwasserstoff . . .	1 H. 35,37 Cl.	1,247	36	36,37
Brom 79,76 . . .	Bromwasserstoff . . .	1 H. 79,76 Br.	—	—	80,76
Jod 126,53 . . .	Jodwasserstoff	1 H. 126,53 J.	4,443	128	127,53
Sauerstoff 15,96	Wasser	2 H. 15,96 O.	0,623	17,99	17,96
Schwefel 31,98 .	Schwefelwasserstoff .	2 H. 31,98 S.	1,191	34,4	33,98
	Schwefeldioxyd . . .	31,92 O. 31,98 S.	2,247	64,9	63,9
	Schwefeltrioxyd . . .	47,88 O. 31,98 S.	3,01	86,9	79,86
	Sulfurylchlorid	31,92 O. 70,74 Cl. 31,98 S.	4,67	134,8	134,64

Elemente mit Atomgewicht	Verbindungen		Dampf-dichte D	28,87 D	M
Selen 78,87 . . .	Selenwasserstoff . . .	2 H. 78,87 Se.	—	—	80,87
	Selendioxyd	31,92 O. 78,87 Se.	4,03	116	110,79
Tellur 125. . . .	Tellurwasserstoff . . .	2 H. 125 Te.	—	—	127
Stickstoff 14,01	Ammoniak	3 H. 14,01 N.	0,597	17,2	17,01
	Stickstoffoxyd	15,96 O. 14,01 N.	1,039	30,0	29,97
	Stickstoffoxydul . . .	15,96 O. 28,02 N.	1,52	43,9	43,98
Phosphor 30,96	Phosphorwasserstoff	3 H. 30,96 P.	1,15	33,1	33,96
	Phosphortrichlorid .	106,11 Cl. 30,96 P.	4,88	140,9	137,07
	Phosphoroxychlorid .	15,96 O. 106,11 Cl. 30,96 P.	5,40	155,9	153,03
Arsen 74,9 . . .	Arsenwasserstoff . . .	3 H. 74,9 As.	2,695	77,8	77,9
	Arsentrichlorid. . . .	106,11 Cl. 74,9 As.	6,3	181,9	181
Antimon 120 . .	Antimonchlorid . . .	106,11 Cl. 120 Sb.	7,8	224,7	226,1
Wismuth 207,5 .	Wismuthtrichlorid . .	106,11 Cl. 207,5 Bi	11,35	327,7	316,1
Bor 10,9	Bortrichlorid	106,11 Cl. 10,9 B.	4,02	116,1	117,1
Kohlenstoff 11,97	Methan	4 H. 11,97 C.	0,555	16	15,97
	Chlormethyl	3 H. 35,37 Cl. 11,97 C.	1,736	50,1	50,34
	Chloroform	1 H. 106,11 Cl. 11,97 C.	4,2	121,3	119,08
	Kohlenoxyd	15,96 O. 11,97 C.	0,968	27,96	27,93
	Kohlendioxyd	31,92 O. 11,97 C.	1,529	44,15	43,89
Silicium 28 . . .	Fluorsilicium	76,24 Fl. 28 Si.	3,57	103	104,24
	Siliciummethyl	20 H. 95,76 C. 28 Si.	5,13	148,1	143,8
Zink 64,9	Zinkmethyl	6 H. 23,94 C. 64,9 Zn.	3,29	95	94,8
Blei 206,4	Chlorblei	70,74 Cl. 206,4 Pb.	9,5	278,3	277,14
	Bleimethyl	12 H. 47,88 C. 206,4 Pb.	9,6	277,2	266,3
Quecksilber 199,8	Quecksilberchlorid. .	70,74 Cl. 199,8 Hg.	9,8	283	270,5
	Quecksilbermethyl .	6 H. 23,94 C. 199,8 Hg.	8,29	239,4	229,7
Zinn 117,53 . . .	Chlorzinn	141,48 Cl. 117,35 Sn.	9,2	265,7	258,83

Diese Methode zur Ermittelung des Atomgewichtes ist meistens ausreichend, wenn die Gasdichten der Verbindungen bestimmt werden können. Wo eine solche Bestimmung nicht stattfinden kann, genügt eine bloſse Ermittelung des Gewichtsverhältnisses, in dem sich ein Element mit anderen von bekanntem Atomgewicht verbindet, noch nicht, da hierzu auch das Zahlenverhältnis der Atome erforderlich ist. Bei der Synthese des Wassers durch Reduktion von Kupferoxyd mittelst Wasserstoffs tritt an Stelle von 31,6 Gewichtsteilen Kupfer 1 Gewichtsteil Wasserstoff; daraus geht noch nicht hervor, daſs 31,6 wirklich das Atomgewicht des Kupfers bezeichnet und dem Kupferoxyd die Formel Cu_2O analog H_2O zukommt; ebenso gut kann das Atomgewicht ein einfaches Multiplum obiger Zahl sein. Genauen Aufschluſs finden wir auf anderem Wege.

Nach Dulong und Petit stehen die verschiedenen spezifischen Wärmen der Elemente im festen Aggregatzustand (auf Gewichtseinheit bezogen) im umgekehrten Verhältnis ihrer Atomgewichte, vorausgesetzt jedoch, daſs die spezifische Wärme bei Temperaturen gemessen wird, welche beträchtlich unter dem Schmelzpunkt der betreffenden Körper liegen. Unter der spezifischen Wärme eines Körpers versteht man diejenige Zahl von Wärmeeinheiten, welche zur Erhöhung der Temperatur eines Kilogramms der betreffenden Substanz um 1° C. notwendig ist, und nimmt als Einheit diejenige Wärmemenge an, welche nötig ist, um 1 kg Wasser von 0° auf 1° zu erwärmen.

Bedeuten A und a die Atomgewichte zweier Elemente, S und s ihre spezifische Wärme, so ist

$$S : s = a : A$$

und demnach

$$A S = a s,$$

d. h. die Produkte aus der spezifischen Wärme und Atomgewicht sind für alle starren Elemente einander gleich. Diese Produkte AS und as drücken offenbar diejenige Wärmemenge aus, welche das Atom eines Elementes zur Erwärmung um 1° bedarf und werden als Wärmekapazität der durch das Atomgewicht angegebenen Menge des Elementes oder als Atomwärme bezeichnet. Obiges Gesetz kann also dahin formuliert werden, daſs alle starren Elemente gleiche Atomwärme haben.

Die folgende Tabelle mag eine Anschauung geben.

Elemente	Specif. Wärme s	Atomgewicht a	Wärmekapazität as
Aluminium	0,214	27,3	5,8
Antimon	0,0523	122	6,4
Arsen	0,083	74,9	6,2
Beryllium	0,4079	13,8	5,6
Blei	0,0314	206,4	6,5
Bor	0,366	11,0	4,0
Brom fest	0,0843	79,75	6,7
Cadmium	0,0567	111,6	6,3
Calcium	0,170	39,9	6,8
Cer	0,04478	138	6,2
Chrom	0,10	52,4	5,2 (zu klein beobachtet)
Didym	0,04563	144,78	6,6
Eisen	0,114	55,9	6,4
Gold	0,0324	196,2	6,4
Indium	0,057	113,4	6,5
Iridium	0,0326	192,74	6,4
Jod	0,0541	126,53	6,8
Kalium	0,166	39,04	6,5
Kobalt	0,107	58,6	6,3
Kohlenstoff			
1. Diamant	0,459	11,97	5,5
2. Graphit	0,467	11,97	5,5
Kupfer	0,093	63,3	5,9
Lanthan	0,04485	139	6,2
Lithium	0,941	7,01	6,6
Magnesium	0,245	23,94	5,9
Mangan	0,122	54,8	6,7
Molybdän	0,0722	95,8	6,9
Natrium	0,293	22,9	6,7
Nickel	0,108	58,6	6,4
Osmium	0,0311	198,6	6,2
Palladium	0,0593	106,2	6,3
Phosphor			
1. gelb	0,189	30,96	5,9
2. roth	0,170	30,96	5,3
Platin	0,0324	196,7	6,4
Quecksilber	0,0319	199,8	6,4
Rhodium	0,6580	104,1	6,0
Ruthenium	0,0011	103,5	6,3
Schwefel rhombisch	0,178	31,98	5,7
» geschmolz.	0,203	31,98	6,5
Selen	0,084	79	6,6
Silber	0,057	107,66	6,1
Silicium	0,203	28	5,7
Thallium	0,0335	203,6	6,8
Tellur	0,0475	128	6,1
Wismuth	0,0305	210	6,5
Wolfram	0,0334	184	6,1
Zink	0,0955	64,9	6,2
Zinn	0,0548	117,8	6,5
Zirconium	0,0662	90	6,0

Aus der vorstehenden Tabelle ist ersichtlich, dafs die Atomwärme bei fast allen Elementen annähernd = 6,4 ist. Eine wesentliche Ausnahme machen nur Bor, Silicium und Kohlenstoff, deren Atomwärme bedeutend kleiner gefunden ist. Jedoch ist nach H. F. Weber die spezifische Wärme dieser Körper mit der Temperatur sehr veränderlich, erlangt aber oberhalb gewisser Temperaturgrenzen Konstanz und folgt dann dem Gesetz; diese Temperaturen liegen für Bor bei etwa 500—600 °, für Silicium bei etwa 200 ° und für Kohlenstoff bei etwa 600°.

Allerdings ist auch bei den übrigen Elementen eine Erhöhung ihrer spezifischen Wärme bei steigender Temperatur beobachtet, doch ist dieses Moment für die Bestimmung des Atomgewichtes aus der spezifischen Wärme, des thermischen Atomgewichtes, von keiner Bedeutung, sofern nur die Beobachtung bei weit unterhalb der Schmelzpunkte liegenden Temperaturen angestellt wird. Die geringen Abweichungen bei den übrigen Elementen, deren Atomwärme also annähernd = 6,4 ist, lassen auf Versuchsfehler schliefsen, oder wo dieses ausgeschlossen erscheint, ist die Annahme gerechtfertigt, dafs nicht alle angewandte Wärme zur Erhöhung der Temperatur dient, sondern ein Teil derselben zur Leistung innerer Arbeit, wie Volumvergrösserung, verwandt wird.

Es haben weiterhin Beobachtungen gelehrt, dafs die Wärmekapazität der Elementaratome auch in ihren Verbindungen mit anderen nicht wesentlich geändert wird, so dafs auch die Molekulargewichte der starren Verbindungen eine Wärmekapazität besitzen, welche annähernd der Summe der Wärmekapazitäten der im Molekül der Verbindung enthaltenen Atome gleich ist. (Gesetz von Kopp.) Die Wärmekapazität der durch das Molekulargewicht angegebenen Menge einer Verbindung, d. h. das Produkt aus der spezifischen Wärme in das Molekulargewicht, wird als Molekularwärme bezeichnet. Hieraus läfst sich die spezifische Wärme von Elementen berechnen, bei denen sie nicht direkt bestimmt werden kann. Die spezifische Wärme von festem Chlor ist nicht bekannt; diejenige des Chlorbleis $PbCl_2$ ist = 0,0664, das Molekulargewicht = 277,14, die Wärmekapazität demnach = 0,0664 . 277,14 = 18,4. Die Wärmekapazität des Bleis ist = 0,0315 · 206,4 = 6,5. Die Differenz beider = 11,9 ist diejenige von zwei Atomen Chlor, für eines derselben stellt sie sich also zu 5,9. Hiernach ist sie ähnlich derjenigen der übrigen Elemente, und das für Chlor auf anderem Wege berechnete Atomgewicht um so wahrscheinlicher.

Schliefslich bleibt für diejenigen Elemente, bei denen weder die Dampfdichte ihrer Verbindungen, noch die spezifische Wärme sich ermitteln läfst, eine dritte Methode zur Atomgewichtsbestimmung, und diese beruht auf der von Mitscherlich gefundenen Erscheinung des Isomorphismus. Diejenigen Körper, welche bei analoger chemischer Zusammensetzung gleiche Krystallform besitzen und (nach Kopp) zur Bildung gemischter Krystalle befähigt sind, nennt man isomorph. In diesen isomorphen Körpern nimmt man eine gleiche Anzahl von Atomen an. Ist nun ein Element im stande, ein anderes, dessen Atomgewicht bekannt, in seiner Verbindung ohne Änderung der Krystallform zu ersetzen, so betrachtet man die jenes Elementaratom ersetzende Menge des neu eintretenden Elementes als sein Atomgewicht. Man hat geglaubt, diese Annahme deshalb machen zu dürfen, weil in der That die sich gegenseitig in isomorphen Körpern vertretenden Mengen von Elementen gleich den auf andere Weise schon gefundenen Atomgewichten waren. Es ist selbstverständlich, dafs bei einem Schlufs auf das Atomgewicht aus dem Isomorphismus grofse Vorsicht geboten ist, da mancherlei Ausnahmen bekannt sind, wo bei vorhandenem Isomorphismus die Vertretung der Elementaratome nicht in gleicher Zahl erfolgt.

Es folge zum Schlufs eine Tabelle der auf die verschiedenen Methoden ermittelten Atomgewichte, wie sie heute angenommen werden.

Wasserstoff = 1.

Aluminium	Al.	27,04	Indium	In.	113,6
Antimon	Sb.	119,6	Jod	J.	126,54
Arsen	As.	74,9	Iridium	Ir.	192,5
Baryum	Ba.	136,9	Kalium	K.	39,03
Beryllium	Be.	9,08	Kobalt	Co.	58,6
Blei	Pb.	206,4	Kohlenstoff	C.	11,97
Bor	B.	10,9	Kupfer	Cu.	13,18
Brom	Br.	79,75	Lanthan	La.	138,0
Cadmium	Cd.	111,7	Lithium	Li.	7,01
Caesium	Cs.	132,7	Magnesium	Mg.	24,30
Calcium	Ca.	39,91	Mangan	Mn.	54,8
Cer	Ce.	139,9	Molybdän	Mo.	95,9
Chlor	Cl.	35,37	Natrium	Na.	23,0
Chrom	Cr.	52,4	Nickel	Ni.	58,6
(Decipium)	Dp.	171	Niob	Nb.	93,7
Didym	Di.	147,0	(Norwegium)	Ng.	219
Eisen	Fe.	55,88	Osmium	Os.	191
Erbium	Er.	166	Palladium	Pd.	106,2
Fluor	Fl.	19,1	Phosphor	P.	30,96
Gallium	Ga.	69,9	Platin	Pt.	194,3
Germanium	Ge.	72,3	Quecksilber	Hg.	199,8
Gold	Au.	196,7	Rhodium	Rh.	104,1

Rubidium	Rb.	85,2	Thallium	Tl.	203,7
Ruthenium	Ru.	103,5	Thorium	Th.	232,0
Samarium	Sa.	150	Titan	Ti.	48
Sauerstoff	O.	15,96	Uran	U.	239
Scandium	Sc.	43,97	Vanadin	V.	51,1
Schwefel	S.	31,98	Wasserstoff	H.	1
Selen	Se.	79,0	Wismuth	Bi	207,3
Silber	Ag.	107,66	Wolfram	W.	183,6
Silicium	Si.	28,3	Ytterbium	Yb.	172,6
Stickstoff	N.	14,01	Yttrium	Y.	88,9
Strontium	Sr.	87,3	Zink	Zn.	65,1
Tantal	Ta.	182	Zinn	Sn.	118,8
Tellur	Te.	125	Zirconium	Zr.	90,4

Kapitel 11.

Anzahl der Atome im Molekül; Molekularformeln und Formelgewichte. Atom- und Molekularvolumen. Molekulargeschwindigkeit der Gase. Grösse der Moleküle. Regelmässigkeiten der Atomgewichte. Periodisches System der Elemente.

Da die Moleküle der Elemente aus gleichartigen Atomen zusammengesetzt sind, so ist begreiflicherweise das Molekulargewicht nur durch das Atomgewicht zu dividieren, um die Anzahl der im Molekül der Elemente enthaltenen Atome zu finden. Da nicht für alle Elemente das Molekulargewicht bestimmt werden kann, so ist also ein Schlufs auf die Anzahl der im Molekül enthaltenen Atome nicht immer möglich. Da, wo derselbe statthaft ist, ergibt sich die Anzahl von zwei Atomen. Ausgenommen sind einerseits Phosphor und Arsen, deren Molekulargewicht = 123,76 und 299,6, deren Atomgewicht = 30,94 und 74,9 ist, deren Molekül also vier Atome enthält; andererseits Cadmium und Quecksilber, deren Molekulargewicht gleich dem Atomgewicht ist, welche also nur ein Atom im Molekül enthalten. Eine Beobachtung von Kundt und Warburg macht letzteres zweifellos, wonach durch eine Bestimmung der Schallgeschwindigkeit im Quecksilberdampf nachgewiesen ist, dafs den Molekülen desselben jede innere Bewegung fehlt, dafs sie mithin aus mehreren Teilchen, d. i. Atomen, nicht bestehen können.

Es ist allerdings die Annahme, dafs in den Molekülen der meisten Elemente nicht weniger als zwei Atome enthalten sind, keine notwendige; doch spricht für sie der Umstand, dafs für kein Element, mit Ausnahme von Cadmium und Quecksilber, Dampfdichten bekannt sind, welche eine entgegengesetzte Annahme berechtigt erscheinen liefsen. Im Fall ein Element eine z. B. dem halben Atomgewicht entsprechende Dampfdichte zeigen sollte, würde, da eine Teilbarkeit der Atome unzulässig ist, im Wasserstoffmolekül sowohl wie in den meisten übrigen Elementarmolekülen ein Vielfaches von zwei Atomen angenommen werden müssen, falls aus diesem oder jenem Grunde die Annahme eines niedrigern Atomgewichts ausgeschlossen erschiene. Da unsere bisherigen Erfahrungen für das Gegenteil sprechen, so ist die Annahme von zwei Atomen im Wasserstoffmolekül und denen der meisten anderen Elemente die wahrscheinlichste. Zu den obigen Ausnahmen gesellt sich noch eine andere, welche für den Sauerstoff in der Modifikation des Ozons zu machen ist. Da nämlich die Dichte des gewöhnlichen Sauerstoffgases zu der des Ozons wie 2 : 3 sich verhält, müssen wir annehmen, dafs das Ozonmolekül drei Atome Sauerstoff, das des Sauerstoffgases entsprechend den übrigen Gasen zwei Atome enthält.

Die Anzahl der in dem Molekül einer chemischen Verbindung enthaltenen Atome, deren Gewichte bekannt sind, kann auf verschiedene Weise ermittelt werden. Die einfachste Methode besteht in der Ermittelung der Dampfdichte und der prozentischen Zusammensetzung des betreffenden Körpers. Das Wasser besteht aus 88,89 % Sauerstoff und 11,11 % Wasserstoff; werden beide Zahlen durch das entsprechende Atomgewicht dividiert, so erhält man das Verhältnis der Anzahl der vorhandenen Atome; in diesem Fall steht die Zahl der vorhandenen Wasserstoffatome zu der der Sauerstoffatome wie 11,11 : 5,555 oder wie 2 : 1. Da die Dichte des Wasserdampfes = 0,6231, das Molekulargewicht demnach = 28,877 mal 0,6231 = 17,96, und das Atomgewicht des Sauerstoffs = 15,96 ist, so sind im Wassermolekül in der That zwei Atome Wasserstoff und ein Atom Sauerstoff, kein Multiplum derselben, anzunehmen.

Unter den Verbindungen des Kohlenstoffs mit Wasserstoff und Sauerstoff kennen wir einige Säuren, welche auf 40 % Kohlenstoff 6,6 % Wasserstoff und 53,4 % Sauerstoff enthalten. Das Verhältnis der Atome Kohlenstoff, Wasserstoff und Sauerstoff würde sich demnach wie 3,3 : 6,6 : 3,3 oder wie 1 : 2 : 1 herausstellen. Die Dampfdichte der einen derselben, der Essigsäure, ist zu 2,078 gefunden, das Molekulargewicht berechnet sich daher zu 28,88 S · 2,078 = 60,013. Diesem Molekulargewicht entspricht nun die Atomanzahl 2 : 4 : 2, d. h. die Molekularformel $C_2 H_4 O_2$, denn

$$\begin{aligned} C_2 &= 24 \\ H_4 &= 4 \\ O_2 &= \underline{32} \\ & 60. \end{aligned}$$

Ist die Dampfdichte nicht zu bestimmen, so kann die Molekularformel durch Untersuchung von Derivaten ermittelt werden. Eine der Essigsäure prozentisch gleich zusammengesetzte Säure ist die Milchsäure; auch in dem Molekül dieser ist das Atomverhältnis 1 : 2 : 1. Ihre Dampfdichte ist wegen Zersetzlichkeit in höherer Temperatur nicht zu ermitteln. In dem Silbersalz der Milchsäure sind nun 54,9 % Silber enthalten. Da das Atomgewicht des letzteren = 108 ist, so ist die Menge des Kohlenstoffs, Wasserstoffs und Sauerstoffs, welche in jenem Salz mit einem Atom Silber verbunden ist,

$$54{,}9 : (100 - 54{,}9) = 108 : x$$
$$x = 89.$$

Unter der Annahme, dafs die Milchsäure eine einbasische Säure, also in ihr ein Atom Wasserstoff durch ein Atom Silber vertretbar ist, ist das Molekulargewicht derselben = 89 + 1 = 90. Diesem kann nur die Atomzahl 3 : 6 : 3 entsprechen, die Molekularformel ist demnach $C_3 H_6 O_3$.

Im Chlornatrium sind in 100 Teilen 39,4 Teile Natrium und 60,6 Teile Chlor enthalten. Das Verhältnis der Atome zu einander ist demnach wie 1,7 : 1,7 oder wie 1 : 1.

Ob die Molekularformel für das Chlornatrium nun wirklich als Na Cl, oder aber als $Na_2 Cl_2$, $Na_3 Cl_3$ anzunehmen ist, läfst sich mit absoluter Gewifsheit nicht feststellen. Da das Molekül die kleinste im freien Zustande existierende Menge eines Körpers ist, so kann an einer chemischen Reaktion auch niemals weniger als ein solches teilnehmen. Unter der Annahme, dafs wirklich einzelne Moleküle in Reaktion treten, folgt hieraus, dafs die kleinste Menge einer Verbindung, welche an einem chemischen Prozefs teilnimmt, als Molekül derselben angenommen werden darf.

Hiernach könnte das Molekulargewicht berechnet werden unter der Voraussetzung, dafs bei den beobachteten Reaktionen wenigstens eine ist, bei welcher wirklich nur je ein Molekül der betreffenden Verbindung in Wirkung tritt. Da wir eine Bestätigung dessen niemals besitzen, so laufen wir Gefahr, das Molekulargewicht zu grofs zu finden; es ergibt sich vielmehr nur ein Formelgewicht, welches aber niemals kleiner als das Molekulargewicht sein kann. Der Natur der Moleküle nach ist ihr Gewicht möglichst klein anzunehmen, denn die Anzahl der im Molekül enthaltenen Atome kann niemals eine sehr grofse sein, da uns die Analyse in diesem Falle die Gesetze der Verbindungsverhältnisse nicht erkennen lassen würde, welche uns als in einander übergehend erscheinen müfsten.

Das kleinste Formelgewicht ist daher auch der wahrscheinlichste Wert für das Molekulargewicht der betreffenden Verbindung. Das Molekül Chlornatrium dürfen wir deshalb mit einiger Berechtigung als aus einem Atom Chlor und einem Atom Natrium bestehend annehmen. Dieses ist fast zweifellos geworden, seitdem es V. Meyer und Mensching gelungen ist, die Dampfdichte des dem Chlornatrium analogen Jodkaliums, als der Formel KJ entsprechend, zu bestimmen.

Die relativen Volumina, welche die den Atom- und Molekülgewichten entsprechenden Mengen einnehmen, bezeichnet man als Atom- und Molekularvolumina. Ihre Gröfse erhält man durch Division der Atom- und Molekulargewichte durch die Volumgewichte oder Dichten, d. h. unter Atom- und Molekularvolumen versteht man die Quotienten aus dem Volumgewicht in die Atom- resp. Molekulargewichte.

Da die Materie nicht kontinuierlich, vielmehr ihre kleinsten Teilchen durch verhältnismäfsig beträchtliche Zwischenräume von einander getrennt gedacht werden müssen, so können jene Quotienten auch nicht die wirklichen Volume bezogen auf das eines beliebigen Elements als Einheit angeben, sondern müssen die Zwischenräume mit einschliefsen. In Kapitel 10 haben wir gesehen, dafs zur Molekulargewichtsbestimmung die Formeln

$$M = \frac{2s}{0{,}06926} = 28{,}877\,s$$

und

$$M = 2s$$

dienen, jenachdem das spezifische Gewicht eines Körpers im Gaszustande auf Luft oder Wasserstoff als Einheit bezogen wird. Hieraus folgt

$$\frac{M}{s} = 28{,}877$$

und

$$\frac{M}{s} = 2.$$

Da der Quotient

$$\frac{M}{s}$$

das Molekularvolumen bezeichnet, so ergibt sich, dafs für alle gasförmigen Körper das Molekularvolumen gleich grofs ist, entweder $= 28{,}877$ oder $= 2$, je nach der Beziehung des Molekular- und spezifischen Gewichts. Ebenso müssen die Atomvolume der

Elemente in Gasform einander gleich sein. Eine Ausnahme machen jene schon genannten Elemente, deren Volumgewicht im Gaszustande dem Avogadro'schen Gesetze nicht folgen, nämlich Phosphor, Arsen, Cadmium nnd Quecksilber. Wird das Atomvolumen der übrigen Elemente = 1 gesetzt, so ist das des

$$P = \frac{31}{62} = 0,5,$$

das des

$$As = \frac{75}{150} = 0,5,$$

das des

$$Cd = \frac{112}{56} = 2,$$

das des

$$Hg = \frac{200}{100} = 2.$$

Die Molekularvolume flüssiger und fester Körper sind sowohl von der Zahl und der Natur der Atome, wie von der Art und Weise der Verbindung derselben unter einander abhängig.

Die Beziehungen der Molekularvolume zu der Zusammensetzung und der Konstitution sind vielfach Gegenstand von Untersuchungen gewesen, welche besonders von Kopp, späterhin von Buff, Lossen, Thorpe, L. Meyer, Schiff, Schröder u. a. angestellt wurden. Dafs diese Beziehungen noch nicht in ihrem ganzen Umfange bekannt sind, hat seinen Grund in der Veränderlichkeit des Volumgewichts und damit auch des Molekularvolumens der Körper bei wechselnder Temperatur, bei Änderung der Form in amorphem oder krystallinischem Zustande. Vermutlich werden die spezifischen Gewichte und Molekularvolume erst bei Temperaturen vergleichbar sein, wo die Wärme gleichmäfsigen Einflufs auf die Körper ausübt.

Die wichtigsten Regelmäfsigkeiten hinsichtlich der Molekularvolume flüssiger Körper bei deren Siedepunkten sind folgende:

1. Isomere Verbindungen haben nach Kopp annähernd gleiches Molekularvolumen.

		Molekularvolumen.
Essigsäure	$C_2H_4O_2$	63,7
Ameisensäuremethylester	„	63,4
Propionsäure	$C_3H_6O_2$	85,4
Essigsäuremethylester	„	84,8
Ameisensäureäthylester	„	85,3

		Molekularvolumen.
Buttersäure	$C_4 H_8 O_2$	107,1
Essigsäureäthylester	„	107,6
Valeriansäure	$C_5 H_{10} O_2$	130,7
Buttersäuremethylester	„	126,5
Propionsäureäthylester	„	125,8
Ameisensäureamylester	$C_6 H_{12} O_2$	149,8
Essigsäurebutylester	„	149,3
Buttersäureäthylester	„	149,3
Valeriansäuremethylester	„	149,2

2. Bei analogen Verbindungen entspricht derselben Zusammensetzungsdifferenz dieselbe Differenz der Molekularvolume, der n-fachen Zusammensetzungsdifferenz die n-fache Differenz der Molekularvolume. So entspricht bei homologen Verbindungen der Differenz $n\,CH_2$ in der Zusammensetzung annähernd die Differenz $n \cdot 22$ der Molekularvolume.

		Molekularvolumen.		
Methylalkohol	$C\,H_4\,O$	42,1		
Äthylalkohol	$C_2 H_6\,O$	62,5	Differenz	20,4
Amylalkohol	$C_5 H_{12}\,O$	124	„ 3 ·	20,4
Ameisensäure	$C\,H_2\,O_2$	41,4		
Essigsäure	$C_2 H_4\,O_2$	63,7	Differenz	22,3
Propionsäure	$C_3 H_6\,O_2$	85,4	„	21,7
Buttersäure	$C_4 H_8\,O_2$	107,1	„	21,7
Valeriansäure	$C_5 H_{10}\,O_2$	130,7	„	23,6

3. Ersetzung von zwei Atomen Wasserstoff durch ein Atom Sauerstoff bewirkt keine wesentliche Änderung des Molekularvolumens.

		Molekularvolumen.
Methylalkohol	$C\,H_4\,O$	42,1
Ameisensäure	$C\,H_2\,O_2$	41,4
Äthylalkohol	$C_2 H_6\,O$	62,5
Essigsäure	$C_2 H_4\,O_2$	63,7

4. Dasselbe findet statt bei Ersetzung von zwei Atomen Wasserstoff durch ein Atom Kohlenstoff:

		Molekularvolumen.
Buttersäuremethylester	$C_5 H_{10}\,O_2$	126,5
Benzoesäure	$C_7 H_6\,O_2$	126,9
Essigsäurebutylester	$C_6 H_{12}\,O_2$	149,3
Benzoesäuremethylester	$C_8 H_8\,O_2$	149,4
Valeraldehyd	$C_5 H_{10}\,O$	118,9
Benzaldehyd	$C_7 H_6\,O$	118,4

Aus obigen Regelmäfsigkeiten läfst sich das Atomvolumen der einzelnen Elemente in flüssigen Verbindungen ableiten. Einer Differenz von CH_2 entspricht etwa eine Volumdifferenz von 22; da ein Kohlenstoffatom zwei Wasserstoffatome ohne Volumänderung ersetzen kann, so ist das Atomvolumen von C = 11, ebenso das Volumen von 2 H = 11, das Atomvolumen von 1 H = 5,5. Ein Atom Sauerstoff vermag zwei Wasserstoffatome zu ersetzen, wobei aber eine kleine Volumvermehrung eintritt; nach Kopp beträgt das Atomvolumen solches intraradikalen Sauerstoffs, dessen beide Affinitäten ein Atom sättigen, 12,2. Das Molekularvolumen des Wassers ist = 18,8. Die Differenz für 2 H = 11 gibt das Atomvolumen 7,8 für extraradikalen Sauerstoff, wenn er zwei Atome verbindet. So lassen sich mit Hilfe dieser und anderer Zahlen die Molekularvolumina von Körpern, deren Zusammensetzung bekannt ist, berechnen; das Molekularvolumen derselben mufs der Summe der Volume der in ihnen enthaltenen Atome gleich sein. Die folgende Tabelle gibt eine Anschauung von der Übereinstimmung des berechneten Molekularvolumens mit dem beobachteten.

Verbindung	Formel	Molekularvolumen	
		beobachtet	berechnet
Wasser	H_2O	18,8	18,8
Methylalkohol	CH_4O	42,1	40,8
Äthylalkohol	C_2H_6O	62—63	62,8
Amylalkohol	$C_5H_{12}O$	103—104	106,8
Ameisensäure	CH_2O_2	41—42	42,0
Essigsäure	$C_2H_4O_2$	63,7	64
Propionsäure	$C_3H_6O_2$	85,4	86
Buttersäure	$C_4H_{10}O_2$	106—108	108
Valeriansäure	$C_5H_{12}O_2$	130—131	130
Aceton	C_3H_6O	77,5	78,2
Ameisensäuremethylester	$C_2H_4O_2$	63,4	64
Essigsäuremethylester	$C_3H_4O_2$	84—86	86
Ameisensäureäthylester	$C_3H_4O_2$	85—86	86
Essigsäureäthylester	$C_4H_6O_2$	107—108	108
Äthyläther	$C_4H_{10}O$	106	106,8
Benzol	C_6H_6	96—100	99
Benzoesäure	$C_7H_6O_2$	126,9	130
Salicylsäuremethylester	$C_8H_8O_3$	156—157	159,8

Spätere Untersuchungen zeigten jedoch, dafs diese Regeln nicht ausnahmslose Gültigkeit haben. Vor allen war es Schröder, welcher mit der Annahme der Unveränderlichkeit der Atomvolume, auf der die obigen Deduktionen basieren, brach, dieselben vielmehr als in gewissen Grenzen veränderlich annahm. Zunächst ergab sich, dafs die Molekularvolumina der Säuren nicht genau um eine gleiche Differenz zunehmen, sondern dafs vielmehr das Volummafs mit dem Atomgewicht wächst, dasjenige der Alkohole dagegen abnimmt:

		Molekularvolumen.	Differenz.
Ameisensäure	CH_2O_2	41,8	
			21,6
Essigsäure	$C_2H_4O_2$	63,4	
			22,5
Propionsäure	$C_3H_6O_2$	85,9	
			23,1
Buttersäure	$C_4H_8O_2$	108,0	
Methylalkohol	CH_4O	42,3	
			19,9
Äthylalkohol	C_2H_6O	62,2	
			19,3
Propylalkohol	C_3H_8O	81,5	

Der mittlere Grenzwert für das Volumen von CH_2 wird bei den niederen Gliedern zwischen 19,9 und 21,6 liegen, also etwa 20,8 betragen. Da nun

Ameisensäure	CH_2O_2	$41{,}8 = 2 \cdot 20{,}9$
Athylalkohol	$C_2H_4OH_2$	$62{,}2 = 3 \cdot 20{,}7$,

hat die erstere ein doppelt so grofses, der Äthylalkohol ein dreimal so grofses Volumen, als der Gruppe CH_2 entspricht; es nimmt also in der Ameisensäure O_2 den gleichen Raum ein wie CH_2, ebenso im Alkohol HOH denselben Raum ein wie CH_2. Eine ähnliche Betrachtung ergibt sich für die nächst höheren Glieder. Daraus läfst sich schliefsen, dafs in den Anfangsgliedern der Säure- und Alkoholreihe O_2 im Carboxyl und HOH im Alkohol in derselben Verbindung den gleichen Raum einnehmen wie CH_2. Ebenso weist Schröder nach, dafs auch die CO-Gruppe der Säuren mit CH_2 die gleiche Raumerfüllung hat, dafs also das zweimal an ein Kohlenstoffatom gebundene Sauerstoffatom ebensolche Raumerfüllung besitzt wie zwei Wasserstoffatome.

Aus der Zusammenstellung

		Molekular-volumen.
Methylalkohol	CH_4O	$42{,}3 = 2 \cdot 21{,}2$
Äthylalkohol	C_2H_6O	$62{,}2 = 3 \cdot 20{,}7$
Propylalkohol	C_3H_8O	$81{,}5 = 4 \cdot 20{,}4$
Butylalkohol	$C_4H_{10}O$	$102{,}3 = 5 \cdot 20{,}5$
Amylalkohol	$C_5H_{12}O$	$122{,}8 = 6 \cdot 20{,}5$

und

Ameisensäure	CH_2O_2	$41{,}8 = 2 \cdot 20{,}9$
Essigsäure	$C_2H_4O_2$	$63{,}4 = 3 \cdot 21{,}1$
Propionsäure	$C_3H_6O_2$	$85{,}9 = 4 \cdot 21{,}5$
Buttersäure	$C_4H_8O_2$	$108{,}0 = 5 \cdot 21{,}6$
Valeriansäure	$C_5H_{10}O_2$	$130{,}4 = 6 \cdot 21{,}7$

ergibt sich die Ab- resp. Zunahme des Volummafses und die einfachen Verhältnisse der Volumina der Bestandteile. Da die Differenzen regelmäfsig sich ändern, ist die Annahme eines konstanten Wertes für CH_2 unzulässig. Bei einem Vergleich der Molekularvolumina der Säuren und Alkohole, nicht bei deren Siedepunkten, sondern bei gleicher Temperatur, stellt sich heraus, dafs die Alkohole und ihre zugehörigen Säuren gleiche Volumina haben.

Als Volummafs nimmt Schröder die Stere an, deren Anzahl das Volumen der Verbindung bestimmt, und deren Gröfse im Mittel 6,9 bis 7,2 beträgt. Die Atomvolumina der Elemente Kohlenstoff, Wasserstoff und des einfach gebundenen Sauerstoffs sind in jeder Verbindung gleich und es entspricht ihnen je eine Stere, während dem zweifach gebundenen Sauerstoffatom in CO zwei Steren, den beiden Sauerstoffatomen in der Carboxylgruppe drei Steren entsprechen. Das beobachtete Volumen einer Verbindung, durch die Summe der Steren der in ihr enthaltenen Elementaratome, die Sterenzahl, geteilt, ergibt dann die jeweilige Gröfse der Stere.

		Anzahl der Steren	Molekularvolumen bei den Siedepunkten	Werth der Stere
Methylalkohol . . .	CH_4O	6	42,3	7,05
Äthylalkohol . . .	C_2H_6O	9	62,2	6,91
Propylalkohol . . .	C_3H_8O	12	81,5	6,79
Butylalkohol	$C_4H_{10}O$	15	102,3	6,83
Ameisensäure . . .	CH_2O_2	6	41,8	6,97
Essigsäure	$C_2H_4O_2$	9	63,4	7,04
Propionsäure . . .	$C_3H_6O_2$	12	85,9	7,16

Bei den ungesättigten Verbindungen ergibt sich für jedes doppelt gebundene Kohlenstoffatom eine doppelte Anzahl von Steren. Das Benzol hat das gleiche Molekularvolumen wie der Isobutylaldehyd; beide Körper sind isoster, sie haben beide 14 Steren:

Benzol	C_6H_6	$96{,}1 = 14 \cdot 6{,}86$
Isobutylaldehyd	C_4H_8O	$96{,}3 = 14 \cdot 6{,}88$.

Da die Wasserstoffatome des Benzols als gleichwertig angesehen werden, demgemäfs ihnen sechs Steren entsprechen, bleiben für die sechs Kohlenstoffatome acht Steren übrig. Damit stimmen alle Beobachtungen überein.

Horstmann hat vor einiger Zeit dargethan, dafs die ringförmige Bindung des Kohlenstoffatoms auf das Molekularvolumen wesentlichen Einflufs auszuüben vermag. Wenngleich die von Kopp angegebene Volumdifferenz 11 für CH_2 sehr häufig beobachtet werden kann, so ist doch zu konstatieren, dafs man bei einem Vergleich der Verbindungen ohne Rücksicht auf ihre Konstitution weit abweichende Differenzen erhält. Die Volumdifferenzen liegen aber in viel engeren Grenzen, sobald man nur solche Verbindungen vergleicht, welche durch Lösung einer doppelten Kohlenstoffbindung in einer offenen Kette unter Aufnahme von Wasserstoff in einander übergehen. Die Volumdifferenzen für H_2 schwanken nur noch zwischen 4 und 9,4 bei 0° und zwischen 5,7 und 9,1 bei den Siedepunkten. Bei den durch Wasserstoffaufnahme entstehenden Hydrüren der Benzolkohlenwasserstoffe, also z. B. Hexahydrobenzol C_6H_{12} und Hexahydrotoluol C_7H_{14} in denen sechs Kohlenstoffatome in ringförmiger Bindung vorhanden sind, ist der Volumzuwachs für ein H_2 nur wenig von den eben angeführten Werten verschieden, durchschnittlich etwa 7,5 bei 0° und 8,2 bei den Siedepunkten.

		Molekularvolumen b. 0°	Differenz	Molekularvolumen bei den Siedepunkten	Differenz
Benzol	C_6H_6	86,7	23,8	—	
Benzolhydrür	C_6H_{12}	110,5		—	
Toluol	C_7H_8	104,4	22,2	117,9	23,9
Toluolhydrür	C_7H_{14}	126,6		141,8	
Isoxylol	C_8H_{10}	120,2	21,1	139,7	25,1
Isoxylolhydrür	C_8H_{16}	143,3		164,8	

Mittel der Differenzen für $3H_2 = 22{,}4$, oder „ $H_2 = 7{,}5$ bei 0° und $= 24{,}5$, $8{,}2$ beim Siedepunkt.

Diese Thatsache stimmt mit der Kekulé'schen Benzolformel überein, wonach die sechs Kohlenstoffatome des Benzolkerns durch drei einfache Bindungen zusammengehalten werden.

Vergleicht man die Atomvolume der festen Elemente unter einander, so findet man, dafs Gruppen der Elemente annähernd gleiche Atomvolume besitzen. So sind die Atomvolume von Kupfer, Eisen, Mangan, Cobalt, Nickel, Chrom und Uran annähernd = 7, die von Platin und Zink = 9,2, die von Gold, Silber, Molybdän gleich etwa 20, die von Selen und Schwefel etwa = 16.

Diese Erscheinung spricht für die Annahme, dafs isomorphe Elemente auch gleiche Atomvolume haben.

In Bezug auf starre Verbindungen ist zu erwähnen, dafs die Molekularvolume von Verbindungen derselben Elemente gleich sind oder in einem einfachen Verhältnis zu einander stehen. So sind die Molekularvolume von $Pb O$ und $Pb O_2$, sowie $Sn O$ und $Sn O_2$ = 1, die von $Fe S$ und $Fe S_2$ = 3 und 4, die von $Fe_2 O_3$ und $Fe_3 O_4$ = 2 und 3, die von $Cu O$ und $Cu_2 O$ = 1 und 2, die von $Hg Cl$ und $Hg Cl_2$ = 2 und 3.

Verbindungen von ähnlicher Zusammensetzung und gleicher Krystallform besitzen annähernd das gleiche Molekularvolumen. Im übrigen sind derartige Regelmäfsigkeiten bei festen Verbindungen noch zu wenig verfolgt, als dafs hier weiter darauf eingegangen werden könnte.

Bezeichnet p den Druck eines Gases auf die umschliefsende Wand, v das Volumen desselben, n die Anzahl der Moleküle, m ihre Masse, c ihre Geschwindigkeit, so ergibt sich unter Anwendung höherer Mathematik die absolute Gröfse des Druckes

$$p = \frac{n\ m\ c^2}{3\ v}.$$

Das Produkt nm stellt die Masse der ganzen Gasmenge dar, und dieselbe ist bekanntlich gleich dem Quotienten aus der Beschleunigung g der Schwere in das Gewicht neun der Masse, also

$$n \cdot m = \frac{q}{g}.$$

Dieser Ausdruck, in obige Gleichung eingeführt, gibt

$$p = \frac{q \cdot c^2}{g \cdot 3v}$$

und

$$c^2 = \frac{p \cdot g\, 3v}{q}.$$

Es sei weiterhin 1 kg eines Gases unter dem Druck einer Atmosphäre = 10333 kg auf den Quadratmeter[1]) gegeben; dann ist also $g = 9{,}80896$ Mtr.[2]), $p = 10333$, $q = 1$. 1 kg Luft nimmt bei einem Atmosphärendruck und bei 0° 0,7733 cbm ein. Ist also s das spezifische Gewicht des Gases, so ist das Volumen von 1 kg desselben bei 0°

$$= \frac{0{,}7733}{s}$$

---

[1]) Der Druck der Luft in Meereshöhe auf einen Quadratcentimeter ist gleich dem von 76 Cm. Quecksilber; da das spezifische Gewicht desselben = 13,59 ist, beträgt derselbe 76 · 13,59 g = 1,033 kg auf 1 Quadratcentimeter.

[2]) Intensität der Schwere.

oder bei der absoluten Temperatur T, wenn diejenige des Nullpunktes = 273 ist,

$$= \frac{0,7733}{s} \cdot \frac{T}{273}.$$

Also ist die Molekulargeschwindigkeit

$$c = 3 \cdot 9,80896 \cdot 10333 \cdot 0,7733 \frac{T}{273\,s}$$

$$= 235130 \frac{T}{273\,s}$$

und

$$c = 485 \text{ Mtr.} \sqrt{\frac{T}{273\,s}}.$$

Da nun, wie wir gesehen haben, das Molekulargewicht $M = 28,877\,s$, also

$$s = \frac{M}{28,877}$$

ist, so ist

$$c = 2609 \text{ Mtr.} \sqrt{\frac{T}{273\,M}},$$

d. h. die Molekulargeschwindigkeit wächst mit der Erhöhung der Temperatur und fällt mit der Erhöhung des Molekulargewichts.

Der Wasserstoff hat das kleinste Molekulargewicht, also auch die gröfste Geschwindigkeit; dieselbe beträgt 1844 Mtr. in der Sekunde; für den Sauerstoff stellt sie sich zu 461 Mtr.

Trotzdem nun die Geschwindigkeit der Gasmoleküle sehr grofs ist, ist die zurückgelegte mittlere Weglänge nicht bedeutend. Denn da die Anzahl der Moleküle eine sehr beträchtliche ist, werden dieselben häufig aneinander prallen und sich so gegenseitig in der Fortbewegung stören. Die mittlere Weglänge ist nach Clausius

$$= \frac{1}{100000} \text{ Cm.}$$

Es ist nach verschiedenen Versuchen von Faraday, Regnault u. a. nicht anzunehmen, dafs ein Gas um das 40 000 fache dichter gemacht werden könnte als es bei gewöhnlichem Druck und Temperatur ist, ohne dafs sein Volumen auf etwas Kleineres gebracht würde, als die Summe der Gasmoleküle ist. Danach kann die mittlere Länge der Bahn zwischen zwei Zusammenstöfsen nicht mehr als das 5000fache des Molekulardurchmessers sein, und die Anzahl der Moleküle in der Volumeinheit nicht gröfser als 25 000 000, dividiert durch das Volumen einer Kugel, deren Halbmesser diese mittlere Bahnlänge

$$= \frac{1}{100000}$$

ist. Der Durchmesser des Gasmoleküls kann deshalb nicht kleiner sein als

$$\frac{1}{500\,000\,000} \text{ Cm.}$$

und die Anzahl von Molekülen in 1 cbm Gas nicht gröfser als 6 mal 10^{21}, d. h. das Sechstausendmillionenfache von dem Millionenfachen einer Million.

Während nun bei den Gasen die Moleküle von einander sich trennen, ist bei flüssigen und festen Körpern die Molekularbewegung eine gewissermafsen vibrierende, in ihnen können die Moleküle ihre gegenseitige Anziehung nicht ganz überwinden. Der Abstand zwischen den Mittelpunkten zweier Moleküle in solchen Körpern ist auf

$$\frac{1}{140\,000\,000}$$

bis

$$\frac{1}{460\,000\,000} \text{ Cm.}$$

geschätzt.

Die Existenz der Atome ist bislang noch eine hypothetische, doch werden durch die Annahme dieser kleinsten Teilchen der Elemente alle Erscheinungen auf dem wissenschaftlichen Gebiet in höchst befriedigender Weise erklärt. Ob diese Atome, wenn sie existieren, mechanisch oder chemisch wirklich unteilbar sind, läfst sich noch gar nicht feststellen. Die Annahme einer einheitlichen Urmaterie läfst die Unzerlegbarkeit der Atome in sehr zweifelhaftem Lichte erscheinen; es entspricht vielmehr unseren Ideen viel besser die Annahme, dafs sie selbst noch aus kleinen Teilchen bestehen, wenn sie nicht allotropische Modifikationen des Urstoffs sind. Man hat geglaubt, alle unsere Elemente wären vielleicht auf den Wasserstoff als das Urelement zurückzuführen, und auf diese Ansicht sich stützend, sprach Prout die Meinung aus, die relativen Atomgewichte sämtlicher Elemente würden ein ganzes Vielfaches des Atomgewichts des Wasserstoffs sein. Damit stehen aber die neuesten, aufserordentlich scharfen Atomgewichtsbestimmungen von Stas im Widerspruch, wenn auch zugegeben werden mufs, dafs sie für sämtliche Elemente eine auffallende Annäherung an ganze Zahlen erkennen lassen. Es ist nicht undenkbar, dafs diese Erscheinung ihren Grund hat in dem Einflufs der jedenfalls nicht gewichtslosen, die Molekularzwischenräume erfüllenden Materie, welche man wohl als Lichtäther bezeichnet hat.

Bleiben wir bei der vorläufigen Annahme einer Reihe unzerlegbarer Stoffe und ihrer kleinsten Teilchen, der Atome, so ergibt sich als notwendig, dafs die letzteren, bei gleicher Gröfse für ein und dasselbe Element, auch dasselbe Gewicht haben, dafs diese Gewichte aber von denen der anderen Elemente verschieden sein müssen. Wir haben ferner gesehen, dafs die Atome mit sehr wenigen Ausnahmen sich zu mehreren gruppieren und so das Molekul eines Elementes oder einer Verbindung bilden.

Für ersteres spricht u. a. auch die auffällige Erscheinung, welche wir mit dem Namen des „status nascendi" bezeichnen, nämlich die Erscheinung, dafs selbst Elemente, welche im freien Zustande nur geringe Verwandtschaft zeigen, im Entstehungszustande viel leichter in Reaktion treten. Im ersten Fall mufs das Molekül erst zerrissen werden, während im Momente der Bildung die Atome frei auftreten.

Es ist nun bemerkenswert, dafs fast alle Eigenschaften der Elemente mit den Atomgewichten in nahem Zusammenhange stehen. Regelmäfsigkeiten unter den Atomgewichten verwandter Elemente sind schon früher aufgefallen. Döbereiner stellte je drei verwandte Elemente zu Gruppen, Triaden, zusammen, und dabei zeigte sich, dafs das Atomgewicht des einen Elements annähernd dem Mittelwerth der beiden anderen gleich ist. Diese Regelmäfsigkeiten veranlafsten eine ganze Anzahl Forscher zu weiteren Untersuchungen, in deren Verlauf sich u. a. herausstellte, dafs verwandte Elemente in Bezug auf ihre Atomgewichte ähnliche Beziehungen zeigen wie die Molekulargewichte analoger Verbindungen und der Glieder homologer organischer Reihen.

Li = 7	} Differ. 16	Li OH = 24	} Differ. 16	Li Cl = 42,5	} Differ. 16
Na = 23		Na OH = 40		Na Cl = 58,5	
K = 39	} Differ. 16	K OH = 56	} Differ. 16	K Cl = 74,5	} Differ. 16

Methylalkohol CH_4O = 32	} Differ. 14	Chlormethyl CH_3Cl = 66,5	} Differ. 14
Äthylalkohol C_2H_6O = 46		Chloräthyl C_2H_5Cl = 80,5	
Propylalkohol C_3H_8O = 60	} Differ. 14	Chlorpropyl C_3H_7Cl = 94,5	} Differ. 14

Methyl CH_3 = 15	} Differ. 14
Äthyl C_2H_5 = 29	
Propyl C_3H_7 = 43	} Differ. 14

Diese und ähnliche Verhältnisse legen die Vermutung nahe, dafs unsere jetzigen Atome aus noch kleineren Partikelchen zusammengesetzt sind.

In neuerer Zeit ist von Mendelejeff und Lothar Meyer das periodische Gesetz der Atomgewichte gefunden worden, wonach die Eigenschaften der Elemente und ihrer Verbindungen sich als periodische Funktionen der Atomgewichte darstellen. Werden die Elemente nach wachsendem Atomgewicht geordnet, so wechseln die Eigenschaften fortwährend bei jedem Glied, kehren aber nach gewissen Differenzen der Atomgewichte wieder. Für den Wasserstoff ist kein analoges Element bekannt. Für das zweite Glied, des Lithium, finden sich nach einem Zuwachs des Atomgewichtes um 16 ähnliche Eigenschaften im Natrium, ebenso nach gleichem Zuwachs im Kalium. Bricht man nun die ganze Reihe zu verschiedenen Malen in der Weise ab, dafs die Elemente ähnlicher Natur unter einander zu stehen kommen, so erhält man eine Tabelle, in der die Elemente ihren Atomgewichten nach einander folgen, während die einander ähnlichen in Vertikalreihen (s. S. 96) zusammenstehen.

Die in den Vertikalreihen zusammenstehenden Elemente sind jedoch nicht in gleichem Grade einander ähnlich. Bei einem näheren Vergleich wird man finden, dafs unter ihnen einige einander näher verwandt sind als die übrigen, so dafs man daher Haupt- und Nebengruppen unterscheiden kann:

Hauptgruppe	Li	Na		K		Rb			Cs		
Nebengruppe					Cu			Ag		Au	
Hauptgruppe	Be	Mg		Ca		Sr			Ba		
Nebengruppe					Zn			Cd		Hg	
Hauptgruppe	B	Al		—			Y		La		
Nebengruppe					Ga			In		Te	
Hauptgruppe	C	Si		Ti			Zr		Ce		Th
Nebengruppe								Sn		Pb	
Hauptgruppe	N	P		As			Sb		Bi		
Nebengruppe			V		Nb			Ta			
Hauptgruppe	O	S		Se			Fe				
Nebengruppe			Cr		Mo				W		U
Hauptgruppe	F	Cl		Br			J				
Nebengruppe			Mn		Ru				Os		

Betrachten wir nun einmal die Verbindungen dieser Elemente, namentlich die Sauerstoff- und Chlorverbindungen, so sehen wir, dafs die Elemente sich nach ihren Atomgewichten genau so ordnen

H	Li									
1	7,01	Be								
Differenz	15,99	9,08	B							
	Na	15,22	10,9	C						
	23,0	Mg	16,14	11,97	N					
	16,03	24,30	Al	16.33	14,01	O				
	K	15,61	27,04	Si	16,95	15,96	F			
	39,03	Ca.	16,93 ?	28,3	P	16,02	19,1			
	24,15	39,91	Sc.	19,7	30,96	S	16,27			
	Cu	25,19	43,97	Ti	20,14	31,98	Cl			
	63,18	Zn	25,93	48	V	20,42	35,37			
	22,02	65,1	Ga	24,3	51,1	Cr	19,43			
	Rb	22,2	69,9	Ge	23,8	52,4	Mn			
	85,2	Sr	19	72,3	As	26,6	54,8	Fe		
	22,46	87,3	Y	18,1	74,9	Se	24,95	55,88	Co	
	Ag	24,4	88,9	Zr	18,8	79	Br		58,6	Ni
	107,66	Cd.	24,7	90,4	Nb	16,9	79,75			58,6
	25,04	111,7	In	28,4	93,7	Mo	19,25 ?			
	Cs	25,2	113,6	Sn	25,9	95,9	?			
	132,7	Ba	24,4	118,8	Sb	29,1	99 ?	Ru		
	32,3 ?	136,9	La	21,1	119,6	Te	27,54 ?	103,5	Rh	
	?	32,1 ?	138	Ce		125	J		104,1	Pd
	165 ?	?	34,6	139,9		22	126,54			106,2
	31,7 ?	169	Yb	33,1 ?		Di				
	Au	308 ?	172,6	?		147				
	196,7	Hg	31,1	173 ?	Ta	36,6				
		199,8	Tl	33,4 ?	182	W				
			203,7	Pb	25,3	183,6	?			
				206,4	Bi			Os		
				25,6				191,0	Ir	
				Th					192,5	Pt
				232,0	207,3					194,3
						U				
						239				

wie nach diesen Verbindungen. Beziehen wir die Menge des Sauerstoffs zu besserem Vergleich auf zwei Atome des Elements, so ergeben sich z. B. folgende Reihen:

$Li_2\,O$, $Be_2\,O_2$, $B_2\,O_3$, $C_2\,O_4$, $N_2\,O_5$, $O_2\,O_4$, F?
(= 2 O_3 Ozon)

$Na_2\,O$, $Mg_2\,O_2$, $Al_2\,O_3$, $Si_2\,O_4$, $P_2\,O_5$, $S_2\,O_6$, $Cl_2\,O_7$

und ebenso

$Na\,Cl$, $Mg\,Cl_2$, $Al\,Cl_3$, $Si\,Cl_4$, $P\,Cl_5$, $S\,Cl_4$.

Von den Chlorverbindungen des Schwefels kennt man als höchste nur die der Formel $S Cl_4$ entsprechende, doch ist von den Jodverbindungen die der Reihe entsprechende $S J_6$ bekannt.

Der allgemeine Charakter der Elemente ändert sich ebenfalls mit dem Atomgewicht. Zu Anfang der Tabelle stehen metallische, am Ende nicht metallische Elemente, die Alkalimetalle besitzen die stärksten positiven, basischen, die Halogene die stärksten negativen Eigenschaften.

Auch die physikalischen Eigenschaften, wie das spezifische Gewicht resp. das Atomvolumen, die Schmelzbarkeit, Dehnbarkeit, Flüchtigkeit, die spezifische Wärme, das Leitungsvermögen für Wärme und Elektrizität, sind periodische Funktionen der Atomgewichte.

Es liegt in der Natur der Sache, dafs das periodische System noch mit vielen Mängeln behaftet ist. Die physikalischen und chemischen Eigenschaften, die Atomgewichte u. a. m. sind längst noch nicht so ausreichend von allen Elementen bekannt, als dafs eine Systematik der letzteren fehlerlos vorgenommen werden könnte. Doch berechtigen die Erfolge, welche auf Grund dieses Systems schon errungen wurden, zu den schönsten Hoffnungen. Ungenaue Atomgewichtszahlen konnten mit seiner Hilfe gebessert werden, die Lücken, die noch in ihm enthalten sind, liefsen Existenz und Eigenschaften einiger bis dahin unbekannter Elemente vorhersehen; und in der That hat die Entdeckung des Galliums durch Lecoq de Boisbaudran und in letzter Zeit die des Germaniums durch Winkler die Richtigkeit dieser Voraussetzungen bestätigt. Die Existenz beider genannten Metalle, welche er als Ekaaluminium und Ekasilicium bezeichnete, hatte Mendelejeff vorausgesehen.

Kapitel 12.

Die chemische Verwandtschaft. Einflufs des Anfangszustandes der reagierenden Stoffe auf die Gröfse der Affinität. Kontaktwirkungen. Adsorption. Explosionserscheinungen. Einflufs des Endzustandes des Reaktionsproduktes auf die Gröfse der Affinität.

Nur die wenigsten der Grundstoffe sind im Stande, als solche in freiem Zustande in der Natur zu erscheinen, es bedarf vielmehr besonderer, zum Teil sehr energischer Mittel, um sie aus ihren Verbindungen mit andern Elementen zu isolieren.

Die unbekannte Ursache des Zusammenhalts der verschiedenen Elementaratome in ihren Verbindungen und ihrer Vereinigung miteinander zu Verbindungen heifst chemische Verwandtschaft oder Affinität.

Wir sind nicht im Stande, das Wesen dieser eigenartigen Kraft, sondern nur ihre Wirkung zu erkennen, gleichwie uns das Wesen der Schwerkraft unbekannt ist, deren Wirkung wir jedoch immerwährend vor Augen haben.

Freies Chlor und freier Wasserstoff vereinigen sich miteinander im zerstreuten Tageslicht langsam, im direkten Sonnenlicht unter Explosion; der elektrische Funken bewirkt die Verbindung von Sauerstoff und Wasserstoff, an deren Stelle tropfbar flüfsiges Wasser erscheint. Metallisches Kupfer vermag aus einer wässrigen Lösung von Silbernitrat metallisches Silber abzuscheiden und an dessen Stelle als salpetersaures Salz in Lösung zu gehen; eine blanke Stahlklinge überzieht sich in einer wässrigen Lösung von Kupfervitriol in Kürze mit einer roten Schicht von metallischem Kupfer und wird schliefslich gänzlich verzehrt, indem an Stelle des Kupfervitriols nun Eisenvitriol tritt. Metallisches Eisen verliert an der Luft seinen Glanz und seine Farbe und geht allmählich unter Gewichtsvermehrung in ein rotbraunes Oxyd über. Eisen und Schwefel vereinigen sich beim Erhitzen miteinander zu Schwefeleisen. Beim Vermischen klarer Lösungen von Kaliumsulfat und Chlorbaryum entsteht ein weifser Niederschlag von Baryumsulfat, während Chlorkalium in Lösung verbleibt.

Wir sehen, dafs die Elemente sowohl in freiem Zustande, wie in ihren Verbindungen, entweder direkt oder die Plätze wechselnd, sich zu vereinigen oder aus ihren Verbindungen zu vertreiben vermögen. Entweder geschieht dies ohne erkennbaren Grund, oder unter Mitwirkung besonderer Kräfte, der Wärme, des Lichts, der Elektrizität.

Die Elemente sind mit einem eigentümlichen Vereinigungsstreben ausgestattet, welches sie zwingt, sich unter gewissen Bedingungen miteinander zu vereinigen, und dieses Vereinigungsstreben ist die Verwandtschaft.

Dieselbe ist eine der wichtigsten Eigenschaften der Materie und der Grund, warum die Elemente selten isoliert vorkommen, sie ist der Grund des chemischen Umsatzes, der mannigfachen Prozesse, welche, Verbindungen bildend oder zerlegend, unter äufserlich merkbaren Erscheinungen oder unmerkbar verlaufen.

Ganz im Gegensatz zu der Schwere, welche auf grofse Entfernungen hin ihre Wirkung auszuüben vermag, kann die chemische Verwandtschaft nur dort in Wirkung treten, wo die Moleküle in unendlich kleinen Abständen von einander sich befinden.

Da wir nach dem heutigen Standpunkt der Naturwissenschaft Wärme, Licht und Elektrizität als eigenartige Bewegungserscheinungen auffassen müssen, auch die Gravitation in ebensolchen ihren Ausdruck findet, so sind wir zu der Annahme berechtigt, dafs auch die Affinität als eigene Art der Bewegung der Materie, in deren Atomen beruhend, anzusehen sei.

Die Wirkung der Affinität ist eine zweifache, indem entweder chemische Verbindungen gebildet oder zerlegt werden; jedoch verlaufen beide Prozesse häufig nebeneinander, indem zur Bildung einer chemischen Verbindung die Zerlegung einer andern notwendig wird. So mufs zur Bildung von Kaliumhydroxyd aus Kalium und Wasser eine Spaltung des letzteren erfolgen, wobei die Hälfte des in ihm enthaltenen Wasserstoffs entweicht.

Die Verwandtschaft eines Elementes zu den übrigen ist sehr verschieden, aber auch zwischen zwei Elementen unterliegt sie unter verschiedenen Verhältnissen sehr bedeutenden Veränderungen.

Diejenigen Elemente, welche, wie der Stickstoff u. a., geringe Neigung zeigen, sich mit einem andern Elemente zu vereinigen, bezeichnet man als Körper von geringer Affinität. Auch der Schwefel zeigt unter gewöhnlichen Verhältnissen kein starkes Vereinigungsstreben zu andern Elementen, dasselbe wird jedoch beträchtlich verstärkt, sobald Temperaturerhöhung eintritt.

Die Gröfse der Affinität eines Elementes zu einem andern unterliegt gewissen Beeinflussungen. Feste Körper wirken nur selten aufeinander ein; feines Pulvern und inniges Zusammenreiben bewirkt zuweilen Vereinigung, da hierdurch die kleinsten Teilchen einander näher gebracht werden. So vereinigen sich fein zerteiltes Eisen und Schwefel unter sehr starkem Druck zu Schwefeleisen. Kupfer in kompakter Form wird von Salzsäure nicht angegriffen; in fein zerteiltem Zustande hingegen löst es sich langsam unter Entwicklung von Wasserstoff. Durch Verflüssigung, durch Behandlung mit Lösungsmitteln, oder durch Vermehrung der lebendigen Kraft der Bewegung der kleinsten Teilchen mittels Zuführung von Wärme oder durch Überführung in den Gaszustand des einen oder andern Körpers wird eine gröfsere Beweglichkeit der kleinsten Teilchen erreicht, so dafs eine Affinitätswirkung ermöglicht wird. Wird ein inniges Gemenge von Eisen und Schwefel erhitzt, so erfolgt sofort Vereinigung der beiden Substanzen unter Erglühen der ganzen Masse. Trocknes Natriumcarbonat und Weinsäure bleiben, auch noch so fein gepulvert und innig gemischt, ohne Wirkung aufeinander. Ein Zusatz von Wasser bewirkt durch Lösung innige Vermischung der Moleküle und eine gröfsere

Beweglichkeit derselben, und es erfolgt der chemische Umsatz unter Aufbrausen.

In solchen Lösungen hängt die Reaktionsfähigkeit häufig von der Konzentration ab. Konzentriertere Lösungen bewirken meistens energischere Wirkung als verdünnte, häufig tritt eine Reaktion in verdünnten Lösungen gar nicht ein. Aber auch das Umgekehrte ist zuweilen der Fall. So wird z. B. die Pottasche in konzentrierter Lösung durch Ätzkalk viel weniger vollständig in Kalilauge umgewandelt als in verdünnterer. In sehr verdünnter Lösung wirkt Schwefelsäure auf reines Zink nur unter Entwicklung von reinem Wasserstoff und Bildung von Zinksulfat. Bei zunehmender Konzentration erscheinen als Reaktionsprodukte hierneben noch Schwefelwasserstoff, Schwefeldioxyd und Schwefel, so, dafs bei einer Konzentration von $7 H_2 SO_4 + 2$ bis $4 H_2 O$ erst Wirkung bei 200° unter Bildung nur von Zinksulfat, Schwefeldioxyd und Schwefel eintritt.

Schon früher haben wir gesehen, dafs die Elemente im status nascendi eine gröfsere Neigung besitzen, Reaktionen zu veranlassen, die Atome sind mit einer höheren Affinität begabt als die Moleküle. Zu solchen sind die Atome der in Freiheit auftretenden Elemente oder in chemischen Verbindungen vereinigt; beim Zerfall der Moleküle werden die Atome in Freiheit gesetzt und suchen mit Energie sich wieder zu Molekülen zu vereinigen. Ein aus einer Verbindung austretender elementarer Stoff mufs daher im Entstehungsmoment ein gröfseres Vereinigungsstreben zeigen als im molekularen Zustande. Wasserstoff und Sauerstoff werden, miteinander gemengt, nebeneinander bestehen; sobald sie im Entstehungsmoment zusammentreffen, werden sie sich unter Bildung von Wasser vereinigen. Auf dieselbe Erscheinung ist auch die Wirkung der sogenannten Überträger zurückzuführen. Es ist bekannt, dafs z. B. eine Chlorierung von Kohlenwasserstoffen der Benzolreihe häufig weit leichter bei Anwesenheit geringer Mengen von Jod oder Aluminiumchlorid gelingt. Es ist anzunehmen, dafs das in die Kohlenwasserstoffe eingeleitete Chlor mit dem Jod zuerst ein Trichlorid, mit dem Aluminiumtrichlorid ein Pentachlorid bildet. Beide Verbindungen sind aber leicht zersetzlich; bei ihrem Zerfall entsteht wiederum freies Jod oder Aluminiumtrichlorid, und das freiwerdende Chlor wirkt im Entstehungszustande.

Auch je nach dem Vorkommen in verschiedenartigen allotropen Modifikationen zeigen die Elemente ein verschiedenes Vereinigungsstreben. Der Sauerstoff in der Modifikation des Ozons zeigt weit gröfsere oxydierende Wirkung, indem das aus drei Atomen bestehende

Ozonmolekül in ein aus zwei Atomen bestehendes Molekül gewöhnlichen Sauerstoffs und ein freies Atom desselben zerfällt, welches nun gerade wie im Entstehungsmoment höhere Affinität äufsert. Man spricht hier von einem aktiven Zustande, im Gegensatz zu dem inaktiven, passiven, gewöhnlichen Zustande desselben Körpers.

Der rote, sogenannte amorphe Phosphor zeigt zum Sauerstoff eine weit weniger grofse Verwandtschaft als der gelbe, krystallisierte. Letzterer oxydiert sich von selbst an der Luft und kann durch geringe Wärmezufuhr zur Entzündung gebracht werden.

Im allgemeinen zeigen jedoch die krystallinischen Modifikationen eines Stoffes sich schwerer angreifbar als die amorphen. So löst sich z. B. der krystallinische Schwefel leicht in Schwefelkohlenstoff, während der amorphe darin unlöslich ist. Wenn ein Körper dimorph erscheint, wie z. B. der kohlensaure Kalk als Aragonit und Kalkspat, so zeigen diese Modifikationen keinen hierher gehörenden Unterschied in ihrem Verhalten.

Der Kohlenstoff in Gestalt des Diamants und des Graphits ist mit Sauerstoff nur schwer zu vereinigen, während die Kohle leicht verbrennbar ist, feingepulverte Holzkohle schon beim Stehen an der Luft zur Verbrennung kommen kann.

Der Wasserstoff kann durch fein zerteiltes Platin entzündet werden; ein Gemenge von Sauerstoff und Wasserstoff wird durch Platinmoor zur Explosion gebracht.

Diese Wirkungen, für die man keine Erklärung zu geben wufste, bezeichnete man früher als Kontaktwirkungen. Jetzt wissen wir, dafs poröse Körper wie die genannten u. a. im Stande sind, gröfsere Mengen gasförmiger Stoffe in ihren Poren zu verdichten, wodurch die einzelnen Teilchen der Gase in nähere Berührung gebracht werden und darum eine Vereinigung zweier verschiedener Stoffe leichter von statten geht. Man nennt eine solche Aufnahme gasförmiger Stoffe durch poröse Körper Adsorption. Dieselbe ist eine Oberflächenwirkung wie die bei der Benetzung von festen und flüssigen Körpern; ihre Gröfse hängt nur von der Beschaffenheit des Körpers ab. Voluminöse, feinporige Körper adsorbieren viel mehr als andere; leicht kondensierbare Gase werden in gröfseren Mengen adsorbiert als schwer verdichtbare. Gleichzeitige Verdichtung mehrerer Gase, so z. B. von Wasserstoff und Sauerstoff, beträgt häufig mehr als die Summe der Einzelwirkungen betragen würde.

Die Adsorption ist von Wärmeentwicklung begleitet, welche um so gröfser ist, je mehr Gas aufgenommen wird, und welche in geeigneten Fällen bis zur Entzündung sich steigern kann. Die

Holzkohle verdichtet in fein gepulvertem Zustande soviel Sauerstoff, die einzelnen Teilchen desselben werden so nahe aneinander und in Berührung mit den Kohleteilchen gebracht, dafs eine Vereinigung zu Kohlendioxyd erfolgen kann.

Der aus einer Dobereiner'schen Zündmaschine auf Platinschwamm ausströmende Wasserstoff findet soviel verdichteten Sauerstoffs vor, seine kleinsten Teilchen kommen in so innige Berührung mit denen des letzteren, dafs eine Vereinigung zu Wasser unter Licht und Wärmeerscheinung von statten geht.

Die desinfizierende Wirkung der Holzkohle, der Ackererde, des Sandes, der Sägespäne u. a. beim Filtrieren, die Wirkung gewebter Stoffe, wie der vor den Mund gehaltenen geknäuelten Tücher, auf schädliche oder übelriechende Gase, beruht auf derselben Wirkung, indem die letzteren durch Oxydation zerstört werden. Auch die entfärbende Wirkung der Holzkohle glaubte man früher mit chemischen Prozessen in Verbindung bringen zu müssen, wogegen jedoch spricht, dafs die färbenden Stoffe durch geeignete Mittel sich aus der Kohle wieder entfernen lassen.

Organische Säuren vereinigen sich mit Alkoholen schwer oder gar nicht. Läfst man jedoch zu gleicher Zeit Chlorwasserstoff einwirken, so erfolgt die Esterifikation in weit leichterem und schnellerem Grade. Vermutlich wird der Chlorwasserstoff mit der Säure oder dem Alkohol vorübergehend kleine Mengen des entsprechenden Säure- oder Alkoholchlorids erzeugen, welche sich mit dem Alkohol resp. der Säure zu dem Ester umsetzen. Der Vorgang würde durch folgende Gleichungen veranschaulicht werden können:

$$CH_3\,COOH + HCl = CH_3\,CO\,Cl + H_2O \text{ und}$$
$$CH_3\,COCl + C_2\,H_5\,CH = CH_3\,COOC_2\,H_5 + HCl, \text{ oder aber}$$
$$C_2\,H_5\,OH + HCl = C_2\,H_5\,Cl + H_2\,O \text{ und}$$
$$C_2\,H_5\,Cl + CH_3\,COOH = CH_3\,COO\,C_2\,H_5 + HCl.$$

Die Bildung des Äthyläthers aus Alkohol bei Gegenwart von Schwefelsäure wurde früher ebenfalls zu den unerklärlichen Kontaktwirkungen gezählt. Man könnte sich vorstellen, dafs aus zwei Molekülen Alkohol ein Molekül Äther und ein Molekül Wasser entstände:

$$2\,C_2\,H_6\,O = C_4\,H_{10}\,O + H_2\,O,$$

wobei die Schwefelsäure als wasserentziehendes Mittel wirkt, dafs beim Erhitzen nun das Wasser abdestillierte und die Schwefelsäure von neuem ihre Funktion zu übernehmen im Stande wäre. Die nähere Untersuchung des Prozesses hat gezeigt, dafs der Alkohol sich mit der Schwefelsäure zunächst zu Äthylschwefelsäure umsetzt:

$$C_2H_5OH + H_2SO_4 = C_2H_5HSO_4 + H_2O,$$

dafs ein weiterer Zusatz von Alkohol nun wiederum eine Umsetzung bewirkt, welche von neuem freie Schwefelsäure und Äther liefert:

$$C_2H_5HSO_4 + C_2H_5OH = (C_2H_5)_2O + H_2SO_4.$$

So ist eine kleine Menge von Schwefelsäure im Stande, grofse Mengen von Alkohol, scheinbar nur durch ihre Anwesenheit, in Äthyläther umzuwandeln.

Schwefeldioxyd und Chlor verbinden sich im direkten Sonnenlichte nur langsam miteinander. Läfst man jedoch das erstere mit Kampher in Berührung treten, so entsteht eine Flüssigkeit, welche mit Chlor beim Einleiten desselben mit grofser Leichtigkeit Sulfurylchlorid erzeugt. Durch abwechselndes Einleiten von Schwefeldioxyd und Chlor kann man beträchtliche Mengen von Sulfurylchlorid erhalten. Eine Wirkung des Kamphers als Lösungsmittel durch Verflüssigung des Schwefeldioxyd ist hier nicht anzunehmen, da andere Lösungsmittel, welche noch mehr Schwefeldioxyd aufzunehmen vermögen, eine gleiche Wirkung in bezug auf Bildung von Sulfurylchlorid nicht zeigen.

Wasserstoffsuperoxyd zersetzt sich in Berührung mit Platin, Silber, Braunstein u. a. stürmisch, das chlorsaure Kalium mit Braunstein, Eisenoxyd etc. schon bei viel geringerer Temperatur als für sich allein, ohne dafs die genannten Stoffe eine Veränderung erleiden.

Inwieweit chemische oder rein mechanische Wirkung in diesen Fällen in das Spiel kommt, läfst sich schwer entscheiden. Auch das Vermögen der thierischen und vegetabilischen Faser, Farbstoffe niederzuschlagen, beruht vielleicht mehr auf mechanischer Flächenwirkung, wenngleich z. B. die Jutefaser in Berührung mit freiem Rosanilin sich ebenso intensiv rot färbt als andere Fasern mit den Salzen dieser Base, was auf chemische Wirkung schliefsen läfst.

Ähnliche Verhältnisse finden sich bei der Wirkung der sogenannten Fermente. Auch hier genügen kleinere Mengen, um grofse Massen anderer Stoffe chemisch umzusetzen. Zum Teil haben diese Fermentwirkungen, wie die Gärungs- und Fäulniserscheinungen, ihre Ursache in dem Lebensprozefs kleiner Organismen; jedoch scheint die Wirkung der sogenannten ungeformten Fermente wie des Emulsins, Pepsins u. a. auf ähnlichen Funktionen zu beruhen, wie wir sie vorhin bei der Schwefelsäure kennen gelernt haben.

Sehr bemerkenswert ist weiterhin die Thatsache, dafs einzelne chemische Veränderungen durch die Gegenwart derjenigen Substanzen eingeleitet oder beschleunigt werden, welche durch diese Vorgänge selbst erzeugt werden. So zeigt sich bei der Verwitterung des Chromalauns und anderer Salze, dafs dieselbe an einzelnen Punkten auftritt und dann von hier aus schnell weiter um sich greift, wie an den scharf umgrenzten, kreisförmigen oder elliptischen Verwitterungsflecken zu ersehen ist.

Blanker, polierter Stahl erhält sich zuweilen sehr lange an der Luft unverändert. Ist aber einmal ein kleiner Rostfleck entstanden, so schreitet die Oxydation, um den erst entstandenen Fleck als Mittelpunkt sich ausbreitend, rasch fort.

Es liefsen sich noch viele Beispiele anführen, wo es einige Schwierigkeiten verursacht, eine chemische Reaktion einzuleiten, wo dieselbe aber, ist sie einmal im Gange, ohne weiteres rasch bis zu Ende verläuft.

Diese Erscheinungen sind offenbar mit denjenigen verwandt, welche man an den überschmolzenen Flüssigkeiten und übersättigten Lösungen beobachten kann. Essigsaures Natron kann, in seinem Krystallwasser geschmolzen, lange Zeit nach dem Erkalten flüssig erhalten werden. Sobald man einen Salzkrystall mit der flüssigen Masse in Berührung bringt, erfolgt sofort Erstarrung der Masse von der Stelle aus, wo der Krystall sich befindet, unter Wärmeerscheinung.

Bei allen diesen letztbesprochenen Erscheinungen ist gewissermafsen eine Auslösung der chemischen Kräfte erforderlich, welche sich vorher in einer gewissen Spannung befunden haben. Eine solche Auslösung kann unter Umständen von einer Erscheinung begleitet sein, welche man als Explosion bezeichnet.

Durch Stofs und Schlag, zuweilen auch durch blofse Reibung werden manche Stoffe, welche wir als Explosivstoffe bezeichnen, zur plötzlichen Zersetzung gebracht, welche gewöhnlich mit lautem Knall erfolgt und meist von einer nicht unbeträchtlichen Wärmeentwicklung begleitet ist. Diese Stoffe, wie das Knallquecksilber, die Pikrinsäure und ihre Salze, Chlor- und Jodstickstoff, Nitroglycerin und Schiefsbaumwolle, die Diazoverbindungen u. a. m. erleiden dieselbe Zersetzung auch durch blofses Erhitzen, so dafs man annehmen könnte, dafs nur die durch mechanische Wirkung hervorgerufene Wärme als unmittelbare Ursache der Zersetzung anzusehen sei. In einzelnen Fällen mag das zutreffend sein, jedoch ist im allgemeinen dagegen zu halten, dafs viele Körper durch so geringe mechanische Einflüsse zur Explosion gebracht werden, dafs von einer merklichen Erwärmung nicht die Rede sein kann. Häufig erfolgt auch die explosionsartige Zersetzung mancher Körper weit heftiger durch Stofs oder Schlag als durch Erwärmung; Schiefsbaumwolle und Dynamit können sogar mit Hilfe der Flamme ohne Gefahr abgebrannt werden ohne Explosion befürchten zu lassen. Durch geringen Stofs erfolgt jedoch die Zersetzung durch die ganze Masse auf einmal mit der gewaltigsten Detonation und Sprengwirkung.

Es genügt jedoch nicht ein jeder Stofs, um diese Wirkung hervorzurufen. Während eine Dynamitpatrone durch Aufprallen schwerer Massen von geringer Geschwindigkeit nur zerquetscht wird, genügt die Erschütterung, welche von einer selbst sehr geringen Menge eines andern Explosivstoffs, des „Zünders", als von Knallquecksilber u. a. ausgeht, um momentane Zersetzung hervorzurufen, und diese Wirkung wird nicht nur in unmittelbarer Nähe, sondern zuweilen auf grofse Entfernung hin durch die Luft oder das Wasser fortgepflanzt. Gerade solche Wellenbewegungen sind sehr leicht im Stande, Explosionen hervorzurufen; doch ist dabei zu bemerken, dafs jeder Explosivstoff eine bestimmte Geschwindigkeit der Schwingungen erfordert. So läfst sich z. B. der Jodstickstoff nicht auf einer tief-, wohl aber auf einer hochtönenden, d. h. die gröfsere Zahl von Schwingungen aufweisenden, Saite oder Platte zur Explosion bringen.

Ob eine Zersetzung als eigentliche Explosion oder nur geringe Verpuffung auftritt, hängt besonders von dem Widerstande ab, welcher den gebildeten Gasen entgegengesetzt wird. Man darf annehmen, dafs die zuerst auftretenden Gasteilchen durch Zurückprallen von einer festen Wand ihre Bewegung den noch nicht zersetzten Partikelchen mitteilen und daher gröfsere Explosion verursachen, als wenn sie frei in den Raum einströmen. Unter Wasser befindlicher Chlorstickstoff explodiert viel heftiger als in freier Luft, viele Stoffe sind im luftleeren Raume gar nicht explosibel.

Die Leichtigkeit des Zerfalls hängt von der Stärke der Affinität, der Intensität der unbefriedigten Affinitäten und der Stellung und der Bewegung der einzelnen in der Verbindung enthaltenen Atome ab. Ganz besonders zeichnen sich viele Stickstoffverbindungen durch Explosibilität aus. Der Zerfall des Chlor- und Jodstickstoffs in N_2 und Cl_2 resp. J_2 ist so zu erklären, dafs die Affinität der Stickstoffatome und die der Chlor- resp. Jodatome zu einander gröfser ist als diejenige des Stickstoffs zum Chlor oder Jod. In den komplizierter zusammengesetzten organischen Stickstoffverbindungen, den Nitraten und Nitrokörpern, ist ganz besonders die Anzahl der Atome und ihre Verbindung untereinander von wesentlichem Einflufs. Im allgemeinen zerfällt von analog zusammengesetzten Körpern derjenige am leichtesten, dessen Sauerstoffgehalt derjenigen

Menge am nächsten kommt, welche zu einer vollständigen Oxydation des Kohlenstoffs und Wasserstoffs zu Kohlendioxyd und Wasser erforderlich ist. Von den Nitraten des Glycerins ist das Trinitrat, das Nitroglycerin, das explosibelste, das Di- und Mononitrat viel weniger. Die Pikrinsäure, das Trinitroderivat des Phenols, ist viel explosibler als die Dinitrophenole und Mononitrophenole, welche wenig oder gar nicht explosibel sind.

Es ist wohl selbstverständlich, dafs durch solche grobe mechanische Eingriffe der molekulare Bau chemischer Verbindungen nur dann zerstört werden kann, wenn die in dem Molekül enthaltenen Atome an sich schon das Bestreben haben, sich voneinander loszulösen und andere, beständigere Verbindungen zu bilden, d. h. wenn sie sich nicht in einem stabilen, sondern im labilen Gleichgewichtszustande befinden, in den sie nach der Zertrümmerung des molekularen Baues nicht wieder zurückkehren.

Von diesen Gleichgewichtszuständen der Atome sind jedoch dieselben Zustände der Moleküle zu unterscheiden. Als in labiler Lage der letzteren befindlich sind besonders die allotropen Modifikationen zu betrachten, welche nur unter gewissen Bedingungen beständig sind und leicht die stabile Lage einzunehmen vermögen. Je nach der Temperatur oder dem angewandten Lösungsmittel nehmen einige Stoffe die eine oder andere Krystallform an, aus der sie dann allmählich oder plötzlich ohne oder durch äufseren Anlafs in eine stabilere Lage überzugehen vermögen.

Als allgemein bekanntes Beispiel sei hier der bei höherer Temperatur monoklin, bei niederer Temperatur rhombisch krystallisierende Schwefel, das Quecksilberjodid, welches in der Hitze eine gelbe, in der Kälte dagegen rote Farbe besitzt, angeführt.

Was die Beeinflussung der Gröfse der Affinität durch den Endzustand des aus der Affinitätswirkung resultierenden Produktes belangt, so ist zu bemerken, dafs die Unlöslichkeit ebensowohl wie die Flüchtigkeit desselben bei höherer Temperatur die Wirkung bedingt, so dafs hierbei in vielen Fällen die Affinitätsgröfse zweier Stoffe zu einem dritten direkt umgekehrt werden kann, dafs der im allgemeinen stärkere zum schwächeren, der schwächere zum stärkeren wird. Die Kohlensäure ist bekanntlich eine so schwache Säure, dafs sie aus ihren Verbindungen selbst durch sehr verdünnte Essigsäure ausgetrieben wird. Leitet man jedoch in eine alkoholische Lösung von essigsaurem Natron Kohlensäure ein, so bildet sich kohlensaures Natrium, welches sich, als in Alkohol unlöslich, abscheidet, und freie Essigsäure. Die Schwefelsäure setzt bei der Einwirkung auf borsaure und phosphorsaure Salze deren Säuren in Freiheit und sich selbst an die Stelle derselben. Wird aber borsaures und phosphorsaures Calcium mit Schwefelsäure stark erhitzt, so geht der umgekehrte Prozeſs von statten, indem aus dem in der Kälte zuerst gebildeten schwefelsauren Calcium die Schwefelsäure ausgetrieben wird und in Dampfform entweicht, während Borsäure und Phosphorsäure wiederum ihre Stelle einnehmen. Im ersten Falle wurde die Affinität durch Bildung eines unlöslichen, im letzten durch Bildung eines flüchtigen Körpers erhöht.

Kapitel 13.

Einfluss der Masse auf die Grösse der Affinität; Massenwirkungen. Ableitung des Gesetzes der Massenwirkung. Störende Nebenreaktionen und scheinbar vollständige Reaktionen. Wirkung der Affinität. Maass der Verwandtschaft.

Wird Wasserdampf über glühendes Eisen geleitet, so bemächtigt sich das letztere des Sauerstoffs des ersteren, und Wasserstoff wird in Freiheit gesetzt. Umgekehrt reduziert der Wasserstoff beim Überleiten über Eisenoxyd bei derselben Temperatur das letztere zu metallischem Eisen unter Bildung von Wasser. Im ersteren Falle tritt der Wasserdampf in der gröſseren Menge auf und führt den gebildeten Wasserstoff sofort ab, im zweiten Falle ist die Menge des Wasserstoffs die gröſsere und das gebildete Wasser wird als Dampf entfernt. Es wird also in beiden Fällen das Reaktionsprodukt von dem in gröſserer Menge auftretenden Körper entfernt und ihm die Möglichkeit entzogen, eine umgekehrte Reaktion zu veranlassen.

Dieselben Vorgänge würden aber auch stattfinden, wenn man nicht einen Überschuſs, sondern nur die gerade notwendige Menge von Wasserdampf oder Wasserstoff anwendete, wenn nur das Reaktionsprodukt augenblicklich entfernt würde. Wäre letzteres nicht der Fall, so würden schlieſslich Wasserdampf und Wasserstoff in solchen Mengen vorhanden sein, daſs die Reaktion sowohl in der einen wie in der andern Richtung verlaufen, also ein Stillstand der Reaktion, chemisches Gleichgewicht, eintreten müſste.

Ein derartiger Vorgang, bei welchem die Masse des einen Körpers der des andern gegenüber nicht allein den Ausschlag in bezug auf den Verlauf der Reaktion gibt, wird als „sogenannte Massenwirkung“ bezeichnet.

Es gibt aber auch Fälle, in denen thatsächlich allein die gröſsere Masse des einen oder des andern Körpers eine bestimmte

Wirkung zu erreichen im Stande ist. Verschiedene Reaktionen verlaufen verschieden je nach den angewandten Mengen, und daraus erklärt sich z. B. das verschiedene Resultat je nach der Reihenfolge, in welcher man zwei Substanzen miteinander vereinigt.

Giefst man z. B. eine Lösung von citronensaurem Eisen in eine solche von Ferridcyankalium, so bleibt die Mischung klar; vermischt man dagegen umgekehrt eine Lösung des ersteren mit einer Lösung von Ferridcyankalium, so entsteht momentan ein dicker blauer Niederschlag. Im ersteren Falle war die Blutlaugensalzlösung, im letzteren die Eisensalzlösung im Überschufs. Diese Wirkungen werden als „eigentliche Massenwirkungen" bezeichnet.

Die Massenwirkung hat zuerst Berthollet (s. Kap. 4) theoretisch betrachtet und experimentell erforscht; den chemischen Effekt setzte er proportional der Masse und der Affinität. Im Jahre 1853 lenkte Bunsen durch seine „Untersuchung über die chemische Verwandtschaft" wiederum die Aufmerksamkeit auf Berthollet's Lehre und wies in experimenteller Weise den grofsen Einflufs nach, welchen die Masse bei chemischen Reaktionen auszuüben vermag, und im Jahre 1867 gründeten Guldberg und Waage eine chemische Theorie der Massenwirkung, welche eine grofse Zahl von Thatsachen befriedigend zu erklären im Stande ist.

Nehmen wir einmal an, eine homogene Lösung enthalte eine Säure und zwei Basen, die relativen Mengen derselben in Molekulargewichten ausgedrückt, d. h. die Gewichtsmengen einer jeden Substanz in einer gegebenen Menge der Lösung durch das Molekulargewicht dividiert. Der Quotient hieraus sei als Anzahl der Moleküle der betreffenden Substanz bezeichnet, da derselbe proportional der wirklich vorhandenen Anzahl der Moleküle ist, von der die Massenwirkung abhängt.

Setzen wir q als die Anzahl der Moleküle der Säure, p_1 und p_2 als diejenige der beiden Basen, und nehmen wir an, dafs die Menge der vorhandenen Säure zur Neutralisation beider Basen nicht ausreichend ist.

Die Säure teilt sich nach Berthollet im Verhältnis der chemischen Massen der Basen, d. i. in dem Verhältnisse der Producte aus den relativen Mengen der betreffenden Basis in die Verwandtschaft zur Säure. Nennen wir diese Verwandtschaftskräfte $k_1\,p_1$ und $k_2\,p_2$. Bedeuten nun q_1 und q_2 die Mengen der Säure, welche von den beiden Basismengen gebunden werden, so ist

$$q_1 : q_2 = k_1 p_1 : k_2 p_2, \tag{1}$$

in welcher Form das Gesetz der Massenwirkung lange Zeit hindurch gültig war.

Nach Berthollet sollte jedoch die Affinität eines Stoffs zu einem andern um so größer sein, je kleiner sein Molekulargewicht. Die chemische Masse eines Stoffs wäre dann gleich seiner Gewichtsmenge dividiert durch sein Molekulargewicht, d. h. gleich der Anzahl der Moleküle. Dann wären also p_1 und p_2 die chemischen Massen selbst und die Gleichung 1 wäre umzuändern in

$$q_1 : q_2 = p_1 : p_2. \qquad (2$$

Beide Gleichungen entsprechen den Beobachtungen jedoch nicht, da die gesamte Menge der Basen in Rechnung gebracht ist, während doch ein Teil derselben schon an die Säure gebunden ist, der gebundene Anteil der Basen jedoch nicht in gleicher Weise wie der freie thätig sein kann. Die Reaktion wird sich zwischen dem freien Anteil der ersten Base und dem Salz der zweiten, auf der andern Seite zwischen dem freien Anteil der zweiten Base und dem Salz der ersteren zu vollziehen bestreben.

Sind p_1 und p_2 die relativen Mengen der freien Basen und q_1 und q_2 die Mengen der beiden Salze in Molekulargewichten, so kann die Kraft, mit welcher sich die beiden Reaktionen zu vollziehen streben, durch die Ausdrücke $k_1\ p_1\ q_2$ und $k_2\ p_2\ q_1$ dargestellt werden, wenn k_1 und k_2 Konstanten bedeuten, welche von der Affinität zwischen den Basen und der Säure abhängen. Das Gleichgewicht wird hergestellt sein, wenn

$$k_1\ p_1\ q_2 = k_2\ p_2\ q_1, \qquad (3$$

d. h. wenn in gleicher Zeit gleichviel Umsetzungen im einen Sinne wie im entgegengesetzten stattfinden. Die Faktoren k_1 und k_2 bezeichnet man als Verwandtschaftskoeffizienten. Dieselben geben das Verhältnis an, in welchem zwei konkurrierende Stoffe A und B zu A_1 und B_1 umgesetzt werden. Bezeichnet man das Verhältnis der umgesetzten zu der nicht umgesetzten Anzahl von Äquivalenten, d. h.

$$\frac{p_2}{p_1} \text{ und } \frac{q_2}{q_1}$$

als die Umsetzungsquotienten der Stoffe A und B, so folgt aus 3

$$\frac{k_1}{k_2} = \frac{p_2}{p_1} : \frac{q_2}{q_1},$$

d. h. das Verhältnis der Umsetzungsquotienten ist konstant und gleich dem der Affinitätskoeffizienten.

Die Gleichung 3 gilt ganz allgemein für jede Art von Wechselwirkung zweier Stoffe in homogener Mischung, d. h. beide Reaktionen bestreben sich mit einer Intensität zu vollziehen, welche der relativen Menge der beteiligten Substanzen proportional ist, und Gleichgewicht wird bei demjenigen Mengenverhältnis eintreten, bei welchem die entgegengesetzten Kräfte gleich grofs werden.

Wenn man in der Gleichung 3

$$k_1 : k_2 = c$$

als unbekannte, von den Affinitäten abhängige Konstante c setzt, so ist

$$\frac{p_2 q_1}{p_1 q_2} = c.$$

Zur Prüfung dieses Gesetzes der chemischen Massenwirkung sind die von Berthollet und Saint-Gilles gemachten Beobachtungen über die Bildung von Estern organischer Säuren beim Zusammenbringen der letzteren mit Alkoholen sehr geeignet.

Die anfängliche Masse des Alkohols sei P_1, die des Esters P_2, des Wassers Q_1 und der Säure Q_2, ausgedrückt in Molekulargewichten; x sei die Anzahl der Säuremoleküle, welche nach eingetretenem Gleichgewicht verbraucht sind. Unter der Voraussetzung, dafs je ein Molekül Alkohol und Säure sich zu je einem Molekül Ester und Wasser umsetzen, sind die Mengen des umgewandelten Alkohols, des gebildeten Esters und Wassers ebenfalls $= x$. Nach eingetretenem Gleichgewicht sind $p_1 = P_1 - x$ Moleküle Alkohol, $p_2 = P_2 + x$ Moleküle Ester, $q_1 = Q_1 + x$ Moleküle Wasser und $q_2 = Q_2 - x$ Moleküle Säure vorhanden. Demnach lautet die Gleichung für das Gleichgewicht

$$\frac{p_2 q_1}{p_1 q_2} = \frac{(P_2 + x)(Q_1 + x)}{(P_2 - x)(Q_2 - x)} = c.$$

Nehmen wir nun z. B. an, je ein Molekül Alkohol und Säure würden zusammengebracht, ohne dafs zu Anfang Ester noch Wasser vorhanden. Dann müssten $P_1 = Q_2 = 1$ und $P_2 = Q_1 = 0$ sein, und obige Gleichung lauten:

$$\frac{x^2}{(1 - x)\,2} = \left(\frac{x}{1 - x}\right)^2 = c.$$

Die Konstante c bestimmt hier also sehr einfach das Mengenverhältnis zwischen unverändertem Alkohol $(1 - x)$ und gebildetem Ester (x). Ebenso kann c berechnet werden, wenn das Mengenverhältnis bekannt ist. Die Erfahrung hat gelehrt, dafs in einer Mischung äquivalenter Mengen Äthylalkohol und Essigsäure dann Gleichgewicht besteht, wenn etwa $^2/_3$ der Säure in Ester umgesetzt ist. Es ist also

$$\frac{x}{1-x} = \frac{2/3}{1-2/3} = 2$$

und demnach

$$c = \left(\frac{x}{1-x}\right)^2 = 4.$$

Nehmen wir an, dafs die Menge des Alkohols konstant $P_1 = 1$ bleibe, die Säuremenge Q_2 jedoch allmählich zunähme, während immer $P_2 = Q_1 = 0$ ist, so würde die Gleichung lauten:

$$\frac{x^2}{(1-x)(Q_2-x)} = c,$$

oder

$$1 - x = \frac{x^2}{(Q_2 - x)\,c}.$$

Daraus ist ersichtlich, dafs $1 - x$ desto kleiner werden mufs, je gröfser Q_2 wird, d. h. bei einem Überschufs der Säure nimmt die Menge des gebildeten Esters zu, bis bei grofsem Überschufs $1 - x$ nahezu $= 0$ oder $x = 1$ ist, also die ganze Menge des vorhandenen Alkohols in Ester umgesetzt ist.

Bleibt die Menge der Säure konstant $Q_2 = 1$, schwankt dagegen die des Alkohols P_1, so ist

$$1 - x = \frac{x^2}{(P_1 - x)\,c},$$

d. h. es tritt bei einem Überschufs an Alkohol dieselbe Erscheinung ein, nur dafs hier nahezu die ganze Menge der Säure in Ester verwandelt ist.

Die Beobachtungen haben diese Folgerungen alle bestätigt, sie sind jedoch auch auf solche Gemenge ausgedehnt worden, die zu Anfang schon Ester oder Wasser enthielten. Dabei hat sich ergeben, dafs auch hierin Übereinstimmung stattfindet, dafs ein Zusatz von Wasser sowohl wie von Ester auf die Esterifizirung störend einwirkt, und zwar um so mehr, je gröfsere Mengen von beiden vorhanden sind.

Es ist jedoch zu berücksichtigen, dafs hierbei nicht allen störenden Nebenreaktionen Rechnung getragen ist.

So kann z. B. durch Zufügung wasserbindender Substanzen die Wechselwirkung zwischen Alkohol und Säure über die angegebene Grenze hinaus gesteigert werden, ebenso wie durch Zusatz säurebindender Mittel, als Alkalien etc., die völlige Zersetzung des Esters durch das Wasser verhindert wird.

Die Bildung von sauren Salzen oder Doppelsalzen, Krystallwasserverbindungen, Zersetzung eines der Stoffe u. a. können solche störende Nebenreaktionen veranlassen. Ja es ist sogar nicht immer eine chemische Veränderung nöthig, um die Reaktion anders verlaufen zu lassen. Wir haben bei der Besprechung der Kontaktwirkungen (Kap. 12) gesehen, dafs eine Anzahl von Verbindungen der Einleitung oder dem Fortgang einer chemischen Reaktion einen eigenthümlichen Widerstand entgegensetzen. Ist bei einer umkehrbaren Reaktion ein solcher Stoff vorhanden, welcher die umgekehrte Reaktion erschwert oder unmöglich macht, so mufs jene erstere Reaktion vollständig zu Ende verlaufen. Hierauf ist wahrscheinlich unter andern die Erscheinung zurückzuführen, dafs in einem Gasgemisch von Wasserstoff, Chlor und Sauerstoff, welches eine zur Absättigung der beiden letzten Gase unzureichende Menge von Wasserstoff enthält, bei der Entzündung die sämtliche Menge des Chlors zuerst in Reaktion tritt, soweit der Wasserstoff ausreicht, und von dem Sauerstoff nur soviel, als dem Rest des Wasserstoffs entspricht. Die Erscheinung einer Teilung des Sauerstoffs, wie man bei der Verbrennung eines Gemisches von Wasserstoff und Kohlenoxyd beobachten kann, findet hier nicht statt; der Grund liegt vermuthlich in dem Fehlen einer Ursache, welche die Einwirkung des Sauerstoffs auf den zuerst gebildeten Chlorwasserstoff einzuleiten vermöchte.

In vielen Fällen wird jedoch auch eine sogenannte vollständige Reaktion nur eine scheinbare sein, und zwar dann, wenn die Verwandtschaft, welche eine Reaktion verursacht, der entgegengesetzten gegenüber eine sehr grofse ist. Es werden die Produkte der entgegengesetzten Reaktion häufig in so geringen Mengen auftreten, dafs wir sie mit den uns zu Gebote stehenden Hilfsmitteln nicht nachzuweisen im stande sind.

Nach unseren heutigen Erfahrungen mufs die Ansicht Berthollet's in manchen Punkten entschieden als richtig anerkannt werden. Zahlreiche Reaktionen sind thatsächlich partiell, und zur Vollendung solcher partieller Reaktionen tragen diejenigen Ursachen, welche bei Berthollet eine Hauptrolle spielten, die Unlöslichkeit und Flüchtigkeit, nicht unwesentlich bei, wenn auch zugegeben werden mufs, dafs Berthollet in der Wertschätzung derselben entschieden zu weit ging.

Man darf mit einiger Berechtigung annehmen, dafs die einfachen chemischen Reaktionen im wesentlichen doch partiell, zu ihrer wirklichen Vollendung andere Ursachen notwendig sind. Dagegen wird von mancher Seite noch der Bergmann'schen Ansicht gehuldigt, daſs die stärkere Verwandtschaft allein das ausschlaggebende Moment, partielle und reciproke Reaktion nur Ausnahme sei, welche nur in dem Falle stattfinden kann, wo die konkurrierenden Verwandtschaftskräfte in ihrer Stärke nicht wesentlich verschieden von einander sind.

Die einfachste Wirkung der Affinität würde die Aneinanderlagerung von Atomen darstellen. So vereinigt sich Chlor mit Wasserstoff zu Chlorwasserstoff, Wasserstoff mit Sauerstoff zu Wasser. Solche Vorgänge sind aber streng genommen keine einfachen Additionsvorgänge mehr; schon die stöchiometrischen Gesetze haben uns gelehrt, daſs nicht ein Atom Wasserstoff und ein Atom Chlor sich zu einem Molekül Chlorwasserstoff, sondern ein Molekül Wasserstoff und ein Molekül Chlor, d. h. je zwei Atome, sich zu zwei Molekülen Chlorwasserstoff vereinigen, daſs hier also schon eine Umsetzung stattfinden muſs, infolge derer der Zusammenhang zweier Atome Wasserstoff und zweier Atome Chlor gestört wird.

Schon häufiger ist der Fall, wo nicht zwei Elemente, sondern zwei chemische Verbindungen sich aneinander lagern. Nach früherer Auffassung war die Bildung von Kaliumnitrat aus KO und NO_5 zu KNO_6 eine einfache Addition. Unsere heutigen Annahmen von der Gröſse der Atomgewichte zwingen uns jedoch, diese Annahme fallen zu lassen und die Bildung des Kaliumnitrats aus K_2O und N_2O_5 zu 2 KNO_3 als Umsetzung aufzufassen, wogegen z. B. die Annahme der Bildung von Kohlenoxychlorid $COCl_2$ aus CO und Cl_2, von Chlorammon aus $NH_3 + HCl$ zu NH_4Cl als einfache Addition Berechtigung hat. Überhaupt zeichnen sich die Verbindungen der Elemente der Stickstoffgruppe durch Additionsfähigkeit aus.

Auch in dem Falle, wo Kohlenoxyd sich mit Sauerstoff zu Kohlendioxyd, Schwefeldioxyd zu Schwefeltrioxyd, Aldehyd C_2H_4O zu Essigsäure $C_2H_4O_2$, vereinigt, darf von einer Addition streng genommen nicht gesprochen werden, da der Zusammenhalt zweier Sauerstoffatome gestört werden muſs.

Überhaupt ist die Bildung einer komplizierten Verbindung aus zwei oder mehreren einfachen Bestandteilen nicht allzu häufig. Es gelingt z. B. nicht, aus Methan CH_4 durch Einwirkung von freiem Sauerstoff Methylalkohol CH_4O zu erzeugen, da der freie Sauerstoff auf Methan ganz anders wirkt, als in der angegebenen Weise, vielmehr muſs zur Erzeugung von Methylalkohol aus Methan ein ganz anderer Weg eingeschlagen werden.

Dieses und andere Beispiele lehren, daſs ein Molekül einer chemischen Verbindung nicht ein willkürliches Konglomerat von Atomen ist, sondern vielmehr ein nach feststehenden Prinzipien aufgeführtes Bauwerk, in dem jedes Atom als Baustein seine ganz bestimmte Stelle einnimmt, und das durch eine derartige verkehrte Behandlung seinen Grundcharakter einbüfst.

Dafs dem wirklich so ist, lehrt uns die Existenz der isomeren Verbindungen, d. h. solcher, welche bei ganz gleicher chemischer Zusammensetzung doch ganz verschiedene Eigenschaften aufweisen.

Diejenigen Verbindungen nun, welche keine Neigung besitzen, ohne weiteres andere Elemente aufzunehmen, in denen der chemische Verwandtschaftstrieb also befriedigt, gesättigt ist, nennt man gesättigte Verbindungen, zum Unterschiede von den ungesättigten, in denen jener Trieb seine Befriedigung noch nicht gefunden hat.

Bei allen anderen Reaktionen, welche nicht als eigentliche Additionen anzusehen sind, mufs die Verwandtschaftskraft zwischen den einzelnen Elementen eine ungleiche sein. Wenn Chlorkalium und Silbernitrat unter Bildung von Kaliumnitrat und Chlorsilber auf einander wirken, so überwiegt die Affinität des Chlors zum Silber diejenige des Chlors zum Kalium und der Salpetersäure zum Silber, d. h. es treten diejenigen Bestandteile zusammen, welche zu einander die gröfsere Verwandtschaft besitzen. Diese Vereinigung kann erst dann erfolgen, wenn die Bestandteile aus ihrer bisherigen Verbindung gelöst sind. Alle diese Verwandtschaftskräfte kommen zur Wirkung.

Man bezeichnet die Affinität, welche eine bestehende Verbindung zu erhalten strebt, als negativ, diejenige, welche die Herstellung einer neuen Verbindung erstrebt, als positiv. Denkt man sich beide berechnet, so mufs ihre Summe positiv sein, wenn eine Reaktion zustande kommen soll. In dem oben beregten Beispiel ist die Verwandtschaft zwischen Silber und Salpetersäure einerseits, und zwischen Kalium und Chlor andererseits die negative, die Verwandtschaft zwischen Silber und Chlor und zwischen Kalium und Salpetersäure die positive. Da eine Wechselwirkung erfolgt, so mufs die Summe eine positive sein.

Aus Essigsäure und Salzsäure entsteht nicht, oder doch nicht in merkbarem Grade, Acetylchlorid nach Gleichung

$$CH_3\,COOH + HCl = CH_3\,CO\,Cl + H_2\,O.$$

Vielmehr ist die Verwandtschaft von Chlor zur Acetylgruppe $CH_3\,CO$ geringer als die zum Wasserstoff, die Summe der Affinitäten ist in diesem Fall negativ; es entstehen vielmehr aus Acetylchlorid und Wassser Essigsäure und Salzsäure. Um die Reaktion nach obiger Gleichung vor sich gehen zu lassen, mufs die geringere positive Affinität vergröfsert werden, und dieses kann leicht geschehen durch

Zumischung von Phosphorpentoxyd. Dann überwiegt die Verwandtschaft des letzteren zum Wasser plus der des Chlors zum Acetyl die entgegengesetzte, die Summe wird positiv und es entsteht in der That Acetylchlorid.

Man darf jedoch nicht glauben, dafs eine Verwandtschaft nur zwischen den Atomen ganz bestimmter Elemente vorhanden wäre, sondern mufs im Gegenteil annehmen, dafs zwischen sämtlichen Atomen sämtlicher Elemente im gewissen Grade eine Affinität sich geltend macht. Das Gegenteil würde sich auch mit der Anschauung, dafs unsere Elemente nur Modifikationen eines und desselben Urstoffs sein könnten, schwer vertragen.

Bei der Wechselwirkung zwischen Chlorkalium und Silbernitrat wird nicht nur eine Affinität zwischen Chlor und Kalium, Silber und Salpetersäurerest, und Chlor und Silber, Salpetersäurerest und Kalium bestehen, sondern auch zwischen Kalium und Silber, Chlor und Salpetersäurerest. Die Gröfse der letzten Verwandtschaftskräfte ist nur so gering, dafs diese uns als nicht bestehend erscheinen.

Wenn von der Verwandtschaft des Salpetersäurerestes NO_3 gesprochen wird, wie von der eines Atomes, so hat dieses seine Berechtigung, da der Stickstoff mit dem Sauerstoff gerade wie das Atom eines Elementes als Ganzes aus der einen Verbindung in die andere hinüberwandert. Solche Gruppen, in denen die Atome fest zusammen zu haften s c h e i n e n, nennen wir Radikale oder Reste. Ob wirklich der Zusammenhalt unter ihnen bei einer Reaktion nicht gestört wird, läfst sich nicht entscheiden und darf uns hier gleichgültig sein.

Man bezeichnet, um bei der beregten Reaktion stehen zu bleiben, die Verwandtschaft des Silbers zum Chlor als die gröfsere gegenüber derjenigen des Kaliums zu dem Rest der Salpetersäure. Die Gröfse beider Verwandtschaften ist nur relativ ausgedrückt; sie ist um so beträchtlicher, je beständiger eine Verbindung sich erweist. In früherer Zeit (s. Kap. 4) hat man diese Verhältnisse zwischen den verschiedenen Stoffen in einem System, den Verwandtschaftstafeln, zu versinnbildlichen sich bestrebt.

Ebenso wie aus der Beständigkeit einer chemischen Verbindung gegen chemische Einflüsse, die Wirkung der verschiedenartigsten Stoffe, läfst sich die relative Gröfse der Verwandtschaft auch nach dem Widerstand beurteilen, den eine Verbindung physikalischen Einflüssen, dem Licht, der Wärme, wie auch mechanischen Erschütterungen entgegensetzt. Je schwerer die Stoffe durch dieselben, namentlich durch Steigerung der Temperatur, zersetzt werden, um so gröfser mufs die Verwandtschaft der in ihnen enthaltenen Elementaratome sein.

Im allgemeinen kann man annehmen, dafs in den beständigen Verbindungen, das sind solche, welche chemischen und physikalischen Einflüssen einen gröfseren Widerstand entgegensetzen, oder welche sich häufiger als andere bei chemischen Reaktionen bilden, die Elementarbestandteile eine gröfsere Verwandtschaft zu einander besitzen als die leichter zersetzlichen. Man pflegt gewöhnlich die elektronegativsten und -positivsten Elemente als die verbindungsfähigsten, mithin als die mit der gröfsten Verwandtschaft begabten zu bezeichnen. Das ist nicht ohne weiteres richtig. Auch Sauerstoff, Kohlenstoff vermögen aufserordentlich beständige Verbindungen zu liefern; dadurch aber, dafs ihre Elementarmoleküle dem Zersprengen einen gröfseren Widerstand entgegensetzen, erscheinen sie uns mit einem geringeren Vereinigungsstreben ausgestattet. Es fällt z. B. sehr schwer, den Kohlenstoff mit anderen Elementen zu vereinigen; aber seine Wasserstoffverbindungen sind von aufserordentlicher Beständigkeit, so dafs es nur unter Zuhilfenahme anderer Verwandtschaftskräfte gelingt, in Kohlenwasserstoffen den Wasserstoff z. B. durch Chlor zu ersetzen; die grofse Affinität des Chlors zum Wasserstoff mufs erst hinzutreten, um, meistenteils unter Heranziehung physikalischer Hilfsmittel, eine Ersetzung des Wasserstoffs zu erreichen. Als ein bekanntes Beispiel eines mit sehr geringer Verwandtschaft ausgestatteten Elementes gilt der Stickstoff; allerdings vereinigt sich derselbe fast nur bei dem höchsten Hitzegrade mit anderen Elementen direkt, sonst nur mit Ozon, und bei Anwendung des elektrischen Funkens auch mit Wasserstoff. Es mufs angenommen werden, dafs die Stickstoffatome unter sich im Molekül mit einer solchen Kraft zusammengehalten werden, dafs sie selbst aus anderen Verbindungen auszutreten bemüht sind, um ein Stickstoffmolekül zu bilden.

Ein wesentliches Moment bei der Beurteilung der Gröfse der Affinität bildet die Anzahl der in dem Molekül einer chemischen Verbindung zusammengehaltenen Elementaratome. Da zur Bindung einer grofsen Zahl derselben gewissermafsen die zwischen den Atomen wirkenden Verwandtschaftskräfte zersplittert werden, ist es erklärlich, warum solche Verbindungen häufig selbst ohne Gewaltmafsregeln einen Teil oft sogar gleichartiger Atome entlassen und mit dem Rest eine beständigere Verbindung bilden.

Bemerkenswert ist ferner die Eigentümlichkeit mancher sehr unbeständiger Verbindungen, durch erfolgte Substitution eines ihrer Bestandteile durch andersartige Atome in verhältnismäfsig beständige überzugehen, z. B. die Säuren des Schwefels, viele organische Säuren durch Ersetzung der Wasserstoffatome durch Metall, und andere Körper.

Ein sehr bequemes Mittel, die Festigkeit der Bindung unter den Atomen eines Moleküls zu prüfen, bietet uns die Wärme. Je höher die Temperatur, welche eine Substanz zu ertragen vermag, ohne zu zerfallen, um so gröfser mufs auch das Vereinigungsstreben ihrer Bestandteile sein. So kann beispielsweise das Silberoxyd durch wenig über die normale gesteigerte Temperatur leicht in Metall und Sauerstoff gespalten werden, während Kupferoxyd die höchsten Hitzegrade erträgt. Man darf daraus schliefsen, dafs der Sauerstoff zum Silber eine weitaus geringere Verwandtschaft besitzt als zum Kupfer.

Kleinere Differenzen lassen sich bei Betrachtung des Verlaufs analoger Reaktionen durch Betrachtung der Geschwindigkeit, mit der dieselben sich vollziehen, leicht auffinden. Als ganz besonders geeignet hierfür erweist sich die Betrachtung der zeitlichen Unterschiede bei der Esterbildung aus Alkoholen und organischen Säuren, wie Berthelot, Menschutkin und andere nachgewiesen haben.

Wird ein Alkohol und eine organische Säure bei gleichmäfsiger Temperatur im geschlossenen Rohr erhalten, so kann nach Ablauf einer bestimmten Zeit durch Titrieren der frei gebliebenen Säure die Geschwindigkeit bestimmt werden, mit welcher sich die Reaktion vollzogen hat. Auf diese Weise hat sich ergeben, dafs z. B. die Essigsäure bei einstündigem Erhitzen mit äquivalenten Mengen verschiedener Alkohole auf 154°

46,9 % Äthylalkohol
46,9 „ Propylalkohol
46,8 „ Butylalkohol
44,4 „ Isobutylalkohol
25,7 „ Isopropylalkohol

in Ester umgesetzt hatte.

Es hat sich aus einer grofsen Reihe von Versuchen ergeben, dafs von den homologen Alkoholen die normalen am raschesten und ziemlich gleichmäfsig, die sekundären langsamer, am langsamsten die tertiären, von den homologen Säuren bei Einwirkung auf ein und denselben Alkohol die von geringem Molekulargewicht am raschesten in Ester übergeführt wurden.

Chlor und Wasserstoff vereinigen sich mit einander unter Erzeugung von Wärme, und diese letztere müfste ein Mafs der Verwandtschaft für die beiden Elemente abgeben, wenn beide Gase aus einzelnen Atomen beständen.

Das ist bekanntlich nicht der Fall, wir müssen vielmehr annehmen, dafs sie aus Molekülen bestehen, deren Atome erst von einander getrennt werden müssen, ehe eine Vereinigung erfolgen kann. Die bei der letzteren auftretende Wärmemenge ist daher nicht einfach das Resultat der Vereinigung von Chlor und Wasserstoff, sondern sie ist um diejenige Wärmemenge vermindert, welche zur Zerlegung der Chlor- und Wasserstoffmoleküle erforderlich war. Die bei der genannten Reaktion auftretende Wärmemenge ist daher die Differenz zweier Wärmemengen, welche beide zu bestimmen wir nicht imstande sind.

Es lassen sich aus den bei chemischen Reaktionen auftretenden Mengen von Wärme jedoch zuweilen Schlüsse auf die relative Affinität mehrerer Elemente unter einander ziehen. Bei der Besprechung der thermo-chemischen Erscheinungen in den nächsten Kapiteln werden wir darauf zurückkommen.

Kapitel 14.

Das Wesen der Wärme. Äquivalenz von Wärme und Arbeit. Wechselbeziehung der Naturkräfte. Gesetz von der Erhaltung der Kraft. Lebendige Kraft, aktuelle und potentielle Energie. Innere Bewegung, Intensität der Wärmebewegung. Ausdehnung der Körper durch die Wärme. Kalorimetrie. Spezifische Wärme, Wärmekapazität.

Überall da, wo chemische Prozesse sich abspielen, tritt Wärme auf, und es ist als sicher anzunehmen, dafs die Wärme bei vielen chemischen Vorgängen entscheidend beteiligt ist. Viele Reaktionen finden erst bei höherer Temperatur statt oder verlaufen doch bei derselben um vieles rascher und energischer. Es ist daher zum Verständnis chemischer Reaktionen durchaus erforderlich, die Wirkung der Wärme und das Wesen derselben näher ins Auge zu fassen.

Wenn wir im gewöhnlichen Leben von Wärme und Kälte sprechen, so bezeichnen wir damit Empfindungen, welche durch die uns umgebenden Körper in unserem Nervensystem hervorgerufen werden. Bei der Berührung zweier Körper von verschiedenen Temperaturen wird ein Ausgleich der letzteren eintreten, indem der wärmere durch den kälteren abgekühlt, der kältere durch den wärmeren erwärmt wird. Den verschiedenen Wärmegrad suchte man früher durch Annahme eines unwägbaren Wärme-Fluidums zu erklären, welches alle Körper in gröfserer oder geringerer Menge durchdringen sollte.

Mehrfache Gründe veranlassen heute die Annahme, dafs die Wärme kinetische Energie, die Energie der Bewegung der Atome und Moleküle sei.

Wenn ein Körper erwärmt oder abgekühlt wird, so heifst das, die lebendige Kraft der Bewegung seiner kleinsten Teilchen ist vergröfsert oder vermindert. Diese Annahme macht erklärlich, dafs durch Wärme Arbeit und durch Arbeit Wärme erzeugt werden kann. Diese Umsetzung ist eine Verwandlung von unsichtbarer Bewegung der kleinsten Teilchen in sichtbare und umgekehrt. Täglich führt uns das Leben Beispiele vor Augen. Die Achsen der Räder, die Teile der Maschinen, das Metall beim Prägen der Münzen unter dem Prägestempel erhitzen sich stark.

Aus der Erscheinung, dafs beim Bohren von Kanonenröhren eine starke Entwickelung von Wärme stattfand, welche weder aus der Materie noch aus der äufseren Umgebung stammen konnte, schlofs Rumford (1798), dafs durch die Reibung eine der angewandten Arbeit entsprechende Menge von Wärme erzeugt worden sei. Davy zeigte, dafs zwei Eisstücke beim Reiben an einander im luftleeren Raume bei einer geringeren Temperatur als 0° zum Schmelzen gebracht werden können und zwar nur durch die Wärme, welche während des Vorganges erzeugt wird. Mayer und Joule zeigten, dafs zwischen der erzeugten Wärmemenge und der dazu verbrauchten Arbeit ein bestimmtes Verhältnis obwaltet. Letzterer fand bei seinen Versuchen über die Reibung von Eisen mit Wasser oder Quecksilber, dafs, um ein Kilogramm Wasser um 1° C. zu erwärmen, ein Arbeitsaufwand von 424 Kilogrammometern erforderlich ist, wenn wir als solches Mafs dasjenige einer Arbeit annehmen, welche zur Hebung eines Kilogramms auf eine Höhe von einem Meter gebraucht wird.

Die Zahl 424, welche das konstante Verhältnis der erzeugten Energie zur verschwundenen Wärme angibt, wird als mechanisches Äquivalent der Wärme, die reciproke Zahl $1/424$ (gewöhnlich als A bezeichnet), welche diejenige Wärme angibt, welche durch eine Energieeinheit erzeugt wird, wird als kalorisches Äquivalent der Arbeit bezeichnet.

Der erste Hauptsatz der mechanischen Wärmetheorie lautet: Wärme und Arbeit (mechanische Energie) sind äquivalent.

Wenn die eine verschwindet, tritt die dieser entsprechende Menge der anderen auf. Wenn ein Stein auf einer schiefen Ebene herabrutscht, so wird er bei rauher Oberfläche zwar mit geringer Geschwindigkeit am Fufse der Ebene anlangen, dafür aber stark erwärmt erscheinen. Die verlorene Bewegung ist in Wärme umgesetzt. Würde der Stein sowohl wie die schiefe Bahn eine glatte

Oberfläche, oder ersterer gar Kugelform besitzen, so würde die Bewegung eine bedeutend gröſsere, die Erwärmung aber eine viel geringere sein. Wenn ein Gegenstand aus freier Luft auf den Erdboden herabfällt, so wird die ihm durch die Schwerkraft mitgeteilte Geschwindigkeit beim Aufschlagen verloren gehen, dafür jedoch der Körper erwärmt werden.

In umgekehrter Weise kann durch Wärme Bewegung erzeugt werden; durch die Ausdehnung des erhitzten Wasserdampfes werden unsere Dampfmaschinen getrieben.

Eine derartige Umwandlung der einen Kraft in eine andere findet bei allen Naturkräften statt. Im Sonnenlicht erwärmen sich die meisten Gegenstände, indem die Bewegung der Ätherteilchen den kleinsten Partikelchen dieser sogenannten undurchstrahlbaren Körper ebenfalls Bewegung mitteilt. Diejenigen Körper, welche die Lichtstrahlen ungehindert hindurchlassen, wie das Steinsalz, erwärmen sich auch nicht, sie sind diatherman.

Wenn durch chemische Umsetzung zwischen Zink und Schwefelsäure einerseits und der Reduktion der Salpetersäure andererseits in den Elementen einer galvanischen Batterie Elektricität erregt wird, so ist chemische Verwandtschaftskraft in Elektricität umgesetzt. Diese letztere vermag wiederum beim Durchströmen durch geeignete Drähte Wärme und Licht zu erzeugen.

Der Schall pflanzt sich durch die Luft fort, indem die Teilchen derselben in Bewegung geraten; wird dieser ein Hindernis entgegengestellt, so wird die Schallbewegung aufhören, der hemmende Gegenstand aber, wenn auch nur in sehr geringem Grade, erwärmt werden.

Die Naturkräfte stehen in Wechselbeziehung zu einander. Verschwindet eine Kraft, so tritt die äquivalente Menge einer anderen auf, die Kraft kann nicht vermehrt und nicht vermindert werden, überall gilt das Gesetz ihrer Erhaltung.

Dieses wurde zwar schon in beschränkter Weise von Newton, Bernoulli, Rumford und Davy, seine allgemeine Gültigkeit zuerst von dem Arzt Robert Mayer im Jahre 1842 ausgesprochen.

Um eine Last q auf eine Höhe h zu heben, ist eine Arbeit erforderlich, welche durch das Produkt $q\,h$ gemessen wird. Die Arbeit, welche erforderlich ist, um 1 kg auf die Höhe von einem Meter zu heben, wird Kilogrammometer genannt und dient als Einheit bei der Vergleichung verschiedener Arbeitsgröſsen. Man versteht unter Kraft im mechanischen Sinne das Produkt aus der Masse und der Beschleunigung; das Produkt aus der Kraft in die Wegstrecke wird als Arbeit (Überwindung eines Widerstandes) bezeichnet. Ist m die Masse eines Körpers, g seine Beschleunigung, s die Wegstrecke, so ist die Kraft $p = mg$ und die Arbeit $mgs = ps$.

Wirkt auf einen Körper eine Kraft mit konstanter Beschleunigung g, so ist, wie bekannt, die zurückgelegte Strecke s in der Zeit t

$$s = \frac{g t^2}{2},$$

die Geschwindigkeit $c = gt$ und

$$t = \frac{c}{g}.$$

Daraus ergibt sich

$$s = \frac{c^2}{2g}$$

oder $2gs = c^2$.

Auf beiden Seiten mit der Masse m multipliziert, ergibt

$$mgs = \frac{mc^2}{2},$$

oder, da $mg =$ der Kraft p,

$$ps = \frac{mc^2}{2},$$

mit Worten, die Arbeit ps ist gleich der Masse des Körpers, multipliziert mit dem halben Quadrat der Geschwindigkeit. Diese letztere Gröſse $1/2\,(mc^2)$ wird als lebendige Kraft oder kinetische Energie, Energie der Bewegung bezeichnet. Unter Energie allgemein versteht man die Fähigkeit, Arbeit zu leisten; unter potentieller Energie oder Energie der Lage versteht man dann die mögliche Arbeit, welche ein Körper besitzt infolge der Gravitation; es ist die Lage der sich anziehenden Massen, welche ihre Arbeitsfähigkeit bedingt. Ein auf eine gewisse Höhe gehobener Körper besitzt nur potentielle Energie, er vermag wohl Arbeit zu leisten, leistet sie jedoch erst beim Sinken. Die sich gegenseitig anziehenden Weltkörper besitzen potentielle Energie; ebenso eine gespannte Feder, ein komprimiertes Gas nur Energie der Lage, Spannkraft; beim Auseinanderrollen oder der Ausdehnung gewinnen sie aktuelle, kinetische Energie. Die Affinität, soweit sie in einem Körper ruht, ist nur ein Fall potentieller, Affinitätsäuſserung ein Fall aktueller Energie.

Alle Vorgänge in der Welt bestehen in dem Übergange der lebendigen Kräfte in andere Form oder in disponibeln Vorrat zu neuer Arbeit; ihre Summe, die Summe der kinetischen und potentiellen Energie, ist konstant. Alle natürlichen Vorgänge sind rein mechanisch; die Kräfte, welche die unendlich kleinen Atome und Moleküle bewegen, gehorchen denselben mechanischen Gesetzen, wie die endlichen Massen. Ein Prozefs, in dem Energie erschaffen oder vernichtet werden könnte, ist nicht möglich, denn Energie ist unschaffbar und unvernichtbar. Wenn Energie auftritt oder verschwindet, so wird immer der Zustand eines oder aller am Prozefs beteiligten Körper, die chemische Zusammensetzung, die Aggregatform, die Dichte etc. sich ändern. Wenn Eis von 0° oder Wasser von 100° Wärme aufnehmen, so bleibt ihre Temperatur dieselbe, während das Eis jedoch schmilzt, und das Wasser Dampfform annimmt. Man suchte früher diese Erscheinung durch die Annahme zu erklären, dafs der »Wärmestoff« Verbindungen einzugehen vermöchte, deren Bildung aber durch die Veränderung der Körper gekennzeichnet würde. Man wurde in dieser Auffassung bestärkt durch die Thatsache, dafs die gebundene, verschwundene (latente) Wärme wieder zum Vorschein kommt, wenn das Wasser zu Eis oder der Wasserdampf wieder zu tropfbar flüssigem Wasser wird. Nach unserer heutigen Anschauung von dem Wesen der Wärme als einer Form kinetischer Energie wird dieselbe verbraucht, um Eis und Wasser in einen höheren Aggregatzustand überzuführen, ihren kleinsten Teilchen Bewegung zu erteilen, sich zu potentieller Energie umzusetzen; bei dem Übergang aus dem höheren Aggregatzustand in den niederen wird die potentielle Energie wiederum zur kinetischen, d. h. es mufs wiederum Wärme auftreten. Wenn bei chemischen Prozessen Wärme auftritt, mufs chemische Energie verschwunden sein, die chemischen Kräfte müssen Arbeit geleistet haben; wenn umgekehrt Wärme verschwindet, mufs chemische Energie erzeugt sein.

Die Teilchen eines jeden erwärmten Körpers werden in anhaltender Bewegung gedacht; da man sich dieselbe als eine sehr unregelmäfsige vorzustellen hat, ist es erklärlich, dafs sie an endlichen Körpern, die eine überaus grofse Anzahl von Atomen enthalten, nicht bemerkt werden kann. Auch ist sie je nach dem Aggregatzustande eine verschiedene. In festen Körpern erscheint die Lage der Teilchen unveränderlich, es sind nur Schwingungen der Atome im Molekül und der Moleküle um feste Gleichgewichtslagen anzunehmen. In Flüssigkeiten werden die Teilchen gegen einander beweglich, jedoch bei konstanter mittlerer Entfernung, da das Volumen dasselbe bleibt; es wird zu den Schwingungen der Atome und Moleküle noch eine wälzende Bewegung hinzutreten, welche wohl die Moleküle durcheinander mischen, aber doch nicht weiter von einander entfernen kann, als die Wirksamkeit der Molekularkräfte reicht. Bei Annahme des gasförmigen Aggregatzustandes wird auch diese Entfernung überschritten und die Moleküle, die dem Wirkungsbereiche der Molekularkräfte entrückt sind, werden sich in jedem Raume gleichmäfsig ausbreiten.

Die Intensität der Wärmebewegung mufs mit dem Steigen und Fallen der Temperatur auch zu- und abnehmend gedacht werden. Die Wärmebewegung in einem Körper würde aufhören, wenn demselben alle Wärmemenge entzogen, wenn der absolute Nullpunkt der Temperatur, entsprechend — 273°, erreicht werden könnte, d. h. eine Temperatur, bei welcher ein Gas in idealem Sinne auch unter noch so kleinem Druck keinen Raum einnehmen würde.

Aus der Gleichbedeutung von Erwärmung und Vergröfserung der lebendigen Kraft der kleinsten Teilchen läfst sich erkennen, dafs Ausdehnung und Überführung in einen höheren Aggregatzustand auf demselben Prinzipe beruhen; in beiden Fällen wird die Anziehungskraft zwischen den Molekülen mehr oder weniger gelockert, sie suchen sich von einander zu entfernen. Durch geringere Erwärmung, d. h. durch wenig vermehrte Bewegung der Moleküle, wird die Erscheinung hervorgerufen, welche man als Ausdehnung bezeichnet; durch noch erhöhtere Bewegung wird ein fester Körper verflüssigt, aus flüssiger Form in Gasform übergeführt.

Die Verlängerung, welche die Längeneinheit eines festen Körpers bei Steigerung der Temperatur von 0° auf 1° erhöht, wird als linearer Ausdehnungskoeffizient des betreffenden Körpers bezeichnet. Hat derselbe bei 0° die Länge 1, bei 1° die Länge $1 + \alpha$, so ist α der Ausdehnungskoeffizient. Bezeichnet man mit l_0 die Länge eines Körpers bei 0°, mit l_1 diejenige bei 1°, so ist der lineare Ausdehnungskoeffizient

$$\alpha = \frac{l_1 - l_0}{l_0}. \tag{1}$$

Die Verlängerung ist für jede Temperaturerhöhung um 1° nahezu dieselbe. Will man sich über die geringen Differenzen hinwegsetzen, so ist, wenn die Länge eines Körpers bei 0°, 1°, 2°, 3° ... $t^0 = l_0, l_1, l_2, l_3 \ldots l_t$ gesetzt wird,

$$(l_1 - l_0) = (l_2 - l_1) = (l_3 - l_2) \ldots = (l_t - l_{t-1}).$$

Aus 1) folgt

$$l_1 - l_0 = \alpha \cdot l_0 \text{ oder}$$
$$l_1 = \alpha\, l_0 + l_0 = l_0 (1 + \alpha).$$

Daher ist

$$l_2 - l_0 = 2 \cdot \alpha\, l_0 \text{ oder } l_2 = l_0 (1 + \alpha \,.\, 2)$$

und $$l_t - l_0 = t \cdot \alpha\, l_0 \text{ oder } l_t = l_0 (1 + \alpha\, t).$$

Hieraus berechnen sich unmittelbar die Ausdehnungskoeffizienten für die Fläche und das Volumen. Hat eine rechtwinklige Fläche bei 0° eine Länge l_0 und eine Breite b_0, so ist ihre Gröfse

$$F_0 = l_0 \, b_0.$$

Bei der Erwärmung auf t^0 wird die Länge

$$l_t = l_0 (1 + \alpha t),$$

die Breite

$$b_t = b_0 (1 + \alpha t),$$

die Fläche bei t^0 demnach

$$\begin{aligned} F_t &= l_0 (1 + \alpha t) \cdot b_0 (1 + \alpha t) \\ &= l_0 \, b_0 (1 + \alpha t)^2 \\ &= F_0 (1 + 2 \alpha t + \alpha^2 t^2). \end{aligned}$$

Die Gröfse $a^2 \, t^2$ kann man vernachlässigen, da α sehr klein ist, so dafs man hat

$$F_t = F_0 (1 + 2 \alpha t),$$

d. h. der Ausdehnungskoeffizient für die Fläche ist $= 2 \alpha$, also doppelt so grofs wie der lineare.

Ein rechtwinkliger Körper von der Länge l_0, der Breite b_0 und der Höhe h_0 bei 0° hat ein Volumen V_0 bei derselben Temperatur

$$V_0 = l_0 \,.\, b_0 \,.\, h_0.$$

Bei der Temperatur t_0 ist das Volumen

$$\begin{aligned} V_t &= l_0 (1 + \alpha t) \cdot b_0 (1 + \alpha t) \cdot h_0 (1 + \alpha t) \\ &= l_0 \, b_0 \, h_0 (1 + \alpha t)^3 \\ &= V_0 (1 + 3 \alpha t + 3 \alpha^2 t^2 + \alpha^3 t^3). \end{aligned}$$

Unter derselben Voraussetzung wie oben ist

$$V_t = V_0 (1 + 3 \alpha t),$$

d. h. der Ausdehnungskoeffizient für das Volumen ist dreimal so grofs als der lineare.

Bei Flüssigkeiten kann von einer nur linearen Ausdehnung naturgemäfs nicht die Rede sein. Wenn eine Flüssigkeit in einem Gefäfse erwärmt wird, so werden die Teilchen nach allen Richtungen hin sich zu verschieben bestreben. Da die Gefäfswand dem z. T. ein Hindernis bietet, wird die Ausdehnung der flüssigen Masse hauptsächlich an der Niveauhöhe zu erkennen sein. Die ganze Ausdehnung würde mit der kubischen der festen Körper identisch sein, wenn nicht eine gleichzeitige Ausdehnung des Gefäfses stattfände.

Man hat demnach die wahre von der scheinbaren Ausdehnung zu unterscheiden. Wird ein mit einer Flüssigkeit gefülltes Gefäfs in heifses Wasser getaucht, so ist infolge der zuerst eintretenden Ausdehnung der Gefäfswand ein anfängliches Sinken des Flüssigkeitsniveaus in dem Gefäfs bemerkbar; erst dann tritt Volumzunahme ein, wenn die Wärme auch die Flüssigkeit erreicht hat. Daran ist auch zu erkennen, dafs Flüssigkeiten stärker ausgedehnt werden als feste Körper. Ebensowenig wie diese haben auch jene eine gleichförmige Ausdehnung; ein mit Quecksilber gefülltes Thermometer wird bei gleicher Erwärmung in seinem Gang von einem mit Weingeist gefüllten erheblich abweichen. Das auffälligste Verhalten zeigt bekanntlich das Wasser, dessen Dichtigkeit etwa bei 4° C. am gröfsten ist.

Wesentlich anders verhalten sich die Gase. Gasförmige Körper werden durch Temperaturerhöhung, nahezu wenigstens, gleichmäfsig ausgedehnt. Ihr Ausdehnungskoeffizient α ist $= 0{,}003665$. Das Nähere hat schon im neunten Kapitel vorweg genommen werden müssen.

Die Ausdehnung der Körper durch die Wärme gibt uns ein Mafs für die Höhe der letzteren, welche in bekannter Weise durch die Thermometrie mit Hilfe der Thermometer bestimmt wird. Die Wärmemenge hingegen, welche zur Hervorrufung irgend einer Veränderung der Körper erfordert wird, mufs auf andere Weise gemessen werden, mit Hilfe der Methoden der Kalorimetrie.

Um ein Kilogramm Wasser um 1° zu erwärmen, mufs ihm eine bestimmte Wärmemenge, eine bestimmte Quantität Kraft zugeführt werden, welche als Wärmeeinheit oder Kalorie bezeichnet wird. Mittels dieser können alle anderen Wärmemengen, welche einem beliebigen Körper zugeführt oder entzogen werden, der Quantität nach miteinander verglichen werden. Um n Kilogramm Wasser von 0° auf t^0 zu erwärmen, sind $n\,t$ Wärmeeinheiten erforderlich und umgekehrt, um n Kilogramm Wasser von t^0 auf 0° abzukühlen, müssen $n\,t$ Wärmeeinheiten entzogen werden. Es ist häufig zweckmäfsig, kalorimetrische Angaben, anstatt in diesen auf 1 kg Wasser bezogenen sogenannten »grofsen« Kalorien, in auf 1 Gramm Wasser bezogenen »kleinen« Kalorien zu machen.

Werden n Kilogramm Wasser von t^0 mit n_1 Kilogramm Wasser von t_1^0 gemischt, so läfst sich die Mischungstemperatur t_m berechnen. Wenn $t_1 > t$, so haben n Kilogramm $n\,(t_m - t)$ Wärmeeinheiten aufgenommen. Die Temperatur von n_1 Kilogramm des wärmern Wassers ist dabei von $t_1{}^0$ auf $t_m{}^0$ gesunken, sie haben $n_1\,(t_1 - t_m)$ Wärmeeinheiten an das kältere Wasser abgegeben. Daher ist

$$n(t_m - t) = n_1(t_1 - t_m)$$

oder

$$n\,t_m - n\,t = n_1\,t_1 - n_1\,t_m =$$

$$t_m(n + n_1) = n_1\,t_1 + n\,t$$

und

$$t_m = \frac{n_1\,t_1 + n\,t}{n + n_1}.$$

Es ist nun die Aufgabe der Kalorimetrie, diejenigen Wärmemengen zu messen, welche erforderlich sind, um unter bestimmten Umständen die Temperatur der Körper auf verschiedene Höhe zu bringen (spezifische Wärme oder Wärmekapazität), den Aggregatzustand zu ändern (Schmelz- und Verdampfungswärme), welche bei chemischen Prozessen erzeugt oder verbraucht (Verbindungs-, Zersetzungs-, Verbrennungswärme) und welche durch Energieänderung erzeugt werden (mechanisches Äquivalent der Wärme, kalorisches Äquivalent der Elektrizität etc.).

Gleiche Massen verschiedener Stoffe bedürfen unter demselben Druck verschiedener Wärmemengen, um gleiche Temperaturerhöhung zu erleiden, sie haben verschiedenes Wärmefassungsvermögen, verschiedene Wärmekapazität, verschiedenen Wärmebedarf zu gleicher Steigerung der Temperatur. Die spezifische Wärme oder Wärmekapazität ist also diejenige Zahl von Wärmeeinheiten, welche zur Temperaturerhöhung eines Kilogramms um 1° C. erforderlich ist. Die Wärmekapazität wird meistens auch als spezifische Wärme bezeichnet, doch unterscheidet Maxwell die erstere als Anzahl der Wärmeeinheiten, welche zur Temperaturerhöhung um 1° erforderlich ist, von der spezifischen Wärme als dem Verhältnis der Wärmemengen, welche gleiche Quantitäten des betreffenden Körpers und Wassers um 1° zu erwärmen vermögen.

Zur Bestimmung der spezifischen Wärme der Körper bedient man sich verschiedener kalorimetrischer Methoden, auf deren Ausführung hier nicht eingegangen werden kann.

Die spezifische Wärme der starren und flüssigen Körper wächst mit der Zunahme der Temperatur und ist auch in den verschiedenen Aggregatzuständen eines und desselben Stoffes ungleich grofs. Bezüglich der spezifischen Wärme fester Körper gilt als wichtigstes das Gesetz von Dulong und Petit und das von Kopp, welche schon im Kap. 10 näher besprochen sind, wo ihre Anwendung ein wichtiges Hilfsmittel zur Bestimmung der Atomgewichte abgab.

Die spezifische Wärme der Körper ist, mit Ausnahme der schwer kondensierbaren gasförmigen Elemente, wie z. B. des Wasserstoffes, auch der Luft, von der Temperatur abhängig und scheint mit Steigerung derselben zuzunehmen, ganz besonders bei flüssigen

Substanzen. Bei denjenigen Elementen, bei denen die spezifische Wärme bei steigender Temperatur abnorme Abweichungen zeigt, wie beim C, Si u. a. ist die Annahme nicht ungerechtfertigt, dafs vielleicht Änderungen der Konstitution und des Aggregatzustandes beeinflussend sind. Denn im flüssigen Zustande scheint die Erwärmung mit anderen Vorgängen verbunden zu sein, welche mehr Energie erfordern, als im festen und gasförmigen Zustande. Auch die verschiedenartigen Modifikationen der Stoffe zeigen zuweilen verschiedene spezifische Wärme.

Kapitel 15.

Änderung des Aggregatzustandes der Körper unter dem Einflufs der Wärme; Überführung aus dem festen in flüfsigen Aggregatzustand. Schmelztemperatur, Schmelz- und Erstarrungspunkt. Überschmelzung. Abhängigkeit der Schmelztemperatur vom Druck. Lösungen. Einflufs der Wärme auf dieselben. Gesättigte, ungesättigte, übersättigte Lösungen. Lösungswärme. Kältemischungen.

Eine wesentliche Bedeutung hat der Einflufs der Wärme auf die verschiedenen Aggregatzustände. Man kann im allgemeinen annehmen, dafs jeder Körper unter gewissen Bedingungen alle drei Aggregatformen anzunehmen vermag. Durch Zufuhr einer hinreichenden Wärmemenge wird man alle Körper in den gasförmigen, durch hinreichende Abkühlung, eventuell unter Zuhilfenahme eines starken Druckes, alle Körper in den festen Zustand überzuführen vermögen, vorausgesetzt, dafs dieselben nicht vorher einer Zersetzung unterliegen. Daher kommt es, dafs bei der Verflüssigung und Verdampfung fester und flüssiger Stoffe Wärme gebunden, d. h. Kälte erzeugt wird, dagegen bei der Überführung in einen niederen Aggregatzustand Wärme auftritt.

Wir sind zwar infolge der Mangelhaftigkeit unserer Hilfsmittel bislang noch nicht imstande, die zur Verflüssigung und Verdampfung aller Körper notwendigen Temperaturgrade zu erreichen. Wenn man sich aber vergegenwärtigt, dafs es gelungen ist, selbst Gase, welche früher für nicht kondensierbar, für permanent gehalten wurden, wie den Wasserstoff, den Sauerstoff, die Luft u. a., zu verdichten, andererseits feste Körper, welche dem Einflufs der Wärme hartnäckig widerstanden, dennoch flüssig oder gar gasförmig zu machen, so mufs man zugestehen, dafs es vermutlich bei gröfserer Vervollkommnung unserer Hilfsmittel gelingen wird oder gelingen würde, sämtliche Körper, welche nicht dabei zersetzt werden, in alle Aggregatzustände überzuführen. Wird einem festen Körper Wärme zugeführt, so wird derselbe nicht nur sein Volumen, sondern meistens auch seine physikalischen Eigenschaften ändern. Bei einigen Körpern tritt bei Zufuhr von Wärme eine allmähliche Erweichung ein, worauf bei einer meist wenig höheren Temperatur völlige Verflüssigung stattfindet.

Die Anzahl von Wärmeeinheiten, welche zur Überführung der Gewichtseinheit eines Körpers aus dem starren in den flüssigen Zustand notwendig ist, wird als Schmelzwärme des betreffenden Körpers bezeichnet; diese zugeführte Wärme wurde früher latent genannt, da sie durch das Thermometer nicht nachgewiesen werden konnte, gewissermafsen verborgen war.

Die Temperatur, bei welcher Verflüssigung eintritt, nennt man die Schmelztemperatur, Schmelzpunkt des Körpers. Bei vielen Substanzen, z. B. dem Eis und namentlich bei den meisten organischen Verbindungen, liegen die Temperaturen der beginnenden und vollendeten Schmelzung so nahe bei einander, dafs man behaupten darf, die Schmelztemperatur ist während der ganzen Zustandsänderung dieselbe. Bei einigen anderen Körpern hingegen liegen Erweichungspunkt und Schmelzpunkt ziemlich weit von einander entfernt.

Eine auffällige Erscheinung ist bei dem Schmelzen von Legierungen zu beobachten, indem dieselben häufig einen niedrigeren Schmelzpunkt besitzen als jeder der Bestandteile. Das Wood'sche Metall z. B., bestehend aus 15 Teilen Wismut, 8 Teilen Blei, 4 Teilen Zinn und 3 Teilen Cadmium, schmilzt schon bei 60—65°, während von den Bestandteilen den niedrigsten Schmelzpunkt das Zinn, erst bei 235°, besitzt.

Wenn Gemische fester Körper zum Schmelzen erhitzt werden, so liegt der Schmelzpunkt immer niedriger als der des schwerer schmelzbaren, zuweilen sogar niedriger als der des leichter schmelzbaren. Meistenteils tritt eine Schmelzung solcher Gemische innerhalb eines gröfseren Temperaturintervalls ein, vorausgesetzt, dafs die Körper in geschmolzenem Zustand überhaupt mischbar sind. Daran läfst sich die Reinheit eines Körpers leicht erkennen.

Wird der geschmolzene Körper nun wieder abgekühlt, so sinkt die Temperatur allmählich, bis sie bei dem Erstarrungspunkt konstant bleibt oder doch langsam fällt, worauf dann, sobald völlige Erstarrung stattgefunden hat, das Sinken rascher erfolgt, bis der abkühlende und abgekühlte Körper gleiche Temperatur angenommen haben. Beim Abkühlen geschmolzener Gemische wird der schwerer schmelzbare Bestandteil zuerst fest, der noch flüssige Rest besteht aus einem Gemisch, dessen Erstarrungspunkt tiefer als der Schmelzpunkt des am niedrigsten schmelzenden Bestandteils liegt.

Manche Körper haben die Eigenschaft, selbst dann, wenn die Temperatur unter den Erstarrungspunkt gesunken ist, unter geeigneten Bedingungen noch flüssig zu bleiben. Man nennt sie überschmolzen oder unterkühlt. So läfst sich Wasser bis auf — 10° abkühlen, ohne dafs es gefriert, wenn man es vor jeder Erschütterung bewahrt. Sobald das Gefäfs angerührt wird, erfolgt plötzlich die Erstarrung, und die Temperatur steigt augenblicklich auf 0°. Diese Erscheinung läfst eine gewisse Widersetzlichkeit der Teilchen vermuthen, in einen andern Aggregatzustand überzugehen.

Die Schmelztemperatur ist abhängig von dem Druck, unter dem der betreffende Körper steht. Bei erhöhtem Druck erhöht sich auch der Schmelzpunkt derjenigen Substanzen, welche ihr Volumen beim Schmelzen vergröfsern, er erniedrigt sich bei denjenigen, welche ihr Volumen beim Schmelzen verkleinern. Das Eis z. B. schmilzt unter erhöhtem Druck bei niedrigerer Temperatur, oder, was dasselbe bedeutet, das Wasser gefriert unter erhöhtem Druck erst bei Temperaturen, welche entsprechend unter dem Nullpunkt des Thermometers liegen.

Der Schmelzpunkt der Elemente steht in nahem Zusammenhange mit ihren Atomgewichten. (Vgl. Kap. 11, Tab. s. S. 131).

Ein Vergleich dieser Tabelle mit der auf Seite 95 gegebenen Einteilung in Haupt- und Nebengruppen läfst die Gesetzmäfsigkeiten zwischen Atomgewicht und Schmelzpunkt nahe hervortreten. In den meisten Vertikalreihen nimmt die Schmelzbarkeit der ähnlichen Elemente mit steigendem Atomgewicht ab, der Schmelzpunkt steigt. Nur in den Vertikalreihen I und II sinkt derselbe.

In Bezug auf die Schmelzpunkte chemischer Verbindungen, die namentlich in der Kohlenstoffreihe in aufserordentlich grofser Menge bestimmt worden sind, konnten bislang allgemein gültige Gesetze nicht festgestellt werden. Nur in einigen Körperklassen haben sich Regelmäfsigkeiten ergeben, deren hauptsächlichste die ist, dafs in homologen Reihen der Schmelzpunkt der analog konstituierten Körper steigt zwischen einem Gliede mit unpaarer Zahl von Kohlenstoffatomen und dem nächst höhern, dagegen zwischen einem paarzahligen Gliede und dem nächst höhern fällt:

Normale Säuren:

Ameisensäure	CH_2O_2	Schmelzpunkt 2°
Essigsäure	$C_2H_4O_2$	Schmelzpunkt 17°
Propionsäure	$C_3H_6O_2$	bei — 21° flüssig
Buttersäure	$C_4H_8O_2$	Schmelzpunkt 0°
Valeriansäure	$C_5H_{10}O_2$	bei — 10° flüssig

Capronsäure	$C_6 H_{12} O_2$	— 2°
Önanthylsäure	$C_7 H_{14} O_2$	— 10,5°
Caprylsäure	$C_8 H_{16} O_2$	+ 16°
Pelargonsäure	$C_9 H_{18} O_2$	+ 12°
Caprinsäure	$C_{10} H_{20} O_2$	+ 30°
Bernsteinsäure	$C_4 H_6 O_4$	Schmelzpunkt 180°
norm. Brenzweinsäure	$C_5 H_8 O_4$	Schmelzpunkt 97°
Adipinsäure	$C_6 H_{10} O_4$	Schmelzpunkt 148°
α-Pimelinsäure	$C_7 H_{12} O_4$	Schmelzpunkt 103°
Korksäure	$C_8 H_{14} O_4$	Schmelzpunkt 140°
Azaleïnsäure	$C_9 H_{16} O_4$	Schmelzpunkt 106°
Sebacinsäure	$C_{10} H_{18} O_4$	Schmelzpunkt 127°
Brassylsäure	$C_{11} H_{20} O_4$	Schmelzpunkt 108°.

Aufser durch Schmelzung kann ein Körper aber auch durch Lösung in einem anderen flüssigen Körper in flüssige Form übergeführt werden. Wir fassen hier den Begriff Lösung nur im engeren Sinne, d. h. wir verstehen darunter nur die Überführung von Körpern in flüssigen Zustand durch solche Mittel, aus denen die ersteren unverändert durch Verdampfung oder Abkühlung wieder gewonnen werden können.

Eine bestimmte Menge eines Lösungsmittels vermag bei einer bestimmten Temperatur nur eine ganz bestimmte Menge eines anderen Körpers in Lösung überzuführen, das Löslichkeitsverhältnis der Körper in einem anderen ist für jede Temperatur ein ganz bestimmtes. Im allgemeinen ist ein Körper bei höherer Temperatur in demselben Lösungsmittel leichter löslich, als bei niederer, und zwar ist die Löslichkeitszunahme der Temperatur entweder genau proportional, wie z. B. beim Chlorkalium, oder in den meisten Fällen wächst sie in höherem Mafse. Doch sind einige Ausnahmen bekannt, von denen die bemerkenswerteste beim Kochsalz stattfindet, welches in gleichen Mengen kalten oder heifsen Wassers in nahezu gleichem Grade löslich ist. Bei einigen Verbindungen nimmt die Löslichkeit in Wasser mit steigender Temperatur sogar ab, z. B. bei dem Calciumhydroxyd, einigen Salzen der Fettsäuren und beim schwefelsauren Natrium (über 33°).

Fast alle Salze mit sogenanntem Krystallwasser sind in Wasser löslich, unlösliche Salze enthalten kein Krystallwasser. Krystallisieren Salze mit Krystallwasser, dann ändert sich auch das Lösungsverhältnis je nach dem Gehalt an jenem; denn es ist bekannt, dafs solche Hydrate beim Erhitzen Wasser abgeben, und dafs sich aus Lösungen, je nach der Temperatur, oftmals Hydrate von verschiedenem Krystallwassergehalt oder gar wasserfreies Salz

Schmelzpunkt der Elemente in absoluter Temperatur (von — 273 ° an)[1].

I	II	III	IV	V	VI	VII	VIII		
H 70 ?									
Li 453	Be unter 1230	B sehr hoch	C nicht schmlz.	N sehr niedrig	O sehr niedrig	Fl sehr niedrig?			
Na 369	Mg 1023	Al 1123	Si sehr hoch	P rot 528 farbl.307	S 388	Cl 198			
K 335	Ca höher als Sr	Sc. ?	T nicht schm.	V nicht schm.	Cr über 2270	Mn 2170	Fe 2080	Co 2070	Ni 1870
Cu 1330	Zn 690	Ga 303	—	As über 773	Se 490	Br 266			
Rb 311	Sr höher als Ba	Y ?	Zr höher als Si	Nb nicht schm.	Mo sehr hoch	—	Ru 2070	Rh 2270	Pd 1775
Ag 1230	Cd 590	In 449	Sn 503	Sb 710	Te 728	J 387			
Cs 300	Ba 748	La über 710 und 1273	Ce	Di	—	—			
		Yb ?	—	Ta nicht schm.	W sehr hoch	—	Os 2220	Ir 2220	Pt 2050
Au 1310	Hg 234	Fl 563	Pb 599	Bi 540	—				
			Th ?	—	U niedr. als Fe				

[1]) Aus L. Meyer's Moderne Theorien S. 148.

abscheiden. Eine Lösung, welche weniger von der gelösten Substanz enthält, als sie bei der betreffenden Temperatur aufzunehmen vermag, heifst ungesättigt; sie wird zu einer gesättigten entweder durch Abkühlung, oder durch Verdunstung des Lösungsmittels, oder durch Einbringung gröfserer Mengen des gelösten Körpers. Enthält das zur Lösung eines Salzes bestimmte Wasser schon Mengen eines anderen Salzes, so wird die Löslichkeit des ersteren meistens geringer sein, als in reinem Wasser, und um so mehr, je konzentrierter die Auflösung des anderen Salzes ist. Es kann dann ein Punkt eintreten, wo die Flüssigkeit bei der Aufnahme eines zweiten Salzes bestimmte Mengen des erstgelösten abscheidet, es entsteht dann eine für beide Salze gesättigte Lösung. Ist eine Lösung zweier Salze, was zuweilen beobachtet werden kann, imstande, auf Kosten des einen noch gröfsere Mengen des anderen aufzunehmen, so spricht man von einer für beide Salze ungesättigten Lösung. In einzelnen Fällen geht diese Aufnahme eines zweiten Salzes so weit, dafs schliefslich in der Lösung von dem anderen nichts mehr enthalten ist.

Wenn sich zwei Flüssigkeiten miteinander mischen lassen, so ist ihre Löslichkeit ebenfalls von der Temperatur abhängig in analoger Weise, wie eben für die Salze gesagt wurde.

Durch Abkühlung einer heifs gesättigten Lösung wird entweder die Abscheidung des gelösten Körpers sofort erfolgen, oder dieselbe verzögert sich ähnlich wie die Erstarrung überschmolzener Körper; die Lösung heifst dann übersättigt. Zuweilen scheint in solchen Fällen noch eine andere Ursache im Spiele zu sein. Es ist z. B. von dem Natriumsulfat bekannt, dafs dasselbe aus übersättigter Lösung bei niederer Temperatur in einer anderen Krystallform und mit anderem Krystallwassergehalt als bei gewöhnlicher Temperatur krystallisiert. Diese Krystalle besitzen offenbar ein anderes Löslichkeitsverhältnis, als das bei höherer Temperatur sich ausscheidende Glaubersalz; denn eine stark abgekühlte übersättigte Lösung von Natriumsulfat vermag noch weitere Mengen des ersten Hydrates aufzunehmen, welches aber sehr veränderlich ist und sich in Glaubersalzkrystalle umzuwandeln strebt Die plötzliche Erstarrung einer solchen übersättigten Lösung beruht hier also vermutlich auf dem plötzlichen Übergang des einen, leichter löslichen Hydrates in das schwerer lösliche.

Ist eine Lösung eine ungesättigte, so wird beim Abkühlen zuerst nicht der gelöste, sondern der lösende Körper abgeschieden, das Wasser z. B. als Eis, bis die Grenze des Lösungsverhältnisses erreicht ist, d. h. bis die Lösung gesättigt ist. Dann erfolgt die

Abscheidung sowohl des lösenden als des gelösten Körpers zu gleicher Zeit, und bei konstanter Temperatur auch in konstantem Verhältnis. Auflösungen von Kochsalz in Wasser gefrieren erst unter 0°, das Meerwasser im Durchschnitt bei etwa —3°; es bildet sich reines Eis, während die noch übrig bleibende Flüssigkeit eine konzentriertere Lösung von Chlornatrium darstellt. Wenn Wasser mit Alkohol gemischt wird, so sinkt der Gefrierpunkt ebenfalls unter den des Wassers; beim ersteren bildet sich reines Eis, während der Alkohol mit einem Teil des Wassers flüssig bleibt. Alle Lösungen haben einen bestimmten Gefrierpunkt, welcher von der Natur der Verbindung und dem Konzentrationsgrade abhängig ist. Die wichtigste Regelmäfsigkeit ist bei der Molekulargewichtsbestimmung nach der Methode von Raoult bereits im 10. Kapitel besprochen.

In Betreff der spezifischen Wärme von Flüssigkeiten ist zu erwähnen, dafs bei den organischen Verbindungen in homologen Reihen die Molekularwärme nahezu gleichmäfsig wächst bei gleichmäfsiger Zunahme des Molekulargewichts, dafs isomere Körper bei analoger Konstitution auch ziemlich die gleiche Molekularwärme besitzen, die jedoch bei verschiedener Konstitution einer Veränderung unterliegt.

Die Wärmekapazität der chemischen Verbindungen ist bekanntlich (s. Kap. 10) der Summe der Kapazitäten der in ihnen enthaltenen Atome annähernd gleich. Wenn nun auch in Flüssigkeitsgemischen die Wärmekapazität der Bestandteile unverändert bliebe, so müfsten ihre spezifischen Wärmen dem arithmetischen Mittel aus den spezifischen Wärmen der Bestandteile gleich sein. Das ist jedoch nur ausnahmsweise der Fall, entweder sind sie gröfser oder meistenteils kleiner.

Wenn Körper in einem Lösungsmittel aufgelöst werden, so wird die lebendige Kraft der Bewegung der Moleküle gesteigert, d. h. Wärme verbraucht, es mufs deshalb ein merkliches Sinken der Temperatur stattfinden. In einigen Fällen kann jedoch auch ein Steigen derselben beobachtet werden. So wird bei der Auflösung von wasserfreiem Kaliumhydroxyd oder Chlorcalcium in Wasser Wärme entwickelt. Löst man jedoch die Hydrate der Verbindungen mit zwei resp. sechs Molekülen Krystallwasser, welche aus den obigen Lösungen durch Krystallisation erhalten werden können, in Wasser, so wird ebenfalls Wärme absorbiert. Man mufs daher annehmen, dafs bei der Auflösung der wasserfreien Verbindungen die Erwärmung in der Vereinigung der Substanzen mit Wasser zu obigen Molekülverbindungen ihren Grund hat. Es gehen aber bei der Auflösung in Wasser Prozesse vor, welche Wärme erzeugen oder absorbieren, so dafs die Gesamtwirkung positiv oder negativ sein kann, also Wärme erzeugt oder verbraucht wird. Man spricht in diesen Fällen von einer Lösungswärme und versteht darunter diejenige Wärme, welche bei der Auflösung von 1 g des betreffenden Körpers zugeführt werden mufs, damit die Temperatur konstant bleibt; sie ist abhängig von der Natur und Menge des Lösungsmittels und der Temperatur, bei der die Lösung vorgenommen wird.

Die gröfste Mehrzahl der Salze löst sich in Wasser unter Wärmeabsorption, doch gibt es einige, welche selbst bei ihrem gröfsten Krystallwassergehalt sich unter Entwickelung von Wärme auflösen.

Verbindung	Formel	Anzahl der Wassermoleküle	Wärmeentwickelung in Calorien für 1 Mol. der gelösten Substanz, nach Thomsen
Ammoniumchlorid . . .	NH_4Cl	200	— 3880
Ammoniumnitrat	NH_4NO_3	200	— 6320
Ammoniumsulfat	$(NH_4)_2SO_4$	400	— 2370
Baryumchlorid	$BaCl_2, 2H_2O$	400	— 4930
Baryumnitrat	$Ba(NO_3)_2$	400	— 9400
Kaliumbromid	KBr	200	— 5070
Kaliumchlorid	KCl	200	— 1180
Kaliumjodid	KJ	200	— 5110
Kaliumnitrat	KNO_3	200	— 8520
Kaliumsulfat	K_2SO_4	400	— 6380
Kupfersulfat	$CuSO_4, 5H_2O$	400	— 2750
Kupferacetat	$Cu(C_2H_3O_2)_2, H_2O$	400	+ 160
Magnesiumsulfat	$MgSO_4, 7H_2O$	400	— 3800
Natriumacetat	$NaC_2H_3O_2, 3H_2O$	400	— 4840
Natriumchlorid	$NaCl$	200	— 1180
Natriumjodid	NaJ	200	+ 1220
Natriumnitrat	$NaNO_3$	200	— 5030
Natriumsulfat	Na_2SO_4	400	+ 460
Natriumsulfat	$Na_2SO_4, 10H_2O$	400	— 18760

Die krystallisierten Säuren lösen sich alle unter Wärmeabsorption, die flüssigen dagegen unter Wärmeentwickelung, die bei der Schwefelsäure bekanntlich sehr beträchtlich ist, indem sich Hydrate bilden.

Auf der Wärmeabsorption bei der Auflösung eines starren Körpers beruht auch die Wirkung der Kältemischungen. Die gröfste Temperaturerniedrigung findet bei Anwendung von Eis oder Schnee statt, indem nicht nur die Lösungswärme, sondern auch noch die Schmelzwärme des Eises zur Geltung kommt, da beide Wärmemengen der Lösung entzogen werden. Eine Mischung von Schnee und Kochsalz läfst eine Temperatur von — 18°, eine Mischung von Schnee und krystallisiertem Chlorcalcium eine solche von — 55°, von Schnee und verdünnter Schwefelsäure eine Temperatur von — 51°, von Wasser und salpetersaurem Ammon eine solche von — 14°, von Wasser und krystallisiertem Chlorcalcium eine solche von — 11°, von Glaubersalz und Salzsäure eine solche von — 18° erreichen. In allen Fällen entstehen Lösungen, zu deren Bildung Wärme verbraucht wird, und deren Gefrierpunkt weit unter 0° liegt.

Durch Verdünnung von Lösungen wird immer noch etwas Wärme entwickelt oder absorbiert. Diese sogenannte Verdünnungswärme ist mit wenigen Ausnahmen auch dann positiv oder negativ, wenn die Lösungswärme positiv oder negativ ist, sie ist aber im Vergleich zu der letzteren nur gering und wird um so kleiner, je stärker die Verdünnung schon ist, und verschwindet schliefslich ganz, woraus ersichtlich ist, dafs die gelöste Substanz in konzentrierter Lösung sich in einem weniger beständigen Zustande befindet, als im verdünnten.

Kapitel 16.

Überführung aus dem flüssigen in den gasförmigen Aggregatzustand. Verdampfungswärme. Dämpfe und Gase. Verdunstung. Tension. Siedepunkt. Gesättigte und ungesättigte Dämpfe. Kälteerzeugung durch Verdunstung. Abhängigkeit des Siedepunkts vom Druck; normaler Siedepunkt. Siedeverzögerung. Siedepunkt von Salzlösungen. Siedepunktsregelmäfsigkeiten. Überführung in einen niedereren Aggregatzustand. Kritische Temperatur; absoluter Siedepunkt. Kritischer Druck. Absorption. Absorptionscoefficient. Henry-Dalton'sches Gesetz.

Wird einem flüssigen Körper anhaltend Wärme zugeführt, so wird dieselbe zu innerer Arbeit verbraucht (latent), um die Moleküle aus dem Bereich ihrer gegenseitigen Wirkung zu entfernen, d. h. die Flüssigkeit in Dampf zu verwandeln (Verdampfungswärme). Mag einem im flüssigen Aggregatzustand befindlichen Körper unter gewöhnlichem Druck noch so viel Wärme zugeführt werden, die Temperatur wird über den Siedepunkt erst dann hinausgehen, wenn Flüssigkeit nicht mehr vorhanden ist. Es ist hier dieselbe Erscheinung zu beobachten, wie bei dem Schmelzen fester Körper. Wenn Eis von 0° erwärmt wird, so wird die Temperatur auf diesem Punkte auch bei weiterer Wärmezufuhr so lange verharren, bis alles Eis in Wasser verwandelt ist. Dann erfolgt langsame Temperatursteigerung bis auf 100°, das Wasser verwandelt sich bei dieser Temperatur unter der Erscheinung des Siedens in Dampf. Um 1 g Wasser von 100° bei 760 mm Druck in Dampf von 100° zu verwandeln, ist ebensoviel Wärme nötig, wie um 537 g Wasser von 0° auf 1° zu erwärmen. Sobald alles Wasser verschwunden ist, wird die Temperatur über 100° hinausgehen und werden nun die Dampfteilchen immer mehr von einander entfernt werden.

Man unterschied früher Dämpfe und Gase, indem man die erstern allein für kondensierbar, die letztern für permanent hielt. Die Kondensation von Gasen, wie des Stickstoffoxyds, des Kohlenoxyds, des Sauerstoffs, Stickstoffs, der atmosphärischen Luft und des Wasserstoffs durch Cailletet und Pictet haben zur Genüge erwiesen, dafs auch die sogenannten permanenten Gase unter gewissen äufsern Bedingungen, d. h. unter starkem Druck und durch sehr starke Abkühlung, ebenfalls den tropfbar-flüssigen Zustand anzunehmen vermögen, und dafs ein wesentlicher Unterschied zwischen Dampf und Gas thatsächlich nicht besteht.

Nun ist es eine bekannte Thatsache, dafs Flüssigkeiten schon unterhalb ihres Siedepunkts in Dampf verwandelt werden können; Wasser, Alkohol, Äther, Quecksilber u. a. m. sind schon bei gewöhnlicher Temperatur flüchtig, verdunsten, d. h. gehen ohne Siedeerscheinung bei gewöhnlicher Temperatur allmählich in Dampf über. An freier Luft wird z. B. das Wasser völlig verdampfen; wird dasselbe jedoch in einem geschlossenen Raume aufgestellt, so wird nur ein Teil desselben verdunsten unter Zurücklassung eines Quantums flüssigen Wassers. Dasselbe findet auch bei den meisten übrigen flüssigen Körpern statt. Dieselben nehmen aus ihrer Umgebung Wärme auf, die Temperatur wird bei Gegenwart verdunstender Körper herabgedrückt. Da die kleinsten Teilchen eines erwärmten Körpers, wie schon früher erwähnt wurde, als in ganz unregelmäfsiger Bewegung befindlich gedacht werden müssen, so wird durch die Temperatur nur die gesamte Energie der Wärmebewegung des Körpers, d. h. die mittlere Energie seiner Moleküle bestimmt. Es werden die meisten der letztern eine diesem Mittelwert entsprechende Bewegung besitzen, manche jedoch unter demselben bleiben, aber auch manche denselben überschreiten. Das letztere wird naturgemäfs hauptsächlich an der Oberfläche einer Flüssigkeit der Fall sein, da hier die Wärme am ehesten einzuwirken vermag. Die an der Oberfläche befindlichen Moleküle werden demgemäfs eine so intensive Bewegung erlangen, dafs sie sich von den ihnen zunächst gelagerten entfernen, und das umsomehr, da ihnen ein viel geringerer Widerstand entgegengesetzt wird, sie viel weniger der gegenseitigen Anziehung unterliegen als

z. B. die in der Mitte der Flüssigkeit liegenden Partikelchen. Sie werden sich von ihren Nachbarmolekülen losreifsen und von der Oberfläche der Flüssigkeit in den Raum als Gas sich bewegen. Ist der Raum jedoch unbegrenzt, oder werden die Gasmoleküle auf mechanischem Wege entfernt, so wird nach und nach die ganze Flüssigkeit sich in Dampf verwandeln, da immer neue Teilchen an die Oberfläche gelangen. Ist der Raum begrenzt, so werden die Gasmoleküle in ihm sich ansammeln und einen Druck auf die Oberfläche der Flüssigkeit ausüben, von dieser zu Folge dessen wiederum zum Teile festgehalten und mit der Flüssigkeit vereinigt werden. Es tritt dann ein Grenzzustand ein, sobald nämlich in derselben Zeit ebensoviel Moleküle sich von der Flüssigkeit losreifsen wie von derselben aufgefangen werden.

Je höher nun die Temperatur ist, um so gröfser wird auch die Wärmebewegung der Flüssigkeitsteilchen sein, um so häufiger werden, die an der Oberfläche befindlichen der Wirkungssphäre der zunächst liegenden entkommen, um so rascher wird die Verdunstung vor sich gehen und, im begrenzten Raum, ein um so gröfserer Teil der Flüssigkeit wird verdampfen. Ein Gleichgewichtszustand wird erst dann eintreten, wenn der Druck, den die Gasteilchen auf die sie umgebende Wand ausüben, eine gewisse Grenze erreicht hat, welche von der herrschenden Temperatur abhängt. Dieser Grenzwert wird als Maximalspannung oder Tension des betreffenden Gases bei der betreffenden Temperatur bezeichnet. Sobald dieselbe überschritten wird, so werden mehr Gasmoleküle auf die Oberfläche der Flüssigkeit zurückgeschleudert als sich von derselben losreifsen können, und es mufs so lange Kondensation stattfinden, bis der Druck wieder die Grenze erreicht hat.

Wenn ein bestimmter Druck, also z. B. der einer oder mehrerer Atmosphären, auf der Flüssigkeit lastet, so mufs derselbe durch die Stofskraft der Dampfmoleküle überwunden werden. Das kann erst dann geschehen, wenn dieselben eine hinreichende Gesamtenergie erlangt haben, d. h. wenn die Temperatur soweit gestiegen ist, dafs eine zur Hervorbringung der verlangten Wirkung genügende Menge Gasmoleküle sich loszutrennen vermögen. Diese Temperatur, bei der die Dampfspannung dem zu überwindenden Druck gleich ist, wird als Siedepunkt der betreffenden Flüssigkeit unter dem gegebenen Drucke bezeichnet. Die Dämpfe, welche das Maximum der Spannkraft erreicht haben, heifsen gesättigt, diejenigen, welche dasselbe nicht erreicht haben, nicht gesättigt, ungesättigte. Da man sich die letztern aus gesättigten durch Temperaturerhöhung entstanden denken kann, werden sie auch überhitzte genannt.

Da zur Verflüchtigung flüssiger Körper Wärme nötig ist, also Wärme verbraucht wird, läfst sich durch rasche Verdunstung flüchtiger Stoffe, ohne dafs man besonders Wärme zuführt, Kälte erzeugen, indem die zur Dampfbildung nötige Wärme den umgebenden Körpern entzogen wird. Als besonders geeignet hierfür sind Äther, Schwefelkohlenstoff, flüssiges Ammoniak u. a. zu bezeichnen, durch die bekanntlich Wasser leicht zum Gefrieren gebracht werden kann.

Wie der Schmelzpunkt ist auch der Siedepunkt von dem Druck abhängig, der auf der betreffenden Flüssigkeit lastet. Je gröfser der letztere, um so höher liegt auch der Siedepunkt. Diejenige Temperatur, bei welcher das Maximum der Spannkraft der Dämpfe einer Flüssigkeit 760 mm beträgt, d. h. also diejenige Temperatur, bei der eine Flüssigkeit unter einem Druck von 760 mm siedet, wird als normaler Siedepunkt bezeichnet.

Nun kann man aber häufig beobachten, dafs eine Flüssigkeit nicht immer bei einer Temperatur zu sieden beginnt, bei welcher ihre Dämpfe den Druck einer Atmosphäre zu überwinden vermögen; es tritt häufig eine Siedeverzögerung, Überhitzung ein, wobei dann das Sieden plötzlich beginnt und häufig ein Überschäumen der Flüssigkeit stattfindet. Die Siedeverzögerung kann durch Einbringung solcher Substanzen vermieden werden, an oder in denen atmosphärische Luft zu adhärieren vermag, wie Kohle, Holzspäne, Bindfaden, Sand, Platindraht; sie sind jedoch nur so lange wirksam als sie noch Luft enthalten. Jede Gasentwickelung im Innern der siedenden Flüssigkeit verhindert nämlich eine Überhitzung, das wirksamste Mittel ist Durchleiten von Luft.

Durch mechanische Beimengungen erleidet der Siedepunkt keine Veränderung; werden jedoch Substanzen in der Flüssigkeit gelöst, so ändert sich auch der Siedepunkt. Wasser, welches Salze gelöst enthält, siedet bei einer höhern Temperatur als 100°, und zwar um so höher, je konzentrierter die Lösung ist. Die Dämpfe jedoch, welche aus solchen siedenden Lösungen aufsteigen, besitzen, vorausgesetzt, dafs sie Bestandteile der Lösung nicht mit fortzureifsen vermögen, genau dieselbe Temperatur wie diejenigen, welche sich bei demselben Druck aus reinem Wasser entwickeln, gleichgültig, wie hoch auch der Siedepunkt der Salzlösung liegen mag. Die Spannkraft solcher Dämpfe ist hingegen stets geringer als die aus reinem Wasser unter sonst gleichen Bedingungen.

Da von den anorganischen Verbindungen nur verhältnismäfsig wenige unzersetzt flüchtig sind, lassen sich in Betreff ihrer Siedepunkte Gesetzmäfsigkeiten nicht aufsuchen. Anders in der Reihe der Kohlenstoffverbindungen. Hier steigt der Siedepunkt homologer Verbindungen mit der Zunahme des Molekulargewichts; besitzen dieselben auch analoge Struktur, so wächst der Siedepunkt oft um eine ziemlich konstante Gröfse, soweit überhaupt die Verbindungen unzersetzt flüchtig sind, eine Gröfse, welche bei den niederen Gliedern für jede Differenz von CH_2 ungefähr 20° beträgt, später mit Zunahme des Molekulargewichts aber allmälich kleiner wird.

Normale Säuren $C_n H_{2n} O_2$:

	Siedep.	Differenz:
$C H_2 O_2$	99°	
$C_2 H_4 O_2$	118,1	19,1
$C_3 H_6 O_2$	140,7	22,6
$C_4 H_8 O_2$	162,3	21,6
$C_5 H_{10} O_2$	185	22,7
$C_6 H_{12} O_2$	265	20
$C_7 H_{14} O_2$	224	19
$C_8 H_{16} O_2$	237	13

Normale primäre Alkohole $C_n H_{2n+1} OH$.

	Siedep.	Differenz:
$C H_3 OH$	66°	
$C_2 H_5 OH$	78,4	12,4
$C_3 H_7 OH$	97,4	19
$C_4 H_9 OH$	116,9	19,5
$C_5 H_{11} OH$	138	21,1
$C_6 H_{13} OH$	158	20
$C_7 H_{15} OH$	176	18
$C_8 H_{17} OH$	192	16

Zur Berechnung des Siedepunktes normaler Kohlenwasserstoffe der Formel $C_n H_{2n+2}$ kann nach Goldstein folgende Formel dienen:

$$S = \frac{n-1}{n} \cdot 380 + (n-1) \cdot 19 - 340{,}9.$$

Danach stellt sich der Siedepunkt für die Kohlenwasserstoffe

	berechnet	beobachtet
$C H_4$	− 340,9°	—
$C_2 H_6$	− 131,9°	—
$C_3 H_8$	− 49,6°	—
$C_4 H_{10}$	+ 1°	+ 1°
$C_5 H_{12}$	39°	39°
$C_6 H_{14}$	70,6°	70°
$C_7 H_{16}$	98,6°	98,4°
$C_8 H_{18}$	122,4°	124°

Es steigt also der Siedepunkt um

$$19 + \frac{380}{n(n+1)}.$$

Bei den isomeren Verbindungen liegt der Siedepunkt um so tiefer, je mehr Kohlenstoffatome unter einander verbunden sind und je mehr Wasserstoff eine Verbindung enthält; Eintritt von Sauerstoff erhöht denselben, ebenso der von Chlor-, Brom- und Jodatomen. Doch besitzen die Hydroxylverbindungen gewöhnlich einen höheren Siedepunkt als die isomeren Verbindungen, welche keine Hydroxylgruppe enthalten. Sobald aber der Wasserstoff des Hydroxyls durch CH_3 ersetzt wird, wird auch der Siedepunkt erniedrigt. Bei den Halogenderivaten erhöht sich der Siedepunkt mit der Anzahl der eingetretenen Halogenatome, zuweilen um eine bestimmte Differenz, welche für Chlor etwa 30°, für Brom etwa 60° beträgt. Bei sauerstoffhaltigen Isomeren mit gleicher Lagerung der Kohlenstoffatome liegt der Siedepunkt um so tiefer, je weiter in die Mitte der Atomkette der Sauerstoff rückt:

$CH_3.CH_2.CH_2.CH_2.CH_2\ OH.$	Siedepunkt	137°.
$CH_3.CH_2.CH_2.CH\ OH.\ CH_3.$	„	118,5°.
$CH_3.CH_2.CH\ OH.\ CH_2.CH_3.$	„	116—117°.

Nach Dalton ist die Spannkraft eines Gemenges mehrerer Gase gleich der Summe ihrer Spannkräfte, also erlangt in einem schon mit Gas gefüllten Raume ein gesättigter Dampf dasselbe Maximum der Spannkraft wie im leeren. Es ist daher ganz gleichgültig, ob eine Flüssigkeit in einem leeren Raume verdunstet oder nicht, der Partialdruck ihres Dampfes ist gleich derjenigen Spannung, welche der Dampf annehmen würde, wenn auch andere Dämpfe nicht vorhanden wären. Wenn nun ein Gemisch mehrerer Flüssigkeiten erhitzt wird, so kommt zur Überwindung des auf den Flüssigkeiten lastenden Druckes die Gesamtspannung des entstehenden Dampfgemisches in Betracht. Sobald dieser Druck überwunden ist, tritt Sieden ein, und zwar mufs dieses schon bei einer Temperatur stattfinden, welche niedriger liegen wird als der Siedepunkt jeder einzelnen Flüssigkeit. Wenn ein Gemisch von Benzol und Wasser erhitzt wird, so findet ein Sieden unter gewöhnlichem Drucke schon gegen 69° statt, während Benzol für sich allein erst bei 80°, Wasser bei 100° siedet. Die Spannung des Wasserdampfes beträgt bei obiger Temperatur 224 mm, die Dampfspannung des Benzols 536 mm, so dafs zur Überwindung des Atmosphärendruckes die Summe beider Spannungen ausreichend ist. Diese Erscheinung tritt beim Sieden eines Gemisches aller anderen miteinander nicht mischbaren Flüssigkeiten ein.

Homogene Flüssigkeitsgemische zeigen ein anderes Verhalten. Hier liegt der Siedepunkt nicht immer tiefer, als der des flüchtigern Bestandteiles, zuweilen sogar höher als der des schwerer flüchtigen;

es mufs also die Gesamtspannung der Dämpfe verringert sein. Es haben Messungen gelehrt, dafs die letztere in der That stets kleiner ist als die Summe der Dampfspannungen der einzelnen Bestandteile, und dafs diese Verminderung von der Zusammensetzung des Gemisches abhängig ist.

Daraus läfst sich ersehen, dafs auch die Zusammensetzung des Destillates von der Spannung und der Dichte der gemischten Dämpfe abhängig sein mufs.

Gase und Dämpfe können durch starke Abkühlung oder Druckerhöhung oder durch gleichzeitige Anwendung beider Mittel in den tropfbar-flüssigen Zustand übergeführt werden. Da bei der Verflüchtigung flüssiger Stoffe Wärme absorbiert wird, mufs dieselbe bei der Kondensation wieder zum Vorschein kommen. Wenn Kohlenstoffdioxyd einem starken Drucke ausgesetzt wird, so kondensiert es sich zu einer wasserhellen Flüssigkeit, jedoch nur bei einer Temperatur unter 31°. Bei allen höheren Temperaturen bleibt es auch unter noch so hohem Drucke gasförmig. Ebenso verhalten sich alle anderen untersuchten gasförmigen Stoffe, sie lassen sich über eine bestimmte Temperatur hinaus nicht kondensieren. Diese Grenze, welche für die verschiedenen Gase verschieden ist, bezeichnet man als kritische Temperatur oder absoluten Siedepunkt; kritischen Druck nennt man denjenigen, unter welchem zunächst unterhalb der kritischen Temperatur eben noch Verflüssigung eintritt.

Kritische Temperaturen:

Sauerstoff	— 113°	Äthyläther	190°
Methan	— 76°	Methylalkohol	233°
Äthylen	9°	Äthylalkohol	234°
Kohlendioxyd	31°	Chloroform	260°
Acetylen	37°	Schwefelkohlenstoff	272°
Chlorwasserstoff	51°	Benzol	281°
Chlor	148°	Wasser über	400°
Schwefeldioxyd	155°		

Da bei der Vergasung flüssiger Stoffe Wärme verbraucht wird, so können kondensierte Gase, wie z. B. das Kohlendioxyd, durch plötzliche Aufhebung des Druckes zum Erstarren gebracht werden, indem die zur Vergasung notwendige Wärme einem andern Teile des verflüssigten Gases entzogen wird, welches nun infolge der Temperaturerniedrigung in den festen Aggregatzustand übergeht. Die so dargestellte feste Kohlensäure besitzt eine Temperatur von — 78°.

Einige feste Stoffe haben bekanntlich die Eigenschaft, sich bei gewöhnlicher Temperatur zu verflüchtigen, ohne vorher in flüssigen Zustand übergegangen zu sein. Erwärmt man jedoch dieselben unter Druck, z. B. in geschlossenen Röhren, so werden auch sie infolge des erhöhten Druckes in Flüssigkeiten verwandelt. Unterhalb eines gewissen Druckes vermögen feste Körper beim Erhitzen nicht mehr zu schmelzen. Diesen zur Schmelzung nötigen Minimaldruck bezeichnet Carnelley als kritischen Druck, d. h. denjenigen äußseren Druck, unterhalb dessen die Substanz auch bei noch so großer Wärmezufuhr nicht mehr zum Schmelzen gebracht werden kann, während Pettersson den kritischen Druck denjenigen äußseren Druck nennt, bei welchem der Schmelzpunkt der festen Substanz mit dem Siedepunkt im flüssigen Zustande zusammenfällt. Der Ausdruck »kritischer Druck« für diese Erscheinung ist insofern unzweckmäßig, als er schon für den der kritischen Temperatur entsprechenden Druck gebraucht wird. Um eine Verwechslung zu vermeiden, schlägt Richter die nicht gerade glücklich gewählte Bezeichnung Schmelzpunktstension vor.

Außer durch Druck können Gase und Dämpfe auch durch Lösung, oder besser gesagt Absorption in Flüssigkeiten in den flüssigen Zustand übergeführt werden. Man kann im allgemeinen sagen, daß jede Flüssigkeit ein jedes Gas aufzunehmen, zu absorbieren imstande sei. Doch ist diese Fähigkeit von der Natur der beiden Stoffe abhängig. Es lassen sich zwei Gruppen solcher Absorptionen unterscheiden. Zu der ersten gehören die Lösungen von Gasen, welche sich aus dem betreffenden Lösungsmittel durch Erwärmung oder Druckverminderung unverändert wieder ausscheiden lassen, zu der zweiten gehören die Lösungen solcher Gase, deren Entfernung nicht gelingt, worin wir also das Vorhandensein einer chemischen Verbindung anzunehmen genötigt sind.

Für dieselben gilt das Henry-Dalton'sche Gesetz: die Menge des gelösten Gases ist proportional dem Drucke. Bei einem Drucke von 2, 3 etc. Atmosphären nimmt dieselbe Menge des Lösungsmittels die 2-, 3- etc. fache Menge des Gases auf.

Das bei 0° und 760 mm Druck gemessene, von der Volumeinheit des betreffenden Lösungsmittels unter einem Atmosphärendruck bei irgend einer Temperatur absorbierte Gasvolumen nennt man den Absorptionskoeffizienten für jene Temperatur. Derselbe nimmt für Wasser und Alkohol bei steigender Temperatur ab. Bei der Erstarrung des Lösungsmittels werden die gelösten Gase gewöhnlich vollständig wieder in Freiheit gesetzt, nur in dem Falle, wo letztere mit der Flüssigkeit bei der Erstarrungstemperatur eine Verbindung nach festen Verhältnissen eingehen, entweicht kein Gas.

Die Natur des Lösungsmittels ist ebenfalls von entscheidendem Einfluß auf die Menge des aufgenommenen Gases. Alkohol absorbiert im allgemeinen mehr als Wasser, Flüssigkeiten, welche andere Substanzen enthalten, im allgemeinen weniger als reine. Durch Auflösen von Salzen etc. in dem Lösungsmittel kann man deshalb aufgelöste Gase leicht verdrängen. Wenn durch Auflösung eines Salzes die Absorptionsfähigkeit vermehrt wird, ist auf Bildung einer Verbindung zu schliefsen.

Das Henry-Dalton'sche Gesetz ist jedoch nicht ohne Ausnahmen. Die wenig löslichen Gase gehorchen ihm am vollkommensten; es gilt gar nicht oder doch nur bei höheren Temperaturen bei Gasen, welche schon bei geringem Drucke in grofser Menge aufgenommen werden, wie z. B. Ammoniak, Chlorwasserstoff, Schwefeldioxyd in Wasser.

Eine Gaslösung wird beim Stehen in geschlossenem Raum so lange Gas entweichen lassen, bis ein Grenzzustand erreicht ist, so lange nämlich, bis in derselben Zeit ebenso viele Gasteilchen sich aus der Flüssigkeit entfernen, als von derselben aufgenommen werden. Es ist hier dieselbe Erscheinung, wie eingangs besprochen bei dem Verdunsten von Flüssigkeiten. Ist der Partialdruck des entweichenden Gases fortwährend gleich Null, z. B. in offenem Raume, so wird allmählich auch alles Gas aus der Lösung entweichen. Der Partialdruck läfst sich auch dadurch zu Null reduzieren, dafs man das in einem geschlossenen Raume entweichende Gas von anderen Substanzen chemisch binden läfst, oder dafs man über oder durch die Lösung einen Strom eines anderen Gases leitet. Auf demselben Prinzip beruht die Wirkung des Aufkochens solcher Lösungen. Eine Ausnahme hiervon machen nur diejenigen Gase, welche von dem Lösungsmittel sehr fest gebunden sind. Aus einer verdünnten wässerigen Lösung von Chlorwasserstoff läfst sich derselbe durch Destillation nicht entfernen, die Lösung wird im Gegenteil konzentrierter und nähert sich einer Grenze, bei welcher die Zusammensetzung unverändert bleibt, d. h. Chlorwasserstoff und Wasserdampf in demselben Mengenverhältnis entweichen.

Wenn ein flüssiger Körper in feste Form übergeht, entweder durch Abkühlung oder Erhöhung des Druckes, so mufs Wärme frei werden, da die Molekularbewegung verringert wird. Dieselbe Erscheinung tritt auf, wenn Körper aus ihren Lösungsmitteln sich in fester Form ausscheiden, krystallisieren. Die hierbei auftretende Krystallisationswärme macht sich um so mehr bemerkbar, je schneller die Krystallisation erfolgt.

Kapitel 17.

Wirkung der Wärme auf den chemischen Umsatz. Molekulartemperatur. Zersetzungstemperatur. Dissociation und Zerfall.

In den vorhergehenden Kapiteln ist gezeigt worden, dafs durch Zufuhr von Wärme ein fester Körper sich ausdehnt, dann unter Wärmeabsorption in den flüssigen und aus diesem ebenfalls unter Wärmeabsorption in den dampfförmigen Zustand überzugehen vermag. Durch Entziehung von Wärme wird der Dampf wiederum in den flüssigen und festen Aggregatzustand, unter Freiwerden von Wärme, übergeführt. Wird nun einer zusammengesetzten Substanz in dampfförmigem Zustande noch mehr Wärmebewegung mitgeteilt, so wird die lebendige Kraft der Molekularbewegung und der Bestandteile der Moleküle, der Atome, gegeneinander, der Atombewegung, noch gesteigert, die Dampfteilchen werden sich mehr und mehr von einander entfernen, das Gas wird sich ausdehnen, bis eine Temperaturhöhe erreicht wird, bei der die Moleküle auch das Maximum innerer Atombewegung erlangt haben. Jetzt bedarf es nur noch einer geringen Wärmezufuhr, um die Trennung der Bestandteile herbeizuführen; die zugeführte Wärmemenge wird zur Zersetzung der Körpers verbraucht werden, d. h. die Atome werden sich von einander entfernen. Da die Molekularbewegung eine ungleichmäfsige ist, so werden einige der Moleküle die Zersetzungstemperatur eher erreichen und damit zerfallen, als andere. Es müssen daher auch die Molekulartemperaturen um einen Mittelwert schwanken, welchen man als die Zersetzungstemperatur, d. h. die Temperatur der halbvollendeten Zersetzung, bezeichnet.

Bei der Änderung des Aggregatzustandes durch die Wärme werden die Moleküle der Wirkung der Molekularkräfte entgegen sich bewegen, es mufs dazu Wärme verbraucht werden. Die chemischen Kräfte rufen dagegen eine entgegengesetzte Bewegung hervor, sie suchen die Moleküle und Atome von einander zu trennen, es mufs also bei ihrer Mitwirkung die kinetische Energie durch die innere Arbeit vermehrt, also Wärme erzeugt werden. Doch kann die Wirkung der Wärme bei chemischen Prozessen in zweifacher Weise sich geltend machen.

Da zur Bildung einer Verbindung, wie schon früher bemerkt wurde, zu gleicher Zeit die Zerlegung der Moleküle einer andern oder der Moleküle von Elementen in Atome erforderlich ist, so wird auch die Wärme die eine Verwandtschaft unterstützen, der andern entgegenwirken. Viele Reaktionen werden durch Wärme eingeleitet und verlaufen dann unter Entwickelung von Wärme, meistens ohne dafs weitere Erwärmung nötig ist. Es müssen also die Moleküle durch die Wärmezufuhr in einen für die Affinitätsäufserung geeigneten Zustand gebracht sein. Wahrscheinlich ist es, dafs für jede Umsetzung eine bestimmte untere Temperaturgrenze existiert, bei deren Überschreitung jede Reaktion aufhört, dafs also auch bei dem absoluten Nullpunkt — 273°, wo jede Wärmebewegung verschwindet, auch jeder Umsatz aufhören würde.

Bei einer Zersetzung durch die Wärme werden sich die freigewordenen Atome zu Molekülen zusammenlagern. Sind nun die chemischen Kräfte imstande, aus den gebildeten Molekülen unter geeigneten Bedingungen in umgekehrter Weise die ursprüngliche Verbindung wieder herzustellen, so spricht man von einer Dissociation oder Thermolyse, d. h. einer dem Sinne der chemischen Verwandtschaft entgegen verlaufenden Zersetzung; im anderen Falle, wo eine Wiedervereinigung der ungleichartigen Atome nicht mehr stattfindet, von einem Zerfall der Verbindung. Wird chlorsaures Kalium erhitzt, so erfolgt ein Zerfall unter Bildung von Sauerstoff und Chlorkalium unter Entwickelung von Wärme. Beim Erkalten, selbst unter hohem Druck, erfolgt eine Vereinigung des Kaliumchlorids mit dem Sauerstoff nicht wieder. Werden Calciumcarbonat, Chlorammon, Chlorsilberammoniak einer hohen Temperatur ausgesetzt, so spalten sich dieselben in nähere Bestandteile, welche bei Abkühlung sich wieder zu der ursprünglichen Verbindung vereinigen. Hier wirkt die Wärme den chemischen Kräften entgegen; das Kaliumchlorat unterliegt einer Zersetzung, das Calciumcarbonat, Chlorammon, Chlorsilberammoniak einer Dissociation.

Wenn Körper unter dem Einflufs der Wärme zu Gasen dissociiert werden, so ist der Grad der Dissociation abhängig von dem Druck der gasförmigen Bestandteile, der mit der Erhöhung der Temperatur sich vergröfsern mufs. Wegen der Ähnlichkeit mit der Dampfspannung hat man diesen Druck als Dissociationsspannung, Dissociationstension, bezeichnet.

Die Dissociationserscheinungen sind erst seit dem Jahre 1857 bekannt, wo St. Claire Deville die Zersetzung einer Reihe von Verbindungen durch die Wärme nachwies. Der Grund lag in der Schwierigkeit des Nachweises. Wenn Wasserdampf durch glühende Röhren geleitet wird, so zeigt sich keine Zerlegung, weil der Sauerstoff mit dem Wasserstoff sich wieder vereinigen kann, ja überhaupt nur in hohen Temperaturen sich vereinigt. Wenn jedoch der Wasserdampf durch poröse Röhren, oder mit einem andern Gase gemengt durch glühende Röhren getrieben wird, so kann der sich bildende Wasserstoff getrennt aufgefangen werden, da er im erstern Falle bekanntlich schneller diffundiert als der Sauerstoff, im letztern eher fortgeführt wird als seine Wiedervereinigung mit dem Sauerstoff erfolgen kann.

Diese Entdeckung lieferte die Erklärung für einige abnorme Dampfdichten (s. Kap. 10); die betreffenden Verbindungen hatten sich bei der Verdampfung in Bestandteile von normaler Dampfdichte zerlegt. Denn durch Dissociation wird die Anzahl der Moleküle vermehrt und damit nach dem Avogadro'schen Gesetz die Raumerfüllung vergröſsert, wodurch eine Abnahme der Dichte bedingt wird.

Eine eigentümliche Erscheinung ist bei der Dissociation gasförmiger Verbindungen in gasförmige Bestandteile bemerkbar, nämlich daſs die Zersetzung bei derjenigen Temperatur am raschesten erfolgt, bei der etwa die Hälfte der Verbindung zersetzt wird, zu Anfang und Ende jedoch langsamer.

Der Verlauf der Zersetzung bei steigender Temperatur erhellt aus folgenden Betrachtungen von Naumann:

»Man denke sich ein Gas, welchem als Mitteltemperatur die Anfangstemperatur der Dissociation zukommt. Es werden dann nur wenige Moleküle in den Atomtemperaturen gerade an die Zersetzungstemperatur heranreichen. Wird die Mitteltemperatur jetzt um n^0 erhöht, so wird, da die Atomtemperaturen aller Moleküle durchgehends höher wurden, eine gewisse Anzahl von Molekülen in den Atomtemperaturen die Zersetzungstemperatur überschreiten, zersetzt werden. Bei einer abermaligen Temperaturerhöhung um n^0 wird wiederum eine weitere Anzahl von Molekülen in den Atomtemperaturen die Zesetzungstemperatur überschreiten, ebenfalls zersetzt werden. Da aber das jetzige Temperaturintervall von n^0 der Zersetzungstemperatur näher liegt als das unmittelbar vorhergehende, und die kleinern Abweichungen der Atomtemperaturen von der jeweiligen Mitteltemperatur einer gröſseren Anzahl von Molekülen zukommen, so muſs bei der zweiten Temperaturerhöhung von n^0 eine gröſsere Anzahl von Molekülen in den Atomtemperaturen die Zersetzungstemperatur überschritten haben, als bei der erstern. Für gleiche Temperaturerhöhung nehmen also die Zuwachse der Zersetzung zu und zwar, da die Mitteltemperatur der Zersetzungstemperatur immer näher kommt, so lange bis letztere von der ersteren erreicht ist. Dann hat die Zersetzung 50 Prozent von der ursprünglichen Verbindung ergriffen. Von jetzt ab entfernt sich aber bei weiterer Temperaturerhöhung die Mitteltemperatur immer mehr von der Zersetzungstemperatur. Es wird deshalb für gleiche Temperaturerhebungen eine immer geringere Anzahl von Molekülen in den Atomtemperaturen die Zersetzungstemperatur nach oben überschreiten und fernerhin zersetzt werden, bis endlich, wenn die Mitteltemperatur die Endtemperatur der Dissociation erreicht hat, sämtliche Moleküle die Zersetzungstemperatur überschritten haben, die Zersetzung vollendet ist. Für gleiche Temperaturerhöhungen nehmen mithin die Zersetzungszuwachse von der Temperatur des Beginns der Dissociation an, bis zur Zersetzungstemperatur, d. i. bis zur halbvollendeten Zersetzung fortwährend zu und von der Zersetzungstemperatur an bis zur Temperatur der Vollendung der Dissociation fortwährend ab.«

Der Dissociationsverlauf einiger genau studierten Verbindungen zeigt nun völlige Übereinstimmung mit diesem Gesetz. Wenn das Molekül eines Körpers bei der Dissociation sich in zwei Moleküle spaltet, so mufs auch die Dampfdichte nur halb so grofs gefunden werden. Die für das Bromwasserstoffamylen, d. i. das Bromid des sekundären Amylalkohols $C_5H_{11}Br$ gefundenen Volumgewichte kommen bis gegen 170° dem Volumgewicht der unzersetzten Verbindung sehr nahe. Über diese Temperatur hinaus wird eine fortschreitende Zersetzung bemerkbar, das Volumgewicht wird immer kleiner, bis es gegen 360° den Grenzwert, dem halben Molekulargewicht $\frac{151}{2}$ entsprechend, erreicht. Die theoretische Dampfdichte ist 5,22, die des Gemenges seiner Zersetzungsprodukte, Amylen und Bromwasserstoff, $\frac{5,22}{2} = 2,61$.

Temperatur	Dampfdichte	Molekulargewicht	Grad der Zersetzung
163°	5,22	151	0
172°	5,18	150	0,006
184°	5,15	148	0,02
194°	4,84	137	0,10
205°	4,39	127	0,19
215°	4,12	119	0,27
236°	3,83	111	0,36
248°	3,30	95	0,58
283°	3,12	90	0,66
317°	2,88	85	0,78
360°	2,61	75	1,00

Aus ganz gleichen Gründen müssen wir annehmen, dafs die Zusammensetzung der Untersalpetersäure bei niedriger Temperatur der Formel N_2O_4, bei höherer der Formel NO_2 entspricht. Das Molekulargewicht der Schwefelsäure wurde bei 416° = 48,8, bei

489° = 48,6 gefunden, also nahezu dem Molekulargewicht $\frac{H_2SO_4}{2}$ entsprechend, woraus sich eine vollständige Zersetzung der Schwefelsäure über 416° in SO_3 und H_2O ergibt.

Unterliegen feste Körper einer Dissociation in gasförmige Produkte, so kann die Zersetzung durch einen gewissen Partialdruck der gasförmigen Bestandteile aufgehalten werden, und dieser Druck mufs um so gröfser sein, je höher die Temperatur ist. Der einfachste Fall ist der, dafs neben festen Bestandteilen nur ein gasförmiges Produkt entsteht. So zerfällt der kohlensaure Kalk bei hoher Temperatur in Kohlendioxyd und Calciumoxyd. Ist der Druck des ersteren ausreichend, so wird eine weitere Zersetzung verhindert, in geschlossenen Gefäfsen kann der kohlensaure Kalk sogar unzersetzt geschmolzen werden. In einem begrenzten Raum wächst die Tension des Kohlendioxyds mit Steigerung der Temperatur, wobei sich mehr und mehr des kohlensauren Kalks zersetzt. Sinkt nun die Temperatur langsam, so vereinigt sich die Kohlensäure wieder mit dem Ätzkalk.

Ganz analog verhalten sich die Krystallwasserverbindungen, aber hier tritt eine Dissociation schon bei gewöhnlicher Temperatur ein. Bekanntlich geben diese Verbindungen beim Liegen an der Luft mehr oder weniger rasch ihr Krystallwasser ab, sie verwittern, d. h. sie zerlegen sich nach und nach in Wasser und wasserfreie Verbindungen. In trockenen Räumen erfolgt diese Verwitterung viel schneller als bei Gegenwart von Wasserdampf. Ein sehr anschauliches Bild von Abgabe und Wiederaufnahme des Krystallwassers liefert das Hydrat des Kobaltchlorürs. Wird dasselbe in einem luftleeren, zugeschmolzenen Glasrohr erhitzt, so geht die rosarote Färbung des Hydrats in blauviolette der wasserfreien Verbindung über und Wasser kondensiert sich im kälteren Teil der Röhre. Beim Erkalten geht der umgekehrte Prozefs vor sich, das Wasser verschwindet allmählich unter Rückbildung des rotgefärbten Hydrats.

Die Dissociationsspannung des gasförmigen Bestandteils hat sich am genauesten bei der Zersetzung des Chlorsilberammoniaks bestimmen lassen. Das Chlorsilber vereinigt sich mit Ammoniak in zwei Verhältnissen, welche den Formeln $AgCl, 3\,NH_3$ und $2\,AgCl, 3\,NH_3$ entsprechen. Bei der Zersetzung der letztern Verbindung, welche halb so viel Ammoniak enthält als die erstere, erreicht der Druck des in Freiheit gesetzten Ammoniaks bei etwa 69° Atmosphärendruck, bei der erstern schon bei 20°. Die Dissociationsspannung ist

		über der Verbindung Ag Cl, 3 NH 3	über der Verbindung 2 Ag Cl, 3 NH 3
bei	12°	520 mm	31,9 mm
„	20°	793 „	52,6 „
„	30°	1540 „	— „
„	50°	— „	430 „
„	70°	— „	820 „

Wird nun durch Fortnahme oder Zulassen von Ammoniak beliebiger Druck hergestellt, so wird durch Vereinigung oder Zersetzung immer diejenige Spannung hergestellt, welche der gerade vorhandenen Verbindungsstufe zukommt. Wird z. B. bei 12° zu reinem Chlorsilber Ammoniakgas gebracht, bis der Druck desselben dem einer Atmosphäre gleichkommt, so wird das Ammoniak aufgenommen, bis der Druck nur noch 31,9 mm beträgt; wird wiederum Ammoniak zugelassen, so sinkt der Druck immer wieder bis zu diesem Punkt, bis alles Chlorsilber in die Verbindung 2 Ag Cl, 3 NH_3 übergeführt ist. Bei erneuerter Zufuhr von Ammoniak bleibt der dadurch erzeugte Druck bis zu der Grenze von 520 mm unverändert. Sobald diese erreicht ist, beginnt wiederum Absorption unter Bildung der Verbindung Ag Cl, 3 NH_3, und der Druck steigt nicht über den genannten Punkt, bis alles Chlorsilber in diese Verbindung übergeführt ist. Wird in umgekehrter Weise Ammoniak entfernt, so wächst die Spannung bei 12° immer wieder bis auf 520 mm so lange, bis aus der Verbindung Ag Cl, 3 NH_3 die andere entstanden ist. Die andere Hälfte des Ammoniaks entweicht erst, wenn die Spannung unter 31,9 mm gesunken ist; auf diesen Druck kehrt die Spannung so lange zurück, bis das Chlorsilber alles Ammoniak entlassen hat. Die Dissociationsspannung, also der die Zersetzung aufhaltende Grenzdruck, wächst demnach mit Erhöhung der Temperatur, ist aber von der Menge der in Zersetzung befindlichen Verbindung unabhängig. Durch Änderung des Druckes bei konstanter Temperatur oder durch Änderung der Temperatur bei konstantem Druck läfst sich beliebig Zersetzung oder Vereinigung bewirken.

Der Verdampfung noch ähnlicher ist die Dissociation fester Körper in nur gasförmige Bestandteile, und in der That wurde die Verflüchtigung des Salmiaks, des karbaminsauren Ammons etc. so lange für Verdampfung gehalten, bis man durch die abnormen Dampfdichten ihre Zersetzung erkannte. Auch hier kann bei einer bestimmten Temperatur der Grenzdruck nicht überschritten werden, ohne dafs wieder Vereinigung erfolgt.

Nun unterscheidet sich aber diese Dissociation von der Verdampfung in einem wesentlichen Punkte. Die Dissociationsspannung kann nämlich niemals durch ein einfaches Gas, sondern nur durch das Gemisch der gasförmigen Zersetzungsprodukte bewirkt werden. Wird karbaminsaures Ammon in luftleerem Raume, mit Quecksilber abgesperrt, in Ammoniak und Kohlensäure dissociiert, und läfst man nun Luft eintreten, so vergröfsert sich das Volumen noch eine Zeit lang, d. h. es zersetzt sich eine neue Menge der Verbindung; nach Herstellung des Gleichgewichts findet sich der Gesamtdruck gleich der Summe aus der Dissociationsspannung für die betreffende Temperatur und den Druck der atmosphärischen Luft für sich allein. Läfst man jedoch statt der indifferenten Luft einen der Bestandteile des karbaminsauren Ammons, z. B. Kohlensäure zutreten, so verringert sich das Volumen, es tritt Rückbildung der dissociierten Verbindung ein. Es vermindert sich also der Partialdruck des einen Bestandteiles in demselben Verhältnis, in dem der Partialdruck des andern Bestandteils wächst.

Nicht nur gasförmige Körper oder feste, welche beim Erhitzen in gasige Bestandteile zerfallen, unterliegen der Dissociation, sondern auch Flüssigkeiten. Es ist bekannt, dafs Lösungen von Ammoniaksalzen beim Erwärmen Ammoniak abgeben unter Bildung freier Säure. Chlorschwefel absorbiert bei niederer Temperatur Chlor unter Bildung eines Tetrachlorids, welches bei steigender Temperatur Chlor wiederum entläfst.

Bemerkenswert ist auch die Dissociation der Hydrate und Krystallwasserverbindungen. Sobald Temperaturerhöhung eintritt, werden diese Verbindungen in wasserärmere und Wasser zersetzt, eine Zersetzung, welche um so schwerer erfolgt, je verdünnter die Lösungen sind. Schwefelsäure, Chlorwasserstoffsäure u. a. werden in verdünnterer Lösung beständiger, also auch weniger reaktionsfähig sein als in konzentrierterer Lösung.

Bekanntlich sind einige gasförmige Körper, wie Chlor, Schwefeldioxyd u. a. imstande, bei niedriger Temperatur mit Wasser Hydrate zu bilden. Die Dissociation dieser Verbindungen mufs etwas anders erfolgen, als vorhin beregt war, da bei niedern Temperaturen nur eine sehr geringe Menge von Wasser in Dampfform bestehen kann; es wird vielmehr eine Kondensation desselben eintreten, und dieses kondensierte Wasser wird so viel von dem in Freiheit gesetzten Gase absorbieren, als unter dem jeweiligen Drucke möglich ist. Es wird also in geschlossenen Gefäfsen sich soviel Gas entwickeln, bis der Druck desselben der betreffenden Dissociationsspannung gleich ist und bis unter diesem Druck die entstandene Lösung sich mit dem Gase gesättigt hat. Je gröfser der freie Raum und je gröfser die Menge der vorhandenen Lösung, bei um so tieferer Temperatur wird das Hydrat zersetzt werden.

Wenn eine Wiedervereinigung der durch Wärmezufuhr erzeugten Spaltungsprodukte einer Verbindung nach dem Sinken der Temperatur nicht stattfindet, dieselbe vielmehr eine Zufuhr von Energie verlangt, so hat man es, im Gegensatz zur Dissociation, mit einem Zerfall zu thun, wobei die Wärme die chemischen Kräfte unterstützend wirkt, zu gleicher Zeit aber auch Wärme entwickelt wird. Das Kaliumchlorat zerfällt, wie schon bemerkt wurde, beim Erwärmen in Chlorkalium und Sauerstoff unter Entwickelung von Wärme; ebenso das salpetersaure Kalium. Tritt nun die Verwandtschaft anderer Substanzen zu den bei dem Zerfall entstehenden Produkten hinzu, so wird die Wärmeentwickelung dem entsprechend noch gesteigert werden; es wird ein chemischer Umsatz stattfinden. So sind im Schiefspulver die Bestandteile Salpeter, Schwefel und Kohle in trägem Zustande befindlich. Sobald Wärme zugeführt wird, vereinigt sich der Sauerstoff des Salpeters mit dem Kohlenstoff infolge der grofsen Verwandtschaft zu Kohlendioxyd, der Schwefel mit dem Kalium, und der mit dem geringsten Vereinigungsstreben ausgestattete Stickstoff entweicht als solcher. Die produzierte Wärmemenge überragt die bei der Zerlegung des Kaliumnitrats absorbierte um ein Bedeutendes.

Kapitel 18.

Thermochemische Grundsätze. Energiedifferenz der Zustandsänderung. Satz vom Anfangs- und Endzustande. Kreisprozefs. Wärmewert, Reaktionswärme und Wärmetönung. Exothermische und endothermische Reaktionen. Prinzip der gröfsten Arbeit. Bildungswärme. Satz von Hefs. Verbrennungswärme. Neutralisationswärme und Thermoneutralität. Avidität der Säuren.

Die Lehre von den Wärmevorgängen, welche die chemischen Prozesse begleiten, bezeichnet man als Thermochemie. Jeder Körper besitzt eine gewisse Menge von Energie, einen Energieinhalt, welcher durch seinen jeweiligen Zustand bedingt ist; in demselben Zustande hat er auch denselben Energieinhalt, und dessen Änderung ist für diese Zustandsänderung auch gleich grofs. Geht ein Körper aus einem bestimmten Anfangszustande in einen bestimmten Endzustand über, so mufs auch dieselbe Menge von Energie in beliebiger Form aufgenommen oder abgegeben sein (Energiedifferenz der Zustandsänderung). Um eine bestimmte Menge Eis in Wasser zu verwandeln, um eine bestimmte Menge Wasser auf eine bestimmte Temperatur zu erwärmen, ist stets dieselbe Menge von Wärme erforderlich. Wird einem Körper Wärme zugeführt oder entzogen, so werden auch seine Eigenschaften, Dichte, Aggregatzustand etc., sich ändern; Änderung des Energieinhalts bewirkt stets auch Änderung des Zustandes.

Ein System von mehreren Körpern kann jedoch Zustandsänderung erleiden, ohne dafs ihm Energie zugeführt oder entzogen wird, in dem Falle, wo der eine Bestandteil auf den andern Energie überträgt. Welche Bestandteile man sich zu einem System gehörend denkt, ist ganz willkürlich. Bei der Verdunstung eines flüssigen Körpers überträgt ein Teil desselben auf den verdunstenden Energie in Gestalt von Wärme, und mufs dieselbe demgemäfs verlieren; es macht sich ein Wärmeverlust des zurückbleibenden Teils bemerkbar. Verdunstender und zurückbleibender Teil bilden hier ein System, dessen gesamter Energieinhalt sich nicht geändert hat.

Bei chemischen Vorgängen wird Energie in der Regel in der Form von Wärme erzeugt oder verbraucht, zuweilen auch in Gestalt einer Volumveränderung. Die bei irgend einer Reaktion entwickelte Wärmemenge ist ein Mafs für die Summe der bei derselben geleisteten chemischen und physikalischen Arbeiten.

Wenn nun ein System einfacher oder zusammengesetzter Körper unter bestimmten Verhältnissen gegeben ist und dasselbe physikalische oder chemische Änderungen erfährt, welche das System in einen neuen Zustand überführen, ohne dafs dabei äufsere mechanische Wirkungen vollbracht werden, so hängt die bei diesen erzeugte oder absorbierte Wärmemenge einzig und allein von dem Anfangszustande und dem Endzustande des Systems ab, ist aber dieselbe, welches auch die Art und die Folge der Zwischenzustände sein mag.

Wird ein System von Körpern durch mehrere Zustandsänderungen wieder auf den Anfangszustand zurückgebracht, so entsteht ein Kreisprozefs, nach dessen Verlauf weder Energie nach aufsen abgegeben, noch von dort her aufgenommen ist; summiert man alle Energieformen während des Prozesses, indem man abgegebene Energie als positiv, aufgenommene als negativ setzt, so mufs die Summe gleich Null sein.

Alle kalorimetrischen Angaben werden in der Thermochemie auf das Atom- oder Molekulargewicht der Körper bezogen; der Energieinhalt derselben wird durch Einschliefsung der Molekularformel in Klammern ausgedrückt;

$$(H), (O), (S), (N), (H_2O), (H_2S), (NH_3)$$

bezeichnen also den Energieinhalt eines Atomgewichtes Wasserstoff,

Sauerstoff, Schwefel, Stickstoff, eines Molekulargewichtes Wasser, Schwefelwasserstoff, Ammoniak. Um nun eine Energiegleichung bei der Vereinigung oder Umsetzung aufzustellen, wird zu der chemischen Gleichung der Faktor Q, die als Wärme bei dem chemischen Prozesse abgegebene oder aufgenommene Energie, hinzugefügt; z. B.

$$(H_2) + (O) = (H_2 O) + Q;$$

daher ist $Q = (H_2) + (O) - (H_2 O)$.

Diese Energiedifferenz Q wird in Wärmeeinheiten gemessen und als Wärmewert, Reaktionswärme oder Wärmetönung der betreffenden Reaktion (Bildungswärme, Umsetzungswärme, Verbrennungswärme, Neutralisationswärme, Zersetzungswärme, Lösungswärme etc.) bezeichnet. Austretende Reaktionswärme wird als positiv, aufgenommene als negativ bezeichnet; im ersten Falle spricht man von exothermischen, im letzten von endothermischern Reaktionen.

Nun ist aber zu bemerken, dafs die weitaus gröfste Mehrzahl der chemischen Reaktionen exothermisch ist, also unter Wärmentwickelung vor sich geht. Die letztere beweist, dafs die zwischen Atomen und Molekülen wirkenden Kräfte Arbeit geleistet haben müssen, dafs der Energieinhalt der in Reaktion getretenen Stoffe sich verringert hat, demzufolge Wärme als Äquivalent auftritt. Ein Wärmeverbrauch hingegen zeigt an, dafs der Energieinhalt vergröfsert ist, und dafs Wärme zur Überwindung der Kräfte hat aufgewendet werden müssen. Da aber die chemischen Kräfte bestrebt sind, Arbeit zu leisten, so müssen sie auch exothermische Reaktionen veranlassen.

Sobald eine Reaktion endothermisch ist, müssen neben den chemischen Kräften noch andere Ursachen mitwirken; in der Mehrzahl der Fälle werden solche Wärme absorbierende chemische Reaktionen nicht eintreten. Metallisches Natrium, Kalium, Lithium, Baryum, Calcium etc. zersetzen das Wasser bei gewöhnlicher Temperatur sehr energisch unter grofser Wärmeabgabe und Bildung löslicher Hydroxyde, da die Bildungswärme der letzteren diejenige des Wassers überragt. Metalle, welche unlösliche Hydroxyde bilden, wo deren Bildungswärme gröfser ist, als die des Wassers, z. B. das Magnesium, Mangan, Zink, zerlegen das Wasser ebenfalls; die Reaktion verläuft nur langsamer aus dem Grunde, weil das gebildete Hydroxyd die Einwirkung erschwert; im Zustande feiner Verteilung erfolgt jedoch merkliche Umsetzung, so z. B. bei Anwendung von Zinkstaub oder Amalgamen.

Die übrigen Metalle vermögen Wasser nicht zu zerlegen, da die Bildungswärme ihrer Hydroxyde kleiner ist als die des Wassers.

Bei denjenigen Metallen, wie z. B. bei dem Eisen, bei denen die Bildungswärme ihrer Hydroxyde nur wenig geringer ist als die des Wassers, kann eine Zersetzung des letzteren in Dampfform erfolgen, da die Bildungswärme des Wasserdampfes etwas kleiner ist als die des tropfbar flüssigen Wassers.

Die Oxyde der Metalle lösen sich in Säuren unter Wärmeentwickelung; die Reaktion ist exothermisch, da die Bildungswärme z. B. der Chloride gröſser ist als die der Metalloxyde. Wo das Gegenteil stattfindet, bei den Oxyden der Nichtmetalle, würde die Reaktion endothermisch verlaufen, und tritt deshalb auch nicht ein. Die Phosphorchloride z. B. werden durch Wasser in Salzsäure und Phosphoroxyde umgesetzt.

Einige Metalle, wie das Blei, Quecksilber, Silber, Kupfer, Cadmium, werden aus den Lösungen ihrer Salze auch bei Gegenwart freier Salzsäure durch Schwefelwasserstoff als Schwefelmetalle ausgefällt, da die Bildungswärmen der letzteren diejenigen der Salze übertreffen. Die gesamte Wärmeentwickelung ist hierbei gleich der Neutralisationswärme des Schwefelwasserstoffs verringert um die der Chlorwasserstoffsäure. Da die Differenz bei den erwähnten Metallen positiv ist, tritt die Reaktion auch ein.

In grossen Kalorien.

	PbO	HgO	Ag_2O	Cu_2O	$Cd(OH)_2$
$H_2S + aq$	29,20	45,30	58,51	38,53	27,37
$2HCl + aq$	15,39	18,92	42,58	14,66	20,29
Differenz	+ 13,81	+ 28,38	+ 15,93	+ 23,87	+ 7,08

Daſs durch gasförmige oder konzentrierte Chlorwasserstoffsäure jedoch umgekehrte Reaktion stattfindet, also die Schwefelverbindungen in Chloride verwandelt werden, erklärt sich daraus, daſs bei der Absorption von zwei Molekülen Chlorwasserstoff 34,62 Kalorien, bei der von Schwefelwasserstoff nur 4,75 absorbiert werden. Die Neutralisationswärmen für gasförmigen Chlorwasserstoff und Schwefelwasserstoff sind daher um so gröſser, die Differenzen werden negativ.

	PbO	HgO	Ag_2O	Cu_2O	$Cd(OH)_2$
H_2S	33,95	50,05	63,26	43,28	32,12
$2HCl$	50,03	53,56	77,22	49,30	54,93
Differenz	— 16,08	— 3,51	— 13,96	— 6,02	— 22,81

Darnach müfste die Zersetzung der Chloride durch Schwefelwasserstoff unter Wärmebindung vor sich gehen, sie findet nicht statt. Dem gasförmigen Chlorwasserstoff verhält sich eine concentrirte Säure sehr ähnlich.

Die übrigen wichtigern Metalle werden aus ihren salzsauren Lösungen ebenfalls nicht gefällt, da die Differenzen gleichfalls negativ sind, also Wärmebindung stattfinden müfste. Sobald jedoch die vorhandene oder bei der Reaktion entstehende Säure durch Alkalien gebunden wird, wie es durch Anwendung von Schwefelkalium oder Schwefelammon geschieht, kann auch bei den übrigen Schwermetallen die Reaktion unter Bildung von Schwefelmetall verlaufen, da die Verbindungswärmen des Alkalis mit dem Schwefelwasserstoff und dem Chlorwasserstoff in Betracht kommen, deren Differenz ebenfalls positiv ist:

Na_2O aq, H_2S aq	+ 7,75 Kal.
Na_2O aq, 2 H Cl aq	+ 27,45 „
Differenz	19,70 Kal.

Das Zink zeigt ein bemerkenswertes Verhalten, indem dasselbe nicht aus salzsaurer, wohl aber aus essigsaurer Lösung durch Schwefelwasserstoff ausgefällt wird. Im erstern Fall würde die Differenz der Wärmeentwickelung von $Zn(OH)_2$, H_2S aq = 18,58 und $Zn(OH)_2$, 2 HCl aq = 20,29 — 1,71 Kal. betragen, im letztern dagegen von $Zn(OH)_2$, H_2S aq = 18,58 und $Zn(OH)_2$ 2 $C_2H_4O_2$ aq = 18,03 + 0,55 Kal.

Es gibt übrigens verschiedene Fälle, in denen exothermische Reaktionen nicht eintreten, namentlich dann, wenn Hindernisse zugegen, welche zu überwinden die chemischen Kräfte allein nicht imstande sind. Auf der andern Seite lassen sich an sich endothermische Reaktionen hervorrufen, wenn man zu gleicher Zeit Umsetzungen zu Hilfe nimmt, welche einen gröfseren positiven Wärmewert besitzen. Es läfst sich, um ein schon früher erwähntes Beispiel heranzuziehen, aus Essigsäure und Chlorwasserstoff Acetylchlorid ohne weiteres nicht herstellen, da die Reaktion unter Wärmebindung vor sich gehen müfste. Wird jedoch Phosphorpentoxyd hinzugefügt, so bemächtigt sich dasselbe des bei der Reaktion entstehenden Wassers und diese Umsetzung macht den ganzen Vorgang exothermisch. In anderen Fällen mufs Energie in irgend welcher Form, sei es als Wärme, Licht oder Elektrizität, zugeführt werden, um eine Reaktion, die an sich endothermisch sein würde, hervorzurufen. In hoher Temperatur finden sehr häufig Umsetzungen statt, welche an sich endothermisch sind, also Wärme verbrauchen. Zur Verflüssigung und Verdampfung fester oder flüssiger Körper ist ebenfalls Wärmezufuhr nötig; tritt bei einem chemischen Prozesse zu gleicher Zeit eine solche Aggregatzustandsänderung ein, so kann der ganze Vorgang dadurch endothermisch werden. Bei den Kältemischungen z. B. wird vermutlich die Wärmeabsorption nicht durch den dabei verlaufenden chemischen Prozeſs, sondern durch die eintretende Zustandsänderung hervorgebracht.

Das Bestreben der chemischen Kräfte, exothermische Reaktionen zu veranlassen, besteht, so lange überhaupt noch chemische Energie in Wärme umsetzbar ist, d. h. jede chemische Veränderung, welche sich ohne Mitwirkung einer fremden Energie vollzieht, strebt zur Erzeugung desjenigen Körpers oder desjenigen Systems von Körpern, welche die meiste Wärme entbinden (Prinzip der gröſsten Arbeit). Wenn der Kohlenstoff sich mit dem Sauerstoff vereinigt, so ist er eben bestrebt, in Kohlenstoffdioxyd überzugehen; bei der Vereinigung von Wasserstoff mit Sauerstoff in dem Atomgewichtsverhältnis 2 : 16 wird mehr Wärme entwickelt, als in dem Verhältnis 2 : 32, d. h. es entsteht Wasser, während das Wasserstoffsuperoxyd sich zu zerlegen bestrebt ist. Eine Zersetzung von Verbindungen, welche unter Wärmeentwickelung aus den Elementen entstanden sind, kann nur durch die Dazwischenkunft einer fremden Energie erfolgen, entweder durch Wärme, Licht, Elektrizität, oder chemische Energie einer andern nebenher verlaufenden Reaktion. Diejenigen Verbindungen jedoch, welche unter Wärmeabsorption entstanden sind, zerfallen häufig von selbst, wie die Sauerstoffverbindungen des Chlors u. a. m., zuweilen unter Explosion.

Ein bemerkenswertes Beispiel des Prinzips der gröſsten Arbeit und der damit z. T. verbundenen Umkehrung von Reaktionen liefert der gegenseitige Austausch der Halogene und ihrer Wasserstoffverbindungen. Das Chlor entwickelt bei seiner Vereinigung mit anderen Stoffen mehr Wärme als das Brom, dieses mehr als das Jod; daher erfolgt Ersetzung von Brom und Jod durch Chlor und von Jod durch Brom. Aus Jodsilber wird das Jod durch Chlor verdrängt unter Bildung von Chlorsilber und freien Jods. Hingegen wird aus Chlorsilber durch gasförmige oder gelöste Jodwasserstoffsäure das Chlor als Chlorwasserstoff verdrängt. Gasförmiger Chlorwasserstoff entbindet aus trockenem Quecksilbercyanid die Cyanwasserstoffsäure, während die letztere in gelöstem Zustande aus gelöstem Quecksilbercyanid die Chlorwasserstoffsäure verdrängt, da sie bei der Vereinigung mit Quecksilberoxyd mehr Wärme entwickelt, als jene.

Auch das Gesetz des Prinzips der gröfsten Arbeit erleidet Ausnahmen, in dem Falle, wo jene bei ihrer Bildung die gröfste Wärmemenge produzierenden Verbindungen bei der entstehenden Temperatur nicht bestehen können. Der Schwefel verbrennt auch bei Überschufs von Sauerstoff nur zu Schwefeldioxyd, obwohl die Bildung des Trioxydes eine gröfsere Wärmemenge entwickeln würde; bei dieser Temperatur ist das Trioxyd aber nicht mehr beständig und würde sofort wieder in Sauerstoff und Dioxyd zerfallen.

In nachfolgendem sind die Bildungswärmen in grofsen Kolorien einer Anzahl der wichtigsten anorganischen Verbindungen zusammengestellt:

Verbindung	Molekular-gewicht	Entwickelte Wärme			
		gasförmig	flüssig	fest	in Lösung
HCl	36,5	+ 22	—	—	+ 39,3
Cl_2O	87	— 15,2	—	—	— 5,8
$HClO_3$	84,5	—	—	—	+ 23,94
HBr	81	+ 8,4	—	—	+ 28,4
$HBrO_3$	129	—	—	—	12,416
HJ	128	— 6,2	—	—	+ 13,2
HJO_3	176	—	—	—	55,710
H_2O	18	+ 47,2	+ 69	+ 70,4	—
H_2O_2	34	—	—	—	+ 46,6
H_2S	34	+ 4,6	—	—	+ 9,2
SO_2	64	+ 77,6	—	—	+ 85,2
SO_3	80	—	—	+ 111,6	+ 149,4
H_2SO_3	66	—	—	—	+ 17,4
$H_2S_2O_8$	114	—	—	—	+ 586
NH_3	17	+ 26,7	—	—	+ 35,2
NCl_3	120,5	—	— 38,1	—	—
N_2O	44	— 18	— 13,6	—	—
NO	30	— 43,3	—	—	—
N_2O_3	76	— 65,6	—	—	— 17,8
NO_2	46	— 24,3	— 20	—	—
N_2O_5	108	— 44,6	— 39,8	— 31,6	— 14,8
HNO_3	63	—	—	+ 19,9	+ 27,1
P_2O_5	142	—	—	+ 363,8	+ 405,4
As_2O_3	198	—	—	+ 154,6	+ 147,0
As_2O_5	230	—	—	+ 219,4	+ 225,4
CO_2	44				
C als Diamant		+ 94,0	—	+ 100	+ 99,6
C als Kohle		+ 97,0	—	+ 103	+ 102,6
CO	28				
C als Diamant		+ 25,0	—	—	—
C als Kohle		+ 28,0	—	—	—
CS_2	76				
C als Diamant		— 15,6	— 9,2	—	—
C als Kohle		— 12,6	— 6,2	—	—

Verbindung	Molekular-gewicht	Entwickelte Wärme			
		gasförmig	flüssig	fest	in Lösung
KOH	56,1	—	—	+ 104,3	+ 116,8
Na OH	40	—	—	+ 102,3	+ 112,1
NH_4 OH	35	—	—	—	+ 104,2
Fe O	72	—	—	+ 68,2	—
$Fe_2 O_3$	160	—	—	+ 191,2	—
Mn O	71	—	—	+ 94,8	—
Mn O_2	87	—	—	+ 116,2	—
Zn O	81	—	—	+ 85,4	—
Sb O	223	—	—	+ 50,2	—
Cu_2 O	142,8	—	—	+ 40,8	—
Cu O	79,4	—	—	+ 37,2	—
Hg_2 O	416	—	—	+ 42,2	—
Hg O	216	—	—	+ 30,6	—
Ag_2 O	232	—	—	+ 6,0	—
K Cl	74,6	—	—	+ 105,6	+ 101,2
K Br	119,1	—	—	+ 95	+ 89,9
K J	166,6	—	—	+ 79,8	+ 89,9
Na Cl	58,5	—	—	+ 97,7	+ 96,8
Mg Cl_2	95	—	—	+ 151	+ 187
Al Cl_3	132,9	—	—	+ 160,9	+ 237,8
Mn Cl_2	126	—	—	+ 112	+ 128
Fe Cl_2	127	—	—	+ 82	+ 100
Fe Cl_3	161,5	—	—	+ 96	+ 127,7
Pb Cl_2	278	—	—	+ 82,8	+ 89,6
Cu Cl_2	134,4	—	—	+ 51,6	+ 62,6
Hg Cl	235,5	—	—	+ 41,3	—
Hg Cl_2	271	—	—	+ 63,2	+ 59,8
Ag Cl	143,5	—	—	+ 29,4	—
Ag Br	188	—	—	+ 22,7	—
Ag J	235	—	—	+ 13,8	—
K_2 S	110	—	—	+ 102,2	+ 112,4
K_2 S + H_2 S	144	—	—	+ 19	+ 7,8
Na_2 S	78	—	—	+ 88,4	+ 103,2
Na_2 S + H_2 S	112	—	—	+ 18,6	+ 7,8
$(NH_4)_2$ S	68	—	—	—	+ 56,8
Mg S	56	—	—	+ 79,6	—
Mn S	87	—	—	+ 45,2	—
Fe S	88	—	—	+ 23,8	—
Zn S	97	—	—	+ 43,0	—
Cd S	144	—	—	+ 34,0	—
Co S	90	—	—	+ 21,8	—
Ni S	90	—	—	+ 19,4	—
Pb S	239	—	—	+ 17,8	—
Cu_2 S	158,8	—	—	+ 20,2	—
Cu S	95,4	—	—	+ 10,2	—
Hg S	232	—	—	+ 19,8	—
Ag_2 S	248	—	—	+ 3,0	—

Aus dieser Tabelle ist zu ersehen, dafs z. B. die Bildung von 36,5 g HCl so viel Wärme entwickelt, dafs 22 kg Wasser dadurch von 0° auf 1° erwärmt werden können.

Die Wärmemenge, welche bei der Bildung einer chemischen Verbindung oder überhaupt bei einem zusammengesetzten chemischen Vorgange entwickelt wird, ist nach Hefs gleich der algebraischen Summe aller jener Wärmemengen, welche durch die intermediären Einzelprozesse entwickelt werden, mögen dieselben auch unabhängig von einander und in beliebiger Reihenfolge stattfinden. Es ist also gleichgültig, ob man von drei Elementen *A*, *B* und *C* zuerst *A* mit *B* und dann mit *C*, oder zuerst *A* mit *C* und dann mit *B*, oder alle drei gleichzeitig vereinigt. Werden diese drei Elemente mit Sauerstoff verbunden, verbrannt, so wird demgemäfs dieselbe Gesamtwärme auftreten, wenn einerseits die Elemente für sich oder die Verbindung *A B C* verbrannt wird. Die Verbrennungswärme der letztern mufs aber kleiner sein als die der getrennten Elemente, und zwar um so viel, als die Verbindungswärme der letztern bei der Bildung der Verbindung *A B C* beträgt. Hefs sowohl wie Favre und Silbermann haben dieses auf experimentellen Wege bewiesen und damit die ältere Dulong'sche Behauptung widerlegt, welche dahin ging, dafs die Verbrennungswärme einer Verbindung der Summe der Verbrennungswärmen ihrer Bestandteile gleich sei. Die Verbrennungswärme, welche bei der Vereinigung der Körper mit Sauerstoff geliefert wird, wird als absoluter Wärmeeffekt bezeichnet.

Sehr eingehend sind die Neutralisationswärmen bei der Vereinigung von Säuren und Basen studiert worden. In der folgenden Tabelle sind die Neutralisationswärmen einer Anzahl von Säuren bei der Bildung ihrer in Wasser löslichen normalen Natriumsalze mit einem Molekulargewichte Natriumhydroxyd zusammengestellt.

	Kal.		Kal.
Fluorwasserstoff	16,27	Metaphosphorsäure	14,38
Chlorwasserstoff	13,74	Chromsäure	12,36
Bromwasserstoff	13,75	Blausäure	2,77
Jodwasserstoff	13,68	Ameisensäure	13,45
Kieselfluorwasserstoff	13,31	Essigsäure	13,40
Unterchlorige Säure	9,98	Propionsäure	13,48
Chlorsäure	13,76	Kohlensäure	10,09
Jodsäure	13,81	Oxalsäure	14,14
Schweflige Säure	14,48	Bernsteinsäure	12,08
Schwefelsäure	15,69	Weinsäure	12,65
Salpetersäure	13,68	Citronensäure	12,99
Orthophosphorsäure	11,34		

Es lehrt dieselbe, dafs die Neutralisationswärmen der meisten Säuren annähernd gleich grofs sind. Nur bei einigen wenigen finden erheblichere Ausnahmen statt. Schwache Säuren besitzen im allgemeinen auch eine geringe Neutralisationswärme, doch wächst oder vermindert sich dieselbe nicht mit der Zu- oder Abnahme der Stärke.

Stellt man die Neutralisationswärmen der Säuren mit verschiedenen, wasserlöslichen Basen in einer Tabelle zusammen, so ergibt sich die Thatsache, dafs dieselben für verschiedene Basen bei einer und derselben Säure annähernd gleich sind, wenn das Salz gelöst bleibt:

Basis	H_2SO_4	HCl	HNO_3	CH_3COOH
Natrium	15,69	13,74	13,68	13,39
Kalium	15,64	13,75	13,77	13,21
Lithium	15,64	13,85	—	—
Ammonium	14,07	12,27	12,32	12,01
Baryum	—	13,89	14,13	13,45
Strontium	—	13,81	—	—
Calcium	15,57	13,95	—	—
Hydroxylamin	10,79	9,76	—	—
Tetramethylammonium	15,51	13,74	—	—

Ausnahmen machen nur das Ammoniak und Hydroxylamin, während zusammengesetzte Basen wie Tetramethylammonium u. a. der Regel folgen. Die Neutralisationswärmen verschiedener Säuren mit ein und derselben Basis oder doch ihre Differenzen sind gleich grofs, wie nicht allein jene oben angeführten Säuren und Basen, sondern eine gröfsere Anzahl derselben zeigen. Daher mufs eine wechselseitige Umsetzung zweier neutraler Salze in verdünnter wässeriger Lösung ohne merkliche Wärmeentwickelung vor sich gehen, falls wiederum die entstehenden Salze nur gelöst bleiben, d. h. es mufs Thermoneutralität bestehen. Sobald jedoch eine Ausscheidung des gebildeten Salzes erfolgt, finden bemerkenswerte Ausnahmen statt.

Nach Vorstehendem mufs man annehmen, dafs der Wärmewert der Neutralisation an sich gleich grofs ist. Unterschiede lassen sich durch das Hinzutreten anderer Ursachen, welche ebenfalls Wärme entwickeln oder absorbieren, als da sind Veränderung der beteiligten Stoffe durch Hydratbildung u. a. m., erklären.

Da die Neutralisationswärmen für viele Säuren mit derselben Basis nahezu gleich grofs sind, so läfst sich nicht immer das Verhältnis ermitteln, in welchem sich zwei Säuren in eine Basis in wässeriger Lösung teilen. In manchen Fällen sind jedoch die Unterschiede in den Neutralisationswärmen grofs genug, um daraus Schlüsse ziehen zu können. So haben die schwefelsauren Salze immer eine etwas gröfsere Neutralisationswärme als andere Salze. Wird eine Lösung von schwefelsaurem Natrium mit einer äquivalenten Menge verdünnter Salpetersäure versetzt, so zeigt sich eine Wärmeabsorption, während bei Vermischung einer Lösung von salpetersaurem Natrium mit einer äquivalenten Menge verdünnter Schwefelsäure Wärmeentwickelung beobachtet wird. Daraus läfst sich erkennen, dafs im ersten Fall mehr Schwefelsäure, im zweiten weniger Salpetersäure ausgeschieden wird, und zwar, wie berechnet wurde, werden zwei Drittel der Schwefelsäure durch die Salpetersäure verdrängt.

Auch für eine Reihe anderer Säuren ist ihr Sättigungsvermögen oder ihre Avidität, gewöhnlich Stärke der Säure genannt, bestimmt worden. Die Beobachtungen lassen sich aus der nachfolgenden Tabelle erkennen, worin die Avidität von einem Molekül Salpetersäure als 1 gesetzt ist.

1	Mol.	Salpetersäure	1,00
1	„	Salzsäure	1,00
1	„	Bromwasserstoff	0,89
1	„	Jodwasserstoff	0,79
1/2	„	Schwefelsäure	0,49
1/2	„	Selensäure	0,45
1	„	Trichloressigsäure	0,36
1	„	Orthophosphorsäure	0,25
1/2	„	Oxalsäure	0,24
1	„	Monochloressigsäure	0,09
1	„	Fluorwasserstoffsäure	0,05
1/2	„	Weinsäure	0,05
1/3	„	Citronensäure	0,05
1	„	Essigsäure	0,03
1/3	„	Borsäure	0,01
1/2	„	Kieselsäure	0,00
1	„	Cyanwasserstoffsäure	0,00

Diese Angaben beziehen sich alle nur auf die Avidität gegen Natrumhydroxyd; gegen andere Basen würde dieselbe wechselnd erscheinen, so z. B. die der Schwefelsäure gegen Baryt viel gröfser als die der Salzsäure und Salpetersäure, ja sogar der Blausäure gegen Quecksilber viel gröfser als die der Salzsäure.

Kapitel 19.

Das Licht in Beziehung zur Affinität. Chemische Wirkungen des Lichtes (Photochemie). Photochemische Induktion.

Es ist bekannt, dafs ein weifser Lichtstrahl bei seinem Durchgang durch ein Glasprisma in verschiedene Lichtstrahlen zerlegt wird, welche, auf eine weifse Wand projiziert, die Farben des Regenbogens als farbiges Band erscheinen lassen. Die äufsersten, dem Auge noch sichtbaren Farben bilden Rot und Violett. Die Wärmewirkung dieses Sonnenspektrums nimmt von Violett nach Rot allmählich zu, erreicht das Maximum jedoch jenseits des Rot, wo das Auge eine Farbe nicht mehr wahrzunehmen vermag. Die chemische Wirksamkeit der Strahlen nimmt umgekehrt vom Rot nach dem Violett zu, erreicht ihr Maximum jenseits des letztern im sogenannten ultravioletten Teil des Spektrums, welcher bei Abhaltung alles anderen Lichtes dem Auge als rötliches Grau erscheint.

Man hat demgemäfs im Sonnenspektrum drei Arten von Strahlen zu unterscheiden: dunkle Wärmestrahlen, sichtbare farbige, und chemisch wirksame, sogenannte aktinische Strahlen. Der sichtbare Teil des Spektrums enthält alle drei Arten von Strahlen gemischt, der ultrarote besitzt weder Licht noch chemische Wirkung, der ultraviolette nur sehr wenig Licht und Wärme. Es ist daher erklärlich, dafs diejenigen Lichtquellen, welche eine grofse Menge von violetten und ultravioletten Strahlen aussenden, wie das elektrische Bogenlicht, die Stickoxyd-Schwefelkohlenstoffflamme, das Magnesiumlicht u a. m., auch eine grofse chemische Wirksamkeit besitzen müssen.

Wie die Wärme ist auch das Licht imstande, chemische Vereinigung hervorzurufen und chemische Verbindungen zu zerlegen, oder richtiger gesagt, durch Steigerung der inneren Bewegung — das Licht ist selber eine Art der Bewegung — den Zusammenhalt der Atome im Molekül zu lösen und ihnen die Möglichkeit zur Bildung anderartiger Moleküle zu geben.

Wahrscheinlich ist es, dafs eine bestimmte Zersetzung auch nur durch eine bestimmte Farbe, d. h. durch Licht von bestimmter Wellenlänge, hervorgerufen werden kann. Hiermit scheint die Eigenschaft der Elemente in Verbindung zu stehen, in Gasform und in der Glühhitze ein Licht von bestimmter Wellenlänge auszustrahlen und dasselbe Licht zu absorbieren.

Nach Roscoe und Bunsen hat nur dasjenige Licht, welches von dem Chlor absorbiert wird, auf dieses chemische Wirkung, da

Licht, welches durch dasselbe hindurchgegangen ist, eine solche nicht mehr auszuüben vermag.

Chlor und Wasserstoff vereinigen sich in zerstreutem Tageslicht nur langsam, im Dunkeln gar nicht, im direkten Sonnenlicht unter Explosion mit einander zu Chlorwasserstoff. Unter blauem Glase erfolgt ihre Vereinigung im Sonnenlicht ohne Verpuffung ziemlich schnell, unter rotem Glase nur sehr langsam. In gleicher Weise kann man ein Gemenge von Chlor und Wasserstoff durch Magnesiumlicht oder das Licht der Stickoxyd-Schwefelkohlenstoffflamme zur Explosion bringen. Im ersten Moment jedoch verursachen chemisch wirksame Strahlen auf Chlorknallgas keine photochemische Wirkung; die Bildung von Chlorwasserstoff tritt langsam ein und steigert sich bis zu einem Maximum proportional der Lichtstärke. Diese Erscheinung bezeichnet man als photochemische Induktion.

Die Verwandtschaft des Chlors zum Wasserstoff kann durch chemisch wirksames Licht derart gesteigert werden, dafs der Wasserstoff selbst aus sonst sehr beständigen Verbindungen herausgenommen wird. Chlorwasser läfst sich im Dunkeln unverändert aufbewahren, während im Licht langsam Salzsäure gebildet wird unter Freiwerden des Sauerstoffs des Wassers. Ein Gemenge von Methan und Chlor bleibt im Dunkeln unverändert, im Licht erfolgt allmähliche Substitution des Wasserstoffs durch Chlor bis zu CCl_4 unter gleichzeitiger Bildung von Chlorwasserstoff.

Manche Metalloxyde zerfallen im Licht in Sauerstoff und Metall, oder in Metall und höhere Oxydationsstufen. So geht Quecksilberoxydul in Quecksilber und Oxyd, Quecksilberoxyd zum Teil langsam in Sauerstoff und Quecksilber, Silberoxyd in Sauerstoff und Silber, kohlensaures Silber in Sauerstoff, Silber und Kohlendioxyd, Goldoxyd in Sauerstoff und Metall über. Im allgemeinen übt auf die Metalloxyde das rote Licht oxydierende, das violette reduzierende Wirkung.

Chlor-, Brom- und Jodsilber zersetzen sich unter dem Einflufs des Lichts zum Teil in Metall und Halogen, ebenso die organischen Haloid-, namentlich Jod-Verbindungen unter Bildung von Haloidsäure oder, wegen der Unbeständigkeit der Jodwasserstoffsäure am Licht, freien Jods. Jodkaliumlösung wird durch Sonnenlicht allmählich gelb gefärbt und enthält dann freies Jod. Konzentrierte Salpetersäure zersetzt sich am Lichte zum Teil in Sauerstoff und Untersalpetersäure; amorpher Phosphor verwandelt sich in die rote Modifikation.

Durch Licht zerlegbare Salze, besonders die Silbersalze, werden durch das Licht viel rascher zersetzt bei Anwesenheit von, namentlich organischen, Verbindungen, welche den Sauerstoff oder das Halogen an sich ziehen. Es ist häufig sogar nicht erforderlich, diese Mittel, sogenannte Sensibilatoren, bei der Beleuchtung der betreffenden Salze gleichzeitig anzuwenden; es genügt vielmehr ein Zusammenbringen mit der bereits belichteten Verbindung, um Zersetzung hervorzurufen.

Organische Farbstoffe werden durch das Licht häufig zerstört, indem das Vereinigungsstreben des atmosphärischen Sauerstoffs mit dem Wasserstoff und Kohlenstoff erhöht wird. Vielleicht ist hier zuweilen eine Bildung von Ozon oder Wasserstoffsuperoxyd voraufgegangen, welche Farbstoffe leichter zerstören als der gewöhnliche Sauerstoff.

Grüne Pflanzen zersetzen im Sonnenlicht die aufgenommene Kohlensäure, geben den Sauerstoff ab und verwerten den Kohlenstoff zu innerem Aufbau. Dafs es nur das Licht ist, welches diese Zersetzung hervorruft, läfst sich aus der Erscheinung erkennen, dafs die Pflanzen bei Nacht oder in dunkeln Räumen wie die animalische Welt den Sauerstoff aufnehmen und gebildete Kohlensäure ausgeben.

Eine Lichtart wird, wenn sie eine chemische Wirkung ausgeübt hat, als solche zerstört, und ihre lebendige Kraft, ihre strahlende Energie, in eine andere Energieart umgewandelt. Auch hier gilt das Gesetz von der Erhaltung der Energie. Doch kann die strahlende Energie des Lichtes niemals direkt in mechanische Arbeit verwandelt werden, sondern mufs stets durch Absorption zunächst in Wärme umgesetzt sein.

Der Prozefs der Kohlenstoff-Assimilation durch grünende Pflanzen ist, soweit bekannt, der einzige, welcher im Pflanzen- und Tierkörper unter Energieaufnahme sich abspielt; dieser Energievorrat wird der Sonne entnommen. Da zur Erzeugung von Wärme und Arbeitsleistung die animalischen Wesen, direkt oder indirekt, Nahrung vegetabilischen Ursprungs bedürfen, so entstammt der bei weitem gröfste Teil von Arbeits- und Wärmevorrat der chemischen Wirkung der Sonne.

Kapitel 20.

Elektrochemie. Umwandlung chemischer Energie in elektrische. Galvanischer Strom. Spannungsreihe. Spannungsdifferenz. Thermostrom. Leiter und Nichtleiter. Galvanisches Element und galvanische Batterie. Stromintensität; Ohms Gesetz. Leitungswiderstand. Elektrolyse. Wanderung der Ionten. Faradays elektrolytisches Gesetz. Elektrochemische Moleküle. Chemische Wirkung des Funkens. Theorie der Elektrolyse. Elektrochemische Theorien.

Platten reinen Zinks und Kupfers werden von verdünnter Schwefelsäure nicht angegriffen; werden sie jedoch an einem Ende direkt oder mittels eines Metalldrahtes verbunden und nun in mit Schwefelsäure angesäuertes Wasser getaucht, so findet eine Gasentwicklung statt, indem das Zink zu schwefelsaurem Salz umgewandelt wird; der dabei sich bildende Wasserstoff erscheint aber nicht an dem Zink, sondern am Kupfer, der Verbindungsdraht wird dabei erwärmt, und eine in seine Nähe gebrachte Magnetnadel abgelenkt. Es ergibt sich daraus, dafs durch diesen unter besonderen Bedingungen erfolgenden chemischen Vorgang eine Wirkung nicht da hervorgerufen wird, wo jener vor sich geht, sondern an einer anderen Stelle, und dafs chemische Energie sich in eine andere Energieform umgewandelt hat, in eine besondere Art der Bewegung, welche durch Metalle und geeignete Flüssigkeiten sich zu verbreiten und chemische, thermische und elektrische Arbeit zu leisten im stande ist. Das Zink und Kupfer haben sich dabei entgegengesetzt elektrisch geladen.

Während jedoch zwei mit entgegengesetzter Elektrizität geladene Metalle durch gegenseitige Berührung ihren elektrischen Zustand verlieren, behalten das von vornherein verbundene Zink und Kupfer denselben bei, so lange sie in die Flüssigkeit getaucht sind.

Es erfolgt allerdings durch den Verbindungsdraht eine Entladung, dieselbe ist jedoch nicht momentan, sondern anhaltend, während eine Ladung der beiden Metalle immer wieder von neuem erfolgt. Diesen elektrischen Kreislauf bezeichnet man als elektrischen oder galvanischen Strom.

Bei jeder Berührung zweier Metalle oder überhaupt zweier Elektrizitätsleiter wird zwar nach Volta Elektrizität erregt, indem das eine positiv, das andere negativ elektrisch wird. Man kann dieselben in eine sogenannte Voltasche Spannungsreihe ordnen, aus der ersichtlich wird, dafs jedes vorhergehende, mit einem der nachfolgenden in Berührung gebracht, positive, jedes nachfolgende mit einem der vorhergehenden, negative Elektrizität annimmt.

+	
K	Cu
Na	Sb
Li	Bi
Ba	Hg

+	
Sr	Ag
Ca	Pt
Mg	Au
Be	C
Al	P
Mn	Fl
H	J
Zn	Br
Cd	Cl
Fe	N
Ni	Se
Co	S
Pb	O
Sn	—

Diejenigen Metalle, welche die gröfsere Verwandtschaft zum Sauerstoff haben, sind auch die positiveren.

Volta fand, dafs durch die Berührung zweier solcher Stoffe eine bestimmte elektrische Spannungsdifferenz, eine elektromotorische Bewegung erzeugt wird, welche nur von der Substanz, nicht aber von der Gröfse der Berührungsfläche abhängig ist, und dafs diese Spannungsdifferenz um so gröfser ist, je weiter die Substanzen in der Spannungsreihe voneinander entfernt sind; und ferner, dafs für drei beliebige Metalle a, b und c die Spannungsdifferenz zwischen a und c gleich der Summe der Spannungsdifferenzen zwischen a und b, und b und c ist, woraus folgt, dafs in einer Reihe von Metallen die Spannungsdifferenz der endständigen Metalle dieselbe ist, als wenn sie miteinander in direkter Verbindung ständen.

Durch Berührung solcher verschiedenartiger Stoffe kann eine fortdauernde Bewegung der Elektrizität nicht erzeugt werden. Es bleibt vielmehr ein Ruhezustand bestehen, indem die Kräfte sich das Gleichgewicht halten. Dieser Gleichgewichtszustand kann auf zweierlei Weise aufgehoben werden, einmal durch Einschaltung eines Stoffes, welcher den Strom unter eigener Zersetzung leitet, wodurch, wie schon bemerkt wurde, ein galvanischer Strom entsteht, oder durch Erwärmung oder Abkühlung einer der Berührungsflächen. Diesen Strom bezeichnet man nach seinem Entdecker als Seebeckschen oder Thermostrom.

Inbezug auf ihr elektrisches Verhalten teilt man die Körper in zwei Klassen ein, in Leiter der Elektrizität oder Konduktoren, und Nichtleiter oder Isolatoren. Zu der ersten Klasse von Körpern in denen die Elektrizität sich leicht fortbewegen kann, gehören vor allem die Metalle, aber auch Säuren, Basen und Salze, organisierte Körper in frischem Zustande; zu den Nichtleitern gehören Glas und

Harze, Seide, Ole, vegetabilische Körper in getrocknetem Zustande, und alle Verbindungen, deren Elementarbestandteile ebenfalls Nichtleiter sind. Unter den Leitern unterscheidet man ebenfalls wieder zwei Unterabteilungen, Leiter erster und zweiter Klasse. Zu den ersteren gehören die elementaren Körper, also die Metalle, und alle Verbindungen, deren sämtliche Bestandteile ebenfalls metallisch leiten, also die Legierungen; zu den letzteren, den sogenannten Elektrolyten, d. i. durch Elektrizität zerlegbare Körper, die zusammengesetzten Verbindungen, welche die Elektrizität leiten, indem sie selbst dadurch zersetzt werden, vor allem die Säuren, Basen und Salze. Während die Leitfähigkeit der Leiter erster Ordnung mit Steigerung der Temperatur abnimmt, erhöht sich dieselbe bei den Leitern zweiter Ordnung unter gleichen Verhältnissen.

Den zur Ezeugung eines galvanischen Stroms eingangs erwähnten Apparat nennt man ein galvanisches Element oder eine galvanische Kette; zur Erzeugung eines galvanischen Stroms sind zum mindesten zwei verschiedene Metalle und eine leitende Flüssigkeit notwendig. Volta konstruierte eine solche Kette in Form einer Säule, indem er je zwei metallische runde Plattenpaare, aus Kupfer und Zink bestehend, durch eine mit sehr verdünnter Schwefelsäure getränkte Tuchplatte trennte. In dieser nach ihm genannten Voltaschèn Säule strömt der positive Strom von dem Zink durch die Tuchplatte zum Kupfer und gelangt von der endständigen Kupferplatte durch einen Leitungsdraht zu der endständigen Zinkplatte; das Zink ist hier das elektropositive, das Kupfer das elektronegative Metall. Durch den Verbindungsdraht findet ein fortdauernder Ausgleich der elektrischen Spannung und im Innern der Säule eine fortwährende Neuerzeugung derselben statt, so dafs also fortwährend ein Doppelstrom von positiver und negativer Elektrizität in entgegengesetzten Richtungen zirkuliert.

Die in dieser Weise angeordneten, aus zwei Metallen und einer leitenden Flüssigkeit bestehenden galvanischen Elemente, welche man gewöhnlich zu mehreren, zu einer Batterie, vereinigt, indem man z. B. immer das Kupfer mit dem Zink verbindet, haben den grofsen Übelstand, ihre Wirksamkeit infolge der sogenannten elektrischen Polarisation zu verlieren, dadurch nämlich, dafs der positive Wasserstoff der Flüssigkeit sich auf dem elektronegativen Metall absetzt und nun eine entgegengesetzte Wirkung verursacht. Um dieses zu verhindern, bedient man sich gewöhnlich sogenannter konstanter Ketten, welche aus zwei Metallen und zwei verschiedenen Flüssigkeiten zusammengesetzt sind. Die bekannteren sind die aus Zink in verdünnter Schwefelsäure und Gaskohle in konzentrierter

Salpetersäure bestehende Bunsensche, aus Zink in verdünnter Schwefelsäure und Kupfer in konzentrierter Kupfersulfatlösung bestehende Daniellsche, aus Zink in verdünnter Schwefelsäure und Platin in konzentrierter Salpetersäure bestehende Grovesche, und die aus Zink in Bittersalzlösung und Kupfer in Kupfervitriollösung bestehende Meidingersche Kette u. a. Überall geht der positive Strom vom Zink durch die Flüssigkeit zum negativen Metall, im Schliefsungsdraht dagegen kehrt der Strom von dem letzteren zum ersteren zurück. Je dünner und länger der Verbindungsdraht ist, um so geringer wird die Intensität des Stromes, d. i. die in der Zeiteinheit durch einen beliebigen Querschnitt des ersteren gehende Elektrizitätsmenge, wie man an der Ablenkung der Magnetnadel erkennen kann.

Nach Ohm ist die Intensität J der Summe E aller in der Kette zur Wirkung gelangenden elektromotorischen Kräfte direkt, der Summe W aller Leitungswiderstände umgekehrt proportional, also

$$J = \frac{E}{W}.$$

Die Intensität J sowohl wie der Widerstand W sind beide experimentell bestimmbare Gröfsen, so dafs die elektromotorische Kraft

$$E = I \cdot W$$

leicht berechnet werden kann. Sie ist abhängig von der Natur der angewandten Metalle und Flüssigkeiten, unabhängig von der Gröfse der Flächen und der Menge der Substanzen, an oder zwischen denen sie wirksam ist.

Der Leitungswiderstand rührt von dem Schliefsungsbogen wie von den Elementen der Kette her; jener heifst der äufsere oder unwesentliche, dieser der innere oder wesentliche. Er ist abhängig von der Natur der Leiter, der Länge des Metalldrahtes direkt, dem Querschnitt desselben umgekehrt proportional. In flüssigen Leitern ist der Widerstand proportional der Länge und umgekehrt proportional dem Querschnitt der zwischen den Metallplatten befindlichen Flüssigkeit.

Das Leitungsvermögen der nicht metallischen Flüssigkeiten ist im Vergleich mit dem der Metalle sehr gering. Verdünnte Schwefelsäure leitet am besten bei einem Inhalt von $\frac{1}{3}$ H_2SO_4 und $\frac{2}{3}$ H_2O; völlig reines Wasser leitet gar nicht, die kleinsten Spuren von Verunreinigungen steigern jedoch sein Leitungsvermögen ganz beträchtlich.

Wird nun ein galvanischer Strom durch einen Elektrolyten geleitet, so tritt eine Zersetzung desselben ein und zwar eine derartige, dafs die Zersetzungsprodukte an zwei verschiedenen Stellen auftreten, nämlich da, wo die Enden des durch den Elektrolyten unterbrochenen Leitungsdrahtes in diesen eintauchen. Diese Enden des Leitungsdrahtes werden Pole oder Elektroden genannt, die positive Elektrode Anode, die negative Kathode. Die Bestandteile, in welche der Elektrolyt durch diesen Vorgang, Elektrolyse, zerlegt wird, heissen Ionen, richtiger Ionten. Das an der Anode sich abscheidende Ion führt den Namen Anion, das an der Kathode sich abscheidende Kation; das erstere ist der elektronegative, das letztere der elektropositive Bestandtheil. Unter der Stromdichte versteht man das Verhältnis $\frac{J}{O}$ zwischen Stromstärke und Oberfläche der Elektrode.

Nicht alle zusammengesetzten Körper sind Elektrolyte, vielmehr bilden nur die Halogene Fluor, Brom und Jod, und ferner Sauerstoff und Schwefel elektrolysierbare Verbindungen. Aber auch nicht alle Körper, welche eines von diesen Elementen enthalten, sind ohne weiteres Elektrolyte; diese Eigenschaft ist noch von der Natur der übrigen Bestandteile und der Anzahl der Atome abhängig. Ferner mufs hervorgehoben werden, dafs auch manche Verbindung in reinem Zustande Nichtleiter ist — nach Kohlrausch bei gewöhnlicher Temperatur keine einfache unvermischte Substanz —, die Eigenschaft zu leiten vielmehr erst durch Vermischung mit anderen Stoffen — oder durch Temperaturerhöhung — erhält.

So sind reines Wasser, Alkohol, Äther, die Halogenwasserstoffsäuren in reinem, flüssigen Zustande Nichtleiter; sie werden dagegen zu Elektrolyten, sobald sie mit anderen Stoffen, also auch untereinander, gemischt werden. Die Zerlegung des Wassers durch den galvanischen Strom — die im Jahre 1800 von Nicholson und Carlisle entdeckte erste elektrische Zersetzung — erfolgt z. B. lebhaft nach Ansäuern mit Schwefelsäure. Aber diese Zerlegung ist nur eine sekundäre. Der galvanische Strom zerlegt die Schwefelsäure in H_2 und SO_4, wobei der Wasserstoff an dem elektronegativen, SO_4 am elektropositiven Pole erscheint. Da eine Verbindung SO_4 nicht beständig ist, so vereinigt sich dieselbe im Moment der Entstehung mit dem Wasser zu Schwefelsäure unter Entbindung von freiem (ozonisiertem) Sauerstoff. Das Resultat ist demnach dasselbe, als ob das Wasser direkt durch den Strom in Wasserstoff und Sauerstoff gespalten wäre. Bei der Elektrolyse von Kupfervitriollösung zwischen Platinalelektroden entstehen metallisches Kupfer und SO_4, und letzteres wirkt auf das Wasser ganz wie im vorigen Falle; erfolgt jedoch die Zerlegung der Lösung zwischen

Kupferelektroden, so verbindet sich SO_4 mit dem Metall der Elektrode sofort wieder zu $CuSO_4$. Ähnliche Vorgänge spielen sich bei der Zerlegung aller anderen wässerigen Flüssigkeiten ab, immer wird das Wasser erst durch einen zweiten chemischen Prozefs zerlegt.

Alle elektrolysierbaren chemischen Verbindungen, auch die, welche mehr als zwei einfache Bestandteile enthalten, werden durch den galvanischen Strom immer nur in zwei Bestandteile zerlegt, welche elementar oder zusammengesetzt sind, und welche auch in letzterem Falle in elektrischer Beziehung sich wie Elemente verhalten, nämlich als Ganzes entweder nach dem positiven oder negativen Pole wandern. In der folgenden Tabelle ist eine Übersicht über die elektrolytische Zersetzung einer Anzahl von Verbindungen gegeben.

Verbindung	+ Pol.	— Pol.	Sekundäre Erscheinungen
HCl wässerige Lösung	Cl	H	
HBr „ „	Br	H	
HJ „ „	J	H	
HCN „ „	CN	H	
Na Cl „ „	Cl	Na	$Na + H_2O = Na\,OH + H$. Bei Quecksilberelektroden zunächst Amalgam.
Na Cl geschmolzen	Cl	Na	Na verbrennend. Bei Quecksilberelektroden Amalgam.
KCl „	Cl	K	ebenso.
KJ wässerige Lösung	J	K	$K + H_2O = KOH + H$.
KCN „ „	braune Flüssigkeit	K	ebenso.
$NH_4\,Cl$ „ „	Cl	NH_4	$NH_4 = NH_3 + H$, bei Quecksilberelektroden Ammoniumamalgam. $6\,Cl + NH_4\,Cl = NCl_3 + 4\,HCl$.
$Ba\,Cl_2$ geschmolzen	Cl_2	Ba	bei Quecksilberelektroden Amalgame.
$Sr\,Cl_2$ „	Cl_2	Sr	
$Ca\,Cl_2$ „	Cl_2	Ca	
$Mg\,Cl_2$ „	Cl_2	Mg	
$Sn\,Cl_2$ „	Cl_2	Sn	$Cl_2 + Sn\,Cl_2 = Sn\,Cl_4$;
Ag Cl „	Cl	Ag	bei Silberelektroden $Ag + Cl = Ag\,Cl$.
$Cu_2\,Cl_2$ „	Cl_2	Cu_2	
$Cu\,Cl_2$ wässerige Lösung	Cl_2	Cu	$Cu + Cu\,Cl_2 = Cu_2\,Cl_2$.
$Zn\,Cl_2$ „ „	Cl_2	Zn	
$Hg\,Cl_2$ „ „	Cl_2	Hg	
$Al\,Cl_3$ geschmolzen	Cl_3	Al	
$Pb\,Cl_2$ „	Cl_2	Pb	
$Pb\,Cl_2$ in Lösung	Cl_2	Pb	

Verbindung	+ Pol.	— Pol.	Sekundäre Erscheinungen
PbJ_2 geschmolzen	J_2	Pb	
$FeCl_3$ in Lösung	Cl_3	Fe	$Fe + O = FeO$. $Fe + H_2O = FeO + H_2$ } z. Th. $2FeCl_3 + Fe = 3FeCl_2$. In verdünnten Lösungen $Fe + 3H_2O = Fe(OH)_3 + 3H$.
$KClO_3$ geschmolzen	Cl u. $KClO_4$	K u. KCl	
$NaNO_3$ „	NO_3	Na	$2NO_3 + H_2O = 2HNO_3 + O$. Reduction der Salpetersäure resp. des salpetersauren Salzes durch das Metall zu salpetrigsaurem Salz, Untersalpetersäure, Stickstoff, Ammoniak.
KNO_3 „	NO_3	K	
$Ba(NO_3)_2$ „	$(NO_3)_2$	Ba	
$Ca(NO_3)_2$ „	$(NO_3)_2$	Ca	
$Sr(NO_3)_2$ „	$(NO_3)_2$	Sr	
$AgNO_3$ in Lösung	NO_3	Ag	$2NO_3 + H_2O = 2HNO_3 + O$. $Ag_2 + O = Ag_2O$. $Ag_2O + O = 2AgO$.
$Pb(NO_3)_2$ in Lösung	$(NO_3)_2$	Pb	$2NO_3 + H_2O = 2HNO_3 + O$. $Pb(NO_3)_2 + O = PbO_2 + N_2O_5$. $Pb(NO_3)_2 + 2NO_3 = PbO_2 + 2N_2O_5$.
K_2SO_4 „	SO_4	K_2	$SO_4 + H_2O = H_2SO_4 + O$. $K_2 + H_2O = KOH + H$.
$CuSO_4$ „	SO_4	Cu	$SO_4 + H_2O = H_2SO_4 + O$; zwischen Kupferelektroden: $SO_4 + Cu = CuSO_4$.
$FeSO_4$ „	SO_4	Fe	$SO_4 + H_2O = H_2SO_4 + O$. $Fe + O = FeO$. $Fe + H_2O = FeO + H_2$ } z. Th.
Na_2CO_3 „	$NaCO_3$	Na	$Na + H_2O = NaOH + H$. $2NaCO_3 = 2CO_2 + Na_2O + O$. $2CO_2 + Na_2O + H_2O = 2NaHCO_3$.
$NaHCO_3$ „	HCO_3	Na	$Na + H_2O = NaOH + H$. $2HCO_3 = 2CO_2 + H_2O + O$. $CO_2 + NaOH = NaHCO_3$.
KOH feucht	O	K + H	K verbrennend.
NaOH „	O	Na + H	Na
KOH in Lösung	O	K + H	$K + H_2O = KOH + H$.
NaOH „	O	Na + H	$Na + H_2O = NaOH + H$.
NH_3 in conc. Lösung leitet fast gar nicht; mit $(NH_4)_2SO_4$	N	H_3	
PbO geschmolzen	O	Pb	
ZnO „	O	Zn	Zn verbrennend.

Die wässerigen Lösungen der Mineralsäuren liefern am positiven Pol das Säureradikal, also entweder das Halogen oder einen zusammengesetzten Rest, am negativen Pol den Wasserstoff. Besteht die negative Elektrode aus Palladium, so wird der abgeschiedene Wasserstoff von demselben absorbiert; bei Anwendung von Silber als positiver Pol bildet sich leicht Silbersuperoxyd. Wenn Halogen am positiven Pol auftritt, so vereinigt sich dasselbe geeigneten Falls mit dem Metall der Elektrode, wogegen es bei Anwendung von Kohlenelektroden frei wird. Bei den Sauerstoffsäuren geht der am positiven Pol auftretende Rest mit dem Wasser eine sekundäre Zersetzung ein, wie vorhin schon bei der Elektrolyse des mit Schwefelsäure versetzten Wassers erwähnt wurde. Das Schwefelsäurehydrat entläfst bei 0° nur Wasserstoff und Sauerstoff, bei steigender Temperatur wird am negativen Pol auch durch Reduktion entstehender Schwefel abgeschieden.

Konzentrierte Salpetersäure gibt am positiven Pol Sauerstoff, am negativen Stickoxyd unter vorheriger Rotfärbung; mit Wasser verdünnt gibt sie am negativen Pol Wasserstoff, und zwar um so mehr, je stärker der Strom und je verdünnter die Säure. Je nach der Konzentration der letzteren wird der entstehende Wasserstoff zum Teil oder ganz zur Reduktion zu Ammoniak verbraucht. Rauchende Salpetersäure gibt anfangs am positiven Pol Salpetersäure, aus der Untersalpetersäure entstehend, am negativen Pol Ammoniak.

Bei der Elektrolyse organischer Säuren und ihrer Salze in wässeriger Lösung wird am positiven Pol Wasserstoff oder Metall abgeschieden, welches geeigneten Falls das Wasser zersetzt. Der Säurerest wird am positiven Pol auftreten und dort entweder in einfachere Bestandteile, als Kohlenoxyd, Kohlenwasserstoff etc., zerfallen, oder ebenfalls das Wasser zersetzen. So zerfällt das essigsaure Natrium einerseits in Metall resp. Hydroxyd und Wasserstoff, andererseits in Äthan und Kohlendioxyd:

$$\begin{matrix} CH_3\ COONa \\ CH_3\ COONa \end{matrix} = 2\ Na + 2\ CO_2 + C_2H_6.$$

In gleicher Weise entstehen aus der Apfelsäure Wasserstoff, Kohlendioxyd und Acetaldehyd:

$$\begin{matrix} CH\,(OH)\,COOH \\ | \\ CH_2COOH \end{matrix} = H_2 + 2\ CO_2 + CH_3COH.$$

Eingangs ist erwähnt, dafs chemisch reines Zink, wie es z. B. auf galvanoplastischem Wege hergestellt werden kann, sich in verdünnter Schwefelsäure nicht löst. Bei dem gewöhnlichen Zink beobachtet man jedoch bei der Benetzung mit solcher eine starke Gasentwicklung; es ist das die Folge elektrischer Ströme, welche zwischen dem Zink und den diesem beigemengten Stoffen, als Kohleteilchen und fremde metallische Beimengungen, entstehen. Amalgamiert man aber das Zink, so bildet sich eine gleichmäfsige Oberfläche, an der elektrische Ströme nun nicht mehr entstehen können, so dafs auch eine Auflösung nicht mehr stattfindet; eine solche tritt erst ein, wenn elektronegative Metalle in die gleiche Flüssigkeit getaucht werden. Hierauf ist auch die bekannte Erscheinung zurückzuführen, dafs erst durch Eintragung einer geringen Menge Platinchlorids in eine, reines Zink und verdünnte Schwefelsäure enthaltende Gasentwicklungsflasche, die Entwicklung von Wasserstoff beginnt, oder eine träge bedeutend beschleunigt wird.

Die Ausscheidung einiger Metalle aus der wässerigen Lösung ihrer Salze durch elektropositive Metalle beruht gleichfalls auf der Wirkung galvanischer Ströme. Durch Eintauchen eines Zinkstabes in eine Bleizuckerlösung wird an der nicht homogenen Fläche des ersteren ein galvanischer Strom erregt, demzufolge die Abscheidung von metallischem Blei in der bekannten Gestalt des sogenannten Bleibaumes beginnt. Infolge dieser Ausscheidung des zum Zink elektronegativen Bleis entstehen wiederum Ströme, welche vom Zink durch die Lösung zum Blei gehen und immerfort neue Mengen des letzteren abscheiden, während eine entsprechende Menge des Zinks in Lösung geht.

Elektropositivere Metalle als das in die Lösung ihrer Salze eingetauchte werden nicht ausgeschieden; denn wenn auch zu Anfang wegen der Ungleichartigkeit der Oberfläche des letzteren geringe Mengen des ersteren ausgefällt wären, würden dieselben durch den aus der Lösung abgeschiedenen negativen Bestandteil wieder aufgelöst werden.

Auf die Zersetzung der Metallsalze üben jedoch ihre elektronegativen Bestandteile einen wesentlichen Einflufs aus, da durch sie die Stellung der betreffenden Metalle in der Spannungsreihe geändert werden kann. Während z. B. das Quecksilber aus seinen Chlorverbindungen durch Kupfer ausgeschieden wird, hat letzteres auf die schwefelsauren und salpetersauren Salze keine Wirkung. Eine solche kann auch durch die Unlöslichkeit des aus dem elektropositiven Metall und dem elektronegativen Bestandteil der Salzlösung gebildeten Produktes vollständig verhindert werden, indem das erstere sich mit einer festen, undurchdringlichen Umhüllung umgibt. Während beispielsweise Eisen aus fast allen Kupfersalzen

Metall abscheidet, umgibt es sich in einer Lösung von Kupferoxydammoniak mit unlöslichem, fest anhaftendem Oxyd.

Auf eine ähnliche Wirkung ist vielleicht auch das Verhalten des Eisens in seinem sogenannten passiven Zustande zurückzuführen. Konzentrierte Salpetersäure, auch einige salpetersaure Salze bei der Ausfällung durch Eisen, sind nämlich eigentümlicherweise imstande, metallisches Eisen derart zu verändern, dafs es sich selbst gegen gewöhnliches Eisen oder Kupfer stark elektronegativ verhält. Faraday nahm als Grund hierfür die Bildung einer dünnen Schicht von Oxyduloxyd auf der Oberfläche an, welches in Salpetersäure nicht löslich ist, aber das elektrische Verhalten des Eisens ändern mufs. Dem entspricht der Umstand, dafs man solches Eisen durch Abfeilen, Glühen im Wasserstoffstrom oder Benutzung als negative Elektrode bei der Elektrolyse des Wassers, wieder in seinen ursprünglichen Zustand zurückführen kann.

Die Abscheidung der Ionten, welche direkt an den betreffenden Elektroden erfolgt, bringt eine allmähliche Verminderung des Elektrolyten mit sich, so dafs schliefslich die ganze Masse desselben an der Zersetzung teilgenommen hat. Daraus geht hervor, dafs eine »Wanderung« der Ionten zu dem betreffenden Pol stattgefunden haben mufs.

Nach Faraday zersetzt ein und derselbe galvanische Strom eine der durchgehenden Elektrizitätsmenge und der Zeit proportionale Menge des Elektrolyten, und die Gewichtsmengen der durch gleiche Elektrizitätsmengen aus verschiedenen Elektrolyten ausgeschiedenen Bestandteile stehen im Verhältnis ihrer chemischen Äquivalentgewichte. Wird z. B. ein galvanischer Strom gleichzeitig durch konzentrierte Chlorwasserstoffsäure, Wasser und Ammoniakflüssigkeit in geeigneten Apparaten geleitet, so erscheint zu gleicher Zeit in allen dreien ein gleiches Volumen Wasserstoff an dem negativen Pol, an den positiven Polen zu derselben Zeit das gleiche Volumen Chlor, das halbe Volumen Sauerstoff und ein Drittel des Volumens Stickstoff. Die Menge des ausgeschiedenen Wasserstoffs steht zu denen des Chlors, des Sauerstoffs und des Stickstoffs im Gewichtsverhältnis von 1 : 35,5 : 8 : 4,67, die elektrolytisch zerlegten Mengen der drei Verbindungen in dem Verhältnis von $HCl : \frac{H_2O}{2} : \frac{NH_3}{3}$. Noch zweckmäfsiger drückt man den letzten Teil des elektrolytischen Gesetzes von Faraday dahin aus, dafs derselbe Strom in gleicher Zeit eine gleiche

Anzahl von Valenzen löst.[1]) Faſst man das Kupfer als ein zweiwertiges Element auf, so ist die Formel des Chlorids als $Cu\begin{matrix}-Cl\\-Cl\end{matrix}$, die des Chlorürs als $\begin{matrix}Cl-Cu\\|\\Cu-Cl\end{matrix}$ zu setzen. In diesen Verbindungen ist das eine Kupferatom des Chlorids den beiden des Chlorürs äquivalent. Das Gesetz besagt nun, daſs in diesen beiden Verbindungen in gleicher Zeit die gleiche Anzahl von Valenzen zwischen Chlor und Kupfer gelöst wird. Der galvanische Strom löst im Kupferchlorid zwei Valenzen unter Abscheidung von einem Atom Kupfer und zwei Atomen Chlor, im Kupferchlorür ebenfalls zwei Valenzen unter Abscheidung dagegen von zwei Atomen Kupfer und zwei Atomen Chlor, gerade wie in dem weiter vorn angeführten Beispiel in

$$H-Cl,\quad O\begin{matrix}-H\\-H\end{matrix}\quad \text{und}\quad N\begin{matrix}-H\\-H\\-H\end{matrix}$$

in gleicher Zeit nur eine Valenz durch denselben Strom gelöst wurde. In derselben Zeit, in welcher ein Strom 1 HCl, $^1/_2$ H_2O und $^1/_3$ NH_3 zersetzt, zerlegt derselbe nunmehr 1 H Cl, $^1/_2$ $CaCl_2$, $^1/_2$ $CuCl_2$, $^1/_2$ Cu_2Cl_2 u. s. w.

Kohlrausch bezeichnet den Quotienten aus dem chemischen Molekül und der Anzahl seiner durch den Strom gelösten Affinitäten als elektrochemisches Molekül, so daſs man auch sagen kann, durch denselben Strom wird in derselben Zeit eine gleiche Anzahl elektrochemischer Moleküle zerlegt, oder jedes elektrochemische Molekül benötigt derselben Elektrizitätsmenge zu seiner Zersetzung.

Auch der elektrische Funken vermag chemische Wirkung hervorzubringen. Die dadurch erzeugte Wärme zerlegt auf der einen Seite zusammengesetzte Gase, auf der anderen Seite verursacht sie die Vereinigung elementarer Körper in gasförmigem Zustande, Wasserdampf zerfällt in Wasserstoff und Sauerstoff, Ammoniak in Wasserstoff und Stickstoff, Cyan in Kohlenstoff und Stickstoff, Stickstoffoxyd und Stickstoffoxydul in Stickstoff und Sauerstoff, Schwefelwasserstoff in Wasserstoff und Schwefel, Methan in Wasserstoff und Acetylen, Kohlendioxyd in Sauerstoff und Kohlenmonoxyd. Auf der anderen Seite vereinigt sich der Wasserstoff mit dem Sauerstoff unter Explosion zu Wasserdampf, Wasserstoff und Chlor unter gleicher Erscheinung zu Chlorwasserstoff, Stickstoff und Wasserstoff

---

[1]) Über Valenz s. Kap. 21.

zu Ammoniak, Wasserstoff und Kohlenstoff aus den Kohlenspitzen, zwischen denen der Funken überspringt, zu Acetylen, Stickstoff und Sauerstoff zu salpetriger Säure, der Sauerstoff verwandelt sich in Ozon.

Über das eigentliche Wesen der Elektrolyse sind wir noch im Unklaren. Vor allem ist die frühere Anschauung zu verwerfen, dafs die elektrolytische Zersetzung in der Überwindung der Affinität durch die Elektrizität bestehen solle; es vermöchte in diesem Falle ein galvanischer Strom erst dann Wirkung auszuüben, wenn die elektrische Kraft die der Affinität übertreffen würde; auch würde dann plötzlich eine starke Zersetzung des Elektrolyten eintreten, während vorher eine Leitung durch denselben nicht statthaben könnte, was den Thatsachen widerspricht.

Nach Grotthuss hat man sich die Äquivalente der Bestandteile eines Elektrolyten im freien Zustande mit einer gleichen Menge neutraler Elektrizität begabt zu denken, welche sich bei der Vereinigung zu einer chemischen Verbindung so verteilt, dafs der eine Bestandteil die gleiche Menge positiver Elektrizität erhält wie der andere negative. Innerhalb der Verbindung haben nun die Moleküle ganz verschiedene gegenseitige Lage, welche aber bei dem Einbringen von Elektroden derartig reguliert wird, dafs alle positiven Bestandteile der Moleküle dem negativen, alle negativen dem positiven Pole zugekehrt werden. Bei der fortwährenden Bewegung der Moleküle werden nun nach Clausius, ohne dafs schon ein Strom hindurchgeht, die zufällig einander näher gebrachten, entgegengesetzt elektrischen Bestandteile derselben unter Zerreifsung des Moleküls sich vereinigen, die dadurch in Freiheit gesetzten Molekularbestandteile entweder andern Molekülen die ihnen entgegengesetzten Ionten entziehen, oder sich mit ebenfalls losgerissenen Bestandteilen verbinden. Durch einen galvanischen Strom werden nun die Bewegungen dieser losgerissenen Molekularbestandteile in der Weise geregelt, dafs alle negativen nach dem positiven Pol, alle positiven nach dem negativen gezogen werden, und zwar um so mehr, je gröfser die Bewegung der Moleküle war, also je höher die Temperatur.

Nach der alten elektrochemischen Theorie von Berzelius sollte bekanntlich die Elektrizität eine Grundeigenschaft der Materie sein, so dafs die Elementaratome je nach dem Vorherrschen der positiven oder negativen auch ein verschiedenartiges elektrisches Verhalten zeigten, demzufolge eine chemische Verbindung durch gegenseitige Anziehung und Ausgleich der entgegengesetzten Elektrizitäten zustande komme. Heute müssen wir annehmen, dafs die Atome nicht elektrisch sind, diese Eigenschaft vielmehr erst bei der Berührung mit anderen erlangen. Es kann gleichwohl nicht in Abrede gestellt werden, dafs die chemischen Eigenschaften mit den elektrischen in naher Beziehung stehen, da die elektropositivsten Elemente meistenteils zu den elektronegativsten die gröfsere Verwandtschaft zeigen.

Die Theorie von Berzelius hat Blomstrand, wenn auch in geänderter Form, wieder aufzubauen versucht. Alle Elemente sind danach in zwei grofse Unterabteilungen zu teilen, in die elektropositive Gruppe des Wasserstoffs und die elektronegative des Sauerstoffs. Beide Elemente besitzen allein eine konstante Wertigkeit, jenes ist einwertig, dieses zweiwertig. Alle übrigen haben wechselnde Valenz, die der Wasserstoffgruppe sind unpaarwertig, also ein-, drei-, fünf- und siebenwertig, die der Sauerstoffgruppe paarwertig. Diese Wertigkeit ist von der die Materie beherrschenden elektrochemischen Kraft bedingt. Ein elektropositives oder -negatives Element wirkt auf ein anderes stark elektrisches mit der geringsten Wertigkeit, das Chlor auf das Kalium z. B. nur einatomig, auf schwach elektrische Elemente mehratomig.

Nach v. Gerichten besitzen aber die Atome eine konstante Wertigkeit, wobei aber doch eingeräumt wird, dafs z. B. ein zweiwertiges Element auf ein einwertiges mit beiden Valenzen zu wirken vermöchte.

Man ist heutzutage wieder davon abgekommen, sich in Spekulationen zu ergehen, worin die Thatsache der Aneinanderlagerung der Atome zu suchen sei, so lange wenigstens eine einigermafsen sichere Kenntnis der Atom- resp. Molekularkräfte nicht vorhanden ist. Man begnügt sich damit, nur die Gesetze aufzufinden, welche die chemischen Vorgänge veranlassen, und erwartet mit Ruhe die Zeit, wo auf eine genügend grofse Anzahl aufgefundener Thatsachen eine neue Hypothese Licht zu verbreiten vermag.

Kapitel 21.

Die Valenz der Elemente. Konstante und veränderliche Valenz. Van't Hoffs Hypothese. Atom- und Molekularverbindungen. Gesättigte und ungesättigte Verbindungen. Der chemische Wert als periodische Funktion des Atomgewichts.

Mit einem Atom Fluor, Chlor, Brom und Jod verbindet sich auch nur ein Atom Wasserstoff, mit einem Atom Sauerstoff, Schwefel, Selen und Tellur verbinden sich zwei Atome Wasserstoff, mit einem Atom Stickstoff, Phosphor und Arsen drei Atome, mit einem Atom

Kohlenstoff vier Atome desselben Elementes in direkter Weise. Man bezeichnet deshalb die erste Klasse von Elementen als einwertige oder univalente, da ein Atom derselben nur ein Atom Wasserstoff direkt zu binden vermag, die zweite Klasse als zweiwertige oder bivalente u. s. w. Kalium, Natrium, Lithium etc. sind ebenfalls einwertige Elemente, da ein Atom derselben auch mit nur einem Atom der einwertigen Elemente Fluor, Chlor, Brom und Jod in Bindung zu treten im stande ist; ganz entsprechend sind die Elemente Baryum, Calcium, Strontium, Magnesium, Mangan, Kupfer, Quecksilber, Blei zweiwertig, Antimon, Wismut, Aluminium dreiwertig u. s. f. Man kann diese Gesetzmäfsigkeit auch so ausdrücken: Ein Atom der Elemente Fluor, Chlor, Brom und Jod ist einem Atom Wasserstoff gleichwertig oder äquivalent, da die gleiche Anzahl von Halogen- und Wasserstoffatomen gegenseitig sich auszutauschen vermag; ebenso ist ein Atom Kalium, Natrium einem Atom Wasserstoff, Chlor, Brom äquivalent. In derselben Weise besteht auch zwischen zwei Atomen Wasserstoff, Chlor, Brom, Natrium, Kalium etc. einerseits und einem Atom Baryum, Strontium, Calcium etc., ferner für drei Atome derselben Elemente und einem Atom Stickstoff, Phosphor, Arsen Äquivalenz u. s. w.

Die Anzahl der den einzelnen Elementaratomen zukommenden Verwandtschaftseinheiten in Bezug auf je ein Atom Wasserstoff, Chlor, Brom etc. nennt man ihren chemischen Wert, Valenz oder Sättigungsvermögen. Der chemische Wert kann auch als Verhältnis des Atomgewichts zum Äquivalentgewichte bezeichnet werden und ist eine rationale Zahl. Das auf das des Wasserstoffs = 1 bezogene Äquivalentgewicht von Chlor, Brom und Jod ist 35·35, 80 und 127; ihre Atomgewichte sind ebenfalls gleich diesen Zahlen, folglich ist ihr chemischer Wert, ihre Valenz = 1. Das Äquivalentgewicht von Sauerstoff, Schwefel ist, wiederum auf Wasserstoff bezogen, = 8 und = 16, folglich ist die Valenz der genannten Elemente $= \frac{16}{8} = 2$ und $= \frac{32}{16} = 2$.

Über die Ursache, warum das eine Elementaratom nur ein einziges anderes, ein zweites zwei, drei oder mehrere andere zu binden im stande ist, vermögen wir nur so viel zur Erklärung zu sagen, dafs ein oder mehrere Atome die Wirkungssphäre eines Atoms, in der seine Affinität sich zu äufsern vermag, in ihrer schwingenden Bewegung vollständig erfüllen, so dafs eine gröfsere Anzahl von Atomen nicht hinzuzutreten vermag, oder dafs durch dieses Hinzutreten anderer die Atome ihre Eigenschaft, Verbindungen einzugehen, einbüfsen. Im ersten Falle müfste beispielsweise ein einwertiges Atom in seiner Bewegung sich über denselben Raum ausdehnen, wie zwei zweiwertige, vier einwertige oder ein drei- und ein einwertiges u. s. w. Nehmen wir als Beispiel das vierwertige Kohlenstoffatom, so würden in seiner Wirkungssphäre vier einwertige Wasserstoffatome genügend Raum finden, um zu einem Atomkomplex CH_4 sich mit jenem vereinigen zu können. Die Lagerung der Atome kann man schematisch durch die Zeichnung

$$\begin{array}{ccccc} & & H & & \\ & & | & & \\ H & - & C & - & H \\ & & | & & \\ & & H & & \end{array}$$

veranschaulichen.

Ein Sauerstoffatom würde erst dann hierin einen Platz finden, um seine Affinität zum Kohlenstoff zu äufsern, wenn zwei Wasserstoffatome ihre Stelle verliefsen. Würde nur ein Wasserstoffatom austreten, so würde die Affinitätsäufserung des Sauerstoffatoms nicht völlig zur Geltung kommen, dasselbe würde das Bestreben zeigen, in einem anderen Atomkomplex ebenfalls einen gewissen Raum zu erfüllen und die an ihm haftende Atomgruppe CH_3 mit sich fortziehen. Auf diese Weise erklärt sich dann das Zustandekommen einer Verbindung wie $CH_3 \cdot O \cdot CH_3$, dessen Atomanordnung durch die Zeichnung

$$\begin{array}{ccccccccc} & & H & & & & H & & \\ & & | & & & & | & & \\ H & - & C & - & O & - & C & - & H \\ & & | & & & & | & & \\ & & H & & & & H & & \end{array}$$

illustriert werden kann.

Nun sind aber viele Verbindungen bekannt, in denen ein und dasselbe Element mit verschiedener Valenz behaftet zu sein scheint. Man kennt z. B. die Verbindungen SO_2 und SO_3, SCl_2 und SCl_4, N_2O, NO, NO_2, PCl_3 und PCl_5, CO und CO_2 u. a. m. Es ist deshalb die Frage aufgeworfen und viel und heftig darüber gestritten, ob der chemische Wert eines Elementes konstant oder veränderlich sei.

Dem ist zu entgegnen, dafs der chemische Wert, solange derselbe nur das in Äquivalenten ausgedrückte Sättigungsvermögen bezeichnen soll, allerdings verschieden sein kann. Der Phosphor ist z. B. in der Verbindung PCl_3 entschieden nur dreiwertig, in PCl_5 ebenso fünfwertig; das soll nichts anderes heifsen, als dafs ein Atom Phosphor in den Verbindungen einmal nur mit drei Atomen, das andere Mal mit fünf Atomen Chlor sich thatsächlich vereinigt. Soll dagegen die Valenz als eine den Atomen innewohnende Eigenschaft hingestellt werden, wie es immer geschehen sollte, so ist die Annahme ihrer Veränderlichkeit zu verwerfen, da die Eigenschaften der Atome nicht veränderlich sind, sondern nur ihr Zustand. Der Zustand des Phosphoratoms in jener ersten Verbindung ist eben ein anderer als in der zweiten.

Zur Erklärung der Thatsache, dafs die Valenz verschieden erscheint, sind mehrere Hypothesen aufgestellt worden. Zunächst sei die von van't Hoff erwähnt, welche von der chemischen Anziehung als Folge der Gravitation ausgeht. Van't Hoff sagt über die Atome folgendes:

»Die einfachste Betrachtung lehrt, dafs jede Abänderung von der Kugelgestalt zu gröfseren Äufserungen der Anziehung nach bestimmten Richtungen führen mufs, da sich das Atom an diesen Stellen sozusagen besser annähern läfst. Jede derartige Form bedingt also eine gewisse Zahl Hauptanziehungsfähigkeiten, Valenzen. Beispielsweise führt eine willkürlich gewählte, in der Ebene betrachtete Form

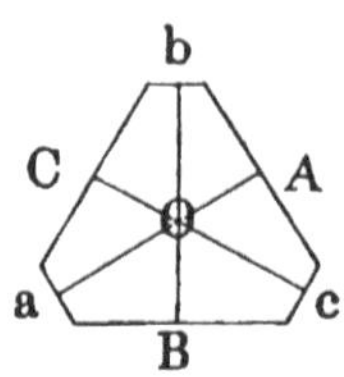

zu drei Hauptanziehungsfähigkeiten OA, OB und OC und zu drei anderen von untergeordneter Bedeutung Oa, Ob und Oc; ein derartiges Atom würde sich somit als drei-, bisweilen als sechswertiges verhalten.« — »Wo nun obendrein noch die Art des gebundenen Atoms die Bindungskraft bedingt, wird auch die Zahl der hervortretenden Valenzen davon abhängig sein, somit beim Vergleich der Verbindungen eines bestimmten Elementes mit verschiedenen anderen öfters eine Änderung der Valenz auftreten.«

»Wenn sich ein Atom um eine bestimmte Lage gleichmäfsig in allen Richtungen hin und her bewegt, ist eine Änderung der äufseren Form, somit auch von Affinität und Valenz, notwendige Folge. Wählt man sich einen bestimmten Fall, auch hier der Einfachheit wegen in einer Ebene gedacht, z. B. das oben als Ac Ba Cb bezeichnete Atom; so wird dieses, wenn die Schwingungen es von der Gleichgewichtslage um eine Strecke R_1 entfernen, eine durch die Zeichnung als A_1 c_1 B_1 a_1 C_1 b_1 dargestellte äufsere Form erhalten.«

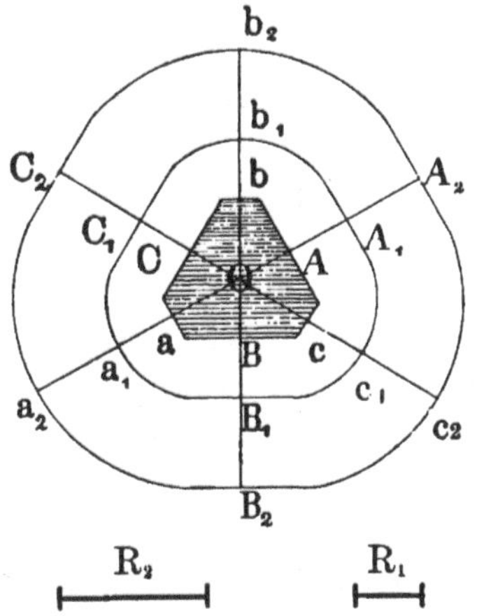

»Die Bedeutung davon ist zweierlei Art:

1. In erster Linie werden sämtliche Atome genötigt sein, in gröfserer Entfernung vom oben beschriebenen zu bleiben, somit durch kleinere Kräfte daran zurückgehalten, d. h. die Affinitätserscheinungen vom schwingenden Atome sind abgeschwächt.

2. In zweiter Linie sind die Hauptanziehungsrichtungen weniger stark ausgeprägt, weil es sich jetzt um gröfsere Entfernung mit dem nämlichen Entfernungsunterschied handelt. Die drei oben als untergeordnet bezeichneten Valenzen werden somit mehr in den Hintergrund gerückt sein, und das Atom wird sich im allgemeinen als trivalent verhalten. Mit wachsender Schwingungsgröfse, z. B. um eine Strecke R_2 von der Gleichgewichtslage, wird das Atom die als A_2 c_2 B_2 a_2 C_2 b_2 bezeichnete äufsere Form erhalten und somit obige Folgen noch stärker ausgeprägt hervortreten. Das Atom büfst seinen chemischen Charakter allmählich ein.«

»Zieht man jetzt in Betracht, dafs die Schwingungsgröfse der Atombewegungen von der Temperatur bedingt wird, so führt obige Anschauung zu dem thatsächlich gestützten Schlusse, dafs Temperaturzunahme die Anzahl der Valenzen verkleinert, die Affinitätserscheinungen abschwächt, also die gegenseitige Atomwirkung allmählich zur einfachen Gravitationsäufserung zurückführt. Thatsache ist, dafs es eine obere Temperaturgrenze gibt, wobei von chemischer Wirkung nicht mehr die Rede ist; Thatsache ist auch, dafs im entgegengesetzten Falle die chemischen Erscheinungen sich ungeheuer komplizieren, zweifelsohne dadurch, dafs bis dahin übersehene Valenzen zur Geltung kommen.«

»Die aufgestellten Betrachtungen ergeben als unmittelbare Folge, dafs eine Atomvereinigung, ein Molekül, sich anderen gegenüber in der nämlichen Art und Weise, nur weniger scharf, äufsert, wie das Atom selbst; auch das Molekül hat Affinität und Valenz, die zwar durch die eigentümliche Zusammenstellung der Teile bedingt, nicht aber letzteren an und für sich eigen sind. So ergibt sich eine Grundlage für die Betrachtung der sogenannten Molekularverbindungen.«

Zu diesen nehmen die Anhänger der konstanten Valenz ihre Zuflucht, um die eigentümliche Erscheinung des verschiedenen Sättigungsvermögens der Elementaratome zu erklären. Man versteht darunter, im Gegensatz zu den eigentlichen chemischen Atomverbindungen, solche Verbindungen, in denen für die Verkettung ihrer Atome bei dem angenommenen Wert der letzteren eine Erklärung nicht gefunden werden kann, welche, wie ganz besonders die Krystallwasser enthaltenden Salze und die Doppelsalze, nicht durch die zwischen den Atomen, sondern durch besondere zwischen den Molekülen wirkende Kräfte gebildet werden sollen. Die durch Affinitätsäufserung zwischen den Atomen gebildeten Moleküle sollen sich vermöge einer eigenen Anziehungskraft mit anderen Molekülen, also z. B. mit denen des Wassers, in der Weise vereinigen, dafs der innere Zusammenhalt der Atome in diesen verschiedenartigen Molekülen nicht wesentlich verändert wird. Ein bekanntes Beispiel solcher Krystallwasserverbindungen ist die krystallisierte Oxalsäure, deren Formel gewöhnlich als $C_2H_2O_4 + 2\,H_2O$ geschrieben wird. Nehmen wir die Konstitutionsformel der wasserfreien Säure als

COOH
|
COOH

an, so liefse sich die Aufnahme von zwei Wassermolekülen noch durch Annahme einer wirklichen Atomverbindung im Sinne der Formel

HO\
HO/ C — OH
     |
HO\
HO/ C — OH

erklären, gegen welche jedoch die Zusammensetzung ihrer Salze und Ester, z. B. $C_2O_4Ag_2$ und $C_2O_4(CH_3)_2$, sowie die Regel angeführt werden kann, dafs zwei Hydroxylgruppen an einem und demselben Kohlenstoffatome nicht zu haften vermögen. Ganz ähnlich verhält es sich mit der Mesoxalsäure, deren Zusammensetzung in krystallisiertem Zustande der Formel $C_3H_4O_6$ entspricht, deren Konstitutionsformel gemäfs ihrer Eigenschaft als zweibasische Säure wie die Oxalsäure als

$$\begin{matrix} HO \\ HO \end{matrix}\!\!>C<\!\!\begin{matrix} COOH \\ COOH \end{matrix}$$

zu schreiben wäre. Gegen die Annahme derselben lassen sich, abgesehen von der eben angegebenen Regel, verschiedene chemische Eigenschaften anführen, z. B. ihr in mancher Beziehung den die Gruppe CO enthaltenden Aldehyden und Ketonen ähnliches Verhalten, wonach ihre Formel als

$$OC<\!\!\begin{matrix} COOH \\ COOH \end{matrix} + H_2O$$

zu schreiben wäre, andererseits für Annahme der ersten Formel die Zusammensetzung ihrer Salze und die Thatsache, dafs die krystallisierte Säure auch beim Erhitzen kein Krystallwasser verliert, wie es bei den als Molekularverbindungen aufgefafsten Krystallwassersalzen der Fall ist.

Diese letzteren sind als solche wohl charakterisiert; es lassen sich jedoch aus ihnen durch wenig energische Mittel die Krystallwassermoleküle leicht verdrängen; in den meisten Fällen genügt ein gelindes Erwärmen, oder schon ein Liegen an trockener Luft, um wasserfreie Verbindungen zu erhalten. Dem könnte man entgegnen, dafs auch viele zweifellose Verbindungen in erhöhter Temperatur sich in einfachere Bestandteile zerlegen, und dafs dieses vermutlich für alle chemischen Verbindungen gilt, sobald nur ein genügender Hitzegrad erreicht wird.

Einige Chemiker wollen mit Kekulé sogar Verbindungen wie das Phosphorpentachlorid und die Ammoniumverbindungen zu dieser Klasse gerechnet wissen, da das erstere und z. B. das Chlorammon beim Erwärmen leicht in Phosphortrichlorid und Chlor resp. Ammoniak und Salzsäure zerfallen. Es sollen die Elemente Phosphor und Stickstoff eben nur dreiwertig sein, sich also mit nur drei Atomen Chlor und Stickstoff zu den Atomverbindungen

$$P\!\!\begin{matrix} \diagup Cl \\ -Cl \\ \diagdown Cl \end{matrix} \quad \text{und} \quad N\!\!\begin{matrix} \diagup H \\ -H \\ \diagdown H \end{matrix}$$

vereinigen, welche ihrerseits infolge der Molekularkräfte sich mit den Atomverbindungen Cl_2 und HCl zu jenen Molekularverbindungen zusammenlagern, im Gegensatz zu der Annahme der Anhänger der wechselnden Valenz, welche Phosphor und Stickstoff als auch fünfwertig bezeichnen und jenen Verbindungen die Formeln

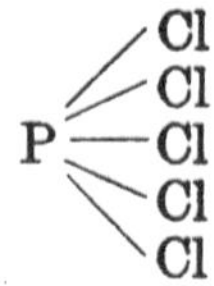

und

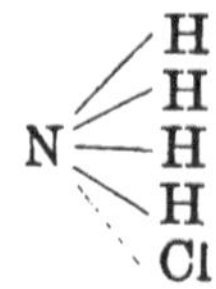

zuerkennen. Anderenfalls müfsten aber auch die organischen Ammoniumverbindungen, z. B. das Tetraäthylammoniumjodid, aus zwei Bestandteilen $(C_2H_5)_3$ und C_2H_5J bestehen; diese Verbindungen lassen sich aber durch Auswechslung des Halogens gegen Hydroxyl in stark basische Körper überführen, in denen ein näherer, die Basizität bewirkender Bestandteil, z. B. C_2H_5OH d. i. Aethylalkohol, angenommen werden müfste, was nicht angängig erscheint, da der Alkohol fast indifferent sich verhält.

Dafs das Phosphorpentachlorid bestimmt keine Molekularverbindung ist, ergibt sich aus seinem Verhalten gegen Säuren, welche es unter Bildung von Phosphoroxychlorid $POCl_3$ und unter Austausch von Sauerstoff gegen Chlor in Säurechloride überführt, eine Wirkung, welche freies Chlor absolut nicht hervorzubringen vermag. Aufserdem spricht die Existenz der isomeren Verbindungen $(C_6H_5)_3PO$ und $(C_6H_5)_2P(OC_6H_5)$ für die Fünfwertigkeit des Phosphors.

Man hat häufig für die Annahme von Molekülverbindungen die Existenz der Doppelcyanide ins Feld geführt, d. h. Verbindungen, welche durch Vereinigung zweier Metallcyanide entstehen. Auf der Bildung dieser Verbindungen beruht bekanntlich die Erscheinung der Löslichkeit der in Wasser sonst unlöslichen Cyanide der Schwermetalle in Cyankaliumlösung. Es mufs zugegeben werden, dafs viele dieser Verbindungen auf Zusatz von Säuren in ihre Bestandteile, unlösliches Metallcyanid und Cyankalium beziehentlich das Kaliumsalz der angewandten Säure und Cyanwasserstoff, zerfallen; auf der anderen Seite mufs aber hervorgehoben werden, dafs einige dieser Körper, wie die Cyanide des Eisens, sich entschieden anders verhalten, bei der Zersetzung durch Säuren nicht Blausäure und Metallcyanid geben, selbst ihre giftigen Eigenschaften eingebüfst haben. Zur Erklärung dieser Verbindungen ist von mancher Seite die Identität der zwischen den Atomen und Molekülen wirkenden Kräfte angenommen, in der Weise, dafs infolge derselben zunächst zwischen den Atomen eine Vereinigung zu einem Molekül hervorgerufen würde, dafs aber auch zwischen den Atomen fremder Moleküle ein gewisses Vereinigungsstreben bestände. Hieraus liefsen sich dann auch die Kohäsionserscheinungen, Krystallisation, Aggregatzustände erklären, je nachdem die Molekularkräfte, der Wärmebewegung mehr oder minder entgegen, im stande sind, eine genaue oder nur unbestimmte Lagerung der Partikelchen herbeizuführen. Bei den Molekularverbindungen nach festen Verhältnissen, die dann von solchen nach unbestimmten zu unterscheiden wären, deckt sich aber diese Anschauung mit der einer wechselnden Valenz.

Die Annahme der Molekularverbindungen bringt allein schon den grofsen Übelstand mit sich, eine sichere Grenze zwischen ihnen und den Atomverbindungen nicht erkennen zu lassen, da die Eigenschaften, wie vorhin an einigen Beispielen erläutert wurde, allmählich in einander übergehen; sie wird aber überhaupt überflüssig, so lange wir uns eine bestimmte Vorstellung von der Natur der Valenzen nicht zu machen vermögen.

Man hat einen experimentellen Beweis zu liefern gesucht, dafs der Stickstoff wirklich sowohl drei- als auch fünfwertig sei. Zu dem Zwecke hat man ihn mit drei einwertigen Methylgruppen zu Trimethylamin $N(CH_3)_3$ vereinigt und dieses mit Jodäthyl zusammengebracht; es entsteht unter diesen Verhältnissen eine Verbindung, deren Formel man, falls sie eine Molekularverbindung, als $N(CH_3)_3, C_2H_5J$ zu schreiben hätte. Nun wurde andererseits Dimethyläthylamin $N(CH_3)_2C_2H_5$ mit Jodmethyl vereinigt, und es entstand ein Körper, dessen Formel unter derselben Voraussetzung durch die Formel $N(CH_3)_2C_2H_5, CH_3J$ ausgedrückt werden müfste. Beide Verbindungen waren jedoch identisch; die Gruppen CH_3, C_2H_5 und das Jodatom müssen also in beiden Fällen durch dieselbe Kraft mit dem Stickstoffatom verbunden sein. Das könnte doch nur den Beweis liefern, dafs beide Verbindungen wirkliche Atomverbindungen sind. Es beweist ebenfalls nur, dafs der Stickstoff einmal sich mit drei, das andere Mal mit fünf Valenzen an einer Verbindung beteiligt; es beweist nicht, um im Sinne van't Hoffs zu sprechen, dafs das Stickstoffatom im ersten Falle nicht noch zwei Valenzen zur Verfügung hat.

Die Ansicht, dafs die Valenzen der mehrwertigen Elementaratome verschiedenartig sein könnten, findet eine Stütze in der Beobachtung, dafs durch Ersatz der Wasserstoffatome im Hydroxylamin NH_3OH durch organische Radikale eine gröfsere Anzahl von isomeren Körpern entsteht, als bei Gleichwertigkeit der ersteren erwartet werden dürfte. Für diese Verbindung lassen sich zwei Konstitutionsformeln aufstellen,

$$O = N \begin{matrix} \diagup H \\ - H \\ \diagdown H \end{matrix} \quad \text{und} \quad N \begin{matrix} \diagup H \\ - H \\ \diagdown OH \end{matrix},$$

je nachdem das Stickstoffatom als drei- oder fünfwertig angenommen wird. Die Eigenschaft des Hydroxylamins, sich gerade wie das Ammoniak mit Säuren zu Salzen zu vereinigen, spricht für die Richtigkeit der zweiten Formel. Werden nun zwei verschiedene Radikale A und B an Stelle der Wasserstoffatome eingeführt, so ist bei Annahme der ersten Formel und einer Gleichartigkeit der Valenzen eine Existenz verschiedener Verbindungen nicht denkbar, wohl aber bei der Annahme der zweiten Formel, nämlich wenn zwei Wasserstoffatome durch das Radikal A und ein Wasserstoffatom durch B ersetzt würden, die Verbindungen

$$N \begin{array}{l} \diagup A \\ - A \\ \diagdown OB \end{array} \quad \text{und} \quad N \begin{array}{l} \diagup A \\ - B \\ \diagdown OA \end{array}$$

Es entstehen jedoch in diesem Falle mehr Isomere. Man hat die Versuche mit den Radikalen der Benzoesäure C_6H_5CO—(Bz) und Anissäure $C_6H_4.OCH_3.CO$—(An) angestellt und erhielt drei verschiedenartige Verbindungen von derselben empirischen Zusammensetzung

$$N \begin{array}{l} \diagup Bz \\ - An \\ \diagdown OAn \end{array}, \quad N \begin{array}{l} \diagup An \\ - Bz \\ \diagdown OAn \end{array} \quad \text{und} \quad N \begin{array}{l} \diagup An \\ - Bn \\ \diagdown OBz \end{array}$$

Gegen diese Ungleichartigkeit der Wasserstoffatome spricht wiederum die Thatsache, daſs, sobald ein Ersatz der Wasserstoffatome nicht durch organische Radikale, sondern durch Elementaratome erfolgt, Isomeriefälle nicht mehr beobachtet werden, was vermuten läſst, daſs der Grund für jene Erscheinung also vielleicht durch die Natur der Radikale und die Stellung ihrer Atome bedingt ist.

Um eine Erklärung der verschiedenen Sättigung zu finden, betrachtete man diejenigen Verbindungen, in denen ein mehrwertiges Atom nicht mit allen seinen Valenzen gebunden ist, als ungesättigt, und diejenigen, in denen sämtliche Valenzen durch andere Atome oder Radikale absorbiert sind, als gesättigte Verbindungen. Das Phosphortrichlorid und das Ammoniak sind in diesem Sinne ungesättigt, Phosphorpentachlorid und Chlorammon gesättigt. Dann muſs man annehmen, daſs ein jedes Element einem anderen gegenüber eine Minimal- und eine Maximalvalenz besitzt. Der Phosphor besitzt im Pentachlorid gegen Chlor, und zwar bei gewöhnlicher Temperatur, eine Maximalvalenz; erhöht sich die Temperatur, so büſst er dieselbe ein und geht unter Abspaltung von Chlor in das niedere Chlorid über. Für diese Erscheinung, welche sich bei den Verbindungen des Stickstoffs wieder findet, läſst sich eine Erklärung in der angeführten Hypothese van't Hoffs finden.

In einigen Fällen kann der scheinbare Wechsel der Wertigkeit durch die Annahme gedeutet werden, daſs gleichartige Atome sich gegenseitig ebenso zu binden vermögen, wie sie es anderen gegenüber zu thun im stande sind. Wie bekannt, müssen wir uns die bei weitem gröſsere Mehrzahl der Elemente im freien Zustande und bei gewöhnlicher Temperatur als aus Molekülen zusammengesetzt denken. Wenn nun z. B. der Wasserstoff, der Sauerstoff, der Schwefel, der Stickstoff als solche auftreten, so können ihre Moleküle H_2, O_2, S_2, N_2 nur durch gegenseitige, ein-, zwei-, drei- resp. fünfmalige Bindung ihrer Atome entstanden sein, da ihre Reaktionsfähigkeit stark vermindert erscheint und es einer verhältnismäſsig groſsen Kraft bedarf, den Zusammenhang der Atome zu lösen, die Moleküle zu zersprengen. In ganz gleicher Weise ist auch der Zusammenhalt ungleichartiger, mehrwertiger Atome zu erklären. Die Verbindungen CaO, MgO, CuO müssen durch doppelte Bindung ihrer Elementaratome zusammengehalten werden, was sich durch die Bezeichnung $Ca = O$, $Mg = O$, $Cu = O$ in einfacher Weise darstellen läſst.

Diese Art der Atomverkettung, namentlich der gleichartigen Atome, ist ganz besonders bei den Kohlenstoffverbindungen anzunehmen, wodurch in ungezwungenster Weise die Mannigfaltigkeit und überaus groſse Anzahl derselben erklärt werden kann. Der Kohlenstoff wird als konstant vierwertiges Element angenommen, dessen einfachste Wasserstoffverbindungen durch ein- oder mehrfache Bindung der Kohlenstoffatome unter sich zu stande kommen.

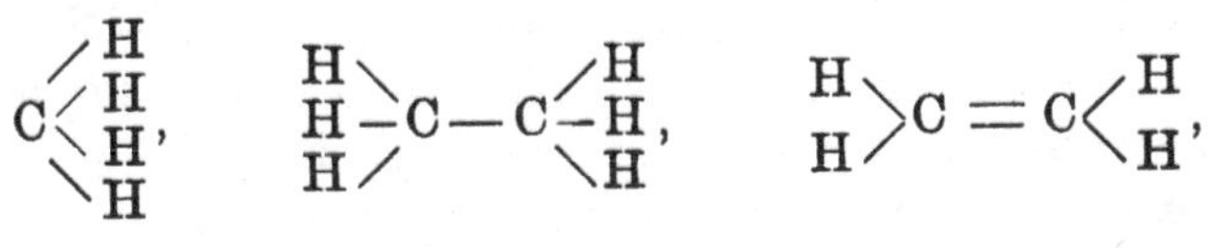

$$H - C \equiv C - H.$$

Hierzu gelangt man durch Betrachtung der Thatsache, daſs Kohlenstoffverbindungen nicht bekannt sind, bei denen man zur Annahme des Vorhandenseins einzelner unbefriedigter Valenzen gewungen wäre, da die Summe aller Valenzen stets eine gerade Zahl ist, und ferner, daſs Isomeriefälle nicht in der Anzahl beobachtet werden, wie bei Annahme freier Valenzen möglich wäre. Eine Verbindung von der empirischen Formel C_2H_4 z. B. müſste dann in zwei Isomerien

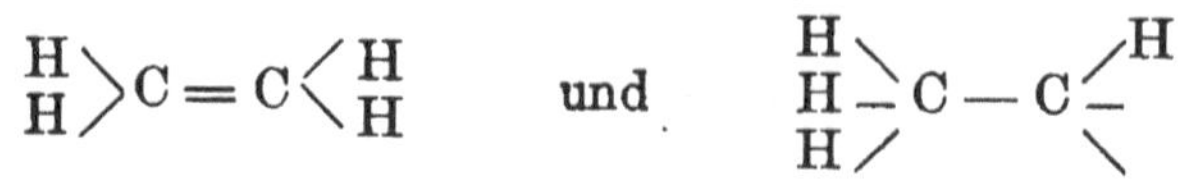

vorkommen, die thatsächlich nicht bekannt sind.

Diese Verbindungen mit ein- und mehrfacher Bindung der Kohlenstoffatome werden ebenfalls als gesättigte und ungesättigte bezeichnet, da letztere mit groſser Leichtigkeit noch mehr Atome aufzunehmen im stande sind. Man hat sie aber von den früher erwähnten, gleichbenannten Verbindungen mit völlig unbefriedigten freien Valenzen wohl zu unterscheiden, was am einfachsten durch verschiedene Bezeichnung als »Verbindungen mit einfacher, doppelter, dreifacher Bindung« sich bewerkstelligen lieſse.

Zu den ersteren, den wirklich ungesättigten Verbindungen, gehört, als fast einzige Ausnahme der sogenannten konstanten Valenz des Kohlenstoffs, das Kohlenstoffmonoxyd CO, in dem das Kohlenstoffatom noch zwei Valenzen frei hat, $=C=O$, eine Annahme, die, gestützt durch die Leichtigkeit, mit der sich diese Verbindung z. B. mit Chlor oder Sauerstoff vereinigt, von einigen bestritten wird, unter Annahme einer wechselseitigen Sättigung der freien Valenzen oder der Zweiwertigkeit des Kohlenstoffatoms, was doch schlieſslich nur dasselbe bedeutet, und unter dem Hinweis, daſs die Vereinigung mit Chlor und Sauerstoff nicht ohne weiteres, sondern unter Mitwirkung des Lichts oder der Wärme vor sich zu gehen vermag. Dem lieſse sich erwidern, daſs, um eine solche Vereinigung zu erzielen, die Zersprengung eines Sauerstoff- resp. Chlormoleküls, also Aufwendung einer gewissen Kraft, erforderlich ist.

Ebenso sind z. B. Stickstoffoxyd NO und Stickstoffdioxyd NO_2 ungesättigte Verbindungen, letzteres wenigstens bei höherer Temperatur, und hier ist bei der Ungradwertigkeit des Stickstoffs auch der Einwand hinfällig, daſs die freien Valenzen sich gegenseitig abgesättigt haben könnten. Die Leichtigkeit, mit der sich das Stickstoffoxyd mit Sauerstoff vereinigt, ist bekannt.

Unter den Kohlenstoffverbindungen ist als zweite Ausnahme von der konstanten Valenz des Kohlenstoffs die Maleinsäure zu nennen, welche mit der Fumarsäure die empirische Formel $C_2H_2(COOH)_2$ gemein hat, sich jedoch von dieser verschieden verhält. Beide Säuren geben bei Aufnahme von Brom zwei verschiedene Dibrombernsteinsäuren, deren Konstitution, da die Formel der Bernsteinsäure als

$$\begin{array}{l} CH_2-COOH \\ | \\ CH_2-COOH \end{array}$$

aufzufassen ist, durch die Formeln

$$\begin{array}{l} CH\,Br - COOH \\ | \\ CH\,Br - COOH \end{array} \quad \text{und} \quad \begin{array}{l} CBr_2 - COOH \\ | \\ CH_2 - COOH \end{array}$$

ausgedrückt werden mufs. Entzieht man der ersteren das Brom, so mufs eine Verbindung

$$\begin{array}{l} CH - COOH \\ \| \\ CH - COOH \end{array}$$

entstehen, nämlich Fumarsäure; wird jedoch der zweiten Verbindung das Brom entnommen, so ist keine Möglichkeit vorhanden, die beiden frei werdenden Valenzen des einen Kohlenstoffatoms zu sättigen; dasselbe erscheint zweiwertig oder ungesättigt:

$$\begin{array}{l} \| \\ C - COOH \\ | \\ CH_2 - COOH \end{array},$$

wenn man nicht eine Atomumlagerung zu

$$\begin{array}{l} CH_2 \\ \| \\ C \end{array}\!\!\begin{array}{l} \\ \diagup COOH \\ \diagdown COOH \end{array}$$

annehmen will, wogegen aber die Thatsache spricht, dafs die Maleinsäure bei Aufnahme von Wasserstoff in gewöhnliche Bernsteinsäure

$$\begin{array}{l} CH_2 - COOH \\ | \\ CH_2 - COOH \end{array}$$

und nicht, wie anderenfalls zu erwarten wäre, in Isobernsteinsäure

$$\begin{array}{l} CH_3 \\ | \\ CH \end{array}\!\!\begin{array}{l} \\ \diagup COOH \\ \diagdown COOH \end{array}$$

übergeht.

Ob auch einige Metallverbindungen, wie beispielsweise das Quecksilberchlorür und -Oxydul, Kupferchlorür und -Oxydul, zu den ungesättigten Verbindungen zu zählen seien, ist gleichfalls ein Gegenstand lebhafter Erörterung. Während einige, auf die Ergebnisse der Dampfdichte sich stützend, dem Quecksilberchlorür die Formel $Hg\,Cl$ geben wollen, worin das Quecksilberatom eine seiner beiden Valenzen unbefriedigt enthalten würde, schreiben andere mit Kekulé ihr, wenigstens im festen Zustande, die Formel $Hg_2\,Cl_2$ zu, worin die freien Valenzen des Quecksilbers sich gegenseitig abgesättigt haben würden:

$$\begin{array}{l} \mathrm{Hg} - \mathrm{Cl} \\ | \\ \mathrm{Hg} - \mathrm{Cl} \end{array}$$

In gleicher Weise wäre dann die Struktur des Kupferchlorürs

$$\begin{array}{l} \mathrm{Cu} - \mathrm{Cl} \\ | \\ \mathrm{Cu} - \mathrm{Cl} \end{array},$$

ebenso die der Oxydulverbindungen

$$\left.\begin{array}{l} \mathrm{Hg} \\ | \\ \mathrm{Hg} \end{array}\right\rangle \mathrm{O} \quad \text{und} \quad \left.\begin{array}{l} \mathrm{Cu} \\ | \\ \mathrm{Cu} \end{array}\right\rangle \mathrm{O}.$$

Man würde jedoch einen grofsen Irrtum begehen, wollte man aus solchen möglicherweise ungesättigten Verbindungen, wie das Quecksilberchlorür $Hg\,Cl$ es sein würde, die Wertigkeit der Elemente bestimmen. Dasselbe gilt auch für den Wert des Bleiatoms, das im Chlorid $Pb\,Cl_2$ zweiwertig erscheint, während es im Bleitetramethyl $Pb\,(CH_3)_4$ nach dem Molekulargewicht dieser Verbindung vierwertig ist. Das Chlorblei wäre demnach als eine aus Aneinanderlagerung zweier ungesättigter $Pb\,Cl_2$-Gruppen entstandene Verbindung zu denken, deren Struktur sich in folgender Weise wiedergeben liefse:

$$\begin{array}{l} \mathrm{Cl} \\ \mathrm{Cl} \end{array}\!\!\Big\rangle \mathrm{Pb} = \mathrm{Pb} \Big\langle\!\! \begin{array}{l} \mathrm{Cl} \\ \mathrm{Cl} \end{array},$$

worin das Blei vierwertig fungiert. Im Eisenchlorid und Aluminiumchlorid hat man eine Zeit lang zwei Metallatome auf sechs Atome Chlor entsprechend den Formeln $Fe_2\,Cl_6$ und $Al_2\,Cl_6$, das Metall demgemäfs als vierwertig und die Bindung der Atome entsprechend der Strukturformel

$$\begin{array}{ccccccc} & & \mathrm{Cl} & & \mathrm{Cl} & & \\ & & | & & | & & \\ \mathrm{Cl} & - & \mathrm{Fe} & - & \mathrm{Fe} & - & \mathrm{Cl} \\ & & | & & | & & \\ & & \mathrm{Cl} & & \mathrm{Cl} & & \end{array}$$

angenommen. Neuere Versuche von Nilson und Petterson, sowie von Grünewald und V. Meyer haben aber ergeben, dafs sowohl Aluminiumchlorid wie Eisenchlorid im Dampfzustande Dichten aufweisen, welche den Verbindungen der Formel $Al\,Cl_3$ und $Fe\,Cl_3$ zukommen. In gleicher Weise ist konstatiert, dafs das Indium sich mit Chlor zu den Verbindungen $In\,Cl_3$, $In\,Cl_2$ und $In\,Cl$, das Gallium zu $Ga\,Cl_2$ und $Ga\,Cl_3$, das Chrom zu $Cr\,Cl_3$ und $Cr\,Cl_2$ vereinigt, und daſs ebenfalls dem Ferrochlorid die Formel $Fe\,Cl_2$ zugeschrieben werden muſs. Das beweist, daſs die genannten Elemente drei- und zwei-, ja sogar einwertig in ihren Verbindungen auftreten können.

Die oben angeführten Beispiele lassen ersehen, daſs man Gefahr läuft, den chemischen Wert der Elemente aus der stöchiometrischen Zusammensetzung ihrer Verbindungen, deren Molekulargewicht sich nicht bestimmen läſst, leicht zu klein zu finden. Da gibt uns wieder das periodische Gesetz eine Richtschnur mit der Erkennung, daſs auch der chemische Wert eine periodische Funktion des Atomgewichts ist. Am auffälligsten zeigt sich dieses bei der Betrachtung der Sauerstoffverbindungen der Elemente, wobei sich ergibt, daſs im allgemeinen, wenn man die Elemente nach der Gröſse ihres Atomgewichts anordnet, die Menge des an ein anderes Elementaratom gebundenen Sauerstoffs stetig um ein halbes Atom zunimmt, aber vier Atome nicht übersteigt, und dann wiederum plötzlich auf ein halbes Atom sinkt. Man kann diese Erscheinung am besten erkennen, wenn man, wie es in der nachfolgenden Tabelle geschehen ist, die Menge des Sauerstoffs auf zwei Atome des Elementes bezieht.

(Li_2O)	Na_2O	K_2O	Cu_2O	(Rb_2O)	Ag_2O	(Cs_2O)	—	Au_2O
Be_2O_2	Mg_2O_2	Ca_2O_2	Zn_2O_2	Sr_2O_2	Cd_2O_2	Ba_2O_2	—	Hg_2O_2
B_2O_3	Al_2O_3	Sc_2O_3	Ga_2O_3	Y_2O_3	In_2O_3	La_2O_3	Yb_2O_3	Tl_2O_3
C_2O_4	Si_2O_4	Ti_2O_4	—	Zr_2O_4	Sn_2O_4	Cl_2O_4	—	Pb_2O_4
N_2O_5	P_2O_5	V_2O_5	As_2O_5	Nb_2O_5	Sb_2O_5	Di_2O_5	Ta_2O_5	Bi_2O_5
O_2O_4 (Ozon)	S_2O_6	Cr_2O_6	(Se_2O_6)	Mo_2O_6	Te_2O_6	—	W_2O_6	—
	(Cl_2O_7)	$Mn\,O_7$	(Br_2O_7)	—	(J_2O_7)	—	—	—
Fl?		Fe_2O_6		Ru_2O_8			Os_2O_8	
		Co_2O_3		Rh_2O_4			Ir_2O_4	
		Ni_2O_3		Pd_2O_4			Pt_2O_4	

Ausnahmen finden sich bei Sauerstoff, Fluor, Eisen, Cobalt, Nickel, Rhodium, Palladium, Iridium und Platin, welche vielleicht auf eine zu geringe Verwandtschaft dieser Elemente zu Sauerstoff zurückzuführen sind.

Eine Klassifikation der Elemente nach ihrer Wertigkeit, wie es hie und da geschieht, hat vorläufig noch keinen besonderen Wert, da die Valenz gegen ein und dasselbe Element häufig wechselt, und so lange wir uns über das eigentliche Wesen derselben eine richtige Vorstellung nicht zu machen vermögen, da alle diesbezüglichen Ansichten über Spekulationen nicht hinausgehen.

Kapitel 22.

Vereinigung der Elementaratome zu Molekülen chemischer Verbindungen. Konstitution und Strukturformel. Radikale und Reste. Typen. Atomverkettung.

Vermöge der ihnen innewohnenden Kraft der Verwandtschaft, deren Wirkung und Beeinflussung durch verschiedene Momente wir in den vorhergehenden Kapiteln besprochen haben, lagern sich die Atome der verschiedenen Elemente aneinander zu dem Molekül einer chemischen Verbindung. Wie das relative Gewicht solcher Moleküle und die Anzahl der in ihnen enthaltenen Atome bestimmt werden kann, ist bereits im früheren (Kap. 10 und 11) mitgeteilt.

Die atomistische Zusammensetzung der Moleküle chemischer Verbindungen wird bekanntlich in rationellen oder empirischen Formeln, sogenannten Molekularformeln, ausgedrückt. Man kennt jedoch eine grofse Zahl von Verbindungen, welche bei gleicher Anzahl derselben Elementaratome sich chemisch verschieden voneinander verhalten, andererseits sind Verbindungen von ganz ungleicher Zusammensetzung einander ähnlich. Diese Erscheinungen können nur in einer bestimmten gegenseitigen Anordnung der Atome ihre Ursache haben, und um diese bildlich darstellen zu können, benützt man die Konstitutions- oder Strukturformeln. In diesen bedient man sich aufser den Symbolen der Elemente strichförmiger Bindungszeichen, welche zwischen den Atomen die gegenseitige Sättigung der Valenzen ausdrücken sollen. Die Formel H—Cl sagt, dafs in dem aus einem Atom Wasserstoff und einem Atom Chlor bestehenden Molekül Chlorwasserstoff die beiden Atome durch wechselseitige Sättigung aneinander gekettet sind; die Formel H—O—H drückt aus, dafs in dem Wassermolekül die beiden Valenzen des zweiwertigen Sauerstoffatoms durch die beiden Valenzen der zwei einwertigen Wasserstoffatome gesättigt sind. Anstatt durch zwei einwertige Atome können die zwei Valenzen eines zweiwertigen Elementaratoms auch durch ein zweiwertiges Atom, die eines dreiwertigen ebenso durch drei einwertige oder ein zweiwertiges und ein einwertiges Atom gesättigt sein u. s. w. Ganz allgemein kann ein mehrwertiges Atom an Stelle so vieler minderwertiger Atome treten, als sein Sättigungsvermögen zuläfst. Bei komplizierten Verbindungen, wie es besonders die Kohlenstoffverbindungen gröfstentheils sind, nimmt man der Einfachheit wegen das Vorhandensein sogenannter Radikale oder Reste an, d. h. mit freien Valenzen ausgestattete Atomgruppen, welche wie Elementaratome unverändert aus der einen Verbindung in eine andere überzugehen vermögen, und welche demgemäfs als solche, gewöhnlich in Klammern eingeschlossen, ohne das Zeichen gegenseitiger Valenzbindung ihrer Atome in den Strukturformeln verzeichnet werden. So schreibt man beispielsweise die Strukturformel des Essigsäureäthyläthers in einfacher, aber allen Zwecken genügender Weise $CH_3 - CO - O \,.\, C_2 H_5$. Die Wertigkeit dieser Radikale richtet sich selbstverständlich ganz nach der Anzahl der in ihnen noch vorhandenen ungesättigten Valenzen; so ist das Radikal CH_3 ein einwertiges, da die vier Valenzen des einwertigen Kohlenstoffs nur zu dreien gesättigt sind, das Radikal CH_2 aus gleichem Grunde ein zweiwertiges u. s. f.

Es ist für die Betrachtung der chemischen Verbindungen ganz gleichgültig, ob in diesen Radikalen bei dem Übertritt aus einer Verbindung in eine andere der Zusammenhang ihrer Atome vorübergehend gestört wird oder nicht. Ihre Annahme ist nur aus praktischen Rücksichten erfolgt, und deshalb ist man berechtigt, ganz beliebige Atomgruppen, die nach der Bildung eines neuen Körpers in demselben sich in derselben Anordnung wieder vorfinden wie in der Ausgangsverbindung, als Radikale aufzufassen. Doch liegt es in der Natur der Sache, dafs man besonders denjenigen Rest eines Körpers, welcher die gröfste Beständigkeit aufweist, oder besser gesagt, welcher sich in den meisten aus jenem entstandenen Verbindungen vorfindet, als eigentlichen Rest der betreffenden Substanz betrachtet. So entsteht aus dem Methylcyanid $CH_3\,CN$ unter Aufnahme von Wasserresten und Abspaltung von Ammoniak die Essigsäure nach der Formel:

$$CH_3 - C \equiv N + 2\,H_2O = CH_3 - C\begin{matrix} \nearrow O \\ \searrow OH \end{matrix} + NH_3,$$

und aus diesem Grunde ist man berechtigt, die Atomgruppe $CH_3 - C \equiv$ als einen Rest der Essigsäure zu betrachten. Da jedoch bei den meisten Reaktionen der Essigsäure der Atomkomplex $CH_3 - C{=}O$ gewissermafsen wie ein Atom fungirt, intakt bleibt, beispielsweise bei der Bildung von Acetylchlorid $CH_3 - CO - Cl$ u. a. m., so spricht man gewöhnlich von dieser Gruppe als dem eigentlichen Radikal der Essigsäure. Man hat vorgeschlagen, solche in einer ganzen Reihe von Verbindungen wieder vorkommenden Atomkomplexe als Radikale, alle anderen Bruchstücke einer Verbindung schlechtweg als Reste zu bezeichnen, ohne dafs jedoch ein konsequenter Gebrauch davon gemacht wird.

Die Aufstellung einer Strukturformel für irgend eine beliebige Verbindung involviert den Begriff der Valenz der in ihr enthaltenen Atome. Doch ist es dabei vollkommen gleichgültig, ob wir den letzteren in jenem im früheren angegebenen strengen Sinne fassen oder nicht. Eine Strukturformel soll nur schematisch eine Anschauung über die Regelmäfsigkeiten in den Eigenschaften, den Bildungsweisen und Umsetzungen der verschiedenen Körper und ihrer Stellung im Systeme geben, ohne erklären zu wollen, welche Valenz den einzelnen Atomen wirklich zukommt. Das hiefse einen Begriff hineintragen, über den wir uns eine richtige Vorstellung nicht zu machen vermögen. Es wird das Sättigungsvermögen der Atome nur angenommen, wie uns dasselbe aus verschiedenen Verbindungen bekannt ist. Es mufs ferner ausdrücklich hervorgehoben werden, dafs die Strukturformeln nicht beanspruchen, niemals beanspruchen dürfen, die wirkliche Lagerung der Atome darzustellen; denn eine solche in einer Ebene anzunehmen, wie sie nach Angabe der Formeln andernfalls statthaben müfste, wäre ein Unding. Über eine Vorstellung, wie dieselbe im Raume stattfinden könnte, in einem späteren Kapitel.

Die Konstitutions-, Struktur- oder Atomverkettungslehre hat die Aufgabe, die Gesetze zu erforschen, nach denen die Moleküle aufgebaut sind, und die Anordnung der in diesen enthaltenen Atome zu erklären, soweit das überhaupt möglich ist. Wir müssen uns dabei auf das Experiment beschränken, um die gegenseitigen Beziehungen der Atome zu ermitteln, aber auch damit werden wir niemals absolute Gewifsheit erlangen. Wir können nur behaupten, dafs der Charakter einer Verbindung auf die Verkettung dieses oder jenes Atoms mit einem oder mehreren bestimmten anderen hinweist, und hierfür wählen wir einen Ausdruck in der Strukturformel.

Die einfachste Art der Atomverkettung ist in solchen Molekülen anzunehmen, in denen, wie in H_2, H_2O, NH_3, CH_4 neben einwertigen höchstens ein einziges mehrwertiges Atom vorkommt. Hier müssen die Valenzen des mehrwertigen Atoms durch je ein einwertiges gebunden sein.

Auf solche einfache Verbindungsformen als sogenannte Typen lassen sich nun die übrigen chemischen Verbindungen zurückführen, aus jenen durch Ersetzung, Substitution eines oder mehrerer Atome durch andere oder durch Reste entstanden denken. Als solche Typen gelten ganz besonders die eben genannten

$$\left.\begin{matrix}H\\H\end{matrix}\right\} \qquad \left.\begin{matrix}H\\H\end{matrix}\right\}O \qquad \left.\begin{matrix}H\\H\\H\end{matrix}\right\}N \qquad \left.\begin{matrix}H\\H\\H\\H\end{matrix}\right\}C,$$

d. h. die Wasserstoffverbindungen der bekanntesten ein-, zwei-, drei- und mehrwertigen Elemente. Aus dem Typus Wasserstoff können z. B. die Halogenwasserstoffsäuren $\left.\begin{matrix}H\\Cl\end{matrix}\right\}$, $\left.\begin{matrix}H\\Br\end{matrix}\right\}$, $\left.\begin{matrix}H\\J\end{matrix}\right\}$ durch Ersetzung eines Wasserstoffatoms durch ein Hologenatom, und aus diesen wiederum, gewissermaſsen als Nebentypen, die Chloride, Bromide etc. der einwertigen Metalle, Na Cl, KCl, Ag Cl u. a. abgeleitet werden. Um in gleicher Weise aus dem Typus Wasserstoff oder dem Nebentypus Chlorwasserstoff die Chloride mehrwertiger Elemente herleiten zu können, ist die Verdoppelung oder Verdreifachung etc. jener typischen Formen notwendig:

$$\begin{matrix}H-Cl\\H-Cl\end{matrix} \text{ und } Ba\begin{matrix}-Cl\\-Cl\end{matrix}, \qquad \begin{matrix}H-Cl\\H-Cl\\H-Cl\end{matrix} \text{ und } Fe\begin{matrix}-Cl\\-Cl\\-Cl\end{matrix}$$

u. s. w.

Von dem zweiten Typus Wasser derivieren ebenso die Oxyde, Hydroxyde, Säuren, Alkohole, Äther in folgender Weise:

$$\left.\begin{matrix}H\\H\end{matrix}\right\}O \text{ und } \left.\begin{matrix}K\\K\end{matrix}\right\}O, \qquad \left.\begin{matrix}H\\H\end{matrix}\right\}O \text{ und } \left.\begin{matrix}K\\H\end{matrix}\right\}O,$$

$$\left.\begin{matrix}H\\H\end{matrix}\right\}O \text{ und } Ba\,O, \qquad \left\{\begin{matrix}\left.\begin{matrix}H\\H\end{matrix}\right\}O\\\left.\begin{matrix}H\\H\end{matrix}\right\}O\end{matrix}\right. \text{ und } Ba\left\{\begin{matrix}HO\\HO\end{matrix}\right.$$

$$\left.\begin{matrix}H\\H\end{matrix}\right\}O \text{ und } \left.\begin{matrix}NO_2\\H\end{matrix}\right\}O, \qquad \left.\begin{matrix}H\\H\end{matrix}\right\}O \text{ und } \left.\begin{matrix}CH_3Co\\H\end{matrix}\right\}O$$

$$\left.\begin{matrix}H\\H\end{matrix}\right\}O \text{ und } \left.\begin{matrix}C_2H_5\\H\end{matrix}\right\}O, \qquad \left.\begin{matrix}H\\H\end{matrix}\right\}O \text{ und } \left.\begin{matrix}C_2H_5\\C_2H_5\end{matrix}\right\}O$$

u. s. w.

Von dem Typus Ammoniak leiten sich u. a. die substituierten Ammoniake ab:

$$N\left\{\begin{matrix}H\\H\\H\end{matrix}\right. \qquad N\left\{\begin{matrix}C_2H_5\\H\\H\end{matrix}\right. \qquad N\left\{\begin{matrix}C_2H_5\\CH_3\\H\end{matrix}\right. \qquad N\left\{\begin{matrix}CH_3\\CH_3\\CH_3\end{matrix}\right.;$$

um aber z. B. das Tetramethylammoniumchlorid ebenfalls von Ammoniak herleiten zu können, ist die Annahme des »gemischten Typus« Chlorammon

$$N\left\{\begin{matrix}H\\H\\H\end{matrix}\right.\left.\begin{matrix}\\ \\ \end{matrix}\right\}\quad\left\{\begin{matrix}H\\Cl\end{matrix}\right.$$

notwendig, aus dem dann in ganz gleicher Weise jene Verbindung durch Einführung von vier Methylgruppen an Stelle der Wasserstoffatome entstanden gedacht werden kann:

$$N\left\{\begin{matrix}CH_3\\CH_3\\CH_3\end{matrix}\right.\left.\begin{matrix}\\ \\ \end{matrix}\right\}\quad\left\{\begin{matrix}CH_3\\Cl\end{matrix}\right.$$

Aus der Substitution einzelner Atome einfacher Verbindungen durch zusammengesetzte Radikale läfst sich die grofse Mannigfaltigkeit der Atomverkettung erkennen. Denkt man sich beispielsweise in dem Typus Methan CH_4 ein oder mehrere Wasserstoffatome durch das einfachste kohlenstoffhaltige Radikal Methyl CH_3 ersetzt, so ergibt sich schon eine ganze Reihe immerhin noch verhältnismäfsig einfacher Verbindungen:

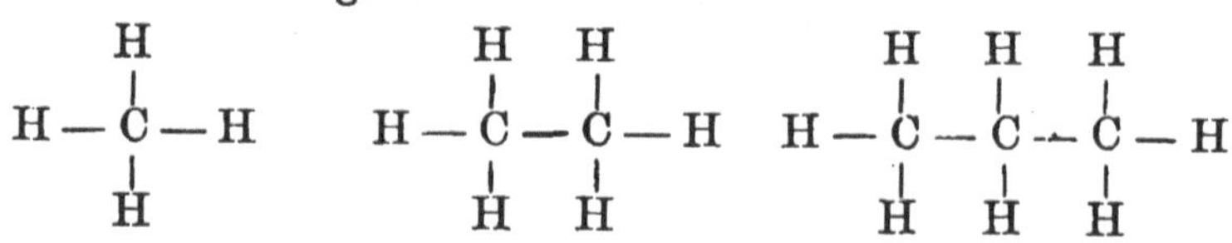

CH_4 $\qquad$ $CH_3\ CH_3$ $\qquad$ $CH_3 \cdot CH_2 \cdot CH_3$

u. s. w.

In diesen können die einzelnen Wasserstoffatome wiederum durch andere, entweder gleich- oder mehrwertige Atome oder Radikale ersetzt werden, wodurch wiederum eine grofse Menge von Verbindungen entsteht, wie z. B.

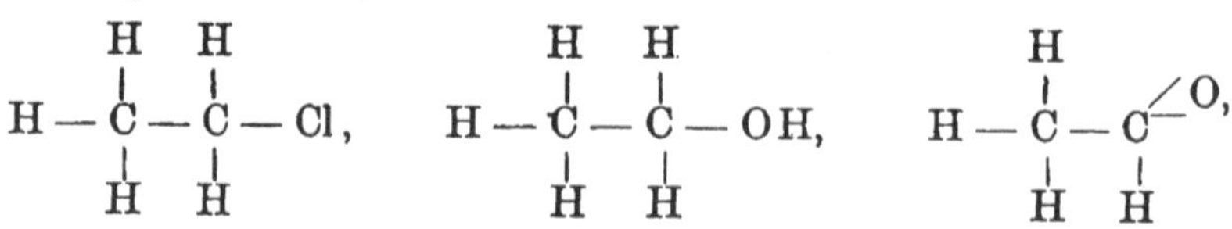

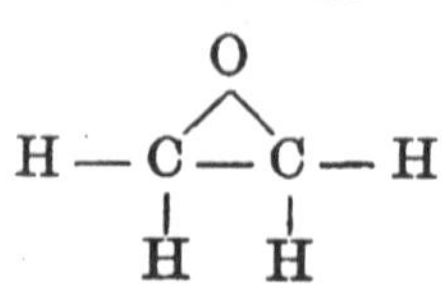

u. s. w.

So kann man zu Molekülen gelangen, deren Atome durch gegenseitige Sättigung ihrer Valenzen in der Form einer Kette vereinigt sind, deren Glieder in mannigfacher Weise sich ansetzen und verschlingen.

In Betreff der möglichen Anzahl der disponibeln Valenzen gibt uns eine einfache Betrachtung Aufschlufs. Verbinden sich zwei Atome miteinander, so wird von einem jeden eine gleiche Anzahl Valenzen verbraucht. In der Salzsäure ist ein Atom einwertigen Wasserstoffs mit einer Valenz an das einwertige Chloratom gebunden, welches ebenfalls eine Valenz zur Verfügung hat; in Summa sind zwei Valenzen absorbiert. Im Wasser ist das zweiwertige Sauerstoffatom mit seinen beiden Valenzen an zwei Wasserstoffatome gebunden, im ganzen sind demnach vier Valenzen verbraucht. Daraus ergibt sich, dafs in allen normalen Verbindungen, welche sämtliche Valenzen gesättigt enthalten, die Summe der Valenzen aller Atome stets gerade sein mufs. Zur gegenseitigen Bindung von n Atomen sind mindestens $n - 1$ Bindungen erforderlich, entsprechend $2(n - 1)$ Valenzen. In einer Verbindung, in der sämtliche Valenzen gesättigt sind, einer sogenannten Grenzverbindung, mufs die Summe der verbrauchten Valenzen der der Valenzen sämtlicher Atome gleich sein, welche, wenn n_1, n_2, n_3, n_4 etc. die Anzahl der ein-, zwei-, drei-, vier- etc. wertigen Atome bezeichnen, in

$$n_1 + 2\,n_2 + 3\,n_3 + 4\,n_4 + 5\,n_5 + 6\,n_6$$

ihren Ausdruck findet. Daher ist für eine solche Grenzverbindung

$$2\,(n - 1) = n_1 + 2\,n_2 + 3\,n_3 + 4\,n_4 + 5\,n_5 + 6\,n_6.$$

Da nun die Anzahl n sämtlicher Atome in dem Molekül der Verbindung

$$n = n_1 + n_2 + n_3 + n_4 + n_5 + n_6$$

ist, so folgt, wenn man in die erste Gleichung den Wert für n einsetzt:

$$2\,(n_1 + n_2 + n_3 + n_4 + n_5 + n_6 - 1)$$
$$= n_1 + 2\,n_2 + 3\,n_3 + 4\,n_4 + 5\,n_5 + 6\,n_6,$$

oder
$$2\,n_1 + 2\,n_2 + 2\,n_3 + 2\,n_4 + 2\,n_5 + 2\,n_6 - 2$$
$$= n_1 + 2\,n_2 + 3\,n_3 + 4\,n_4 + 5\,n_5 + 6\,n_6$$

oder
$$n_1 = n_3 + 2\,n_4 + 3\,n_5 + 4\,n_6 + 2.$$

Daraus ergibt sich also eine sehr einfache Beziehung zwischen der Anzahl der einwertigen und mehrwertigen Atome einer Grenzverbindung. Ist die Anzahl der in einer Verbindung enthaltenen Atome kleiner als die Formel angibt, so liegt keine Grenzverbindung vor, sondern es können entweder mehrwertige Atome mit mehreren Valenzen sich gegenseitig binden, oder es besteht eine ungesättigte Verbindung, welche freie Verwandtschaftseinheiten enthält. Das letztere gilt beispielsweise für die Radikale, deren Maximalvalenz auf diesem Wege in einfacher Weise ermittelt werden kann. Es würde dann

$$n_1 < n_3 + 2\,n_4 + 3\,n_5 + 4\,n_6 + 2$$

sein, und die Differenz $(n_3 + 2\,n_4 + 3\,n_5 + 4\,n_6 + 2) - n_1$ würde nur die Sättigungskapazität des betreffenden Restes angeben. Besteht derselbe z. B. aus dem Atomkomplex C_4H_6, so ist $n_3 = 0$, $n_4 = 4$, $n_5 = 0$, $n_6 = 0$, $n_1 = 6$, also $(2\,n_4 + 2) - n_1$,
daher $(2 \cdot 4 + 2) - 6 = 4$,
das Radikal also einwertig oder aber, da innerhalb desselben ungesättigte Bindungen bestehen können, zwei- oder nullwertig.

Dafs die Sättigungskapazität immer entweder um eine gerade oder eine ungerade Zahl abnimmt, je nachdem sie in dem der Formel

$$n_1 = n_3 + 2\,n_4 + 3\,n_5 + 4\,n_6 + 2$$

entsprechenden Maximalwert erscheint, lehrt eine einfache Betrachtung. Eine beliebige Atomgruppe mufs, um als Radikal auftreten zu können, freie Valenzen enthalten, d. h. es mufs für sie die oben angeführte Formel

$$n_1 < n_3 + 2\,n_4 + 3\,n_5 + 4\,n_6 + 2$$

gelten. Die Anzahl der freien Valenzen kann sich stets nur um eine gerade Anzahl verringern, da immer zwei Atome sich gegenseitig sättigen müssen. Sind z. B. in dem Atomkomplex C_4H_6 die Kohlenstoffatome in dieser einfachen Bindungsweise angeordnet:

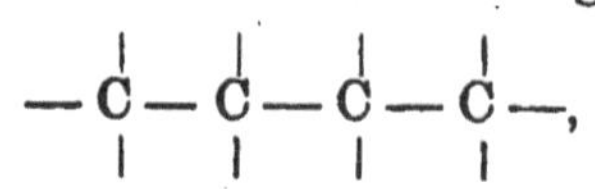

so stehen noch zehn Valenzen zur Verfügung, von welchen dann sechs durch die Wasserstoffatome gebunden sind, so dafs also das Radikal vierwertig erscheint. Treten nun zwei Kohlenstoffatome in doppelte Bindung:

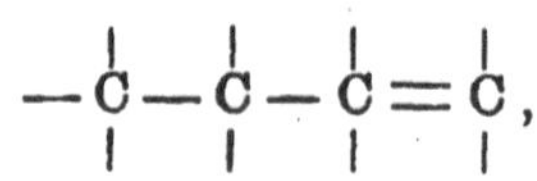

so erscheint diese Kette mit nur acht Valenzen, das Radikal nach Absättigung durch sechs Wasserstoffatome als ein zweiwertiges. Treten noch einmal zwei Kohlenstoffatome in zweifache, oder die beiden schon doppelt gebundenen Kohlenstoffatome in dreifache Bindung:

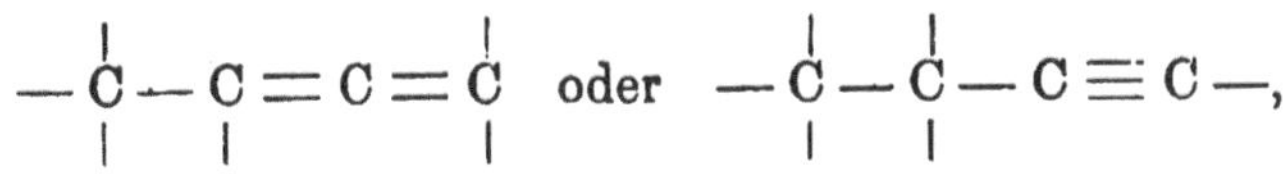

so erscheint die Kohlenstoffkette mit sechs Valenzen, der ganze Atomkomplex nach Absättigung der letzteren durch die sechs Wasserstoffatome als nullwertig, d. h. derselbe bildet eine existenzfähige Verbindung.

Besäfse, um bei demselben Beispiele zu bleiben, ein solcher Atomkomplex fünf freie Valenzen, indem von den zehn der Kohlenstoffkette fünf durch Wasserstoff gesättigt würden, der Formel C_4H_5 oder

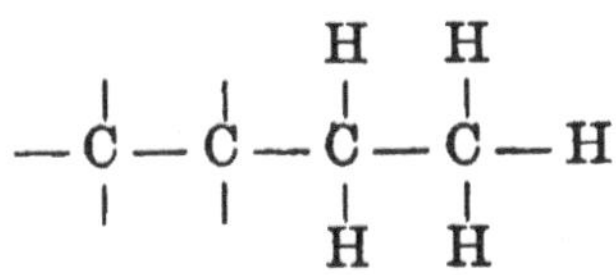

entsprechend, so würde bei eintretender mehrfacher Bindung der Kohlenstoffatome unter sich die Anzahl der Valenzen ebenfalls um eine gerade Zahl abnehmen, also ein solcher Atomkomplex dreioder einwertig auftreten. Selbstverständlich können die freien Valenzen einer solchen Atomkette anstatt durch Wasserstoff- oder andere einwertige Atome auch durch mehrwertige befriedigt werden, ohne dafs das Gesetz eine Änderung erlitte.

Bevor jedoch zur Ermittelung der Atombindungen innerhalb des Moleküls einer chemischen Verbindung geschritten werden kann, ist das Molekulargewicht des betreffenden Körpers nebst der Anzahl der in dem Molekül enthaltenen Atome und deren Sättigungsvermögen zu ermitteln. Wie die beiden ersteren bestimmt werden, ist in früheren Kapiteln auseinandergesetzt. Sobald das Molekulargewicht nicht ermittelt werden kann, entbehren damit alle Schlüsse auf die Anzahl der Atome und deren Verkettung unter einander einer sicheren Grundlage. Das Sättigungsvermögen wird so grofs angenommen, wie es in ihren bekannten einfachsten Verbindungen erscheint.

Vereinigen sich einwertige Atome mit einander, so ist, da die Vereinigung nur zu zweien erfolgen kann, ihre Verkettung eine höchst einfache; ein Atom A vermag mit einem andern Atom B nur die Verbindung A—B zu geben. Verbinden sich einwertige Elemente mit zweiwertigen, so kann in jedem Falle nur eine kettenförmige Bindung bestehen; da zur Ermöglichung einer solchen stets eine doppelte Bindung der zweiwertigen Atome nötig ist, können in diesem Falle nie mehr als zwei einwertige Atome in der Verbindung enthalten sein, deren endständige Glieder sie bilden. Als

Beispiele mögen die Verbindungen H — O — H, H — O — O — H, Cl — O — Cl dienen.

Treten nur zwei zweiwertige Atome zusammen, so werden dieselben zu A = B sich gegenseitig binden; vereinigen sich mehrere zweiwertige Atome, so wird entweder eine offene Kette gebildet, welche dann zwei freie Valenzen enthält, der Formel — A — B — C — D — entsprechend, oder aber eine geschlossene, in der die Atome ringförmig verkettet sind:

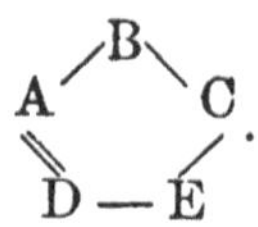

Die Verbindungen drei- und einwertiger Elemente, welche im Gaszustande beständig sind, so daſs ihr Molekulargewicht hiernach bestimmt werden kann, enthalten im Molekül nur ein dreiwertiges Atom, wie Ammoniak, Phosphorwasserstoff, Phosphortrichlorid, Arsenchlorür u. a. Vereinigen sich dreiwertige Elemente mit zweiwertigen, so wird die Atomverkettung schon komplizierter. Da auſserdem die mehrwertigen Elemente in verschiedenen Verbindungen verschiedenwertig auftreten können, sind wir in vielen Fällen nur auf Vermutungen angewiesen. Ganz besonders gilt dies von Stickstoff und Phosphor in ihren Sauerstoffverbindungen. Im Stickstoffoxydul N_2O werden vermutlich die beiden Stickstoffatome gegenseitig durch zwei Valenzen gebunden sein, so daſs bei der Dreiwertigkeit des Stickstoffs noch zwei Valenzen für das Sauerstoffatom übrig bleiben: N = N \\O/. Unbefriedigte Valenzen wie beim Stickstoffoxyd — N = O in dieser Verbindung anzunehmen, liegt durchaus keine Veranlassung vor.

Es ist aber keineswegs gesagt, daſs allen theoretisch möglichen Verbindungsformen auch immer eine bekannte Verbindung entspricht. Ganz abgesehen davon, daſs uns bis jetzt eine groſse Anzahl selbst von anorganischen Verbindungen überhaupt noch nicht bekannt sein wird, scheint nicht ein jedes Element alle möglichen Formen eingehen zu können. Dasjenige, welches die bei weitem gröſste Anzahl von Verbindungen bildet, ist der Kohlenstoff. Bei dem Studium der Atomverkettung in seinen Verbindungen gehen wir wegen seiner konstanten Wertigkeit nicht so im Dunkeln wie bei den übrigen und vermögen daher auch auf die Strukturverhältnisse der anorganischen Verbindungen wichtige Schlüsse zu ziehen. Wir werden uns in den nächsten Kapiteln mit der Konstitution der wichtigsten Körperklassen befassen und unsere Betrachtungen mit der der Kohlenstoffverbindungen beginnen.

Kapitel 23.

Allgemeine Konstitution der Kohlenstoffverbindungen. Konstitution der Methankohlenwasserstoffe. Homologie und Heterologie. Isomerie, Metamerie, Polymerie. Ermittelung der Konstitution.

Unter den Elementen besitzt der Kohlenstoff in besonders hohem Grade die Eigenschaft der gegenseitigen Bindung seiner Atome. Die Ursache hierfür liegt in der grofsen Beständigkeit der Kohlenstoffketten, und diese hat wiederum zur Folge, dafs die Anzahl der Verbindungen so aufserordentlich grofs ist, deren Studium die Kenntnis der Atomverkettung wesentlich gefördert hat. Dazu kommen noch einige Umstände, welche uns einen Einblick in die letztere gewähren, nämlich einmal, dafs von sehr vielen seiner Verbindungen das Molekulargewicht auf dem einen oder anderen Wege bestimmt werden kann, ohne dessen Kenntnis unsere Betrachtungen über ihren inneren Bau einer sicheren Grundlage entbehren würden, andererseits das Vorkommen sehr zahlreicher Isomerien, deren Erklärung eben die Lehre von der Atomverkettung allein zu geben vermag. So kann es nicht wundernehmen, dafs namentlich in neuerer Zeit die Chemie der Kohlenstoffverbindungen, die organische Chemie, gepflegt ist und wird, welche im höchsten Grade geeignet ist, die Aufgabe der Chemie, die Mechanik der Atome, ihrer Lösung entgegenzuführen.

Der Kohlenstoff erscheint in seinen Verbindungen, mit Ausnahme einer sehr geringen Anzahl, wie schon erwähnt, als ein konstant vierwertiges Element, d. h. ein Atom desselben vermag sich mit nicht mehr und nicht weniger als vier Wasserstoffatomen zu einer existenzfähigen Verbindung zu vereinigen und mufs seine vier Valenzen in irgend welcher Weise gebunden haben, um überhaupt als selbständiges Molekül oder als näherer Bestandteil eines solchen erscheinen zu können. Infolge ihrer erwähnten Eigenschaft, sich gegenseitig teilweise zu sättigen, vermögen die Kohlenstoffatome in gröfserer Anzahl in einer Verbindung vorzukommen, und bilden dann in ihrer gegenseitigen Bindung das Skelett der Verbindung, um welches sich die übrigen Elementaratome gruppieren. Die einfachste Gestaltung eines solchen Kohlenstoffskeletts würde sich ergeben, wenn man sich alle Kohlenstoffatome mit nur einer Affinität gegenseitig gebunden denkt, was durch die schematische Darstellung

$$\begin{array}{ccccccccccc} & & | & & | & & | & & | & & | & \\ \cdots - & & C & - & C & - & C & - & C & - & C & - \cdots \\ & & | & & | & & | & & | & & | & \end{array}$$

veranschaulicht werden kann. Die freien Valenzen würden durch andere Atome absorbiert werden müssen, deren Anzahl leicht bestimmt werden kann. Denkt man sich in einfachster Weise sämtliche freie Valenzen eines solchen Skeletts durch Wasserstoffatome gesättigt, so kann man sich die hierdurch entstandene Verbindung, einen Kohlenwasserstoff, als aus dem einfachsten derselben, dem Methan CH_4, durch Substitution eines Wasserstoffatoms durch die einwertige Gruppe CH_3, einen Rest des Methans, entstanden vorstellen:

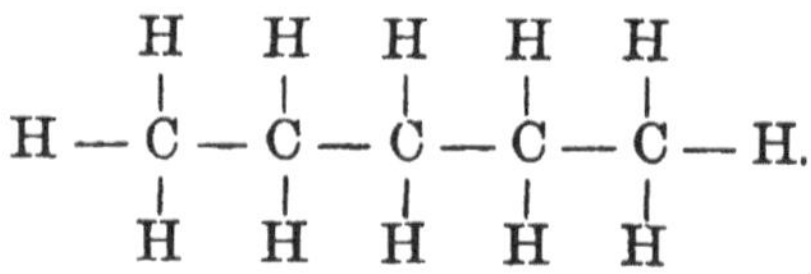

Für jedes eintretende Kohlenstoffatom wird, da das erste Kohlenstoffatom im Methan mit $4 = 2 + 2$ Wasserstoffatomen verbunden ist, die Anzahl der Wasserstoffatome und damit die Anzahl der Valenzen um zwei vermehrt, so dafs für n Kohlenstoffatome $2n + 2$ Wasserstoffatome oder Valenzen sich ergeben. Für alle in dieser Weise konstituierten Verbindungen ergibt sich somit die allgemeine Formel $C^n H_{2n+2}$, welche ebenfalls aus der im vorigen Kapitel aufgestellten abgeleitet werden kann, da in diesem Falle

$$n_1 = 2_{n4} + 2$$

ist, d. h. die Anzahl der einwertigen Atome die doppelte der Kohlenstoffatome vermehrt um zwei betragen mufs. Es ist von den sehr zahlreichen Verbindungen dieser Art nicht eine bekannt, in der die Anzahl der einwertigen Atome den bezeichneten Grenzwert überschritte, eine Thatsache, welche in beredter Weise die Richtigkeit der angeführten Ansichten bezeugt.

Anstatt der einfachen Bindung der Kohlenstoffatome in der Kette unter sich kann eine doppelte und dreifache eintreten, wodurch die Anzahl der disponiblen Valenzen entsprechend verringert wird, und zwar nach den im vorigen Kapitel gegebenen Ausführungen um je zwei für eine Bindung mehr. Aus diesen »gesättigten« Kohlenwasserstoffen $C_n H_{2n+2}$ entstehen dann die »ungesättigten« der Formeln $C_n H_{2n}$, $C_n H_{2n-2}$, $C_n H_{2n-4}$ u. s. w. Da alle organischen Verbindungen sich von diesen einfachen Kohlenwasserstoffen herleiten, ist die Besprechung der möglichen Fälle von Atomverkettung hier am geeignetsten Platze.

Man unterscheidet unter den Kohlenstoffverbindungen solche mit »offener« Kette, in der endständige Kohlenstoffatome vorhanden sind; binden sich diese letzteren ebenfalls gegenseitig, so entstehen Verbindungen mit »geschlossener« Kohlenstoffkette. Wir wenden uns zunächst zu den Verbindungen der ersten Art.

Das Prototyp der Kohlenwasserstoffe mit offener Kette und damit aller gleichkonstituierten Verbindungen ist das Methan CH_4, von dem sich alle übrigen durch Ersetzung der Wasserstoffatome durch Radikale ableiten lassen. Man bezeichnet deshalb diese Verbindungen als Methanderivate. Denkt man sich ein Wasserstoffatom des Methans entfernt, so bleibt ein einwertiger Rest CH_3, Methyl, übrig, welcher in freiem Zustande nicht besteht, vielmehr das Bestreben hat, mit anderen Atomen oder Atomkomplexen sich zu vereinigen. Wird z. B. ein Wasserstoffatom des Methans durch Jod ersetzt und die entstandene Verbindung CH_3J mit Natrium behandelt, so vereinigen sich zwei der durch Bildung von Jodnatrium in Freiheit gesetzten Radikale Methyl mit einander zu der Verbindung $CH_3.CH_3 = C_2H_6$, Dimethyl oder Äthan. Durch eine ganz gleiche Reaktion zwischen Äthyljodid C_2H_5J und Methyljodid CH_3J wird ein Kohlenwasserstoff C_3H_8, Propan, entstehen, und so ferner eine ganze Reihe von Kohlenwasserstoffen der erwähnten Formel C_nH_{2n+2}, welche alle sich um die Differenz n CH_2 unterscheiden und als Homologe bezeichnet werden.

Auf ähnliche Weise kann man aus zwei Methanresten CH_2, Methylen, den Kohlenwasserstoff $CH_2{=}CH_2$, Dimethylen oder Äthylen entstehen sehen, von dem durch Ersetzung eines Wasserstoffatoms wiederum durch den Rest CH_3 die zweite homologe Reihe der ungesättigten Kohlenwasserstoffe der Formel C_nH_{2n} sich ableitet. Ganz entsprechend entstehen die übrigen Reihen der allgemeinen Formeln C_nH_{2n-2}, C_nH_{2n-4} etc.

Alle organischen Verbindungen lassen sich in solche homologe Reihen ordnen. Werden z. B. die Wasserstoffatome der Kohlenwasserstoffe durch Hydroxyl ersetzt, so entstehen Alkohole, und zwar, je nach der Anzahl der eintretenden Hydroxylgruppen, von den allgemeinen Formeln

$C_nH_{2n+1}OH$	$C_nH_{2n}(OH)_2$
$C_nH_{2n-1}OH$	$C_nH_{2n-2}(OH)_2$
$C_nH_{2n-3}OH$	$C_nH_{2n-4}(OH)_2$
etc.	etc.

Ein Maximalwert für n ist nicht bekannt. Diese homologen Reihen bilden ein charakteristisches Merkmal für alle Kohlenstoffverbindungen, welches die der anderen Elemente nicht besitzen. Damit ist jedoch nicht gesagt, dafs alle Verbindungen, welche sich um die Differenz CH_2 unterscheiden, homolog sind; wesentlich hierfür ist die Ähnlichkeit des chemischen Charakters der Verbindungen.

So sind beispielsweise die Säuren

$HCOOH$ Ameisensäure,

CH_3COOH Essigsäure,

CH_3CH_2COOH Propionsäure

homolog, ebenso deren Methylester

$$HCOOCH_3,\ CH_3COOCH_3,\ CH_3CH_2COOCH_3;$$

die letzteren sind aber nicht den ersteren homolog, obgleich sie durch Ersatz von Wasserstoffatomen durch CH_3 entstanden sind, denn beide Klassen zeigen ein ganz verschiedenes Verhalten.

Alle Verbindungen, welche dasselbe Radikal enthalten, jedoch mit anderen Atomen verbunden, welche aber leicht in einander übergeführt werden können, bezeichnet man als heterolog. So bilden beispielsweise

$$CH_4,\ CH_3Cl,\ CH_3OH,\ CH_3SH \text{ etc.}$$

eine heterologe Reihe. In diesem System von homologen und heterologen Reihen ist für jede Kohlenstoffverbindung der Platz genau bestimmt.

Es sind aber auch bei offener Kohlenstoffkette zwei Arten der Atomverkettung möglich. In dem einen Falle bildet sich dadurch, dafs jedes Kohlenstoffatom nicht mehr als zwei andere Kohlenstoffatome bindet, eine Hauptkette $\cdots - C - C - C - C - \cdots$, deren freie Valenzen durch andersartige Elementaratome gesättigt werden. Setzen sich jedoch an diese freien Valenzen wiederum Kohlenstoffatome, so dafs ein Kohlenstoffatom mehr als zwei derselben bindet, so entstehen dabei noch Neben- oder Seitenketten, welche wiederum in ganz gleicher Weise sich zu verzweigen vermögen. In jenem ersten Falle spricht man von normalen Verbindungen, z. B. einem normalen Kohlenwasserstoff

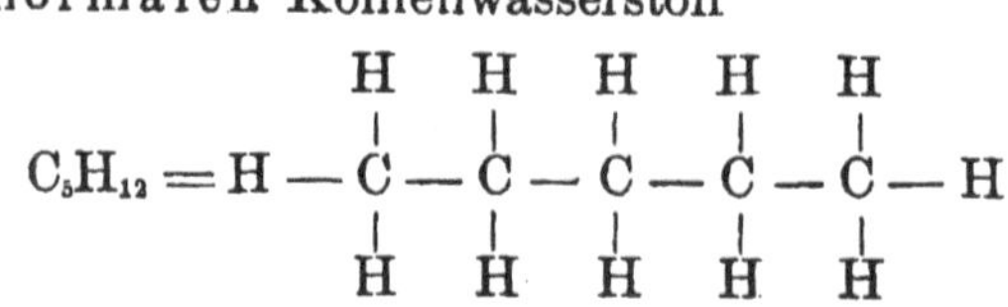

oder $CH_3-CH_2-CH_2-CH_2-CH_3$,

Normalpentan, im anderen Falle von einem anormalen Pentan,

entweder

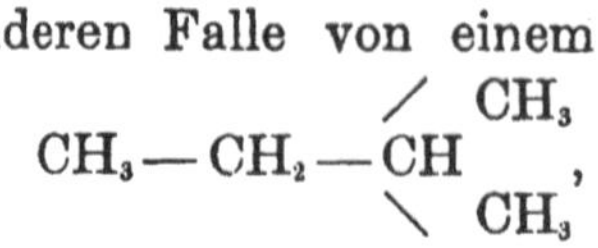

Isopentan oder Dimethyläthylmethan, oder

Tetramethylmethan. In solchen Verbindungen bezeichnet man diejenigen Kohlenstoffatome, welche nur ein einziges anderes Kohlenstoffatom binden, also die endständigen, als primär, die übrigen entsprechend als sekundär, tertiär und quaternär gebunden.

Diese verschiedenen Strukturformeln bilden den Ausdruck für das verschiedenartige Verhalten. Alle jene drei Verbindungen C_5H_{12} besitzen dieselbe Anzahl gleicher Atome, sie haben dieselbe molekulare Zusammensetzung, zeigen jedoch in mancher Beziehung verschiedene Eigenschaften; derartige Verbindungen bezeichnet man als (Struktur-) isomere (v. ἰσομερής, aus gleichen Teilen zusammengesetzt). I s o m e r i e i s t V e r s c h i e d e n h e i t d e r E i g e n s c h a f t e n b e i g l e i c h e r Z u s a m m e n s e t z u n g u n d g l e i c h e m M o l e k u l a r g e w i c h t. Im weitesten Sinne isomer jedoch sind alle Verbindungen, welche gleiche prozentische Zusammensetzung zeigen, also die gleiche empirische Formel besitzen.

Die Verschiedenheit von Körpern wie

Methan CH_4,
Äthan $CH_3 . CH_3$,
Propan $CH_3 - CH_2 - CH_3$,
Normalbutan $CH_3 - CH_2 - CH_2 - CH_3$
und Isobutan $\begin{matrix} CH_3 \\ CH_3 \end{matrix} \rangle CH - CH_3$,
Normalpentan $CH_3 - CH_2 - CH_2 - CH_2 - CH_3$,
Isopentan $\begin{matrix} CH_3 \\ CH_3 \end{matrix} \rangle CH - CH_2 - CH_3$
und Tetramethylmethan $\begin{matrix} CH_3 \\ CH_3 \end{matrix} \rangle C \langle \begin{matrix} CH_3 \\ CH_3 \end{matrix}$

ist nicht so grofs, dafs man sie nicht mehr als homolog bezeichnen könnte; auf der anderen Seite ergeben sich aber doch gewisse Unterschiede, welche eine nähere Klassifizierung wünschenswert erscheinen lassen. Man bezeichnet daher die homologen Körper mit gleichartiger Konstitution als h o m o l o g i m e n g e r e n S i n n e, also das Methan, Äthan, Propan, Normalbutan und Normalpentan einerseits und Isobutan und Isopentan andererseits, diejenigen mit ungleichartiger Konstitution, wie die ersteren drei Kohlenwasserstoffe und Isobutan und Isopentan, a l s i m w e i t e r e n S i n n e h o m o l o g.

In den angeführten Beispielen sind die Kohlenstoffatome in verschiedener Weise unter einander verbunden. Nun kann aber auch Isomerie zu stande kommen, wenn die Kohlenstoffatome gleichartig gebunden sind, aber die mit ihnen vereinigten anderen Atome verschiedenartig verteilt sind. Denkt man sich in jenem normalen Pentan

$$CH_3 - CH_2 - CH_2 - CH_2 - CH_3$$

ein Wasserstoffatom durch Chlor ersetzt, so kann dieses Chloratom entweder in eine Methylgruppe treten, wodurch die Verbindung

$$CH_3 - CH_2 - CH_2 - CH_2 - CH_2Cl,$$

oder in eine der Methylengruppen, wodurch die verschiedenen Verbindungen

$$CH_3 - CH_2 - CH_2 - CH\,Cl - CH_3 \quad \text{und}$$
$$CH_3 - CH_2 - CH\,Cl - CH_2 - CH_3$$

gebildet würden, je nachdem das Chlor in eine dem Methyl benachbarte oder in die mittelständige Methylengruppe einträte. In diesen Fällen besteht ebenfalls Isomerie, welche man als Ortsisomerie (auch Metamerie im weiteren Sinne) bezeichnet zum Unterschiede von jener Kernisomerie. Da ebenfalls im Isopentan und Tetramethylmethan in ganz gleicher Weise durch Substitution von einem Wasserstoffatom durch Chlor u. a. Ortsisomerien entstehen, so ist ersichtlich, dafs zwischen allen diesen Chlorverbindungen sowohl Orts- wie Kernisomerie gleichzeitig stattfinden kann.

Diejenigen Verbindungen, welche die gleiche Molekularformel, jedoch keine kontinuierliche Kohlenstoffkette besitzen, vielmehr mehrere Kohlenstoffkerne enthalten, welche nicht durch Kohlenstoff, sondern durch andere mehrwertige Atome zusammengehalten werden, z. B. die Verbindungen

$C_2H_5 - O - C_2H_5$ und $CH_3 - O - C_3H_7$,
Äthyläther Methylpropyläther

$C_4H_9 - CO - O - CH_3$, $C_3H_7 - CO - O - C_2H_5$,
Valeriansäuremethylester Buttersäuremethylester

$C_2H_5 - CO - O - C_3H_7$
Propionsäurepropylester

werden als metamer im engeren Sinne bezeichnet.

Besitzen Verbindungen gleiche prozentische Zusammensetzung, aber verschiedene Molekulargröfse, so bezeichnet man sie als polymer. Die Molekularformeln sind dann entweder Vielfache von einander oder von einer einfachsten Verhältnisformel. So sind beispielsweise

CH_2O, Methylaldehyd; $C_2H_4O_2$, Essigsäure; $C_3H_6O_3$, Milchsäure

aber auch

$= CH_2$, C_2H_4, Äthylen; C_3H_6, Propylen; C_4H_8 etc. Butylen

einander polymer.

Von dieser einzig und allein in einer Verschiedenheit des Molekulargewichts beruhenden Polymerie unterscheidet man als besonderen Fall die *genetische Polymerie*, welche darin besteht, dafs manche Körper unter gewissen Bedingungen ihr Molekulargewicht vergröfsern, indem die einfachen Moleküle sich zu einem Vielfachen zusammenlegen, z. B.

$CNCl$	$(CNCl)_3$
Chlorcyan	Cyanurchlorid
$CNOH$	$(CNOH)_3$
Cyansäure	Cyanursäure

C_2H_4O	$(C_2H_4O)_3$	$(C_2H_4O)_n$
Aldehyd	Paraldehyd	Metaldehyd.

In solchen Verbindungen, wenn dieselben grofse Beständigkeit zeigen, nimmt man häufig eine ringförmige Bindung der Kohlenstoffatome an, wie z. B.

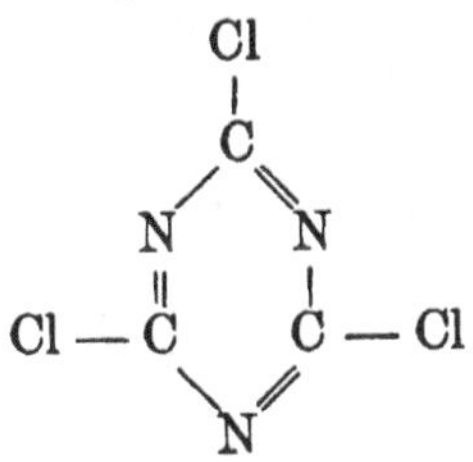

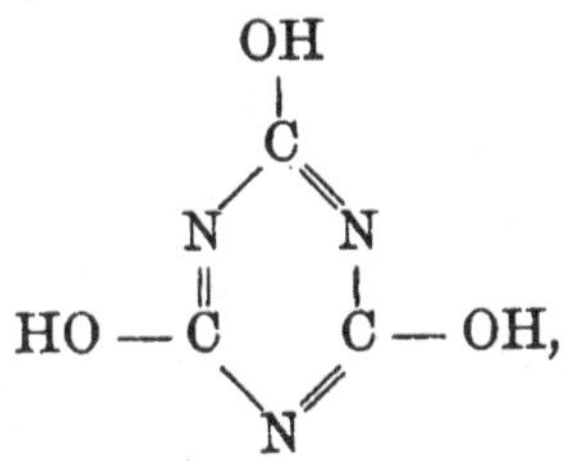

Cyanurchlorid　　　　Cyanursäure

während im Paraldehyd wegen des leichten Zerfalls des Moleküls eine Bindung der Kohlenstoffatome unter sich unzulässig erscheint, demselben also eher die Formel

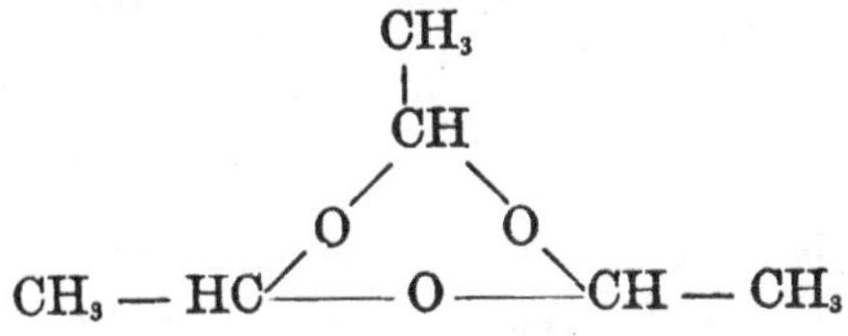

zukommen wird.

Betrachten wir jetzt die Anzahl der möglichen Isomeriefälle bei den Methankohlenwasserstoffen. Für den Grundtypus Methan CH_4 sind Isomerien nicht möglich, da zur Annahme einer Verschiedenheit der vier Kohlenstoffaffinitäten vorläufig keine Veranlassung vorliegt. Aus gleichem Grunde können auch isomere Halogensubstitutionsprodukte nicht existieren. Den Formeln

$$CH_3X,\ CH_2X_2,\ CHX_3 \text{ und } CX_4,$$

in denen X ein Halogenatom bedeutet, entspricht nur je eine bekannte Verbindung, gleichgültig, auf welchem Wege dieselbe entsteht, ein

Beweis für die Richtigkeit unserer theoretischen Voraussetzung. Isomeriefälle können erst dann auftreten, sobald zwei oder mehrere Kohlenstoffatome sich mit einander vereinigen. Für den nächsten Kohlenwasserstoff C_2H_6 sind ebenfalls noch keine Isomere bekannt, da derselbe aus zwei Methanresten besteht, auch dann nicht, wenn an Stelle nur eines Wasserstoffatoms ein Halogenatom tritt. Sobald jedoch zwei Halogenatome die Stelle von Wasserstoff einnehmen, sind zwei Strukturfälle möglich, je nachdem die beiden Halogenatome mit demselben Kohlenstoffatom verbunden werden oder nicht. In dem einen Falle entsteht z. B. bei Eintritt von Chlor eine Verbindung der Formel

$$CH_3 - CHCl_2,$$

im anderen eine Äthylenverbindung

$$CH_2Cl \cdot CH_2Cl.$$

Für den Eintritt von drei gleichartigen Halogenatomen sind wiederum zwei Strukturfälle möglich, je nachdem die Verbindungen

$$CH_3 \cdot CCl_3 \text{ oder } CH_2Cl \cdot CHCl_2$$

entstehen; vier Halogenatome erzeugen die Verbindungen

$$CH_2Cl \cdot CCl_3 \text{ und } CHCl_2 \cdot CHCl_2,$$

fünf und sechs Halogenatome aber nur je ein Derivat,

$$CHCl_2 \cdot CCl_3 \text{ und } CCl_3 \cdot CCl_3.$$

Allen diesen Formeln entsprechen bekannte Verbindungen, aber auch keine mehr und keine weniger als die Theorie verlangt.

Es ist in diesen Beispielen eine Substitution des Wasserstoffs durch ein und dasselbe Element angenommen; treten jedoch mehrere heterogene Elemente ein, so erhöht sich die Zahl der Isomerien. Nehmen wir alle sechs freien Valenzen der beiden Kohlenstoffatome des Äthans als mit sechs verschiedenen einwertigen Atomen besetzt an, welche wir mit den Zahlen 1 bis 6 bezeichnen wollen, so ist die Anzahl der möglichen Kombinationen

$$\frac{6 \cdot 5 \cdot 4}{1 \cdot 2 \cdot 3} \cdot \frac{1}{2} = 10.$$

Sind zwei von den Atomen gleichartig, so verringert sich die Anzahl der möglichen Isomerien um 3, bei drei gleichartigen Atomen um 6, bei vier um 8; im letzteren Falle bleiben die aus den angeführten Beispielen ersichtlichen zwei Isomeren übrig.

Für den Kohlenwasserstoff

$$C_3H_8, \text{ Propan},$$

sind ebenfalls keine Isomere möglich, dieselben entstehen erst wiederum durch Substitution der Wasserstoffatome. So sind für die Monochlorderivate nur zwei Isomere

$$CH_3 - CH_2 - CH_2\,Cl \text{ und } CH_3 - CH\,Cl - CH_3,$$

für Biderivate jedoch schon vier Isomere

$$CH_3 - CH_2 - CH\,Cl_2,\ CH_3 - CCl_2 - CH_3,\ CH_3 - CHCl - CH_2\,Cl$$
$$\text{und } CH_2\,Cl \cdot CH_2\,CH_2\,Cl,$$

für Triderivate fünf Isomere möglich u. s. f. Die Komplikation der Atomverbindung wird durch Eintritt verschiedener Halogenatome noch erheblich gesteigert, namentlich wenn überdies noch eine verschiedene Verkettung der Kohlenstoffatome unter sich hinzutritt.

In letzterer Hinsicht hat man bei der Verbindung C_4H_{10} Butan zwei Formen zu unterscheiden, je nachdem sie vom Propan

$$CH_3 - CH_2 - CH_3$$

durch Ersetzung eines Wasserstoffatoms in der Methyl- oder Methylengruppe durch CH_3 derivieren, nämlich das normale

$$CH_3 - CH_2 - CH_2 - CH_3$$

(Diäthyl) und das Isobutan

$$\begin{matrix} CH_3 \\ CH_3 \end{matrix} \!\!> CH - CH_3$$

oder Trimethylmethan, welche ihrerseits wieder entsprechende Substitutionsprodukte bilden. Das Pentan C_5H_{12} erscheint in den drei schon besprochenen Formen, das Hexan C_6H_{14} in fünf u. s. w., für den Kohlenwasserstoff $C_{13}H_{28}$ sind schon 802 isomere Formen möglich.

Für das erste Glied der zweiten homologen Reihe der Kohlenwasserstoffe, welche man, da wir in ihnen doppelte Bindung von Kohlenstoffatomen annehmen müssen, als ungesättigte bezeichnet, das Äthylen, welches durch Aneinanderlagerung von zwei zweiwertigen, von dem Methan durch Entnahme zweier Wasserstoffatome derivierenden, als solche nicht existenzfähigen Methylengruppen CH_2 entsteht, ist nur eine einzige Strukturformel denkbar, nämlich

$$CH_2 = CH_2;$$

ebenso für das von diesem durch Ersatz von einem Wasserstoffatom durch Methyl derivierende Propylen

$$CH_3 - CH = CH_2,$$

wenn man nicht für das erstere ungesättigte, d. h. freie Valenzen, wie

$$- CH_2 - CH_2 - \text{ und } CH_3 - CH =$$

annehmen will. Es ist jedoch nur ein Äthylen bekannt, das aus zwei isomeren Verbindungen $C_2H_4Cl_2$ entsteht, für welche nur die Formeln

$$\begin{array}{c} CH_2Cl \\ | \\ CH_2Cl \end{array} \text{ und } \begin{array}{c} CH_3 \\ | \\ CHCl_2 \end{array}$$

möglich sind, ebenso wie für die zwei Bromverbindungen

$$\begin{array}{c} CH_2\,Br \\ | \\ CH_2\,Br \end{array} \text{ und } \begin{array}{c} CH_3 \\ | \\ CH\,Br_2. \end{array}$$

Das der letzten Formel entsprechende Äthylidenbromid verwandelt sich beim Erhitzen in das isomere Äthylenbromid. Andererseits zeigen beide Verbindungen ein bemerkenswert verschiedenes Verhalten gegen Natrium; beide geben zwar beim Erhitzen mit diesem Metall dasselbe Äthylen, dessen Bildung erfolgt jedoch aus dem Äthylidenchlorid weit schwieriger, da aufserdem noch das eine Wasserstoffatom von dem einen Kohlenstoffatom zu dem anderen hinüberwandern mufs. Das Äthylen vereinigt sich weiterhin mit unterchloriger Säure zu einer Verbindung, deren Formel entweder als

$$CH_2\,Cl — CH_2\,OH \text{ oder } CH_3 — CH\,Cl — OH$$

zu schreiben wäre. Das Oxydationsprodukt dieser Verbindung ist Chloressigsäure, für welche wir aus später zu erörternden Gründen die Formel

$$CH_2\,Cl — COOH$$

notieren müssen, welche dann nur aus der ersten Verbindung entstanden sein kann.

Das nächste Glied der Reihe, das Butylen, existiert in drei der Theorie nach möglichen Isomeren, das normale

$$CH_3 . CH_2 . CH = CH_2,$$

das Pseudobutylen

$$CH_3 — CH = CH — CH_3$$

und das Isobutylen

$$\begin{array}{l} CH_3 \\ CH_3 \end{array}\!\!> C = CH_2.$$

Das Amylen C_5H_{10} existiert in fünf theoretischen Formen:

$$CH_3 — CH_2 — CH_2 — CH = CH_2. \quad CH_3 — CH_2 — CH = CH — CH_3.$$

$$\begin{array}{l} CH_3 \\ CH_3 \end{array}\!\!> CH — CH = CH_2. \quad \begin{array}{l} CH_3 \\ CH_3 \end{array}\!\!> C = CH — CH_3.$$

$$\begin{array}{r} CH_3 \\ CH_3 — CH_2 \end{array}\!\!> C = CH_2.$$

Das erste Glied der Reihe der nach der allgemeinen Formel C_nH_{2n-2} zusammengesetzten Kohlenwasserstoffe, des Acetylen C_2H_2, welches durch Aneinanderlagerung von zwei durch Fortnahme dreier Wasserstoffatome aus dem Methan entstehenden Methenylgruppen CH sich bildet, kann gleichfalls nur in einer Form existieren, welche der Formel $CH \equiv CH$ entspricht. Für das zweite Glied C_3H_5 sind zwei Strukturfälle möglich, je nachdem eine dreifache oder zwei doppelte Bindungen angenommen werden, nämlich das gewöhnliche Allylen

$$CH_3 - C \equiv CH$$

und das Isoallylen

$$CH_2 = C = CH_2.$$

Beide Körper zeigen ein verschiedenes Verhalten; während nämlich das letztere keine Metallverbindungen zu geben vermag, geht das gewöhnliche Allylen gerade wie das Acetylen von entsprechender Struktur mit Metallen Verbindungen ein, in denen der Wasserstoff der Methenylgruppe durch Metallatome ersetzt erscheint.

In ganz derselben Weise lassen sich die höheren Glieder dieser Reihen und die nächstfolgenden minder gesättigten Kohlenwasserstoffe herleiten, welche durch Ersetzung ihrer Wasserstoffatome durch Halogene ebenfalls eine Reihe isomerer Halogensubstitutionsprodukte zu bilden imstande sind. Ein charakteristisches Verhalten zeigen alle diese ungesättigten Verbindungen in der Eigenschaft, nicht nur wie die übrigen ihre Wasserstoffatome gegen Halogene auszutauschen, sondern solche wie auch Wasserstoff einfach zu addieren, indem die mehrfache Bindung der Kohlenstoffatome in eine einfachere übergeht. So entsteht aus dem Äthylen $CH_2 = CH_2$ nicht nur Chloräthylen $CH_2 = CH\,Cl$, für welches eine isomere Form nicht denkbar ist, oder Dichloräthylen, für welches die Formeln

$$CH\,Cl = CH\,Cl \text{ und } CH_2 = CCl_2$$

gelten u. s. w., sondern auch das Additionsprodukt

$$CH_2Cl - CH_2Cl,$$

welches jedoch mit dem aus Äthan durch Ersatz von Wasserstoff durch Chlor entstehenden Äthylenchlorid identisch ist. Auf gleiche Art lassen sich alle übrigen Halogenderivate der Kohlenwasserstoffe der ungesättigten Reihen ableiten.

Diese Betrachtungen ergeben sich alle unter der Voraussetzung, daſs die Wasserstoffatome des Methans unter sich gleichwertig sind. Anders würde es sich gestalten, wenn Kolbes Ansicht sich als die richtige erwiese, die auf der Annahme beruht, es könnten die Wasserstoffatome im Methan »mit ebenso ungleich starker Affinität mit dem Kohlenstoff verbunden sein, wie in der Kohlensäure das eine Sauerstoffatom loser gebunden ist als das andere«, und die der Genannte in folgendem ausdrückt: »Ob der Äthylwasserstoff mit dem Molekül Methyl, dem sogenannten Dimethyl, identisch oder nur isomer ist, darüber gehen die Ansichten der Chemiker auseinander. Experimentelle Beweise sind weder für die eine noch für die andere Ansicht beigebracht. Wenn wir das Radikal Äthyl als methyliertes Methyl

$$\left.\begin{matrix}CH_3\\H_2\end{matrix}\right\}C$$

auffassen, so würde der Äthylwasserstoff als methyliertes Grubengas zu betrachten sein:

$$\left.\begin{matrix}CH_3\\H_3\end{matrix}\right\}C.$$

In dieser Verbindung ist das eine Atom Kohlenstoff, das des Methyls, dem anderen subordiniert, im Dimethyl $CH_3 \cdot CH_3$ sind beide koordiniert.« Demgemäfs müfsten für das Propan C_3H_8 drei Isomere existieren, nämlich

$$\left.\begin{matrix}\left.\begin{matrix}CH_3\\H_2\end{matrix}\right\}C\\H_2\end{matrix}\right\}CH \qquad \left.\begin{matrix}H_3\\H_2\end{matrix}\right\}C-CH_3 \qquad C\left\{\begin{matrix}CH_2\\H_3\quad H_3\end{matrix}\right\}C$$

Propylwasserstoff — Methyläthyl — Methylendimethan.

Daraus würde sich aber eine erheblich gröfsere Anzahl von Isomeriefällen ergeben, als in Wirklichkeit bekannt ist. Kolbe selbst war in dieser Hinsicht nicht ganz konsequent, indem er für manche Verbindung nur eine Konstitutionsformel annahm, wo in der That nach seinen Anschauungen sich mehrere ableiten lassen.

Es wäre zunächst die Frage aufzuwerfen, auf welche Weise die Konstitution der verschiedenartigen Verbindungen sich ermitteln läfst. Während es als unzweifelhaft erscheint, dafs sowohl die physikalischen wie auch die chemischen Eigenschaften von der eigentümlichen Anordnung der Atome abhängig sind, lassen sich aus den ersten bei den bislang noch zu wenig erforschten oder noch nicht hinlänglich klar erkannten Erscheinungen sichere Schlüsse nicht ziehen. Die chemischen Eigenschaften hingegen, ganz besonders die Bildungsweisen und Umsetzungen zu anderen Verbindungen, müssen solche gestatten, und sie sollen zunächst an einigen einfachen Beispielen erörtert werden.

Zu einer Erforschung des chemischen Verhaltens stehen uns zwei Wege offen, einerseits die Zusammensetzung einer Verbindung aus Bestandteilen bekannter Konstitution, die Synthese, und zwar nennt man eine solche Bildung im Gegensatz zu einer Synthese im weitern Sinne eine eigentliche Synthese, wenn der Aufbau durch Anfügung von Kohlenstoff an Kohlenstoff geschieht; andererseits die Analyse, die Zersprengung des Moleküls in einzelne Stücke von bekannter Atomlagerung, um aus diesen wiederum Moleküle zusammenzufügen. Es mufs hierbei bemerkt werden, dafs man mit einiger Berechtigung annehmen darf, dafs diejenigen Atomgruppen, welche als geschlossener Komplex aus einer Verbindung bei der Zerlegung derselben austreten und in eine andere übergehen, in der ersteren in demselben Zusammenhange waren wie in der letzteren, und dafs ferner ein solcher Atomkomplex oder auch ein einzelnes Atom bei seinem Eintritt in ein anderes Molekül immer dieselbe Stelle einnimmt wie der dadurch verdrängte Teil. Diese Annahmen werden nicht immer erfüllt, doch läfst sich eine Kontrolle dadurch erreichen, dafs man den Zusammenhang zwischen dem atomistischen Bau und den chemischen Eigenschaften der Körper ermittelt, wobei als oberster Grundsatz gilt: gleiche Ursache, gleiche Wirkung, dafs gleiches oder ähnliches Verhalten eine gleiche oder ähnliche Konstitution erfordert.

Die Halogenderivate des Methans können nach unseren Anschauungen wegen der Gleichwertigkeit sämtlicher Wasserstoffatome in isomeren Formen nicht auftreten. Läfst man nun auf Methyljodid Zink oder Natrium einwirken, so entsteht, wie schon früher erwähnt wurde, unter Abscheidung von Jodmetall ein Kohlenwasserstoff, dessen Molekularformel nach der Dampfdichte C_2H_6 ist, dessen Molekül also aus zwei Methylgruppen $CH_3 \cdot CH_3$ bestehen mufs, für welche Formel eine isomere nicht existieren kann. Ebenso entsteht aus dem Äthyljodid, für welches wiederum nur eine Formel $CH_3 \cdot CH_2J$ möglich ist, der Kohlenwasserstoff

$$CH_3 \cdot CH_2 \cdot CH_2 \cdot CH_3,$$

d. i. Normalbutan; auf gleiche Weise erhält man aber auch aus je einem Molekül Äthyljodid und Methyljodid den Kohlenwasserstoff

$$CH_3 \cdot CH_2 \cdot CH_3,$$

Propan, für den ebenfalls keine Isomerie denkbar ist. Aus dem Jodid desselben läfst sich auf dieselbe Weise wiederum ein Kohlenwasserstoff

$$CH_3 \cdot CH_2 \cdot CH_2 \cdot CH_2 \cdot CH_2 \cdot CH_3,$$

Hexan, erhalten, der wie die früheren nur die normale Struktur besitzen kann.

Angenommen, wir hätten es mit einer Verbindung zu thun, deren Formel als zu C_3H_7J bestimmt wäre, welche demgemäfs als ein Propyljodid anzusprechen sein würde. Es würde sich darum handeln, zu erfahren, welcher der für diese Verbindung möglichen Strukturformeln

$$CH_3 \cdot CH_2 \cdot CH_2J \text{ und } CH_3 \cdot CH\,J \cdot CH_3$$

dieselbe entspräche. Am zweckmäfsigsten würde man durch Behandlung mit feuchtem Silberoxyd, welches wie ein Hydroxyd wirkt, das Jodatom eliminieren, an Stelle dessen eine Hydroxylgruppe eintritt, wodurch ein Alkohol entsteht, der je nach der Stellung des Halogenatoms eine verschiedenartige Struktur besitzen würde, nämlich

$$CH_3 \cdot CH_2 \cdot CH_2(OH) \text{ oder } CH_3 \cdot CH(OH) \cdot CH_3.$$

Alkohole der ersten Art, welche die Hydroxylgruppe primär an eine CH_2-Gruppe gebunden enthalten, bilden aber bei der Oxydation Säuren, während die der zweiten in Ketone übergehen. Je nachdem man also in diesem Falle Propionsäure

$$CH_3 \cdot CH_2 \cdot COOH$$

oder Aceton

$$CH_3 \cdot CO \cdot CH_3$$

erhielte, würde die ursprüngliche Jodverbindung entweder als normales oder als Isopropyljodid anzusprechen sein. Die Kenntnis der Struktur der Propionsäure, resp. des Acetons wird selbstverständlich dabei vorausgesetzt. Wie dieselbe festzustellen ist, darüber wird ein späteres Kapitel Aufschlufs geben, in dem die betreffenden Verbindungen näher besprochen werden sollen.

Kapitel 24.

Konstitution der Alkohole und Äther, der Aldehyde und Ketone, der Säuren, Ester und Säureanhydride der Methanreihe.

Bisher wurden nur Kohlenstoffverbindungen berücksichtigt, welche neben Kohlenstoff nur einwertige Atome, also Wasserstoff und Halogen, enthielten. Tritt ein zweiwertiges Sauerstoffatom in das Molekül ein, so kann dasselbe entweder, im einfachsten Falle, mit einer seiner Valenzen an ein Kohlenstoffatom, mit der anderen an ein Wasserstoffatom oder an ein anderes Element, oder mit seinen beiden Valenzen an ein Kohlenstoffatom gebunden sein. Im ersten Falle entstehen u. a. die Alkohole, welche die Hydroxylgruppe OH enthalten und den Hydroxyden der anorganischen Elemente entsprechen; wie diese sich vom Wasser durch Ersetzung eines Wasserstoffatoms in demselben durch Metallatome ableiten, so derivieren die Alkohole durch Wasserstoffersetzung durch ein zusammengesetztes Radikal:

$$H—O—H \qquad K—O—H \qquad CH_3—O—H$$

Dafs in der That in ihnen das eine Wasserstoffatom eine besondere Rolle spielt, geht aus verschiedenen Reaktionen hervor, infolge deren es z. B. durch Metallatome oder Radikale anorganischer Säuren ersetzt werden kann:

$$CH_3OH + Na = CH_3ONa + H$$
$$CH_3OH + HONO_2 = CH_3ONO_2 + H_2O.$$

Läfst man Phosphorpentachlorid auf Alkohole einwirken, so wird in ihnen wie auch in anderen Sauerstoffverbindungen das Sauerstoffatom durch zwei Chloratome ersetzt; letztere sind jedoch bei ihrer Einwertigkeit nicht imstande, die Verbindung zwischen dem Radikal und dem einen extraradikalen Wasserstoffatome aufrecht zu erhalten, der Körper CH_3ClClH wird vielmehr in zwei Moleküle, nämlich in Methylchlorid und Salzsäure, zerfallen. Das erstere vermag nun irgend welchen Wasserstoff gegen Metallatome etc. nicht mehr auszutauschen.

Da man sich die Alkohole durch Ersatz von Wasserstoffatomen der Kohlenwasserstoffe durch Hydroxyl entstanden denken kann — in der That kann man durch Vermittelung von Halogenatomen aus den Haloidwasserstoffen und Metallhydroxyden Alkohole darstellen —, so folgt die Möglichkeit derselben Anzahl von Isomeriefällen wie bei den betrachteten Haloidderivaten der Kohlenwasserstoffe. Theoretisch würde nun jedes Wasserstoffatom der letzteren durch Hydroxyl ersetzbar sein. Es hat sich jedoch herausgestellt, dafs mit sehr wenigen Ausnahmen, für die von Manchen Molekularverbindungen angenommen werden, niemals mehr als eine Hydroxylgruppe mit je einem Kohlenstoffatom in Bindung zu treten vermag. Die Ursache hierfür liegt jedoch nicht in der Verbindungsfähigkeit, sondern in Nebenreaktionen, zufolge deren sich ähnlich wie bei mehrsäurigen Metallhydroxyden Wasser abspaltet u. a. m.

Wie für die beiden niedrigsten Glieder der Grenzkohlenwasserstoffe C_nH_{2n+2} isomere Monohalogensubstitutionsprodukte $C_nH_{2n+1}X$ nicht möglich sind, existieren auch die entsprechenden einwertigen, d. h. eine Hydroxylgruppe enthaltenden Alkohole $C_nH_{2n+1}OH$ nur in je einer Form, für das Methan der Methylalkohol CH_3OH, für das Äthan der Äthylalkohol CH_3CH_2OH.

Für das nächste Glied dieser homologen Reihe sind zwei Isomeriefälle möglich, je nachdem die Hydroxylgruppe in eine Methyl- oder in die Methylengruppe des Propans eintritt:

$$CH_3 \cdot CH_2 \cdot CH_2 \cdot OH \text{ und } CH_3 \cdot CH(OH) \cdot CH_3.$$

Jedem der beiden Butane

$$CH_3 \cdot CH_2 \cdot CH_2 \cdot CH_3 \quad \text{und} \quad \begin{matrix} CH_3 \\ CH_3 \end{matrix} \!\!>\! CH \cdot CH_3$$

entsprechen zwei isomere Alkohole:

$CH_3CH_2CH_2CH_2OH$	$CH_3 \cdot CH_2 \; CH(OH) \cdot CH_3$
Normaler primärer Butylalkohol.	Sekundärer Butylalkohol.
$\begin{matrix} CH_3 \\ CH_3 \end{matrix} \!\!>\! CH \cdot CH_2OH$	$\begin{matrix} CH_3 \\ CH_3 \end{matrix} \!\!>\! C(OH) \cdot CH_3$
Isobutylalkohol.	Tertiärer Butylalkohol.

Die Anzahl der möglichen Isomerien nimmt mit steigendem Molekulargewicht aufserordentlich rasch zu, so dafs für einen Alkohol $C_{12}H_{26}O$ schon 3057 Isomere sich berechnen lassen.

Diejenigen Alkohole, welche das Hydroxyl an CH_3 oder CH_2 gebunden enthalten, in denen also die einwertige Gruppe $-CH_2OH$ vorhanden ist, werden als primäre bezeichnet; sekundär und tertiär werden diejenigen genannt, welche die Gruppe $=CHOH$ resp. $\equiv C \cdot OH$ enthalten.

Von den mehrfach gebundene Kohlenstoffatome enthaltenden ungesättigten Kohlenwasserstoffen leiten sich in derselben Weise die ungesättigten Alkohole ab. Das niedrigste Glied der ersten ungesättigten Reihe der Alkohole

$$C_n H_{2n-1} OH$$

würde vom Athylen derivieren; dasselbe, der Vinylalkohol

$$CH_2 = CH \cdot OH,$$

scheint jedoch nicht existenzfähig zu sein, da statt seiner immer nur eine isomere, einer anderen Klasse angehörende Verbindung, der Acetaldehyd, erhalten wurde. Da ähnliche Erscheinungen mehrfach bekannt sind, liegt die Vermutung nahe, dafs Alkohole, welche die Atomgruppe

$$= C = COH$$

enthalten, überhaupt nicht zu existieren vermögen. Dem Propylen

$$CH_2 = CH - CH_3$$

entspricht deshalb nur ein Alkohol

$$CH_2 = CH - CH_2OH,$$

der Allylalkohol; von den Butylenen

$$CH_2 = CH - CH_2 - CH_3,\ CH_3 - CH = CH - CH_3 \text{ und}$$

$$CH_2 = C \begin{matrix} \diagup CH_3 \\ \diagdown CH_3 \end{matrix}$$

würden die Alkohole

$$CH_2 = CH - CH_2 - CH_2\,OH,\ CH_3 - CH = CH - CH_2\,OH \text{ und}$$

$$CH_2 = C \begin{matrix} \diagup CH_2\,OH \\ \diagdown CH_3 \end{matrix}$$

sich ableiten, von denen jedoch nur die beiden letzteren bekannt sind.

Den Kohlenwasserstoffen $C_n\ H_{2n-2}$ entsprechend derivieren von denselben zweierlei Arten von Alkoholen; während die einen eine dreifache Bindung zweier Kohlenstoffatome aufweisen, sind in den anderen zweimal zwei Kohlenstoffatome in doppelter Bindung enthalten. Das niedrigste Glied der Reihe, der Propargylalkohol

$$CH \equiv C - CH_2\,OH,$$

leitet sich vom Allylen

$$CH \equiv C - CH_3$$

ab; sein Isomeres

$$CH_2 = C = CH\,OH$$

ist nicht bekannt. Ein Alkohol der zweiten Art ist z. B. dås Diallylkarbinol

$$\begin{matrix} CH_2 = CH \cdot CH_2 \diagdown \\ CH_2 = CH \cdot CH_2 \diagup \end{matrix} CH \cdot OH,$$

das, wie überhaupt alle Alkohole, als Derivat des Methylalkohols oder Karbinols aufgefafst werden kann, in welchem in diesem Falle zwei Wasserstoffatome durch die Allylgruppe ersetzt sind.

Den mehrsäurigen Hydroxyden mehrwertiger Elementaratome entsprechen, da, wie schon mitgeteilt ist, nicht mehr als eine Hydroxylgruppe an demselben Kohlenstoffatom haften kann, die mehrsäurigen oder mehrwertigen Alkohole m e h r w e r t i g e r Kohlenstoffradikale. Ein zweisäuriger Alkohol, der also zwei Hydroxylgruppen enthält, kann sich vom Methan aus dem eben angeführten Grunde nicht herleiten; der niedrigste zweiwertige Alkohol der Grenzreihe ist der Athylenalkohol oder Glykol

$$\begin{matrix} CH_2\,OH \\ | \\ CH_2\,OH \end{matrix},$$

welcher zwei gleichwertige, aber vor den übrigen sich auszeichnende Wasserstoffatome enthält, die gegen Natrium oder Säureradikale ausgetauscht werden können.

Da in solchen mehrwertigen Alkoholen die Hydroxylgruppen verschiedenartig gebunden sein können, unterscheidet man diprimäre, disekundäre, ditertiäre, primär-sekundäre, primär-tertiäre und sekundär-tertiäre Alkohole. Vom Propan leiten sich zwei verschiedene Glykole ab:

$$\begin{array}{c} CH_2\,OH \\ | \\ CH_2 \\ | \\ CH_2\,OH \end{array} \quad \text{und} \quad \begin{array}{c} CH_3 \\ | \\ CH\,OH, \\ | \\ CH_2\,OH \end{array}$$

von denen der erstere ein diprimärer, der letztere ein primär-sekundärer ist. Vom Butan derivieren vier Glykole:

$$\begin{array}{c} CH_3 \\ | \\ CH\,OH \\ | \\ CH_2 \\ | \\ CH_2\,OH \end{array} \qquad \begin{array}{c} CH_3 \\ | \\ CH_2 \\ | \\ CH\,OH \\ | \\ CH_2\,OH \end{array} \qquad \begin{array}{c} CH_3 \\ | \\ CH\,OH \\ | \\ CH\,OH \\ | \\ CH_3 \end{array} \qquad \begin{array}{c} CH_3\ CH_3 \\ \diagdown\ \diagup \\ C \cdot OH \\ | \\ CH_2OH, \end{array}$$

die ein deutliches Beispiel der verschiedenartigsten Bindungsweisen der Hydroxylgruppen geben. Als solches eines ditertiären Glykols sei das Pinakon

$$\begin{array}{c} CH_3 \\ CH_3 \end{array}\!\!>C\,(OH)-C\,(OH)\!<\!\!\begin{array}{c} CH_3 \\ CH_3 \end{array}$$

erwähnt. Als dreisäuriger oder dreiwertiger, diprimär-sekundärer Alkohol fungiert das Glycerin

$$CH_2OH \cdot CH\,OH \cdot CH_2OH,$$

als viersäuriger diprimär-disekundärer der Erythrit, als ein sechswertiger diprimär-tetrasekundärer der Mannit

$$CH_2\,OH\,(CH\,OH)_4\,CH_2\,OH.$$

Wie den Hydroxyden der Metalle die Alkohole entsprechen, so den Oxyden die Äther; jene bilden die Hydroxyde, diese die Oxyde von Kohlenwasserstoffradikalen, vom Wasser sich durch Ersatz beider Wasserstoffatome durch letztere sich ableitend.

In den Äthern ist das Sauerstoffatom mit beiden Affinitäten an Kohlenstoff gebunden, wie beispielsweise die Formel des Äthyläthers $C_2H_5 \cdot O \cdot C_2H_5$ zeigt. Diese Äther besitzen in der That kein Wasserstoffatom, welches sich vor den übrigen auszeichnete; durch Ersatz des Sauerstoffatoms durch Halogen zerfallen sie in zwei Moleküle des betreffenden monohalogensubstituierten Kohlenwasserstoffs, der Äthyläther z. B. in Äthyljodid C_2H_5J. Das Sauerstoffatom vermag beliebige Radikale zusammenzuhalten, welche alle von einem Kohlenwasserstoff durch Entnahme eines Wasserstoffatoms sich ableiten. So entstehen einfache Äther, wenn die Radikale dieselben, oder gemischte, wenn die Radikale verschieden sind.

Je nach der verschiedenen Bindungsart der Hydroxylgruppen zeigen die Alkohole auch ein verschiedenes Verhalten. Während beispielsweise der Äthylalkohol

$$CH_3\,CH_2\,OH$$

durch Oxydation zwei Wasserstoffatome verliert und in einen Körper

$$CH_3C{\lessgtr}^{O}_{H},$$

das ist Acetaldehyd, übergeht, werden sekundäre Alkohole, z. B. der sekundäre Propylalkohol

$$CH_3 \cdot CH\,OH \cdot CH_3,$$

bei derselben ebenfalls unter Abgabe von zwei Wasserstoffatomen in Ketone, in dem erwähnten Falle in Dimethylketon

$$CH_3 \cdot CO \cdot CH_3,$$

übergeführt. Die Konstitution des zugehörigen Alkohols, aus dem das Keton entstanden, ist mafsgebend für die des Ketons. Während aus dem sekundären Propylalkohol das zwei gleiche Kohlenwasserstoffreste enthaltende einfache Aceton entsteht, erhält man aus dem sekundären Butylalkohol das gemischte, d. h. zwei ungleiche Reste enthaltende Keton

$$CH_3 \cdot CO \cdot CH_2\,CH_3.$$

Die Aldehyde und Ketone enthalten die gemeinsame zweiwertige Gruppe CO, worin der Sauerstoff mit beiden Affinitäten sich an das Kohlenstoffatom klammert und dadurch bewirkt, dafs die Anzahl der einwertigen Atome des Moleküls hinter dem Grenzwerte $2n+2$ zurückbleibt. In den Aldehyden ist die CO-Gruppe entweder, wie im Formaldehyd HCOH, beiderseits an Wasserstoffatome, oder, wie in den übrigen, z. B. dem Acetaldehyd

$$CH_3 \cdot CO \cdot H,$$

nur einerseits an ein Wasserstoffatom, andererseits an e i n anderes Kohlenstoffatom gebunden, während in den Ketonen die b e i d e n freien Valenzen des Kohlenstoffs der Gruppe an Kohlenstoff haften. Das ist der Grund, warum eine weitere Oxydation der Körper beider Klassen wesentlich verschieden verläuft. Während nämlich die Aldehyde unter einfacher Sauerstoffaufnahme in die entsprechenden Säuren übergehen, der Acetaldehyd

$$CH_3 - C{\lessgtr}^{O}_{H}$$

z. B. in Essigsäure

$$CH_3-C\begin{smallmatrix}\nearrow O\\ \searrow OH\end{smallmatrix},$$

erleiden die Ketone eine Spaltung, welche im allgemeinen in der Weise verläuft, dafs das an Kohlenstoff ärmere Radikal zusammen mit der CO-Gruppe in die entsprechende Säure übergeht, während das an Kohlenstoff reichere, falls es ein primäres ist, eine Säure von gleichem Kohlenstoffgehalt bildet:

$$\begin{matrix}CH_3\\ C_3H_7\end{matrix}\!\!>CO + 3O = CH_3COOH + C_3H_6O_2.$$

Ist jedoch das an Kohlenstoff reichere Radikal ein sekundäres, so wird es zunächst in ein Keton verwandelt, das bei weiterer Oxydation ebenfalls zerfällt:

$$\begin{matrix}CH_3\,CH_2\\ \begin{matrix}CH_3\\ CH_3\end{matrix}\!\!>CH\end{matrix}\!\!>CO + O_2 = CH_3\,CH_2\,COOH + \begin{matrix}CH_3\\ CH_3\end{matrix}\!\!>CO.$$

Die Regel ist nicht ohne Ausnahmen, doch ist zu bemerken, dafs ein etwa vorhandenes tertiäres oder ein den Benzolrest C_6H_5 enthaltendes Radikal stets an der Carbonylgruppe haften bleibt:

$$\begin{matrix}CH_3\\ (CH_3)_3\,C\end{matrix}\!\!>CO + O_3 = (CH_3)_3\,C\cdot COOH + CH_2O_2.$$

Die primären Alkohole vermögen deshalb einen Aldehyd und demnächst eine Säure von gleichem Kohlenstoffgehalt zu bilden, weil die in ihnen enthaltene Gruppe

$$-\,C\begin{smallmatrix}\nearrow H\\ -H\\ \searrow OH\end{smallmatrix},$$

in welcher der Kohlenstoff mit einer Valenz an der Bildung der ganzen Kohlenstoffkette teilnimmt, von Sauerstoff angreifbar ist und sein mufs, ohne dafs eine Lösung der Kettenbindung stattzufinden brauchte; die Gruppe geht in

$$C\begin{smallmatrix}\nearrow H\\ \searrow O\end{smallmatrix} \text{ und } C\begin{smallmatrix}\nearrow O\\ \searrow OH\end{smallmatrix}$$

über. Die sekundären Alkohole, in welchen das Kohlenstoffatom der Gruppe

$$>C\begin{smallmatrix}\nearrow O\\ \searrow OH\end{smallmatrix}$$

mit zwei Valenzen den Zusammenhang der Atome mit der Kohlenstoffkette ermittelt, sind aus diesem Grunde nicht mehr imstande, einen Aldehyd oder eine Säure zu bilden, die Gruppe vermag nur in eine Ketongruppe

$$>C=O$$

überzugehen, während eine Überführung in eine Säuregruppe überhaupt nicht mehr möglich ist, da der Sauerstoff bei weiterer Einwirkung die übrigen Kohlenstoffatome angreifen mufs.

In den tertiären Alkoholen ist das die Hydroxylgruppe bindende Kohlenstoffatom mit drei Valenzen an der Bildung der Kohlenstoffkette beteiligt, so dafs auch nicht einmal die Bildung eines Ketons ermöglicht wird; der Sauerstoff mufs hier bei der Oxydation sofort die Kohlenstoffkette angreifen. Tertiäre Alkohole liefern deshalb bei der Oxydation ein Gemisch mehrerer Säuren mit einem geringeren Gehalt an Kohlenstoff. Dieses verschiedene Verhalten gibt ein ausgezeichnetes Mittel, die Konstitution von Alkoholen festzustellen.

Die organischen Säuren enthalten sämtlich eine oder mehrere Carboxylgruppen COOH an Kohlenwasserstoffreste gebunden. Man kann sich dieselben entstanden denken durch Ersetzung von Wasserstoff im Wasser durch je ein einwertiges Säureradikal RCO, worin R ein Wasserstoffatom oder einen beliebigen einwertigen organischen Rest bezeichnet, oder aus den Kohlenwasserstoffen durch Ersetzung eines Wasserstoffatoms durch die Carboxylgruppe. Die letztere Ableitung würde nur für einige wenige Säuren, wie

Ameisensäure HCOOH,

Kohlensäure HO · COOH,

Oxalsäure $\begin{matrix} COOH \\ | \\ COOH \end{matrix}$

keine Geltung haben; vom Äthan leitet sich hingegen auf diese Weise die Essigsäure

$$CH_3COOH,$$

das Prototyp aller organischen Säuren, ab. Für die Richtigkeit dieser Formel sprechen verschiedene Thatsachen. Die Essigsäure, welche aus dem Äthylalkohol

$$CH_3CH_2OH$$

durch Oxydation entsteht, enthält wie jener noch ein extraradikales Wasserstoffatom, welches sich verschieden von den übrigen verhält, durch Metallatome und Kohlenwasserstoffradikale ersetzbar ist, und ebenfalls ein Sauerstoffatom, welches gemeinschaftlich mit jenem durch Chlor ersetzt werden kann. Beide genannten Atome sind darum als Hydroxyl in dem Molekül enthalten. Unterwirft man ferner ein Salz der Essigsäure, beispielsweise das essigsaure Natrium, der trockenen Destillation mit Natriumhydroxyd, so entsteht Grubengas und Natriumcarbonat nach der Gleichung:

$$CH_3COO\,Na + Na\,OH = CH_4 + CO_3Na_2.$$

Aus Methyljodid und Cyankalium entsteht Methylcyanid CH_3CN, welches unter Aufnahme der Elemente des Wassers in Essigsäure übergeht:

$$CH_3C\equiv N + 2\,H_2O = CH_3 - C\langle{}^{O}_{OH} + NH_3.$$

Diese und andere Reaktionen lassen die angeführte Konstitutionsformel als die richtige erscheinen. Hiermit stimmen dann auch die gegebenen Konstitutionsformeln des Acetaldehyds und Acetons überein.

Während Essigsäure durch Ersetzung eines Sauerstoffatoms durch zwei Chloratome bei der Behandlung mit Phosphorpentachlorid in zwei Moleküle, in Acetylchlorid CH_3COCl und Salzsäure, zerlegt wird, tritt eine gleiche Erscheinung bei dem Aldehyd nicht ein. In letzterem kann daher das Wasserstoffatom nicht mit dem Sauerstoffatom in Bindung stehen; diesem Verhalten entsprechen nur die zwei Formeln

$$CH_3{-}C\langle{}^{O}_{H} \quad \text{und} \quad {}^{CH_2}_{|}_{CH_2}\rangle O.$$

Da eine Verbindung der letzteren Konstitution bei der Chlorirung in

$$\begin{matrix} CH_2Cl \\ | \\ CH_2Cl \end{matrix},$$

d. i. Äthylenchlorid, übergehen mufs, so nimmt man dieselbe für das Äthylenoxyd an, welches thatsächlich durch Behandlung von Äthylenjodid

$$\begin{matrix} CH_2J \\ | \\ CH_2J \end{matrix}$$

mit Silberoxyd erhalten werden kann. Für den Acetaldehyd bleibt dann nur die erste Formel übrig, welche auch seinem sonstigen Verhalten gebührend Rechnung trägt. So entsteht beispielsweise Acetaldehyd durch Erhitzen eines Gemenges von ameisensauren und essigsauren Salzen:

$$\begin{matrix} CH_3COONa \\ HCO\ ONa \end{matrix} = CH_3COH + Na_2CO_3,$$

oder durch Reduktion des aus der Essigsäure zu erhaltenden Acetylchlorids:

$$CH_3C\langle{}^{O}_{Cl} + H_2 = CH_3C\langle{}^{O}_{H} + HCl.$$

Das Aceton resultiert aus der Essigsäure durch trockene Destillation eines ihrer Salze:

$$\begin{matrix} CH_3\,COO\,Na \\ CH_3\,COO\,Na \end{matrix} = \begin{matrix} CH_3 \\ CH_3 \end{matrix}\!\!>\!CO + Na_2CO_3.$$

Nach der Anzahl der in dem Molekül enthaltenen, direkt mit der CO-Gruppe verbundenen Hydroxyle teilt man die Säuren in ein- und mehrbasische ein. Es sind jedoch Säuren bekannt, in denen mehr Wasserstoffatome als Hydroxyl enthalten sein müssen, als ihrer Basizität entspricht; diese notwendigerweise im Radikal befindlichen Wasserstoffatome zeigen ein von dem Carboxylwasserstoff verschiedenes Verhalten, indem sie leicht durch Kohlenwasserstoff- und Säureradikale ersetzt werden können, wodurch Äther- oder Estersäuren entstehen, welche weit beständiger sind als die durch Substitution des Carboxylwasserstoffs durch die genannten Radikale derivierenden Säureester und Säureanhydride (Oxyde der Säureradikale). Diese Verbindungen werden jedoch durch Alkalien leicht zerlegt, indem Salze resp. Alkohole entstehen.

Wird in dem Radikal der Essigsäure ein Wasserstoffatom durch Hydroxyl ersetzt, so entsteht eine Alkohol- oder Oxysäure, die Oxyessigsäure oder Glykolsäure

$$CH_2(OH)\cdot COOH.$$

Derartige Säuren vereinigen in sich sowohl den Charakter einer Säure wie eines Alkohols. Man unterscheidet deshalb neben ein- und mehrbasischen Säuren noch ein- und mehratomige oder ein- und mehrwertige, in denen die Wertigkeit durch alle in dem Molekül vorhandenen Hydroxyle bedingt wird. Auch die Oxysäuren bilden mit Basen Salze, indem jedoch nur der Carboxylwasserstoff durch Metall substituiert wird, während eine Ersetzung des Alkoholwasserstoffs durch ein Metallatom nur unter den gleichen Bedingungen wie bei den Alkoholen erfolgt. Die Äther- und Estersäuren hingegen, z. B.

$$CH_2(OCH_3)\,COOH \text{ und } CH_2(O\cdot C_2H_3O)\,COOH,$$

sind weitaus beständiger als die Säureester und Säureanhydride.

Daſs die Alkoholhydroxylgruppe in dem Radikal der Oxysäure enthalten ist, geht aus ihrer Bildung aus halogensubstituierten Säuren durch Kochen mit Wasser oder Behandlung mit Ätzalkalien oder feuchtem Silberoxyd hervor. Für eine Monochloressigsäure ist nur eine Formel

$$CH_2Cl\,COOH$$

möglich; der Ersatz des Chlors durch Hydroxyl führt zu der obigen Formel für Oxyessigsäure.

Auch die Oxysäuren vermögen unter Abspaltung von Wasser in Anhydride wie die gewöhnlichen Säuren überzugehen; dabei hat man drei Fälle zu unterscheiden, je nachdem genau wie bei jenen nur die Carboxylgruppen oder nur die Hydroxyle oder aber beide sich an der Anhydridisierung beteiligen. Im ersten Falle entstehen die sogenannten wahren Säureanhydride, aus der Glykolsäure z. B. das Anhydrid

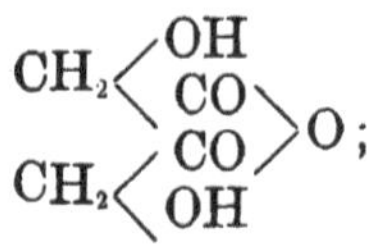

im zweiten Falle die Anhydrosäuren, z. B.

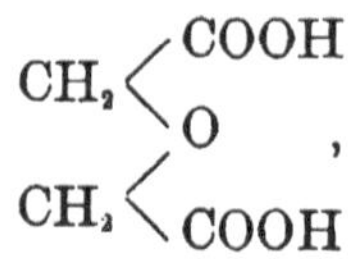

im letzten Falle entstehen volle Anhydride. Werden zur Bildung dieser letztern Kategorie die Elemente des Wassers nur einem Molekül der Säure entnommen, so bezeichnet man sie als Laktone; so bildet beispielsweise die eine Oxybuttersäure

$$CH_2(OH) \cdot CH_2 \cdot CH_2 \cdot COOH$$

das Butyrolakton

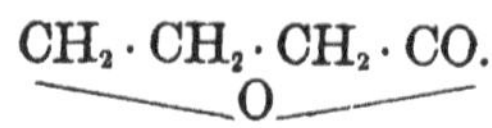

Je nach der Stellung des Hydroxyls der Oxysäure in Bezug auf die Carboxylgruppe, ob der letzteren benachbart, d. h. an demselben Kohlenstoff lagernd, oder an weiter von ihr entfernten Kohlenstoffatomen, unterscheidet man α-, β-, γ-, δ- etc. Oxysäuren; die Laktone der γ- und δ-Säuren werden als Laktone im engern Sinne bezeichnet.

Die Isomerieverhältnisse bei den Säuren richten sich ganz nach der Natur des mit der Carboxylgruppe verbundenen Radikals. Für die Glieder der Grenzreihe

$$C_n H_{2n+1} COOH = C_n H_{2n} O_2$$

sind ebensoviel Strukturfälle möglich als es ein Kohlenstoffatom weniger enthaltende Alkohole der Reihe

$$C_n H_{2n+1} OH$$

gibt. Da für den Methyl- und Äthylalkohol keine Isomeren möglich sind, kann auch nur eine Ameisensäure

$$H\,COOH$$

und nur eine Essigsäure

$$CH_3\,COOH$$

existieren; dasselbe ist der Fall bei dem Propylalkohol, da für denselben nur ein einziger primärer denkbar ist, sekundäre Alkohole aber entsprechende Säuren nicht zu liefern vermögen; für die Propionsäure ist daher ebenfalls nur eine Formel

$$CH_3\,CH_2\,COOH$$

möglich, für die Buttersäure $C_3\,H_7\,COOH$ ebensoviele, als Propylalkohole existiere; nämlich zwei, und zwar die Säuren

$$\underset{\text{Normale}}{CH_3 - CH_2 - CH_2 - COOH} \quad \text{und} \quad \underset{\text{Isobuttersäure}}{\begin{matrix} CH_3 \\ CH_3 \end{matrix} \!\!> CH - COOH},$$

für die Valeriansäure $C_5\,H_{10}\,O_2$ die Formeln

$$\underset{\text{Normale}}{CH_3 - CH_2 - CH_2 - CH_2 - COOH} \quad \underset{\substack{\text{Isobutylameisensäure,} \\ \text{gewöhnliche Valeriansäure.}}}{\begin{matrix} CH_3 \\ CH_3 \end{matrix} \!\!> CH - CH_2 - COOH},$$

$$\underset{\text{Methyläthylessigsäure}}{\begin{matrix} CH_3\,CH_2 \\ CH_3 \end{matrix} \!\!> CH - C\,OOH} \quad \underset{\text{Trimethylessigsäure.}}{\begin{matrix} CH_3 \\ CH_3 \end{matrix} \!\!> C < \begin{matrix} CH_3 \\ COOH \end{matrix}}$$

Für die sich vom Äthylen ableitende Akrylsäure ist nur eine Formel

$$CH_2 = CH \cdot COOH$$

denkbar; diese Säure deriviert vom Allylalkohol

$$CH_2 = CH - CH_2\,OH,$$

der leicht aus Allyljodid durch Austausch des Halogens gegen Hydroxyl gewonnen werden kann; bei der Oxydation liefert derselbe zunächst einen Aldehyd, dem nur die Formel

$$CH_2 = CH - C \Big\langle \begin{matrix} O \\ H \end{matrix}$$

zukommen kann, und welcher unter Aufnahme von Sauerstoff in Akrylsäure übergeht. Für das nächste Glied dieser Reihe

$$C_n\,H_{2n-1}\,COOH = C_n\,H_{2n-2}\,O_2,$$

die Crotonsäure, sind drei Isomere möglich:

$$\underset{\text{Normale.}}{CH_3 - CH = CH - COOH} \quad \underset{\text{Isocrotonsäure.}}{CH_2 = CH - CH_2 - COOH}$$

$$\underset{\text{Methylakrylsäure.}}{\begin{matrix} CH_2 = C - COOH \\ | \\ CH_3 \end{matrix}}$$

Von den gesättigten zweibasischen Säuren der Formel

$$C_n H_{2n} (COOH)_2 = C_n H_{2n-2} O_4$$

ist für die ersten beiden Glieder nur je eine Form möglich:

$$\begin{array}{c} COOH \\ | \\ COOH \end{array} \quad \text{und} \quad CH_2\begin{array}{l} \diagup COOH \\ \diagdown COOH \end{array}$$

Oxalsäure Malonsäure.

Die eigentümliche Konstitution der erstern, welche zwei Karboxylgruppen direkt mit einander verbunden enthält, ergibt sich aus der Betrachtung, dafs nur eine Formel für den Äthylenglykol

$$\begin{array}{c} CH_2 OH \\ | \\ CH_2 OH \end{array}$$

möglich ist, der bei der Oxydation zunächst Glykolsäure

$$\begin{array}{c} CH_2 OH \\ | \\ COOH \end{array}$$

liefert, deren Konstitution sich, wie erwähnt, auch aus der der Essigsäure ergibt; Glykolsäure geht bei weiterer Oxydation in Oxalsäure über, welche, ebenso wie die Essigsäure aus Methylcyanid, auch aus dem Dicyan unter Aufnahme der Elemente des Wassers hervorgeht:

$$\begin{array}{c} CN \\ | \\ CN \end{array} + 4\,H_2O = \begin{array}{c} COOH \\ | \\ COOH \end{array} + 2\,NH_3.$$

Aus der Konstitution der Chloressigsäure ergibt sich die der Cyanessigsäure als

$$CH_2 (CN) COOH,$$

und aus dieser wiederum die der Malonsäure, welche aus jener ebenso wie vorhin entsteht.

Treten Halogenatome an die Stelle der Wasserstoffatome des Säureradikals, so erhöht sich die Anzahl der Isomerien mit der der eintretenden Atome. Für die Ameisensäure und Essigsäure ist nur je ein Monohalogen-Substitutionsprodukt möglich,

$$X\,COOH \quad \text{und} \quad CH_2 X\,COOH.$$

Für die Propionsäure sind zwei Isomeriefälle möglich, nämlich

$$CH_3 \cdot CH X \cdot COOH \quad \text{und} \quad CH_2 X \cdot CH_2 \cdot COOH,$$

α- und β-Säure, u. s. w. Auch für die zwei- und dreifach substituierte Essigsäure

$$CH X_2 COOH \quad \text{und} \quad CX_3 COOH$$

kann nur eine Form, für eine zweifach substituierte Propionsäure können aber schon drei Formen möglich sein:

$CH_3 CX_2 COOH$, z. B. α-Dichlorpropionsäure

$CH_2 X \cdot CHX \cdot COOH$, α-β-Dichlorpropionsäure

$CH X_2 CH_2 COOH$ β-Dichlorpropionsäure.

Für die Oxysäuren gilt genau dasselbe wie für die halogensubstituierten Säuren, da jene aus diesen entstehen.

Kapitel 25.

Konstitution von Stickstoffverbindungen der Methanreihe. Nitro- und Nitrosokörper. Aminbasen, Hydrazine und Tetrazone. Säureamide, Amin- und Amidosäuren. Cyanverbindungen.

Werden Alkyljodide mit salpetrigsaurem Silber behandelt, so entstehen Verbindungen, welche die Gruppe NO_2, die Nitrogruppe, enthalten, und deshalb als Nitroverbindungen bezeichnet werden:

$$CH_3 J + Ag NO_2 = CH_3 NO_2 + Ag J.$$

Diese Körper unterscheiden sich von den isomeren Estern der salpetrigen Säure durch ihre Eigenschaft, bei Behandlung mit Alkalien nicht wie diese in salpetrigsaures Salz und Alkohol zerlegt, verseift zu werden. Da sie aufserdem durch Reduktion zu weiter unten zu besprechenden Aminen reduziert werden, eine Abspaltung des Stickstoffs also nicht erfolgt, mufs derselbe direkt mit einem Kohlenstoffatom des Radikals verbunden sein:

$$H_3C - NO_2 + 6 H = H_3 C - NH_2 + 2 H_2 O,$$

während in den Salpetrigsäureestern der Stickstoff nur durch Vermittelung eines Sauerstoffatoms mit dem Radikal verbunden sein kann, wie aus folgenden Gleichungen hervorgeht:

$$H_3C - O - NO + K OH = H_3 C - OH + K N O_2.$$

$$H_3C - O NO + 6 H = H_3 C - OH + NH_3 + H_2 O.$$

In den Estern der salpetrigen Säure kann der Stickstoff nur als dreiwertiges Element auftreten, während die Frage nach seiner Wertigkeit in den Nitroverbindungen eine offene bleibt, da ihrer Konstitution zwei Formeln zu entsprechen vermögen:

in denen der Stickstoff drei- oder fünfwertig erscheint, je nachdem man unter den Sauerstoffatomen eine gegenseitige Bindung annehmen will oder nicht. In jedem Falle bleibt das Radikal NO_2 einwertig, so dafs es also nur ein Wasserstoffatom zu ersetzen vermag. Nach der Anzahl der vorhandenen Nitrogruppen unterscheidet man Mono-, Di-, Tri- etc. Nitroderivate, welche primär, sekundär oder tertiär sein können, je nachdem sie den allgemeinen Formeln $R\,CH_2\,(NO_2)$, $R_2\,CH\,(NO_2)$ oder $R_3\,C\,(NO_2)$ entsprechen, in denen R ein beliebiges einwertiges Radikal bedeutet.

Die Isomerien ergeben sich in ganz gleicher Anzahl wie die der Halogensubstitutionsprodukte. Für die ersten beiden Glieder der Grenzkohlenwasserstoffe sind Isomeriefälle nicht denkbar. Für das Propan erscheinen zwei Mononitroderivate möglich, welche auch bekannt sind:

$CH_3 \cdot CH_2 \cdot CH_2\,(NO_2)$ und $CH_3 \cdot CH\,(NO_2) \cdot CH_3$

Normales primäres Nitropropan — Sekundäres Isonitropropan.

Die elektronegative Nitrogruppe verleiht ihren Verbindungen einen säureartigen Charakter, welcher in der Fähigkeit, die benachbarten Wasserstoffatome gegen Metalle und diese wieder gegen Halogene austauschen zu können, zum Ausdrucke gelangt. Da die tertiären Nitroderivate solche Wasserstoffatome nicht besitzen, gibt diese Ersetzbarkeit ein wichtiges Mittel an die Hand, primäre und sekundäre Verbindungen von jenen zu unterscheiden. So entsteht beispielsweise aus dem Mononitroäthan

$$CH_3 \cdot CH_2\,(NO_2)$$

die Natriumverbindung

$$CH_3\,CH\,Na\,(NO_2),$$

aus dieser durch Behandlung mit Brom die Verbindung

$$CH_3\,CH\,Br\,NO_2,$$

hieraus wiederum

$$CH_3 \cdot CNa\,Br\,(NO_2)$$

und endlich

$$CH_3 \cdot CBr_2 \cdot NO_2.$$

Aus dem sekundären Isonitrosopropan würde aber nur eine Verbindung

$$CH_3 \cdot CNa\,(NO_2) \cdot CH_3$$

resp.

$$CH_3 \cdot CBr\,(NO_2) \cdot CH_3$$

entstehen können, so dafs also die Anzahl eingeführter Metall- resp. Bromatome leicht die Konstitution einer Nitroverbindung zu erkennen gestattet.

Dieses gelingt auch noch auf eine andere Weise. Während nämlich tertiäre Nitroverbindungen mit salpetriger Säure nicht in

Reaktion treten, werden durch dieselbe die primären und sekundären in sogenannte Nitrolsäuren resp. Pseudonitrole übergeführt. So entsteht aus Nitroäthan

$$CH_3\,CH_2\,(NO_2)$$

die Äthylnitrolsäure

$$CH_3\cdot C\left\langle{N\cdot OH \atop NO_2}\right. \qquad \text{oder} \qquad CH_3\cdot CH\left\langle{NO \atop NO_2}\right.,$$

die in Alkalien mit roter Farbe löslich ist; aus sekundärem Nitropropan entsteht Propyl-Pseudonitrol

$$\left.{CH_3 \atop CH_3}\right\rangle C\left\langle{NO \atop NO_2}\right.,$$

welches indifferent ist, aber beim Erhitzen zu einer blauen Flüssigkeit zusammenschmilzt.

Diese Reaktionen gestatten daher auch, die Natur der Alkohole festzustellen. Man hat nur die Überführung derselben in Haloidester und dieser in Nitroderivate nötig, um erkennen zu können, in welcher Weise die Hydroxylgruppen mit dem Kohlenstoffradikal verbunden sind.

In dem Propylpseudonitrol haben wir eine Verbindung kennen gelernt, welche die Gruppe NO enthält. Derartige Verbindungen bezeichnet man als Nitrosoverbindungen, deren Verwandtschaft mit den Nitroverbindungen aus der gleichen Eigenschaft hervorgeht, durch Reduktion in Amine überzugehen. Sie sind in der Methanreihe nur wenig bekannt; genauer studiert sind Verbindungen, welche man als Isonitrosoverbindungen bezeichnet, und welche aus Aldehyden und Ketonen durch Behandlung mit Hydroxylamin NH_3O hervorgehen. Für das letztere sind zwei Formeln möglich:

$$\left.\begin{matrix}H\\H\\H\end{matrix}\right\rangle N = O \qquad \text{und} \qquad \left.{H \atop H}\right\rangle N - O - H,$$

von denen man aus gewissen Gründen der letzteren den Vorzug gibt. Aus Aldehyden entstehen Aldoxime:

$$CH_3\,C\left\langle{O \atop H}\right. + NH_2\,OH = CH_3\cdot C\left\langle{N\cdot OH \atop H}\right. + H_2O,$$

aus Ketonen Acetoxime:

$$\left.{CH_3 \atop CH_3}\right\rangle CO + NH_2\,OH = \left.{CH_3 \atop CH_3}\right\rangle C = N\cdot OH.$$

Im Ammoniak lassen sich die Wasserstoffatome ganz oder zum Teil gegen beliebige Kohlenwasserstoffreste austauschen, oder, was dasselbe bedeutet, in den Kohlenwasserstoffen kann eine entsprechende

Anzahl von Wasserstoffatomen durch die einwertige Amidgruppe NH_2 oder die zweiwertige Imidgruppe NH oder endlich durch ein Stickstoffatom ersetzt werden. Die entstehenden Körper dieser Art sind basischer Natur wie das Ammoniak und werden deshalb als Amin- oder organische Basen bezeichnet. Je nach der Anzahl der vorhandenen Stickstoffatome unterscheidet man Mono-, Di- und Triamine, je nach der Anzahl der in einem Molekül Ammoniak ersetzten Wasserstoffatome primäre Amidbasen oder Amine, sekundäre Imid- und tertiäre Nitrilbasen.

Unter den Monaminen hätten wir also beispielsweise

$NH_2\,CH_3$	$NH\,(CH_3)_2$	$N\,(CH_3)_3$
Methylamin,	Dimethylamin,	Trimethylamin,
primäre Amidbase.	sekundäre Imidbase.	tertiäre Nitrilbase.

Ist das in das Ammoniak eintretende Radikal ein zwei- oder mehrwertiges, so werden nicht zwei oder drei Atome Wasserstoff in einem Molekül Ammoniak, sondern in mehreren Molekülen desselben ersetzt. So entstehen z. B. die Diamine

$H_2N - C_2H_4 - NH_2$	$HN\left\langle\begin{matrix}C_2H_4\\C_2H_4\end{matrix}\right\rangle NH$	$N\begin{matrix}\diagup C_2H_4 \diagdown\\ - C_2H_4 - \\ \diagdown C_2H_4 \diagup\end{matrix}N.$
Äthylendiamin,	Diäthylendiamin,	Triäthylendiamin,
primäre Amidbase.	sekundäre Imidbase.	tertiäre Nitrilbase.

Ein Diamin des Methans, welches der Formel

$$CH_2\left\langle\begin{matrix}NH_2\\NH_2\end{matrix}\right.$$

entsprechen würde, ist nur in dem Substitutionsprodukte

$$CH_2\left\langle\begin{matrix}N\,(C_2H_5)_2\\N\,(C_2H_5)_2\end{matrix}\right.$$

Methylentetraäthyldiamin bekannt. Verbindungen dreiwertiger Radikale der Methanreihe mit Ammoniakresten sind nicht bekannt; unter Bedingungen, unter welchen z. B. Methenyltriamin

$$CH\begin{matrix}\diagup NH_2\\ - NH_2\\ \diagdown NH_2\end{matrix}$$

erwartet werden müfste, entsteht statt seiner Ammoniak und Cyanwasserstoff:

$$CH\begin{matrix}\diagup NH_2\\ - NH_2\\ \diagdown NH_2\end{matrix} = CHN + 2\,NH_3.$$

In der Benzolreihe jedoch existiert z. B. das Triamidobenzol

$$C_6H_3\begin{cases}NH_2\\NH_2\\NH_2\end{cases}.$$

Denkt man sich alle vier Wasserstoffatome des Methans durch NH_2 ersetzt, so gelangt man zu der Formel

$$C\begin{cases}NH_2\\NH_2\\NH_2\\NH_2\end{cases},$$

welche einem Tetraamidomethan oder Carbotetramid entsprechen würde, das jedoch nicht bekannt ist, sondern, ähnlich wie oben erwähnt, sofort in Ammoniak und Guanidin oder Carbodiamidimid

$$C\begin{cases}NH_2\\NH_2\\\!=NH\end{cases}$$

zerfällt.

Die Diamine der Methanreihe besitzen aufserdem die Fähigkeit, sich zu mehreren Molekülen unter Abspaltung von Ammoniak zu Polyaminen zu vereinigen:

$$C_2H_4\left\langle\begin{matrix}NH\ H & H_2N\\NH_2 & H_2N\end{matrix}\right\rangle C_2H_4 = C_2H_4\left\langle\begin{matrix}NH\,C_2H_4NH_2\\NH_2\end{matrix}\right. + NH_3,$$

Diäthylentriamin

$$C_2H_4\left\langle\begin{matrix}NH\,C_2H_4NH_2\\NH\,C_2H_4NH_2\end{matrix}\right. \quad \text{u. a.,}$$

Triäthylentetramin,

welche sowohl primäre wie sekundäre Basen sind.

Die tertiären Basen der Fettreihe vereinigen sich mit monohalogensubstituierten Kohlenwasserstoffen zu Ammoniumbasen, welche dem Ammoniumchlorid entsprechen und das Halogenatom leicht gegen Hydroxyl unter Bildung von substituierten Ammoniumhydroxiden austauschen:

$$N(CH_3)_3 + CH_3J = N(CH_3)_4J.$$

Tetramethylammoniumjodid.

$$N(CH_3)_4OH.$$

Tetramethylammoniumhydroxyd.

Isomerien können in zweierlei Weise eintreten; die Verschiedenartigkeit der Stellung der Amingruppe bedingt einesteils eine Ortsisomerie, die Verschiedenartigkeit der Kohlenstoffketten anderenteils eine Kernisomerie, letztere als Ausflufs der Mehrwertigkeit des Stickstoffatoms. Für die erstere ist dieselbe Anzahl von Isomeriefällen wie für die Halogensubstitutionsprodukte der Kohlenwasserstoffe oder der Alkohole möglich.

Vom Methan und Äthan leitet sich nur je ein Monohalogenderivat und je ein Alkohol ab, ebenso nur je ein Monamin, nämlich

$$CH_3\,NH_2 \qquad \text{und} \qquad CH_3\,CH_2\,NH_2.$$

Von Propylchloriden

$$C_3\,H_7\,Cl$$

und Propylalkoholen

$$C_3\,H_7\,OH$$

sind je zwei Isomeriefälle möglich, nämlich

$$CH_3\,CH_2\,CH_2\,Cl \qquad \text{und} \qquad CH_3\,CH\,Cl\,CH_3,$$

beziehentlich

$$CH_3\,CH_2\,CH_2\,OH \qquad \text{und} \qquad CH_3\,CH\,OH\,CH_3.$$

In gleicher Weise derivieren zwei Monamine

$$CH_3\,CH_2\,CH_2\,NH_2$$

Normalpropylamin und

$$CH_3.CH\,NH_2.CH_3$$

Isopropylamin. Beide besitzen die Molekularformel

$$C_3\,H_9\,N.$$

Derselben entsprechen aufserdem aber auch noch metamere Verbindungen, die Amidbase Äthylmethylamin

$$\left.\begin{matrix}CH_3\,CH_2\\CH_3\end{matrix}\right\rangle NH$$

und die Nitrilbase Trimethylamin

$$\left.\begin{matrix}CH_3\diagdown\\CH_3-\\CH_3\diagup\end{matrix}\right. N,$$

in denen nicht alle Kohlenstoffatome unter sich eine zusammenhängende Kette bilden. Von den beiden Butanen

$$CH_3\,CH_2\,CH_2\,CH_3 \;\text{und}\; \left.\begin{matrix}CH_3\\CH_3\end{matrix}\right\rangle CH\;\;CH_3$$

leiten sich die primären Basen

$$CH_3\,CH_2\,CH_2\,CH_2\,NH_2$$

Normalbutylamin,

$$\left.\begin{matrix}CH_3\\CH_3\end{matrix}\right\rangle CH\cdot CH_2\,NH_2$$

Isobutylamin,

$$CH_3\,CH_2\,CH\,(NH)_2\,CH_3$$

Sekundärbutylamin und

$$\left.\begin{matrix}CH_3\\CH_3\end{matrix}\right\rangle C\,(NH_2)\,CH_3$$

Tertiärbutylamin ab, ebenso wie vom Butan ganz analog vier Alkohole derivieren. Mit ihnen isomer (metamer) sind aber ebenfalls das Diäthylamin

$$(C_2\,H_5)_2\,NH,$$

das Äthyldimethylamin

$$(C_2H_5)\,(CH_3)_2\,N$$

und das Propylmethylamin

$$(CH_3\cdot CH_2\,CH_2)\cdot CH_3\cdot NH.$$

Die Ähnlichkeit dieser organischen Basen mit dem Ammoniak läfst ihre Konstitution von vornherein unzweideutig erkennen, welche aufserdem eine Stütze findet in der Darstellungsweise dieser Körper aus halogensubstituierten Kohlenwasserstoffen und Ammoniak gemäfs den Gleichungen.

$$C_2\,H_5\,Cl + NH_3 = C_2\,H_5\,NH_2 + HCl,$$

$$\begin{matrix} C_2\,H_5\,Cl \\ C_2\,H_5\,Cl \end{matrix} + NH_3 = \begin{matrix} C_2\,H_5 \\ C_2\,H_5 \end{matrix}\!\!>\!NH + 2\,H\,Cl$$

$$\begin{matrix} CH_2\,Br \\ | \\ CH_2\,Br \end{matrix} + \begin{matrix} NH_3 \\ NH_3 \end{matrix} = \begin{matrix} CH_2\,NH_2 \\ | \\ CH_2\,NH_2 \end{matrix} + 2\,H\,Br$$

u. a. m.

Die Aminbasen zeigen ein charakteristisches Verhalten, je nachdem sie primär, sekundär oder tertiär sind; es genügt, in ihnen die Anzahl der mit dem Stickstoffatom verbundenen typischen Wasserstoffatome zu ermitteln, um auch ihren Charakter zu erkennen. Das einfachste Mittel ist die Behandlung einer solchen Base mit Methyljodid, welches die Wasserstoffatome des Ammoniakrestes zu substituieren vermag; eine Einführung zweier Methylgruppen, beziehentlich von drei derselben bis zur Bildung einer Ammoniumbase, zeigt ein primäres Amin, die Einführung nur einer resp. zweier Methylgruppen ein sekundäres Amin an; sofortige Bildung einer Ammoniumverbindung bei Anwendung gleicher Moleküle der Base und Methyljodids läfst eine tertiäre Verbindung erkennen. Schwierigkeiten bleiben nur für die Ermittelung der Struktur der Kohlenwasserstoffradikale. Andere Methoden zur Ermittelung der Konstitution werden wir weiter unten kennen lernen.

Dem Ammoniak ganz ähnlich ist das neuerdings dargestellte, ebenfalls gasförmige Hydrazin $N_2\,H_4$, dessen Konstitution, wenn man in ihm nicht etwa ein fünf- und ein dreiwertiges Stickstoffatom annehmen will, wogegen mehrfache Gründe sprechen, nur durch die Formel

$$H_2N - NH_2$$

ausgedrückt werden kann. Durch Vertretung der Wasserstoffatome durch Kohlenwasserstoffreste entstehen daraus Hydrazinbasen, die bei Einführung nur eines Restes primär, bei Einführung zweier Radikale sekundär sind, in diesem Falle unsymmetrisch oder symmetrisch konstituiert sein können:

$C_2H_5NH - NH_2$	$(C_2H_5)_2N - NH_2$	$C_2H_5NH - NHC_6H_5$
Äthylhydrazin	Unsymmetrisches Diäthylhydrazin	Symmetrisches Äthylphenylhydrazin

Mehr als zwei Radikale oder zwei Radikale der Fettreihe in symmetrischer Stellung einzuführen, ist noch nicht gelungen. Es mag hier bemerkt sein, dafs die symmetrisch konstituierten Hydrazine mit den Hydrazoverbindungen identisch sind.

Wie sich die Hydrazine von dem Körper

$$H_2N - NH_2$$

ableiten, ebenso die Tetrazone von einem hypothetischen der Formel

$$H_2N - N = N - NH_2,$$

welche ebenfalls, soweit sie Radikale der Methanreihe enthalten, basischer Natur sind.

Die Amidgruppe vermag in den Säuren die Stelle des in der Carboxylgruppe vorhandenen Hydroxyls einzunehmen unter Bildung von Säureamiden, welche ebenfalls als Substitutionsprodukte des Ammoniaks aufgefasst werden können, in dem der Wasserstoff durch Säureradikale ersetzt ist. Nach der Anzahl der in einem Molekül vorhandenen Stickstoffatome unterscheidet man Monamide, Diamide etc., nach der Anzahl der in e i n e m Molekül Ammoniak ersetzten Wasserstoffatome primäre, sekundäre und tertiäre Amide. So hat man beispielsweise unter den Monamiden:

$CH_3CO \cdot NH_2$	$\begin{matrix} CH_3CO \\ CH_3CO \end{matrix} \rangle NH$	$\begin{matrix} CH_3CO \diagdown \\ CH_3CO - N \\ CH_3CO \diagup \end{matrix}$
Acetamid, primär.	Diacetamid, sekundär.	Triacetamid, tertiär,

unter den Diamiden:

$CO \langle \begin{matrix} NH_2 \\ NH_2 \end{matrix}$	$\begin{matrix} CH_2CO \\ \vert \\ CH_2CO \end{matrix} \rangle NH$	$\begin{matrix} CH_2CO \cdot N \langle \begin{matrix} CO \cdot CH_3 \\ CO \cdot CH_3 \end{matrix} \\ \vert \\ CH_2CO \cdot N \langle \begin{matrix} CO \cdot CH_3 \\ CO \cdot CH_3 \end{matrix} \end{matrix}$
Carbamid, primär.	Succinimid, sekundär.	Trisuccinamid, tertiär.

Unter Abspaltung von Ammoniak aus mehreren Molekülen eines Säureamids entstehen Triamide und Polyamide, z. B. aus dem Carbamid oder Harnstoff des Allophansäureamid oder Biuret:

$$\begin{matrix} CO\left\langle \begin{matrix} NH_2 \\ NH\,H \end{matrix} \right. \\ CO\left\langle \begin{matrix} NH_2 \\ NH_2 \end{matrix} \right. \end{matrix} = \begin{matrix} CO\left\langle \begin{matrix} NH_2 \\ \\ \end{matrix} \right. \\ \quad NH \\ CO\left\langle \begin{matrix} \\ NH_2 \end{matrix} \right. \end{matrix} + NH_3.$$

Wenn in den mehrbasischen Säuren nicht alle Hydroxyle der Carboxylgruppen ersetzt sind, entstehen Aminsäuren, z. B.

$$\begin{matrix} CH_2 - COOH \\ | \\ CH_2 - CO\,NH_2 \end{matrix}$$

Succinaminsäure. Werden in den Säureamiden aufserdem die Sauerstoffatome der Carbonylgruppen durch Ammoniakreste NH ersetzt, so entstehen Amidine, z. B. aus dem Acetamid

$$CH_3\,CO\,NH_2$$

das Acetamidin oder Äthenylamidin

$$\begin{matrix} CH_3 \cdot C \cdot NH_2, \\ \| \\ NH \end{matrix}$$

aus dem Harnstoff

$$CO\left\langle \begin{matrix} NH_2 \\ NH_2 \end{matrix} \right.$$

das schon vorhin erwähnte Guanidin

$$\begin{matrix} C\left\langle \begin{matrix} NH_2 \\ NH_2 \end{matrix} \right. \\ \| \\ NH \end{matrix}$$

u. a. m.

Die Isomerieverhältnisse bei diesen Säurederivaten gestalten sich verhältnismäfsig sehr einfach, da aus jeder Säure nur ein und dasselbe Amid entstehen kann. Anders jedoch gestalten sich die Verhältnisse, sobald der Ammoniakrest nicht die Stelle des Hydroxyls der Carboxylgruppe, sondern die von Wasserstoffatomen in der Kohlenstoffkette einnimmt, wodurch Amidosäuren entstehen. Für die ersteren beiden Glieder der einbasischen Säuren der Grenzreihe sind Isomere nicht möglich, es können Amidosäuren nur in je einer Form möglich sein, nämlich

$$NH_2\,COOH$$

Amidoameisensäure (Carbaminsäure) und

$$CH_2NH_2\,COOH$$

Amidoessigsäure. Für die Derivate der Propionsäure sind schon zwei Formeln möglich, denen auch bekannte Verbindungen entsprechen,

$$CH_3\,CH\,(NH_2)\,COOH$$

α-Amidopropionsäure (Alanin) und

$$CH_2\,(NH_2)\cdot CH_2\,COOH$$

β-Amidopropionsäure. Die Anzahl der möglichen Isomeriefälle für diese Amidosäuren richtet sich ganz nach den der monohalogensubstituierten Säuren, aus denen sie entstehen:

$$CH_2\,Cl\cdot COOH + NH_3 = CH_2\,NH_2\,COOH + HCl.$$

Die Säureamide gehen unter geeigneten Bedingungen unter Abgabe von Wasser in Nitrile oder Cyanide über, welche die Cyangruppen CN enthalten:

$$CH_3\,CO\,NH_2 = CH_3\,CN + H_2\,O.$$

Die einfachsten Verbindungen dieser Art sind das Dicyan oder das Nitril der Oxalsäure

$$\begin{matrix} CH \\ CN \end{matrix}'$$

und der Cyanwasserstoff oder Ameisensäureamid HCN. Der letztere ist eine schwache Säure, in welcher der Wasserstoff wie in den Haloidsäuren durch Metallatome ersetzt werden kann, wodurch die Metallcyanide entstehen. Diese bieten ein einfaches Mittel, um die Cyangruppe auch in andere Verbindungen einzuführen, indem man Chlorsubstitutionsprodukte mit Cyankalium behandelt. Aus den chlorierten Kohlenwasserstoffen erhält man auf diese Weise die Nitrile. Die Konstitution derselben ergibt sich von selbst durch die Ableitung aus den Amiden; da sie durch Aufnahme der Elemente des Wassers wieder in Amide und Ammoniumsalze der Säuren übergeführt werden können:

$$CH_3\,CN + H_2\,O = CH_3\,CO\,NH_2$$
$$CH_3\,CO\,NH_2 + H_2\,O = CH_3\,COO\,NH_4,$$

mufs das Kohlenstoffatom der Cyangruppe direkt mit dem des Radikals verbunden sein, während der Stickstoff aus der Verbindung durch Zersetzung der Ammoniumsalze mit Säuren oder Alkalien ausgeschieden werden kann. Der Stickstoff fungiert wie im Ammoniak als ein dreiwertiges Element:

$$H-C\begin{matrix}\nearrow O \\ \searrow N = H_2\end{matrix} \qquad H-C\equiv N.$$

Nun sind Verbindungen bekannt, welche bei gleicher Zusammensetzung ein wesentlich anderes Verhalten zeigen. Während in den eben erwähnten der Kohlenstoff der Cyangruppe mit dem Radikal in direkter Bindung stehend angesehen werden mufs, sprechen Gründe dafür, in denen der zweiten Klasse, den sogenannten Isocyanverbindungen, den Stickstoff als direkt mit dem Radikal verbunden anzunehmen, wodurch derselbe fünfwertig erscheint:

$$CH_3 - N \equiv C,$$

da dieselben bei Behandlung mit Säuren in Aminbasen unter Abspaltung des Kohlenstoffatoms der Cyangruppe als Ameisensäure übergehen:

$$CH_3 - N \equiv C + 2\,H_2O = CH_3 - NH_2 + HCOOH,$$

während eine Umwandlung der entsprechenden Nitrile durch nascierenden Wasserstoff stets zu Basen mit gleicher Anzahl von Kohlenstoffatomen führt:

$$CH_3 - C \equiv N + 4\,H = CH_3 - CH_2 - NH_2.$$

Nur die Cyanwasserstoffsäure ist allein in der einen, den gewöhnlichen Nitrilen entsprechenden Form bekannt, ihre Konstitutionsformel demnach

$$H - C \equiv N,$$

die sich schon aus der erwähnten Beziehung zur Ameisensäure ergibt.

Die Isonitrile entstehen u. a. aus primären Aminen bei Einwirkung von Chloroform und alkoholischem Kali nach der Gleichung:

$$CH_3 - NH_2 + CHCl_3 + 3\,KOH = CH_3 - N \equiv C + 3\,KCl + 3\,H_2O.$$

Da dieselben durch einen äufserst widerwärtigen Geruch charakterisiert sind, lassen sich primäre Amine an dieser Reaktion aufserordentlich leicht erkennen.

Auch von der durch Einführung eines Sauerstoffatoms in das Molekül Cyanwasserstoff entstehenden Cyansäure leiten sich zwei Klassen von Verbindungen ab, entsprechend der wahren Cyansäure

$$N \equiv C - OH$$

und der Isocyansäure

$$CO = N - H$$

(Carbimid), z. B. der normale Cyansäureester oder Cyanätholin

$$N \equiv C - O\,C_2H_5$$

und der Isocyansäureester

$$O = C = N - C_2H_5.$$

Während der erstere bei der Verseifung Alkohol und Cyanat liefert, zerfällt der letztere in Kohlensäure und Äthylamin:

$$CO = N - C_2H_5 + H_2O = CO_2 + NH_2\,C_2H_5,$$

zeigt damit also ein von denen der Säureester ganz verschiedenes Verhalten. Diese Reaktion beweist, dafs der Stickstoff mit dem Alkoholradikal in direkter Verbindung stehen mufs.

Durch Polymerisierung der Cyansäure und Cyansäureester entstehen Cyanursäure ($CNOH_3$) und Cyanursäureester, von denen ebenfalls zwei isomere Klassen von Verbindungen sich ableiten, entsprechend den Ringformeln:

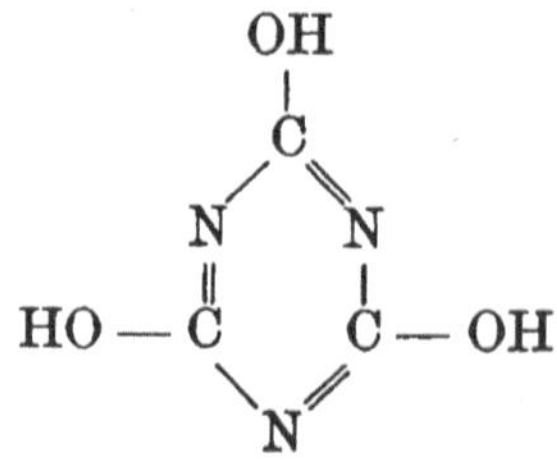

und

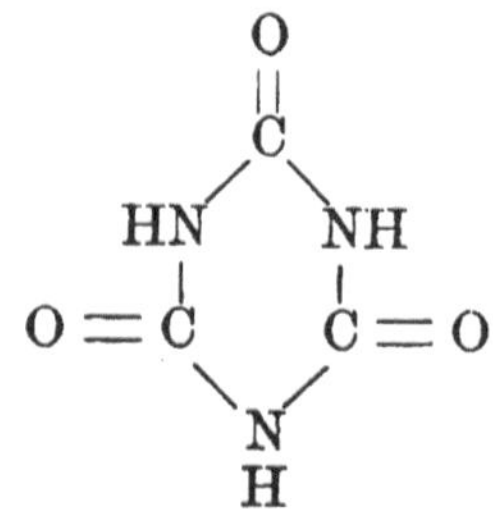

wahre Cyanursäure — Isocyanursäure.

Die erstere ergibt sich aus der des Cyanurchlorids, aus welchem die wahre Cyanursäure entsteht, umgekehrt aber in dasselbe übergeführt werden kann, und zwar bei Einwirkung von Phosphorpentachlorid unter Bildung von Phosphoroxychlorid und Salzsäure, während, wie A. W. Hofmann gezeigt hat, ihre Ester in Cyanurchlorid umgewandelt werden unter Bildung von Oxychlorid und Chloralkyl:

$$\left(\mathrm{C}\begin{smallmatrix}\diagup \mathrm{OH}\\ \diagdown \mathrm{N}\end{smallmatrix}\right)_3 + 3\,\mathrm{PCl_5} = \left(\mathrm{C}\begin{smallmatrix}\diagup \mathrm{Cl}\\ \diagdown \mathrm{N}\end{smallmatrix}\right)_3 + 3\,\mathrm{PO\,Cl_3} + 3\,\mathrm{HCl}$$

$$\left(\mathrm{C}\begin{smallmatrix}\diagup \mathrm{O\,CH_3}\\ \diagdown \mathrm{N}\end{smallmatrix}\right)_3 + 3\,\mathrm{PCl_5} = \left(\mathrm{C}\begin{smallmatrix}\diagup \mathrm{Cl}\\ \diagdown \mathrm{N}\end{smallmatrix}\right)_3 + 3\,\mathrm{POCl_3} + 3\,\mathrm{CH_3\,Cl},$$

so dafs also wegen des Vorhandenseins von Hydroxylgruppen ein Zweifel nicht bestehen kann. Die Isocyanursäure ist als solche nicht bekannt, sondern nur in Gestalt ihrer Ester, welche leicht durch Destillation von Cyanursäureestern infolge einer molekularen Umlagerung erhalten werden können. Auch sie werden von Phosphorpentachlorid verändert, aber nicht unter Bildung von Oxychlorid und Chloralkyl, sondern von Phosphortrichlorid, Salzsäure und chlorierten Isocyansäureestern:

$$\left(\mathrm{C}\begin{smallmatrix}\diagup\!\!\diagup \mathrm{O}\\ \diagdown \mathrm{N} - \mathrm{CH_3}\end{smallmatrix}\right)_3 + 3\,\mathrm{PCl_5} = \left(\mathrm{C}\begin{smallmatrix}\diagup\!\!\diagup \mathrm{O}\\ \diagdown \mathrm{N} - \mathrm{CH_2\,Cl}\end{smallmatrix}\right)_3 + 3\,\mathrm{P\,Cl_3} + 3\,\mathrm{HCl}.$$

Dafs diese Verbindungen bei Einwirkung von Wasser in Salzsäure, Aldehyd und Cyanursäure sich umsetzen:

$$\left(\mathrm{C}\begin{smallmatrix}\diagup\!\!\diagup \mathrm{O}\\ \diagdown \mathrm{N} - \mathrm{CH_2\,Cl}\end{smallmatrix}\right)_3 + 3\,\mathrm{H_2\,O} = 3\,\mathrm{HCl} + 3\,\mathrm{CH_2\,O} + \left(\mathrm{C}\begin{smallmatrix}\diagup \mathrm{OH}\\ \diagdown \mathrm{N}\end{smallmatrix}\right)_3,$$

könnte von den Gegnern der normalen Struktur der Cyanursäure als Beweis für die Richtigkeit ihrer Ansicht geltend gemacht werden, wonach derselben nur die zweite der oben angeführten Formeln zuerkannt, sie also nur als Isocyanursäure angesehen werden dürfte. Dem ist jedoch zu entgegnen, dafs die Annahme einer Atomumlagerung, bei der doch so leicht erfolgenden Umwandlung von Cyanursäurederivaten in solche der Isocyanursäure schlechterdings nicht umgangen werden kann.

Wird die Stelle des Sauerstoffatoms der Cyansäure durch ein Schwefelatom ersetzt, so entsteht eine Verbindung, welche man als Thio- oder Sulfocyansäure bezeichnet. Dieselbe tritt ebenfalls in zwei isomeren Formen auf, ganz entsprechend der Cyansäure,

$$N \equiv C - SH$$

Thiocyansäure (Rhodanwasserstoff) und

$$SC = NH$$

Isothiocyansäure (Sulfcarbimid). Die Ester der letzteren werden auch als Senföle bezeichnet, da ihr Repräsentant, das Allylsenföl

$$CS = N - C_3H_5,$$

aus dem Samen des schwarzen Senfs gewonnen wird. Wie die Isocyansäureester bei der Verseifung in Kohlensäure und Aminbasen zerfallen, so diese in Kohlensäure, Aminbasen und Schwefelwasserstoff:

$$CS = NC_2H_5 + 2\,H_2O = NH_2C_2H_5 + H_2S + CO_2.$$

Auch in ihnen mufs deshalb der Stickstoff direkt mit dem Alkyl verbunden sein.

Die eben angeführte Reaktion kann zweckmäfsig zur Erkennung primärer Amine benutzt werden. Letztere vereinigen sich nämlich mit Schwefelkohlenstoff zu Aminsalzen substituierter Thiocarbaminsäure:

$$CS_2 + 2\,NH_2CH_3 = CS\langle{}^{NH\,CH_3}_{SH \cdot NH_2CH_3},$$

aus welchen beim Erhitzen mit Metallsalzen unter vorheriger Bildung solcher Salze der Thiocarbaminsäure Schwefelmetall, Schwefelwasserstoff und Senföle resultieren:

$$2\,CS\langle{}^{NH\,CH_3}_{SAg} = 2\,CS = NCH_3 + Ag_2S + H_2S.$$

Kapitel 26.

Verbindungen mit geschlossener Kohlenstoffkette. Furfuran-, Thiophen- und Pyrrolgruppe. Theorie der Benzolderivate.

In den vorausgehenden Kapiteln war nur auf solche Verbindungen Rücksicht genommen, in denen die Kohlenstoffatome eine sogenannte »offene Kette« bilden, in der also endständige Kohlenstoffatome vorhanden sind. Es sind jedoch auch Verbindungen bekannt, in denen eine »geschlossene Kohlenstoffkette« angenommen werden mufs, entstanden durch gegenseitige Bindung der endständigen Kohlenstoffatome einer ursprünglich offenen Kette. Einigen Verbindungen dieser Art sind wir schon in Gestalt des Cyanurchlorids, der Cyanursäuren und ihrer Derivate begegnet.

Für einen Kohlenwasserstoff der Formel C_3H_6, Propylen, ist, wie wir in Kapitel 23 gesehen haben, nur eine einzige Strukturformel

$$CH_3 - CH = CH_2$$

möglich, wenn die Kohlenstoffatome nur in offener Kette auftreten. Sobald jedoch eine ringförmige Bindung derselben angenommen wird, ergibt sich eine zweite Formel

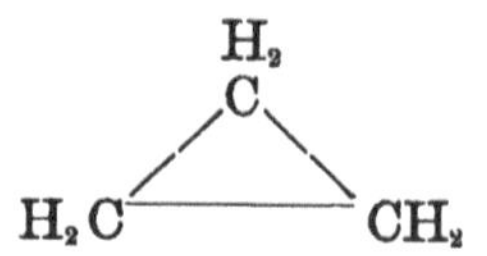

Trimethylen

in der drei Methylengruppen in einfacher, aber ringförmiger Bindung vorhanden sind. In der That existiert eine dem erstangeführten Propylen isomere gasförmige Verbindung, welche aus dem Bromderivat des Propans

$$CH_2Br - CH_2 - CH_2Br$$

durch Erhitzen mit metallischem Natrium erhalten wurde; dafs dieselbe sich mit Wasserstoff und Brom nur sehr schwer verbinden läfst, ist der Grund zu der Annahme nur einfacher Bindungen, wie in der angeführten Ringformel zum Ausdruck gelangt. Auch den Kohlenwasserstoffen Butylen C_4H_8, Amylen C_5H_{10} und Hexylen C_6H_{12} entsprechen neben den Formeln mit offener Kohlenstoffkette solche mit ringförmiger Bindung ihrer Kohlenstoffatome:

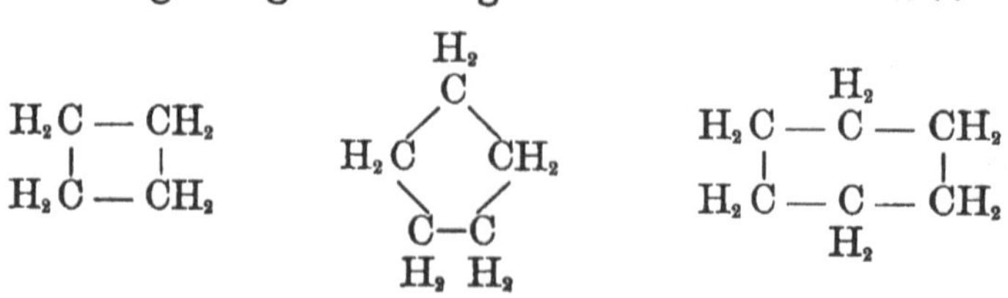

das Tetra-, Penta- und Hexamethylen, von denen jedoch die beiden ersteren nur in Derivaten bekannt sind.

Auch für einen bis jetzt noch nicht dargestellten ungesättigten Kohlenwasserstoff Tetrol C_4H_4 läfst sich eine ringförmige Strukturformel

$$\begin{array}{c} HC = CH \\ | \quad\ \ | \\ HC = CH \end{array}$$

aufstellen; von ihm leiten sich drei Gruppen von einander ganz ähnlichen Verbindungen ab, die Furfuran-, Thiophen- und Pyrrolgruppe, als deren Repräsentanten

$$\left.\begin{array}{l} CH = CH \\ | \\ CH = CH \end{array}\right\rangle O \qquad \left.\begin{array}{l} CH = CH \\ | \\ CH = CH \end{array}\right\rangle S \qquad \left.\begin{array}{l} CH = CH \\ | \\ CH = CH \end{array}\right\rangle NH$$

Furfuran — Thiophen — Pyrrol

gelten. Diese Formeln ergeben sich aus der Bildungsweise der drei Verbindungen aus dem Acetonylaceton

$$CH_3 - CO - CH_2 - CH_2 - CO - CH_3;$$

man kann sich die Vorgänge so denken, als ob zunächst das letztere in ein Isomeres

$$CH_3 - C(OH) = CH - CH = C(OH) - CH_3$$

überginge, aus dem durch einfache Wasserabspaltung Dimethylfurfuran:

$$\begin{array}{l} CH = C(CH_3)OH \\ | \\ CH = C(CH_3)OH \end{array} = \left.\begin{array}{l} CH = C(CH_3) \\ | \\ CH = C(CH_3) \end{array}\right\rangle O + H_2O,$$

durch Einwirkung von Schwefelwasserstoff Dimethylthiophen:

$$\begin{array}{l} CH = C(CH_3)OH \\ | \\ CH = C(CH_3)OH \end{array} + H_2S = \left.\begin{array}{l} CH = C(CH_3) \\ | \\ CH = C(CH_3) \end{array}\right\rangle S + 2H_2O,$$

durch Einwirkung von Ammoniak Dimethylpyrrol

$$\begin{array}{l} CH = C(CH_3)OH \\ | \\ CH = C(CH_3)OH \end{array} + NH_3 = \left.\begin{array}{l} CH = C(CH_3) \\ | \\ CH = C(CH_3) \end{array}\right\rangle NH + 2H_2O$$

entstehen.

Ungleich zahlreicher sind Verbindungen, welche mindestens sechs Kohlenstoffatome in Gestalt eines aufserordentlich beständigen Kernes enthalten und welche erfahrungsgemäfs sich alle von dem Kohlenwasserstoff C_6H_6 Benzol ableiten, indem dessen Wasserstoffatome durch Atome oder Radikale ersetzt werden. Trotz der ungeheuren Anzahl von bekannten »aromatischen« Verbindungen, wie diese Benzolderivate auch genannt werden, kennt man keine, welche einen unmittelbaren Aufschlufs über die Verkettung der Kohlenstoffatome des Benzols zu geben vermöchte, vielmehr nur eine gewisse Anzahl von Isomeren und deren Beziehungen zu einander. Daraus läfst sich erkennen, dafs unsere Anschauungen von der Konstitution des Benzols nur eine unsichere Grundlage haben können.

Bislang hat man niemals mehr als nur ein einziges Monosubstitutionsprodukt des Benzols erhalten können, gleichgültig, welches Atom oder Radikal und auf welche Weise dasselbe eingeführt wurde. Es ist daher die Annahme berechtigt, dafs im Benzol die sechs Wasserstoffatome einander gleichwertig sind, d. h., es ist gleichgültig, welches von denselben durch ein und dasselbe Atom oder Radikal ersetzt wird. Man nimmt deshalb an, dafs die Wasserstoffatome im Benzol alle in gleicher Weise mit den Kohlenstoffatomen und diese wiederum unter sich in Bindung stehen.

Für die Annahme der Formel C_6H_6 für das Benzol spricht nicht allein die Dampfdichte, sondern auch die Thatsache, dafs bei der Substitution der Wasserstoffatome durch Chlor nur Verbindungen erhalten werden konnten, deren Zusammensetzung durch die Formeln

$$C_6H_5Cl,\quad C_6H_4Cl_2,\quad C_6H_3Cl_3,\quad C_6H_2Cl_4,\quad C_6HCl_5 \text{ und } C_6Cl_6$$

wiedergegeben wird. Würde dem Benzol wirklich eine mehrfache Formel zukommen, so müfsten Chlorderivate erhalten werden können, welche als Zwischenprodukte z. B. zwischen

$$C_{12}H_{10}Cl_2,\quad C_{12}H_8Cl_4,\quad C_{12}H_6Cl_6$$

gelten müfsten, was in der That nicht der Fall ist. Die geringste, in das Benzolmolekül eintretende Chlormenge würde dann aus zwei Atomen bestehen, eine Annahme, für die ein plausibler Grund nicht vorhanden ist.

Dafs mindestens vier der Wasserstoffatome des Benzols einander gleichwertig sind, ist von Ladenburg in folgender Weise bewiesen: Das gewöhnliche Phenol

$$C_6H_5 - OH$$

läfst sich durch Behandlung mit Phosphorpentabromid in ein Brombenzol

$$C_6H_5Br,$$

und dieses durch Natrium und Kohlendioxyd in Benzoësäure

$$C_6H_5COOH$$

überführen. Bezeichnet man die Stelle, an welcher sich die Hydroxylgruppe des Phenols im Benzolkern befindet, resp. das Wasserstoffatom, welches im Phenol durch Hydroxyl ersetzt ist, mit *a*, so mufs auch im Brombenzol das Brom und in der Benzoësäure die Carboxylgruppe sich in *a* befinden. Von der Benzoësäure derivieren drei verschiedene Oxybenzoësäuren

$$C_6 H_4 (OH) COOH,$$

welche die Carboxylgruppe in *a*, die Hydroxylgruppen aber an verschiedenen Stellen — sie seien mit *b*, *c* und *d* bezeichnet — enthalten. Aus diesen Oxybenzoësäuren lassen sich Phenole erhalten, welche die Hydroxylgruppen an verschiedenen Stellen enthalten müssen, welche aber vollständig identisch mit dem gewöhnlichen Phenol sind. Die Wasserstoffatome *a*, *b*, *c* und *d* sind demnach gleichwertig.

Im Benzol sind zwei Paare von Wasserstoffatomen vorhanden, welche einem fünften gegenüber symmetrisch liegen. Der letztere Ausdruck soll bezeichnen, dafs in einem Molekül, welches an Stelle dieses fünften Wasserstoffatoms ein anderes Atom enthält, eines von zwei anderen Wasserstoffatomen, aber gleichgültig welches, ebenfalls substituiert werden kann, ohne dafs dadurch verschiedene Körper entstehen. Zeichnen wir die ringförmige Bindung der Kohlenstoffatome des Benzols mit folgendem Schema:

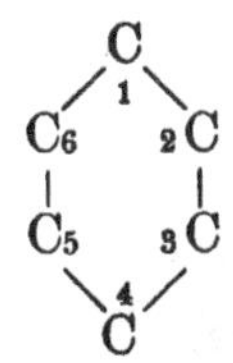

ohne auf ein- oder mehrfache Bindung Rücksicht zu nehmen, so wird vermutlich mit jedem Kohlenstoffatom noch ein Wasserstoffatom verbunden sein, deren Stellung wir willkürlich als mit 1, 2, 3, 4, 5 und 6 bezeichnen wollen. In dieser Form liegen die Wasserstoffatome 2 und 6, und ebenso 3 und 5 dem 1 resp. 4 gegenüber symmetrisch, es ist also ganz gleichgültig, welches von jedem Paar ersetzt wird. Denkt man sich beispielsweise das Wasserstoffatom in 1 durch Chlor ersetzt, so resultiert durch Substitution des Wasserstoffatoms in 2, angenommen ebenfalls durch Chlor, dasselbe Dichlorbenzol als durch Substitution des Wasserstoffatoms in 6, ebenso durch Ersetzung von 3 oder 5.

Durch Nitrierung von Brombenzoësäure wurden zwei verschiedene Bromnitrobenzoësäuren erhalten, welche jedoch bei der Reduktion ein und dieselbe Amidobenzoësäure lieferten, woraus hervorgeht, dafs die Stellung der beiden Nitrogruppen resp. der von ihnen verdrängten Wasserstoffatome symmetrisch zu der Stellung des durch die Carboxylgruppe ersetzten Wasserstoffatoms sein mufs.

Die Gleichwertigkeit von vier Wasserstoffatomen ist bewiesen; aus dem Phenol kann man zu Benzoësäure gelangen, also müssen die Hydroxyle und die Carboxyle dieselbe Stellung 1 einnehmen. In den Oxybenzoësäuren sind drei andere, von einander verschiedene Wasserstoffatome 2, 3 und 4 durch Hydroxyl ersetzt. Hierunter kann kein dem 1 symmetrisches Wasserstoffatompaar sein, da andernfalls durch Substitution durch dasselbe Radikal nicht drei verschiedene Oxybenzoësäuren entstehen könnten. Dem Wasserstoffatom 1, welches in der Benzoësäure durch Carboxyl ersetzt ist, sind zwei Wasserstoffatompaare symmetrisch geordnet, es bleiben also nur noch 5 und 6, welche mit zweien der Wasserstoffatome 2, 3 und 4 diese Paare bilden müssen.

Würden auch sie durch Hydroxyl ersetzt, so würden zwei mit zweien der drei bekannten Oxybenzoësäuren identische Verbindungen entstehen. Dann würden auch die Phenole, in denen die Hydroxyle die Stellung 5 resp. 6 einnehmen, mit dem gewöhnlichen Phenol identisch und die sämtlichen sechs Wasserstoffatome also gleichwertig sein. Die Erfahrung liefert die Bestätigung hierfür; es sind *nie mehr als drei Di-, Tri- und Tetrasubstitutionsprodukte des Benzols mit gleichen Substituenten erhalten* worden, so dafs es im höchsten Grade wahrscheinlich ist, dafs die Konstitution des Benzols eine gröfsere Anzahl überhaupt nicht zuläfst.

Eine Isomerie der Benzolderivate kann deshalb, wenn wir bis jetzt richtig geschlossen haben, nicht durch verschiedenartige Stellung der Substituenten dem Kohlenstoffskelett gegenüber, sondern nur durch eine solche der Substituenten *gegen einander* hervorgerufen werden. Diesen Erscheinungen entspricht nur eine Benzolformel, welche sechs untereinander in Bindung befindliche CH-Gruppen enthält, wofür aufserdem die von *Berthelot* erwiesene Bildung von Benzol aus Acetylen spricht. Jedes Kohlenstoffatom hat demnach noch drei Valenzen übrig, welche durch gegenseitige Bindung der Kohlenstoffatome gesättigt werden müssen. Eine mehrfache Bindung der Kohlenstoffatome unter sich geht aus der Eigenschaft des Benzols hervor, wie die ungesättigten Methanderivate stets eine gerade Anzahl von Bromatomen zu addieren, ohne dafs Wasserstoff abgespalten wird, andererseits sowohl aus der Synthese des Benzols aus Acetylen:

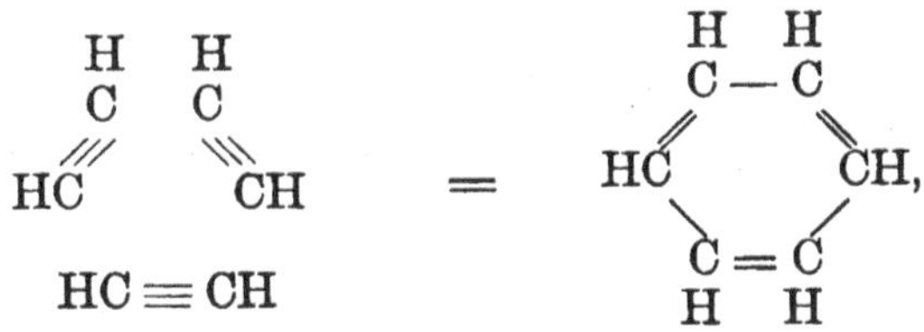

wie auch des Mesitylens aus Aceton:

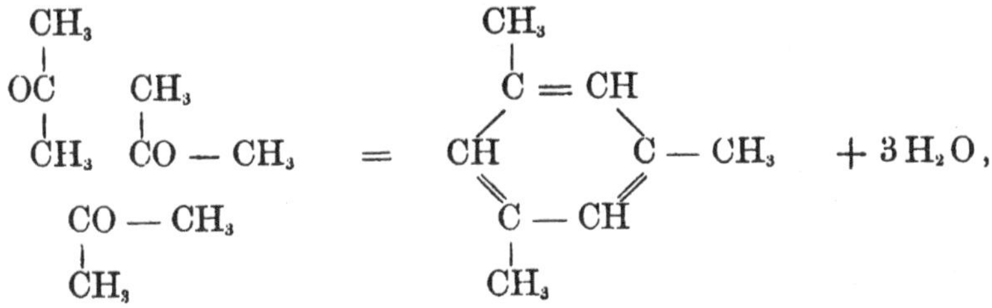

woraus sich in ungezwungenster Weise eine abwechselnde einfache und doppelte Bindung ergibt.

Eine Strukturformel für das Benzol hat die Forderungen zu erfüllen, dafs alle sechs Wasserstoffatome gleichartig gebunden, und dafs aufserdem drei isomere Disubstitutionsprodukte möglich erscheinen. Diesen Anforderungen genügt nur eine Strukturformel, in welcher ein jedes Kohlenstoffatom mit einem Wasserstoffatom verbunden ist; dann ist es möglich, dafs ein jedes Kohlenstoffatom mit zwei oder drei anderen in Bindung steht. Bindung mit nur einem einzigen würde eine gegenseitige aller Atome ausschliefsen.

Nimmt man eine Bindung je eines Kohlenstoffatoms mit zwei anderen an, so kommt man zu der von Kekulé aufgestellten Formel,

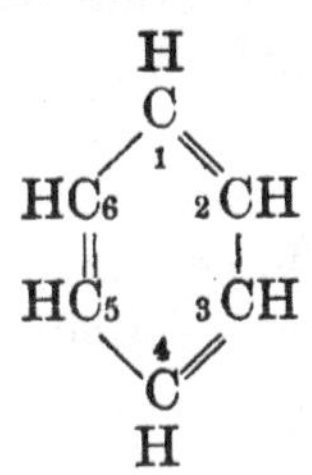

in welcher eine abwechselnd doppelte und einfache Bindung vorhanden ist. Sie genügt allen Anforderungen, hat jedoch den Nachteil, entgegen der Theorie eigentlich zwei isomere Disubstitutionsprodukte möglich erscheinen zu lassen, wenn Substituenten zu einem gleichen in 1 befindlichen in benachbarte Stellung treten, also entweder in 2 oder in 6, obgleich theoretisch sie identisch sein müfsten. Diese Verschiedenheit beruht freilich nur in der doppelten und einfachen Bindung der Kohlenstoffatome 2 und 6 an 1. Darf man dieses vernachlässigen, dann ist erklärlich, dafs von Disubstitutionsprodukten mit gleichen Substituenten diejenigen Derivate verschieden voneinander sein müssen, welche die beiden Substituenten in 1 und 2, in 1 und 3 und in 1 und 4 enthalten, dafs dagegen die Derivate mit der Stellung der Substituenten in 1 und 2 und in 1 und 6, und ebenso in 1 und 3 und 1 und 5 identisch sein müssen.

Die Möglichkeit zweier verschiedener Disubstitutionsprodukte je nach Stellung der Substituenten in 2 und 6 bei Annahme der obigen Formel glaubt Kekulé bestreiten zu müssen, »da diese Ansicht sich mehr von der Formel ableitet, deren wir uns bedienen, als aus dem Gedanken, welchen diese Form in etwas unvollkommener Weise ausdrückt«. Er sagt darüber folgendes: »Die Atome müssen in den Systemen, die wir Moleküle nennen, in fortwährender Bewegung angenommen werden. — — — Die einzelnen Atome des Systems prallen in einer im wesentlichen geradlinigen Bewegung aneinander an, um sich, als elastische Körper, wieder voneinander zu entfernen.«

»Was man in der Chemie durch Wertigkeit bezeichnet, gewinnt jetzt eine mehr mechanische Bedeutung: Die Wertigkeit ist die relative Zahl der Stöfse, welche ein Atom in der Zeiteinheit durch andere Atome erfährt. In derselben Zeit, in welcher die einwertigen Atome eines biatomen Moleküls einmal aneinanderprallen, kommen, bei gleicher Temperatur, zweiwertige Atome eines ebenfalls biatomen Moleküls zweimal zum Stofs. Unter denselben Bedingungen ist in der Zeiteinheit bei einem aus zwei einwertigen und einem zweiwertigen bestehenden Molekül die Anzahl der Stöfse für das zweiwertige Atom = 2, für jedes der einwertigen = 1.«

»Zwei Atome des einwertigen Kohlenstoffs prallen, wenn sie, wie wir jetzt sagen, durch eine Verwandtschaftseinheit gebunden sind, in der Zeiteinheit — also in der Zeit, in welcher der einwertige Wasserstoff seine Bahn einmal zurücklegt — einmal aneinander, sie stofsen in derselben Zeiteinheit noch mit drei anderen Atomen zusammen. Kohlenstoffatome, die wir jetzt doppelt gebunden nennen, prallen in der Zeiteinheit zweimal aneinander und erleiden in derselben Zeiteinheit nur zwei Stöfse durch andere Atome u. s. w.«

»Überträgt man diese Anschauung auf das Benzol, so erscheint die von mir vorgeschlagene Benzolformel als ein Ausdruck der folgenden Vorstellung. Jedes Kohlenstoffatom prallt in der Zeiteinheit dreimal an andere, und zwar an zwei andere Kohlenstoffatome, einmal an das eine und zweimal an das andere. In derselben Zeiteinheit trifft es auch einmal mit dem Wasserstoff zusammen, welcher während derselben Zeit seine Bahn einmal zurücklegt.«

»Stellt man nun das Benzol durch die bekannte Sechseckformel dar und berücksichtigt man irgend eines der sechs Kohlenstoffatome, z. B. das mit 1 bezeichnete:

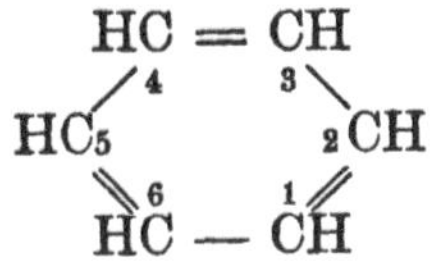

so kann man die Stöſse, welche es in der ersten Zeiteinheit erfährt, ausdrücken durch

1) 2, 6, *h*, 2,

worin *h* Wasserstoff bedeutet. In der zweiten Zeiteinheit wendet sich dasselbe Kohlenstoffatom, welches gerade von 2 kommt, zunächst zu dem Kohlenstoff 6. Seine Stöſse während der zweiten Zeiteinheit sind

2) 6, 2, *h*, 6.

Während die Stöſse der ersten Zeiteinheit durch die oben geschriebene Formel ausgedrückt werden, finden die der zweiten ihren Ausdruck in der folgenden Formel:

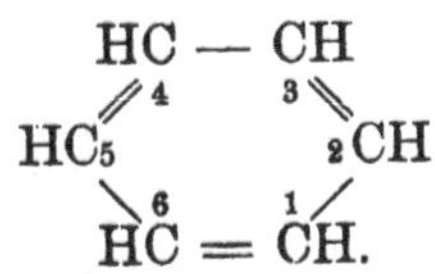

Dasselbe Kohlenstoffatom ist also in der ersten Zeiteinheit mit einem der beiden benachbarten, in der zweiten dagegen mit dem anderen der benachbarten Kohlenstoffatome in doppelter Bindung.«

Wäre diese Hypothese richtig, dann würde allerdings auch die Verschiedenheit der Stellung 1 : 2 und 1 : 6 nur eine scheinbare sein. Gegen dieselbe macht Michaelis geltend, daſs, da nach der kinetischen Theorie der Gase die Quadrate der Atomgeschwindigkeiten in vollkommenen Gasen bei gleicher Temperatur den Atomgewichten umgekehrt proportional sind, die Wasserstoffatome also die gröſste Geschwindigkeit besitzen, die letzteren gröſsere Bahnen zurücklegen müſsten als die anderen Atome, wenn sie, wie Kekulé annahm, weniger häufiger anprallen sollten. Dann müſsten aber auch ihre Moleküle gröſser sein als die anderer Elemente, was gegen die kinetische Theorie verstöſst.

Dewar hat eine Formel

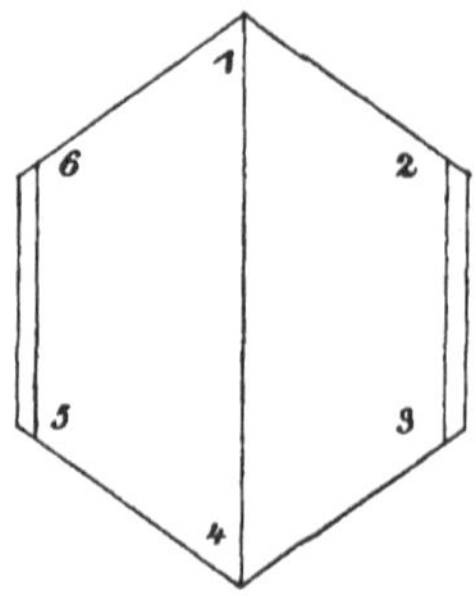

aufgestellt, welche verschiedenartige Kohlenstoffatome enthält; während 1 und 4 mit drei anderen in Bindung stehen, sind 2, 3, 5 und 6 nur mit zwei anderen verbunden. Dagegen ist zu bemerken, dafs von Additionsprodukten, welche das Benzol mit Wasserstoff und Halogenen bis zu C_6H_{12} und $C_6H_6X_6$ zu liefern vermag, nur zwei möglich sind, ohne dafs einfache Bindungen gelöst würden. Nimmt man dagegen an, dafs jedes Kohlenstoffatom mit drei anderen in Bindung steht, so bleiben zwei Formeln übrig, nämlich:

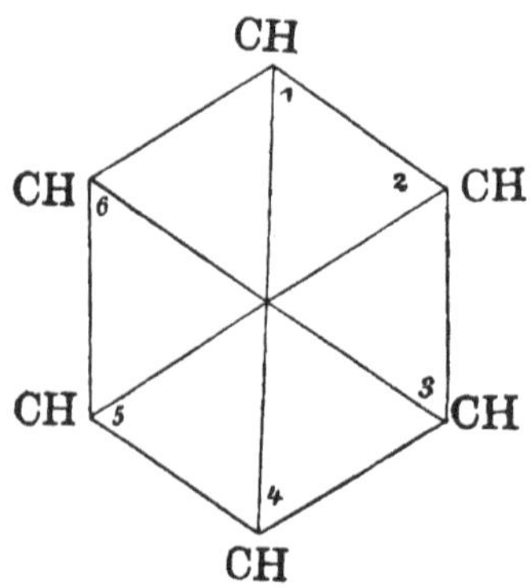

und

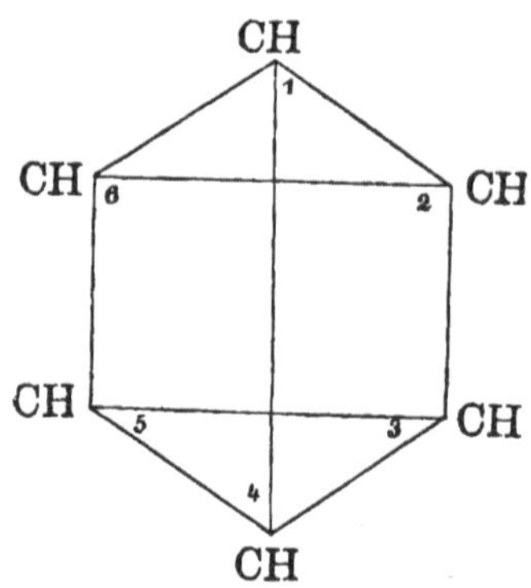

in denen drei mit einem und demselben direkt und zwei nur indirekt mit jenem verbundene Kohlenstoffatome zu unterscheiden sind. Ihr Unterschied liegt darin, dafs in der ersteren (Claus'sche Formel) die mit beispielsweise dem Kohlenstoffatom 1 nur indirekt verbundenen Kohlenstoffatome 3 und 5 untereinander nicht in Bindung stehen, während dieselben in der zweiten auch gegenseitig gebunden erscheinen. Die erstere entspricht aber, wie sich bei näherer Betrachtung ergibt, den Eigenschaften des Benzols nicht; ihre Annahme würde nur zwei isomere Disubstitutionsprodukte zulassen, je nachdem, den ersten Substituenten in 1 angenommen, der zweite in 2, 4 oder 6, oder aber in 3 oder 5 lagern würde. Die zweite

Formel entspricht dagegen den meisten Anforderungen; sie wird gewöhnlich als (Ladenburg's) Prismenformel bezeichnet, da sie sich durch ein Prisma

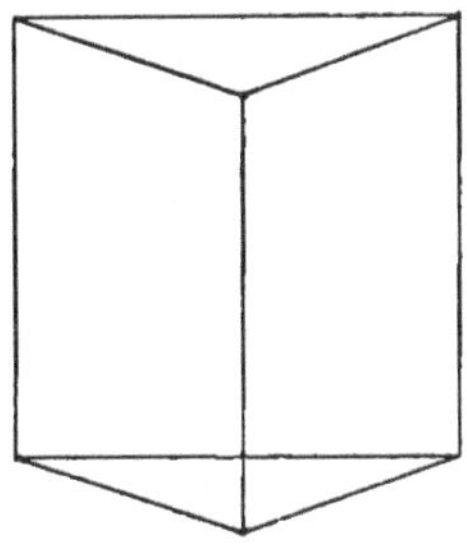

darstellen läſst. Es läſst sich aus ihr ersehen, daſs in der That drei Disubstitutionsprodukte möglich erscheinen, je nachdem der zweite Substituent an eines der beiden mit 1 und unter sich verbundenen Kohlenstoffatome 2 und 6, oder an eines der beiden nicht mit 1, aber ebenfalls unter sich verbundenen 3 und 5, oder endlich an das Kohlenstoffatom 4 tritt, wenn der erste Substituent sich wieder in 1 befindet.

Eine schwache Seite dieser Formel liegt darin, daſs sich nach ihr die Existenz von Additionsprodukten des Benzols, wie Hexahydrobenzol $C_6 H_{12}$, die Benzolchloride

$$C_6 H_6 Cl_2, \quad C_6 H_6 Cl_4, \quad C_6 H_6 Cl_6$$

u. a. schwer erklären lassen. Das völlig gesättigte Additionsprodukt $C_6 H_{12}$ vermag weitere Atome von Wasserstoff nicht mehr aufzunehmen, seine Konstitutionsformel erscheint demnach als die des Hexamethylens:

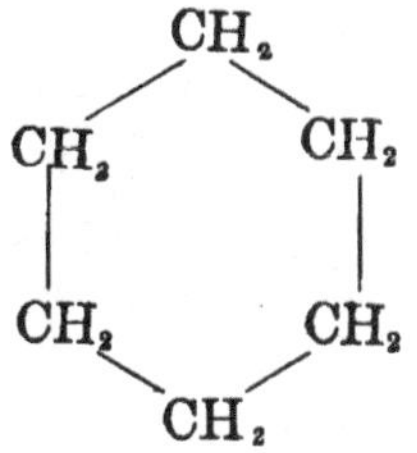

Nun macht Baeyer geltend, daſs, um von dem Prisma zu einem Hexamethylen zu gelangen, eine der die beiden Dreiecke verbindenden, den Parabindungen entsprechenden Kanten (sehr unschön »Parakanten« genannt) und zwei Dreieckskanten gesprengt werden müfsten; durch Öffnung von zwei solcher Seitenkanten entsteht ein Ditrimethylen,

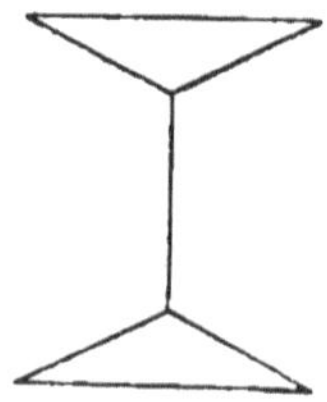

aus welchem Hexamethylen durch weitere Reduzierung nicht entstehen kann. Sollten zwei Substituenten, welche in der Prismenformel die Parastellung einnehmen, auch in dem Hexamethylen dieselbe Stellung einnehmen, so müfste die entsprechende Seitenkante gesprengt werden. Da aber der Dioxyterephtalsäureester durch Reduktion in Succinylobernsteinsäureester übergeht:

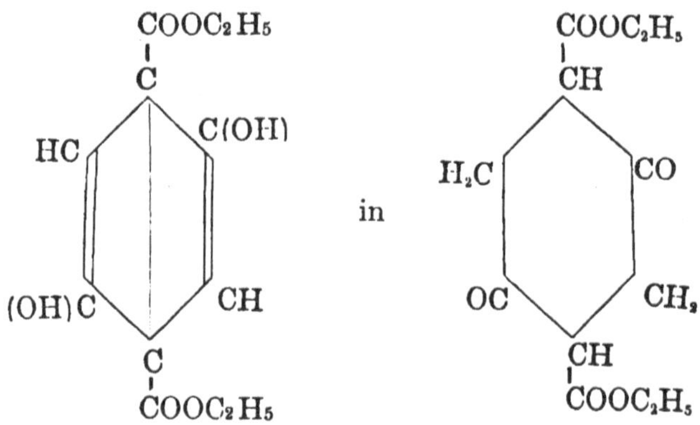

dabei aber die zwei Parastellungen der Hydroxyle und der Carbäthoxyle bestehen bleiben, so müfste eine Sprengung zweier Parakanten erfolgen, was unmöglich ist. Deshalb sei die Prismenformel unhaltbar. Über die Formel des Benzols sagt Baeyer: »Betrachtet man das Modell des Benzols in mechanischer Beziehung, so findet man durch dasselbe zwei Gruppen von Kräften ausgedrückt, welche im entgegengesetzten Sinne wirken, nämlich einerseits die centralen Valenzen, welche die Atome dem Centralpunkte zu nähern suchen, und andererseits die peripheren, welche infolge der Spannung eine Erweiterung des Ringes und damit eine Entfernung der Atome vom Mittelpunkt zu bewirken trachten. Im Benzol halten sich diese Kräfte das Gleichgewicht, sowie aber bei der Reduktion zwei centrale Valenzen mit Wasserstoff in Verbindung treten, äufsert sich die in den peripheren Valenzen vorhandene Spannkraft, wodurch der Ring erweitert wird, während zugleich die vier übrigen Valenzen, welche sich nicht mehr im »Benzolzustand« befinden, zu zwei doppelten Bindungen zusammentreten.« Eine dieser Anschauung entsprechende Formel hat auch L. Meyer angenommen:

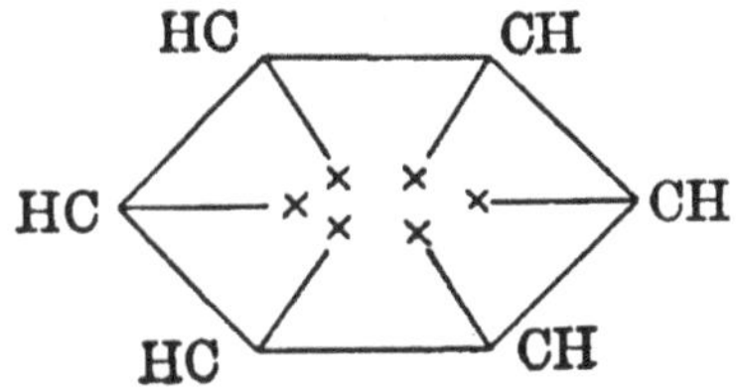

Diese centralen Valenzen sollen sich nicht gegenseitig binden, sondern passiv sein.

Ladenburg entgegnet dem, dafs diese Formel mit der erwähnten Diagonalformel identisch sei, deren Unhaltbarkeit dargethan ist. Aufserdem würde die Formel des Dioxyterephtalsäureäthers schliefslich zu der unbrauchbaren Formel

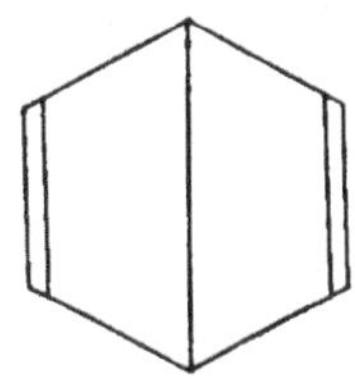

des Benzols führen. Für den erwähnten Körper lasse sich ebensogut die Formel

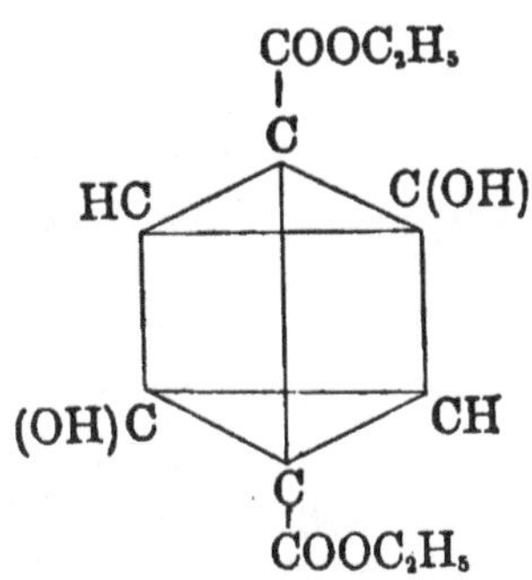

aufstellen, woraus man ohne weiteres zur Prismenformel gelange.

Wie dem nun auch sein mag, für gewöhnlich bedient man sich schon aus Bequemlichkeit meistenteils der Kekulé'schen Formel

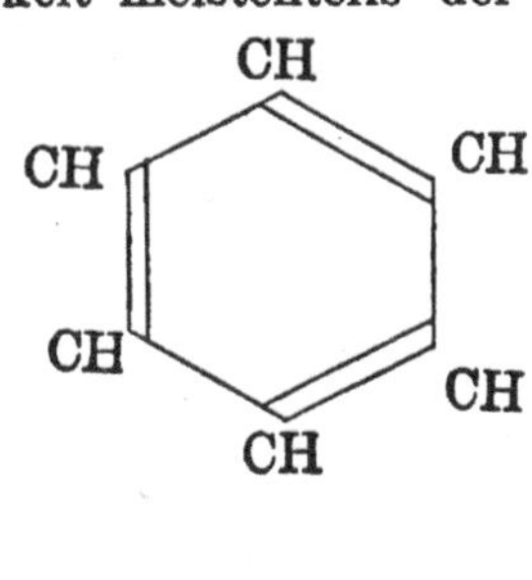

oder eines einfachen Sechsecks,

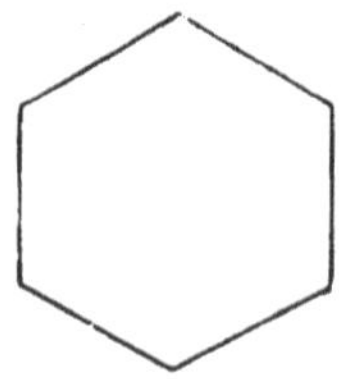

wobei im letzteren Falle auf die eigentümliche Verknüpfung der Kohlenstoffatome keine Rücksicht genommen wird; diese Zeichnung hat nun den Zweck, die ringförmige Bindung des Benzolkerns und die Stellung von Substituenten zu versinnbildlichen, so dafs man für gewöhnlich sogar von einer Einzeichnung der Kohlenstoff- und Wasserstoffatome des Kerns absieht und nur die Substituenten einträgt, wobei man die Ecken der Reihe nach, aber sonst willkürlich, mit Zahlen bezeichnet und den einen Substituenten stets in 1 annimmt.

Kapitel 27.

Isomerie der Benzolderivate.

Unter Benutzung des am Schlufs des vorigen Kapitels angegebenen Schemas werden die Isomerieverhältnisse der Benzolderivate leicht verständlich. Betrachten wir zunächst die möglichen Isomeriefälle bei Eintritt von ein oder mehreren gleichen, die Wasserstoffatome des Benzols substituierenden Atome oder Atomgruppen. Wird nur ein Wasserstoffatom ersetzt, so kann, wie wir gesehen haben, bei der Gleichwertigkeit aller sechs Wasserstoffatome des Benzols nur ein Monoderivat möglich sein. Von Diderivaten sind immer drei Formen möglich, gleichgültig, ob die Substituenten gleich oder verschieden sind; für Dichlorbenzol hätte man beispielsweise:

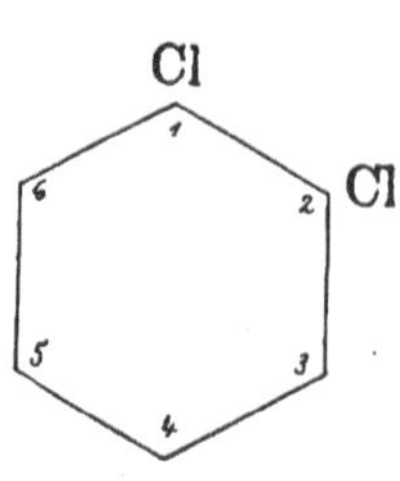

1 : 2 = 1 : 6

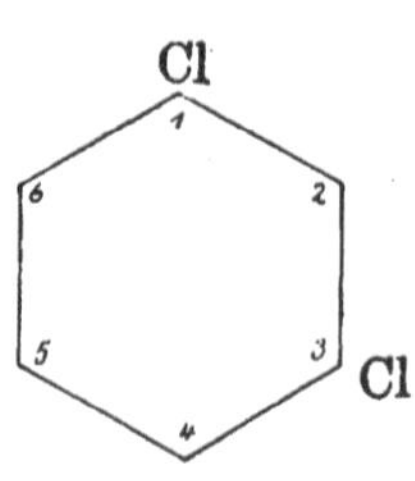

1 : 3 = 1 : 5

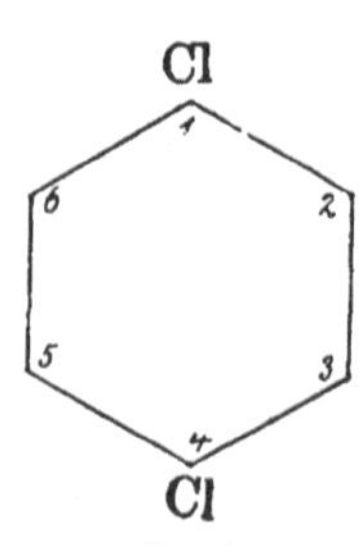

1 : 4.

Diese durch Zahlen angedeutete verschiedene Stellung der Substituenten bezeichnet man als 1 : 2 Stellung, 1 : 3 Stellung und 1 : 4 Stellung, oder als Ortho- (*o*-), Meta- (*m*-) und Para- (*p*-) Stellung, und demgemäfs die entsprechenden Produkte, in diesem Falle als *o*-Dichlorbenzol, *m*- und *p*-Dichlorbenzol. In gleicher Weise würde man auch Disubstitutionsprodukte mit zwei verschiedenen Substituenten, z. B. Chlor und Brom, Chlor und Nitro-, Brom und Amido-, Nitro- und Amido- u. s. w. zu bezeichnen haben.

Für die Trisubstitutionsprodukte mit drei gleichen Substituenten *(X)* ergeben sich ebenfalls drei Formen:

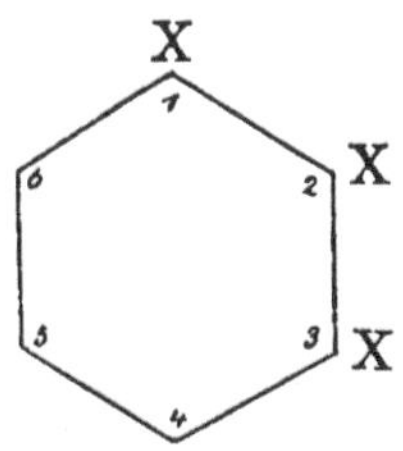

benachbart (*v*)
1 : 2 : 3 = 1 : 6 : 5

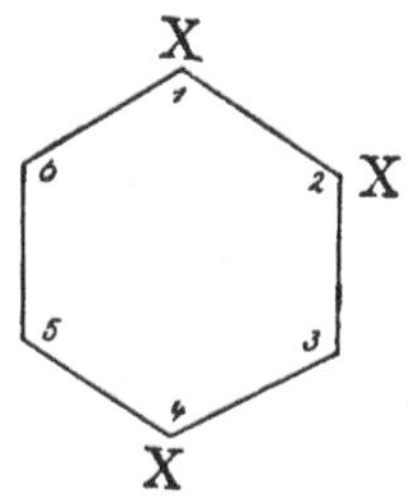

unsymmetrisch (*a*)
1 : 2 : 4 = 1 : 6 : 4

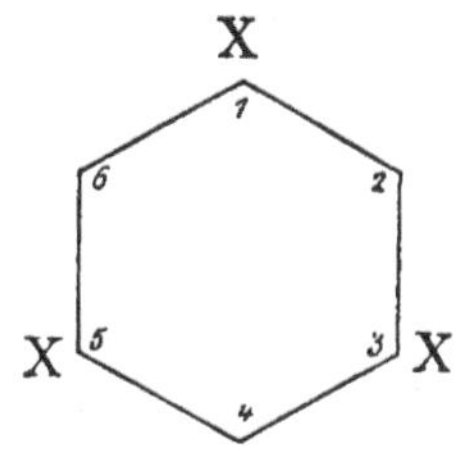

symmetrisch (*s*)
1 : 3 : 5

und ebenso für Tetraderivate:

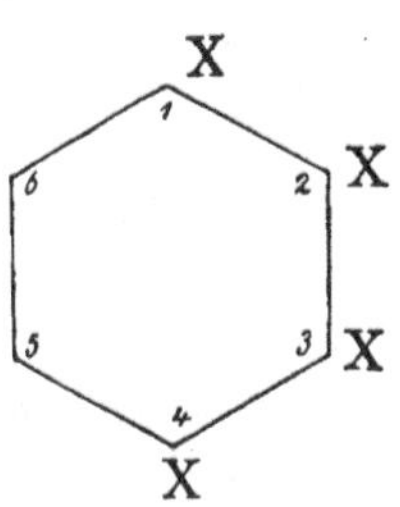

1:2:3:4 = 1:6:5:4

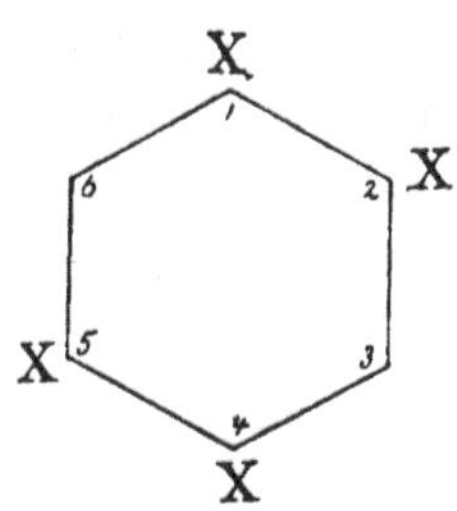

1:2:4:5 = 1:6:4:3

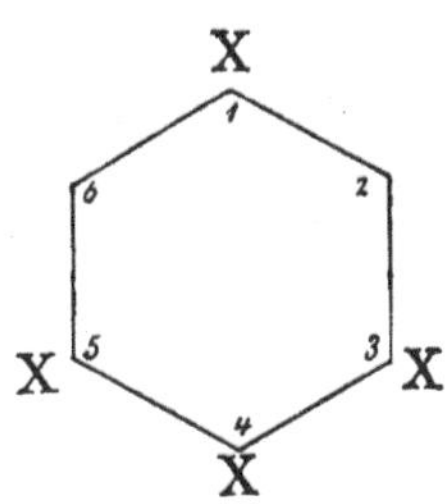

1:3:4:5.

Bei Eintritt von fünf und sechs gleichen Substituenten ist wiederum nur je eine Form möglich.

Komplizierter werden die Fälle, in denen mehrere **ungleiche** Atome oder Atomkomplexe die Stelle von Wasserstoffatomen des Benzols einnehmen. Zwar bleibt zunächst bei Eintritt von zweien *(X* und *Y)* die Anzahl der Isomeriefälle dieselbe wie bei gleichartigen Substituenten; für drei, zwei gleiche und ein ungleiches, erhöht sich dieselbe aber schon auf sechs. Stehen die beiden *X* in Orthostellung, so kann *Y* zu dem einen *X* in Meta- und zu dem anderen in Ortho- oder Parastellung treten:

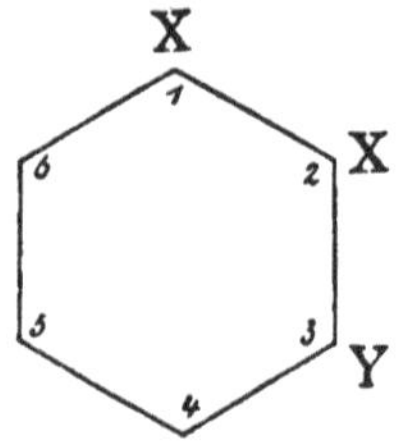

1 : 2 : 3 = 1 : 2 : 6

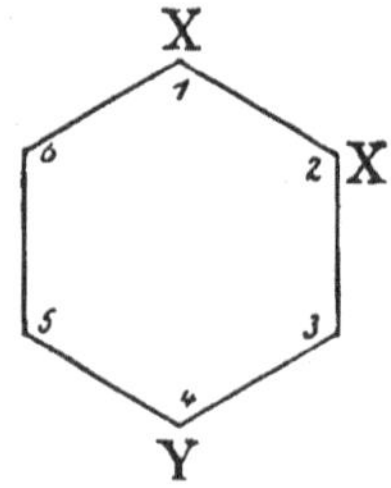

1 : 2 : 4 = 1 : 2 : 5

Stehen die beiden *X* in Metastellung, so kann *Y* zu beiden in Ortho-, oder zu beiden in Meta-, oder zu einem *X* in Ortho- und zu dem anderen in Parastellung treten:

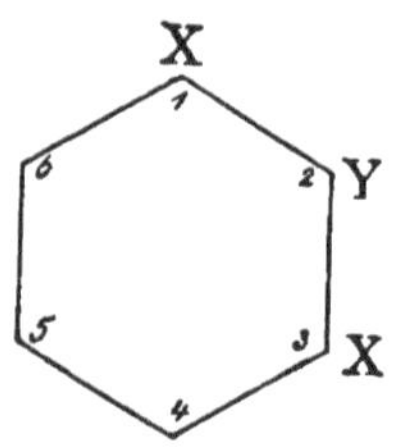

1 : 2 : 3

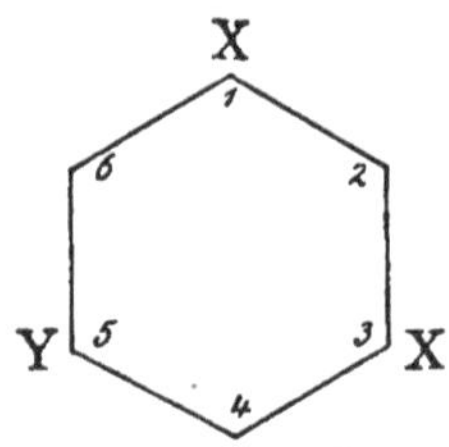

1 : 3 : 5

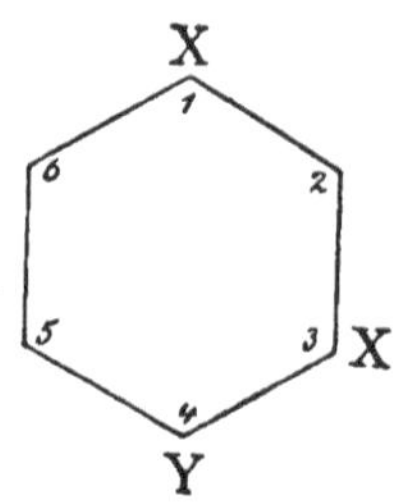

1 : 3 : 4 = 1 : 3 : 6.

Stehen beide *X* in Parastellung, so ist nur eine Form möglich, indem *Y* stets nur gegen das eine in Ortho- und gegen das andere in Metastellung treten kann:

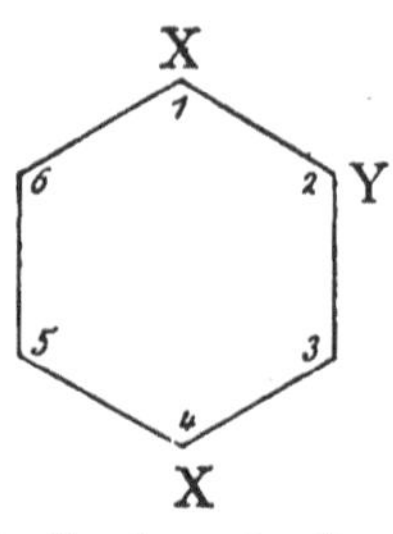

1 : 2 : 4 = 1 : 3 : 4.

Werden drei Wasserstoffatome durch drei verschiedene Stoffe ersetzt, so sind zehn Isomeriefälle möglich, nämlich:

X : Y : Z = 1 : 2 : 3, 1 : 2 : 4, 1 : 2 : 5, 1 : 2 : 6,
1 : 3 : 2, 1 : 3 : 4, 1 : 3 : 5, 1 : 3 : 6,
1 : 4 : 2, 1 : 4 : 3.

Bei Eintritt von vier Substituenten, von denen je zwei gleichartig, sind elf Isomere möglich; sind nur zwei gleichartig, der dritte und vierte aber verschieden, so sind sechzehn Fälle denkbar; sind alle vier ungleichartig, so erhöht sich die Anzahl der Isomeriefälle auf dreifsig, bei Eintritt von fünf ungleichartigen sogar auf sechzig.

Bei den Benzolderivaten kann neben dieser Isomerie durch die verschiedene relative Stellung der Substituenten im Kern jedoch noch auf andere Weise Isomerie verursacht werden. Genau, wie durch Ersetzung von einem oder mehreren Wasserstoffatomen in den Kohlenwasserstoffen der Methanreihe durch Kohlenwasserstoffradikale höhere Glieder entstehen, so auch Homologe des Benzols durch Eintritt von »Seitenketten«, Radikalen der (aliphatischen) Methanreihe, deren Isomerie wiederum auch eine gleiche der Benzolderivate bedingt. So derivieren:

$C_6H_5CH_3$
Methylbenzol (Toluol)

$C_6H_5CH_2CH_3$
Äthylbenzol.

$C_6H_5CH_2 \cdot CH_2 \cdot CH_3$ und $C_6H_5 - CH\begin{matrix} \diagup CH_3 \\ \diagdown CH_3 \end{matrix}$ u. s. w.
Normalpropylbenzol — Isopropylbenzol.

Da diese Seitenketten bekanntlich durch verschiedenartige Substituierung ebenfalls in verschiedenen Formen aufzutreten vermögen, so ist aufser jener Isomerie durch Eintritt isomerer Seitenketten eine solche durch Substituierung von Wasserstoff, entweder im Benzolkern oder der Seitenkette, möglich, z. B.:

$C_6H_4Cl \cdot CH_3$ Chlortoluol	$C_6H_5 \cdot CH_2Cl$ Benzylchlorid
$C_6H_4\begin{matrix} \diagup CH_3 \\ \diagdown CH_3 \end{matrix}$ Dimethylbenzol	$C_6H_5 \cdot CH_2CH_3$ Äthylbenzol
$C_6H_3\begin{matrix} \diagup CH_3 \\ - CH_3 \\ \diagdown CH_3 \end{matrix}$ Trimethylbenzol	$C_6H_4\begin{matrix} \diagup CH_3 \\ \diagdown CH_2CH_3 \end{matrix}$ Methyläthylbenzol.

Sind mehrere Seitenketten vorhanden, so kann auch die verschiedenartige Gruppierung der Atome innerhalb derselben ebenfalls zu isomeren (metameren) Verbindungen führen:

$C_6H_4\begin{matrix} \diagup OH \\ \diagdown COOC_2H_5 \end{matrix}$ Oxybenzoësäureäthylester	$C_6H_4\begin{matrix} \diagup OC_2H_5 \\ \diagdown COOH \end{matrix}$ Äthyloxybenzoësäure.

Die Benzolkohlenwasserstoffe kann man sich ebenso gut durch Ersetzung von Wasserstoff in Methankohlenwasserstoffen durch Benzolreste entstanden denken, wie umgekehrt aus dem Benzol durch Einführung von Radikalen der Methanreihe. Daraus ergibt sich dann die Reihe des Di- und Triphenylmethans

$$(C_6H_5)_2CH_2 \quad \text{und} \quad (C_6H_5)_3CH,$$

das unsymmetrische Diphenyläthan

$$(C_6H_5)_2CH - CH_3,$$

das Phenyläthylen oder Styrol

$$C_6H_5 \cdot CH = CH_2,$$

das Phenylacetylen oder Acetenylbenzol

$$C_6H_5 \cdot C \equiv CH,$$

das Dibenzyl oder symmetrische Diphenyläthan

$$C_6H_5 \cdot CH_2 \cdot CH_2 \cdot C_6H_5,$$

das Stilben oder Diphenyläthylen

$$C_6H_5 \cdot CH = CH \cdot C_6H_5,$$

das Tolan

$$C_6H_5 \cdot C \equiv C \cdot C_6H_5$$

u. a., denen ebenfalls wieder Homologe entsprechen.

Anstatt in das Benzol nur Seitenketten der aliphatischen Reihe einzuführen, kann man, ebenso wie aus zwei Methanresten CH_3 Dimethyl oder Äthan, aromatische Verbindungen durch Vereinigung zweier Reste des Benzols oder seiner Abkömmlinge erhalten. So entstehen beispielsweise das Diphenyl

$$C_6H_5 - C_6H_5 =$$

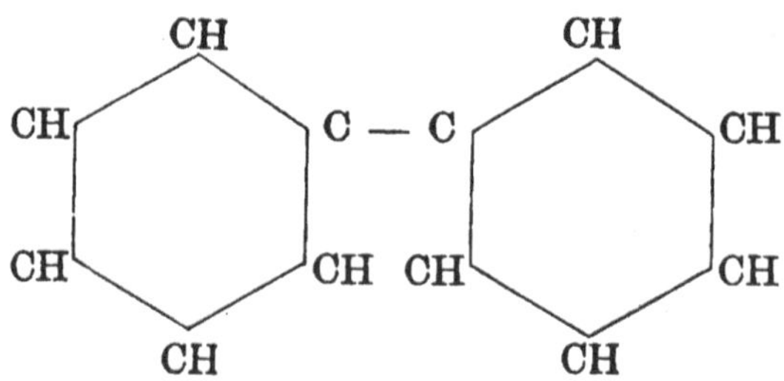

die Diphenylbenzole

$$C_6H_4\langle^{C_6H_5}_{C_6H_5},$$

aber auch Diphenylenmethan oder Fluoren

$$\begin{matrix} C_6H_4 \\ | \\ C_6H_4 \end{matrix} \!\!>\! CH_2 \text{ u. a.}$$

Die Seitenketten können ebenfalls einen geschlossenen Ring bilden, indem entweder eine Bindung nur durch Kohlenstoffatome unter sich erfolgt, oder dieselbe auch durch andere mehrwertige Atome hervorgerufen wird. Als Beispiel für letztere Art diene die Bildung der Anhydride aus mehrwertigen Säuren, z. B.:

$$C_6H_4 \!<\! \begin{matrix} CO \\ CO \end{matrix} \!>\! O \qquad\qquad C_6H_4 \!<\! \begin{matrix} O - CO \\ \quad\;\; | \\ CH = CH \end{matrix}$$

Phtalsäureanhydrid Cumarin.

Die erstere Art der Bindung ist charakteristisch für eine Reihe von Kohlenwasserstoffen, welche sich vom Benzol um eine Differenz von C_2H_2 und C_4H_8 unterscheiden, in ihrem chemischen Verhalten jenem genau entsprechen und zweifelsohne Benzolderivate sind. Es sind dies die Kohlenwasserstoffe Naphtalin $C_{10}H_8$, Anthracen und Phenanthren $C_{14}H_{10}$. Mit der Konstitution dieser Verbindungen, welche, wie unzweideutig aus den verschiedensten Reaktionen erkannt werden kann, als aus mehreren Benzolkernen durch Kondensation hervorgegangen gedacht werden müssen, ist die Kekulésche Benzolformel in einfachster Weise allein vereinbar.

Dafs unter Benutzung derselben dem Naphtalin die zuerst von Erlenmeyer aufgestellte Formel:

$$C_6H_4 \!<\! \begin{matrix} CH = CH \\ \quad\;\; | \\ CH = CH \end{matrix} =$$

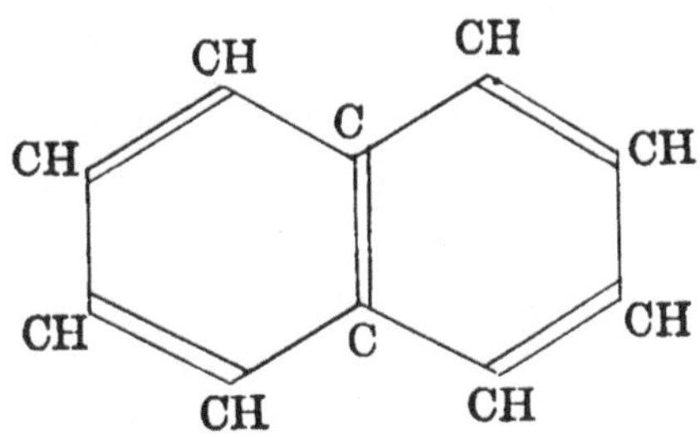

zukommt, läfst sich leicht beweisen. Dasselbe entsteht aus Phenylbutylenbromid beim Destillieren über Ätzkalk:

$$\begin{matrix} C_6H_5 - CH_2 - CH_2 \\ \qquad\qquad\quad | \\ Br\,CH_2 - CH\,Br \end{matrix} = C_6H_4 \!<\! \begin{matrix} CH = CH \\ \quad\;\; | \\ CH = CH \end{matrix} + 2\,HBr + H_2.$$

Das Nitronaphtalin geht durch Oxydation in Nitrophtalsäure, das aus jenem durch Reduzierung entstehende Naphtylamin dagegen in Phtalsäure über; hierbei wird jedesmal ein Benzolring zerstört, aber in jedem Falle ein anderer:

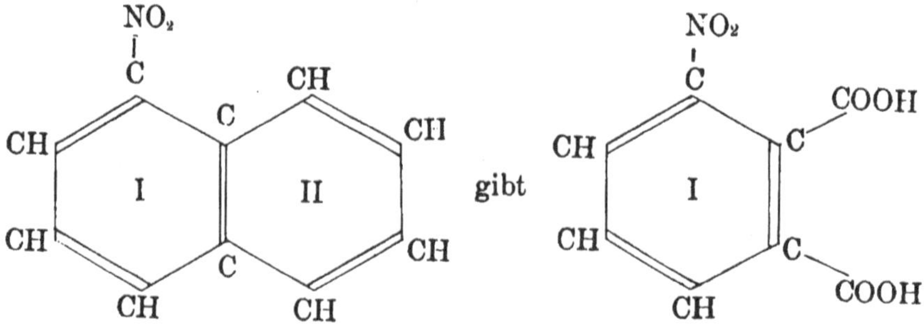

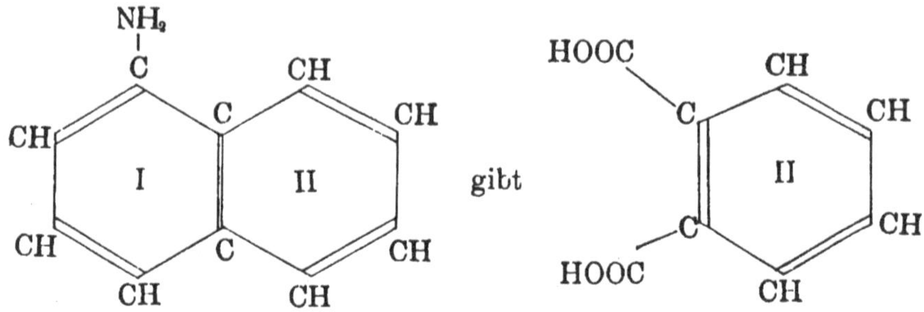

Diese Beweise liefsen sich leicht vermehren.

Die Wasserstoffatome des Naphtalins sind nicht alle gleichwertig. Ein Blick auf die Formel zeigt, dafs zweimal je vier gleichwertige Wasserstoffatome vorhanden sind; der Unterschied beruht in der Verknüpfung der Kohlenstoffatome mit den in beiden Kernen gemeinsam vorkommenden:

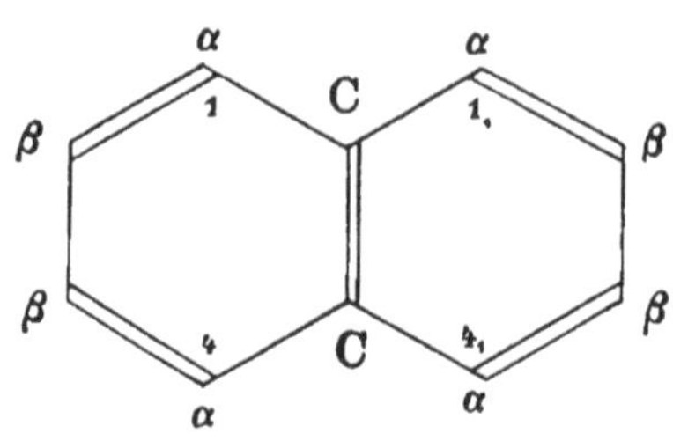

Während also vom Benzol sich nur ein Monoderivat ableiten läfst, derivieren vom Naphtalin deren zwei; dem Benzol entspricht nur ein Phenol C_6H_5OH, dem Naphtalin ein α- und ein β-Naphtol, je nachdem die Hydroxylgruppe an einem mit α oder an einem mit β bezeichneten Kohlenstoffatom haftet u. s. w. Für Diderivate erhöht sich die Anzahl der Isomeren schon auf zehn.

Die Frage, welche von den beiden verschiedenen Arten der Wasserstoffatome in den α-, und welche in den β-Derivaten als substituiert anzunehmen seien, ist besonders durch Fittig und Erdmann in dem in der angegebenen Formel zum Ausdruck gelangten Sinne entschieden, da aus der Isophenylcrotonsäure

$$C_6H_5 \cdot CH = CH \cdot CH_2 \cdot COOH$$

α-Naphtol erhalten wurde:

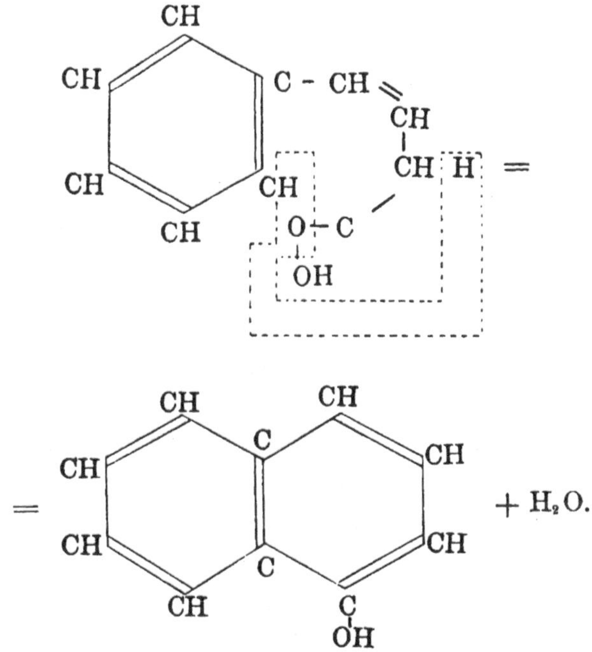

Auch das Anthracen wird als aus zwei Benzolkernen zusammengesetzt angesehen, welche jedoch durch zwei auch unter sich und mit je einem Wasserstoffatom verbundene Kohlenstoffatome, welche in beiden Benzolkernen in der Orthostellung stehen, zusammengehalten werden:

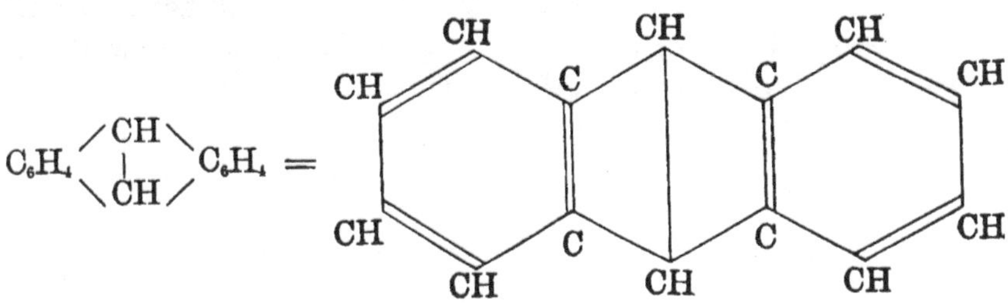

Da die beiden mittelständigen Kohlenstoffatome mit den mit ihnen in Bindung stehenden Kohlenstoffatomen der beiden Benzolkerne ebenfalls einen sechsgliedrigen Ring bilden, kann das Anthracen auch als aus drei Benzolkernen durch ganz ähnliche Kondensation wie das Naphtalin aus dem Benzol hervorgegangen aufgefafst werden. Die Konstitution ist am unzweideutigsten aus der von Anschütz und Eltzbacher gefundenen Synthese aus Tetrabromäthan und Benzol zu erkennen:

$$C_6H_6 + \begin{array}{c} Br \cdot CH \cdot Br \\ | \\ Br \cdot CH \cdot Br \end{array} + C_6H_6 = C_6H_4 \begin{array}{c} / CH \backslash \\ | \\ \backslash CH / \end{array} C_6H_4 + 4\,HBr.$$

Bromphtalsäureanhydrid geht bei Behandlung mit Benzol und Aluminiumchlorid in Brombenzoylbenzoësäure über:

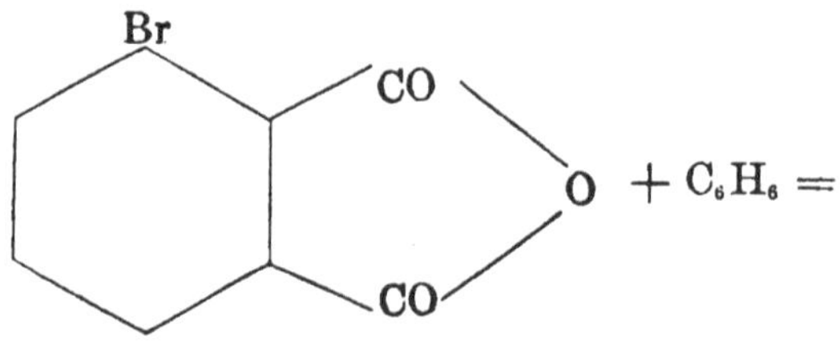

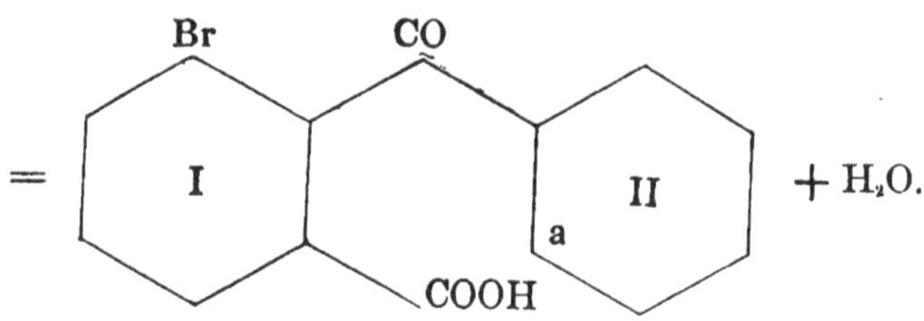

Diese Brombenzoylbenzoësäure gibt Bromanthrachinon unter Abspaltung von Wasser; dafs die Elemente des letzteren aus der Carboxylgruppe und dem Wasserstoffatom *a* des Kerns II entnommen werden, geht aus dem Verhalten des Bromanthrachinons hervor, welches durch Kaliumhydroxyd in Oxyanthrachinon und dieses durch Oxydation in Phtalsäure übergeführt wird:

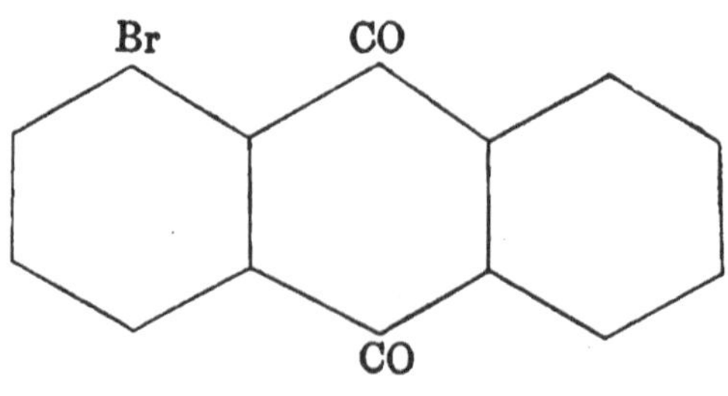

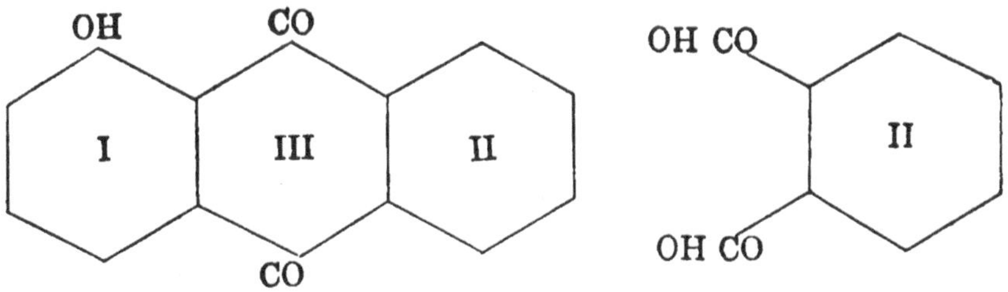

In letzterem Falle wird das Sechseck I zerstört, da andernfalls Oxyphtalsäure gebildet werden müſste. Da in der durch Oxydation aller Seitenketten enthaltenden *o*-Biderivate des Benzols entstehenden Phtalsäure die Carboxylgruppen in *o*-Stellung stehen, so nehmen dieselbe auch die beiden CO-Gruppen des Brom- und Oxyanthrachinons ein; da aus diesen leicht Anthrachinon und Anthracen erhalten werden kann, ist bewiesen, daſs auch in letzterem die beiden mittelständigen Kohlenstoffatome in der Orthostellung sich befinden.

Die Formel läſst erkennen, daſs Monoderivate in drei isomeren Formen auftreten können, je nachdem die Substituenten α-, β- oder γ-Stellung einnehmen:

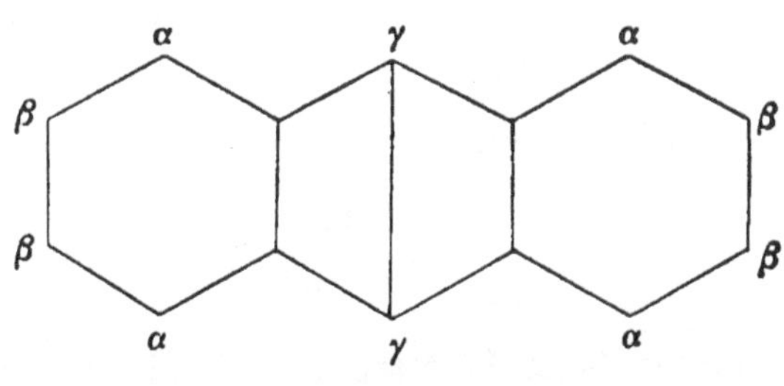

So existieren in der That drei isomere Hydroxylderivate, Oxyanthracene, das α-Anthrol, das β-Anthrol und das (γ-)Anthranol.

Dem Anthracen gleich zusammengesetzt ist das Phenanthren. Auch in ihm werden zwei unter sich kondensierte Benzolkerne angenommen, welche aber auſserdem durch die Gruppe — CH = CH — zusammengehalten werden:

$$\begin{array}{l} C_6H_4 - CH \\ | \qquad\quad \| \\ C_6H_4 - CH \end{array} =$$

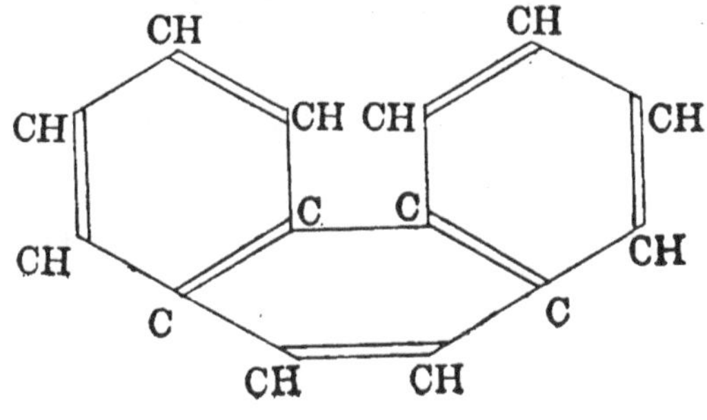

Die erwähnte Gruppe bildet mit je zwei anderen Kohlenstoffatomen der beiden Benzolkerne einen dritten sechsgliedrigen Ring, so dafs man das Phenanthren ebenfalls aus drei kondensierten Benzolkernen bestehend auffassen kann. Die Konstitution ergibt sich aus folgendem. Phenanthren entsteht aus *o*-Ditolyl unter Abspaltung von Wasserstoff:

$$\begin{array}{l} C_6H_4 - CH_3 \\ | \\ C_6H_4 - CH_3 \end{array} = \begin{array}{l} C_6H_4 - CH \\ | \qquad\qquad \| \\ C_6H_4 - CH \end{array} + 2\,H_2,$$

ebenso aus Dibenzyl

$$\begin{array}{l} C_6H_5 - CH_2 \\ \qquad\qquad | \\ C_6H_5 - CH_2 \end{array}$$

und Stilben

$$\begin{array}{l} C_6H_5 - CH \\ \qquad\qquad \| \\ C_6H_5 - CH \end{array}.$$

Durch Oxydation geht es in Phenanthrenchinon

$$\begin{array}{l} C_6H_4 - CO \\ | \qquad\qquad | \\ C_6H_4 - CO \end{array}$$

und aus diesem in Diphensäure

$$\begin{array}{l} C_6H_4 - COOH \\ | \\ C_6H_4 - COOH \end{array}$$

über; letztere zerfällt beim Erhitzen mit Kalk in Kohlendioxyd und Diphenyl

$$C_6H_5 - C_6H_5.$$

Aus Dinitrophenanthrenchinon entsteht durch Oxydation Dinitrodiphensäure:

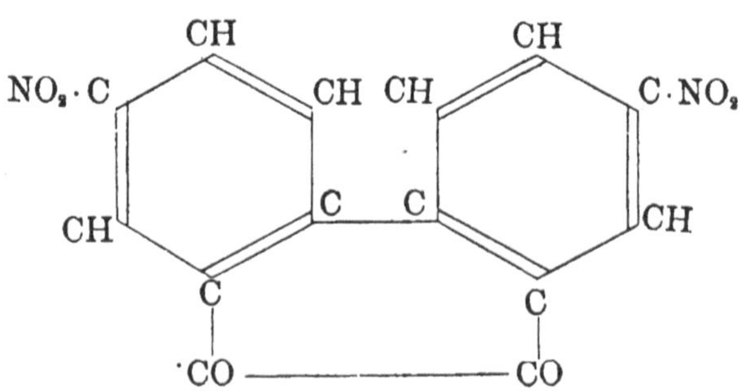

gibt

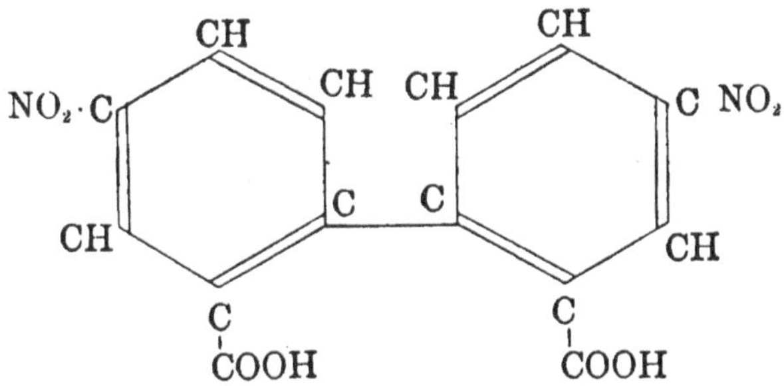

aus letzterer entsteht bei der Reduktion Diamidodiphensäure:

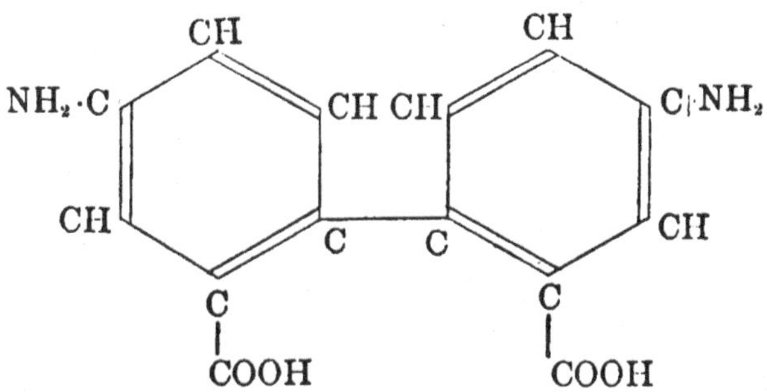

Diese läfst sich ebenfalls aus *m*-Nitrobenzoësäure erhalten, welche bei der Reduktion zunächst in Azoxybenzoësäure und dann in Diamidodiphensäure übergeht; letztere liefert beim Glühen mit Kalk Kohlendioxyd und *p*-Diamidodiphenyl (Benzidin)

$$\begin{array}{l} C_6H_4 - NH_2 \\ | \\ C_6H \ \ - NH_2 \end{array};$$

der Umstand, dafs sie aus *m*-Nitrobenzoësäure entsteht, durch Abgabe von Kohlendioxyd in ein Paraderivat übergeht, läfst im Verein mit den oben angeführten Synthesen des Phenanthrens erkennen, dafs Diphensäure und damit auch das Phenanthrenchinon und Phenanthren nur Orthoderivate des Diphenyls sind. Einen Beweis hierfür findet man ebenfalls in der Fähigkeit mancher Phenanthrenderivate, bei der Oxydation in Phtalsäure überzugehen.

Kapitel 28.

Ortsbestimmung in Benzolderivaten. Atomumlagerungen. Pseudomerie, Tautomerie.

Als Ortsbestimmung bezeichnet man die Ermittelung der relativen Stellung, welche die den Wasserstoff der Benzolderivate ersetzenden Atome anderer Elemente oder Atomgruppen einnehmen.

Selbstverständlich kann von einer solchen Ortsbestimmung nur dann die Rede sein, wenn mehr als ein Substituent vorhanden ist. Werden zwei Wasserstoffatome des Benzols ersetzt, so treten, wie wir gesehen haben, dreierlei Derivate auf, welche nach der Stellung des zweiten Substituenten, den ersten in 1 angenommen, als Ortho-, Meta- und Paraderivat bezeichnet werden. Wir haben ferner gesehen, dafs von einem Paraderivat nur ein einziges Triderivat sich ableiten läfst, da kein symmetrisch zu 4 an 1 gebundenes Kohlenstoffatom existiert; alle Diderivate also, welche nur ein einziges Triderivat zu bilden vermögen, müssen ihre Substituenten in der 1, 4 Stellung, Parastellung, enthalten. Von einem die beiden Substituenten in der Orthostellung enthaltenden Derivat sind zwei, von einem Metaderivat drei verschiedene Triderivate möglich; umgekehrt mufs ein aus zwei verschiedenen Trisubstitutionsprodukten hervorgehendes Diderivat der Orthoreihe, ein aus drei verschiedenen der Metareihe, das aus einem Triderivat hervorgehende der Parareihe angehören.

So ist das bei 219° siedende Dibrombenzol ein Metaderivat, da es zwei verschiedene Nitrodibrombenzole (vom Schmelzpunkt 61,6° und 82,6°) zu liefern im stande ist und aus einem anderen Nitrodibrombenzol (Schmelzpunkt 104,5°) durch Ersetzung der Nitrogruppe durch Wasserstoff gewonnen werden kann. Das aus ihm entstehende, bei 61,6° schmelzende Dibrombenzol läfst sich durch Ersetzung von NO_2 durch Brom in ein Tribrombenzol (Siedepunkt 275°) verwandeln, das auch aus *o*-Dibrombenzol und *p*-Dibrombenzol entsteht und deshalb als 1 : 3 : 4 (= 1 : 2 : 4) Derivat zu bezeichnen ist. Das bei 202,5° schmelzende Nitrodibromanilin kann in das schon erwähnte, bei 104,5° schmelzende Nitrodibrombenzol übergeführt werden, mufs also die beiden Bromatome in der Metastellung enthalten. Das *o*-Dibrombenzol vom Siedepunkt 223° geht in ein Nitrodibrombenzol (Schmelzpunkt 58°) und dieses in bei 104,5° schmelzendes Nitrobromanilin über; letzteres mufs also das Brom in derselben Stellung zu NH_2 enthalten wie in dem Dibrombenzol. Dasselbe gilt für das aus dem erwähnten Nitrobrombenzol entstehende Nitrodibromanilin; letzteres ist identisch mit dem erwähnten bei 202,5° schmelzenden, es mufs also auch dieses das eine Bromatom zu NH_2 in der Orthostellung enthalten, während, wie erwähnt, die beiden Bromatome zu einander in Metastellung sich befinden. Durch Ersatz von NH_2 durch Brom und von NO_2 durch Wasserstoff entsteht ein bei 87,4° schmelzendes Tribrombenzol, welches mit dem erwähnten nicht identisch ist. Es stehen in ihm zwei Bromatome in Meta-, zwei andere in Orthostellung; da es von jenem erwähnten verschieden ist, so ist es nicht als 1 : 3 : 4-, aber auch nicht als 1 : 3 : 5-Derivat zu bezeichnen, da sonst alle Bromatome in Metastellung ständen, sondern als 1 : 2 : 3-Derivat, das Orthodibrombenzol als 1 : 2 und endlich ein drittes bei 89,3 ° schmelzendes Dibrombenzol als 1 : 4, Paraderivat (Beweis von Körner).

Aus Orthonitrobenzoësäure entstehen drei verschiedene Dinitrobenzoësäuren, welche bei 177 °, 179 ° und 202 ° schmelzen. Die erstere liefert bei der Reduktion Diamidobenzoësäure und diese durch Destillation Phenylendiamin vom Schmelzpunkt 140 °, die beiden anderen liefern bei der Reduktion sofort Phenylendiamin vom Schmelzpunkt 63 °. Aus Metanitrobenzoësäure entsteht eine vierte, bei 204 ° schmelzende Dinitrobenzoësäure, welche in eine Diamidosäure und schliefslich wieder in das bei 63 ° schmelzende Phenylendiamin übergeführt werden kann. Die zwei anderen Benzoësäuren, von denen die eine noch unbekannt, entsprechenden Amidosäuren liefern ein bei 99° schmelzendes Phenylendiamin. Das bei 140 ° schmelzende und demgemäfs die zugehörige Amidosäure müssen demnach der Parareihe, das bei 99 ° schmelzende und die zugehörigen Säuren der Ortho-, das bei 63 ° schmelzende nebst den entsprechenden Säuren der Metareihe angehören (Beweis von Griefs).

Dicarbonsäuren des Benzols

$$C_6H_4(COOH)_2$$

existieren in dreierlei Form, als Phtalsäure, Isophtalsäure und Terephtalsäure. Dafs die erstere ein Orthoderivat ist, geht aus folgendem hervor. Das bei 63 ° schmelzende *m*-Phenylendiamin kann aus einem Dinitrotoluol erhalten werden, welches sowohl aus flüssigem (*o*-) als auch aus festem (*p*-) Nitrotoluol entsteht und die Konstitution

$$C_6H_3 \cdot \overset{1}{CH_3} \cdot \overset{2}{NO_2} \cdot \overset{4}{NO_2}$$

haben mufs:

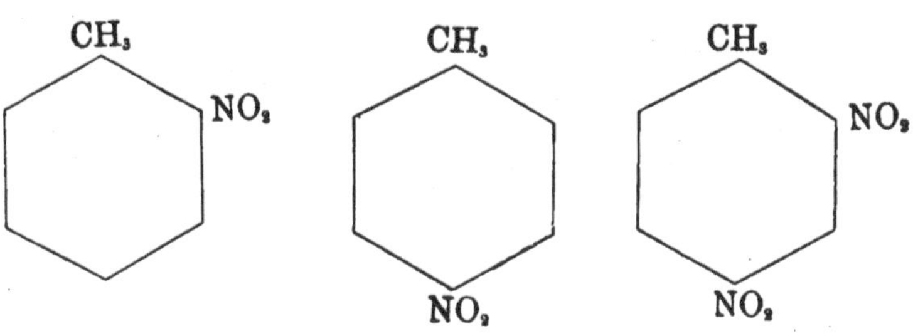

flüssig fest

Das feste Nitrotoluol liefert bei der Oxydation *p*-Nitrobenzoësäure; das flüssige Nitrotoluol, welches aus Dinitrotoluol durch Elimination der einen Nitrogruppe entsteht, mufs ein Orthoderivat sein, und ebenso die aus ihm entstehenden Verbindungen *o*-Toluidin, *o*-Toluylsäure und Phtalsäure (Beweis von Nölting).

Die Isophtalsäure ist ein Metaderivat, wie aus folgendem erhellt. Aus der Bildung des Mesitylens aus Aceton (Kap. 26) unter dem Einflufs wasserentziehender Mittel schlofs Baeyer, dafs diese Verbindung die drei Methylgruppen in symmetrischer Lage enthalten müsse, eine Ansicht, welche später durch Untersuchungen Ladenburg's bestätigt wurde, welcher nachwies, dafs die mit dem Kerne verbundenen Wasserstoffatome gleichwertig sind. Bezeichnet man diese mit *a*, *b* und *c*, so kann man die Formel des Dinitromesitylens

$$C_6(CH_3)_3\overset{a}{NO_2}\cdot\overset{b}{NO_2}\cdot\overset{c}{H}$$

schreiben. Dieses liefert Nitroamidomesitylen (Nitromesidin), dem man die Formel

$$C_6(CH_3)_3\cdot\overset{a}{NO_2}\cdot\overset{b}{NH_2}\cdot\overset{c}{H}$$

geben kann; in diesem ist das Wasserstoffatom *c* wieder durch NO_2, darauf die Amidogruppe durch Wasserstoff ersetzbar, wobei man ein Dinitromesitylen

$$C_6(CH_3)_3\overset{a}{NO_2}\cdot\overset{b}{H}\cdot\overset{c}{NO_2}$$

erhält, welches mit dem ersteren ganz identisch ist.

Hieraus geht die Gleichwertigkeit der Wasserstoffatome *b* und *c* hervor. In derselben Weise läfst sich auch diejenige von *a* und *b* nachweisen. Die Wasserstoffatome *a*, *b* und *c* können aber nur dann gleichwertig sein, wenn die drei Methylgruppen des Mesitylens symmetrisch geordnet sind, also

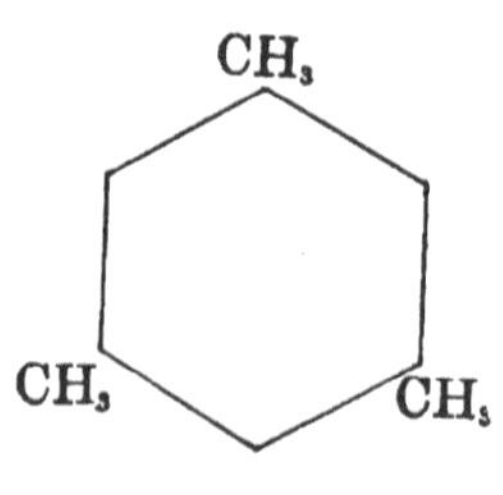

Wird dieses oxydiert, so entsteht eine Monocarbonsäure (Mesitylensäure)

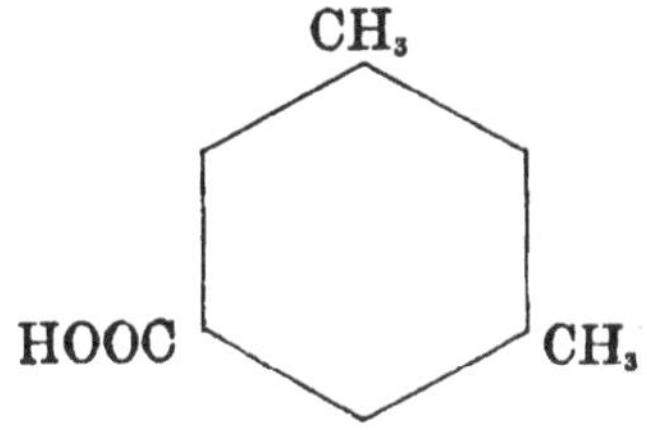

welche bei der Destillation mit Kalk Dimethylbenzol (*m* Xylol)

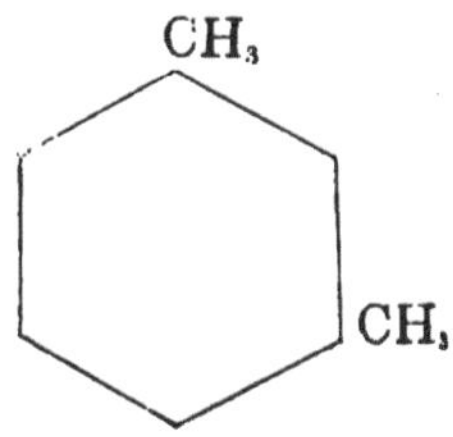

liefert, das seinerseits in Isophtalsäure

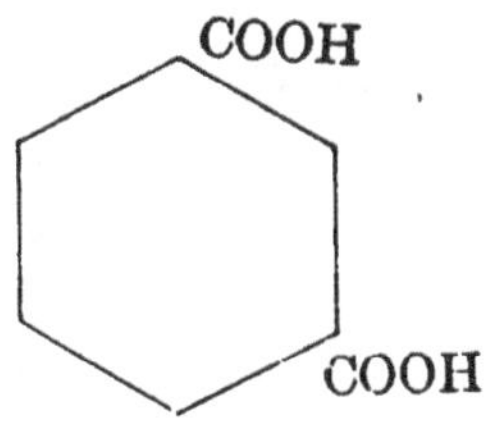

übergeht, welche demnach ein Metaderivat sein mufs. Hieraus ergibt sich die Konstitution der Terephtalsäure von selbst.

Es kann hier nicht darauf ankommen, eine erschöpfende Darstellung der Methoden der Ortsbestimmung zu geben; es genügt, dem Lernenden den Weg zu zeigen, auf welchem die Konstitution erschlossen werden kann. Höhere Substitutionsprodukte lassen sich leicht in disubstituierte Verbindungen zurückführen, deren Charakter auf den der ersteren mit Sicherheit Schlüsse zu ziehen gestattet.

Es ist schon früher darauf aufmerksam gemacht, dafs wir bei allen Konstitutionsbestimmungen von der Annahme ausgehen, dafs ein in eine Verbindung eintretender Substituent auch die Stelle des ersetzten Bestandteils einnehme. Diese Annahme ist indessen nicht immer zutreffend, vielmehr tritt zuweilen nachweislich der Fall ein, dafs während des Austausches auch andere Atome oder Atomgruppen des Moleküls ihre Plätze wechseln, eine Erscheinung, welche man als Atomumlagerung, Atomwanderung oder molekulare Umlagerung bezeichnet. Die Umwandlung von Cyanursäureestern in solche der

Isocyanursäure ist schon früher erwähnt; bekannt ist die Umsetzung des cyansauren Ammons

$$CNO(NH_4)$$

in Harnstoff

$$CO\langle{NH_2 \atop NH_2},$$

dessen Konstitution aus seiner Bildung aus Carbonylchlorid $COCl_2$ und Ammoniak hervorgeht.

Solche Umwandlungen finden besonders leicht unter dem Einfluſs der Wärme statt. So geht flüssige Isocrotonsäure

$$CH_2 = CH - CH_2 - COOH$$

beim Erhitzen in gewöhnliche feste Crotonsäure

$$CH_3 - CH = CH - COOH$$

über; aus Äthylenchlorid

$$CH_2Cl - CH_2Cl$$

und Äthylidenchlorid

$$CH_3 - CHCl_2$$

entstehen bei Austausch ihrer Chloratome häufig nicht isomere, sondern identische Verbindungen, indem vorher offenbar eine Umlagerung der Chlor- und Wasserstoffatome stattgefunden hat. Rhodanallyl verwandelt sich beim Erwärmen in Senföl, indem Schwefel und Stickstoff ihre Plätze wechseln:

$$N \equiv C - S - C_3H_5 \text{ gibt } S = C = N - C_3H_5.$$

Das salzsaure Methylanilin

$$C_6H_5 - NH(CH_3), \ HCl$$

geht beim Erhitzen in salzsaures Toluidin

$$C_6H_4(CH_3)NH_2, \ HCl$$

über; das Kaliumsalz der *o*-Oxybenzoësäure verwandelt sich unter gleichen Bedingungen in das Salz der *p*-Oxybenzoësäure; aus den drei Bromphenolen und ebenso aus den drei Brombenzolsulfonsäuren entsteht beim Schmelzen mit Atzkali nur das *m*-Dioxybenzol (Resorcin). Aus Phenylcarbylamin entsteht beim Erhitzen Benzonitril:

$$C_6H_5 - N \equiv C \text{ gibt } C_6H_5CN.$$

Ganz auffällig ist die Reaktion zwischen Nitrohalogenderivaten des Benzols und Cyankalium; beim Erhitzen derselben wird die Nitrogruppe unter Bildung von Kaliumnitrit eliminirt, während die entstehende Cyanverbindung unter Aufnahme von Wasser in eine Säure übergeht, welche jedoch stets das Halogen und die Carboxylgruppe einander näher gerückt enthält als die ursprüngliche Verbindung das Halogen und die Nitrogruppe. Ist die Möglichkeit zu einer solchen Atomverschiebung ausgeschlossen, so tritt auch die erwähnte Umsetzung zwischen NO_2 und KCN nicht ein; *p*- und *m*-Nitrobrombenzol geben unter diesen Bedingungen *m*- und *o*-Brombenzoësäure, *o*-Nitrobrombenzol reagiert nicht mit Cyankalium.

Diese Erscheinungen sind vom Standpunkte der Atomverkettungslehre unverständlich, und man hat daher eine Erklärung derselben zu geben versucht, indem man mehrere zu gleicher Zeit oder doch sehr rasch aufeinanderfolgende Umsetzungen annimmt. Aus Allylcyanid

$$CH_2 = CH - CH_2 - CN$$

entsteht bei Behandlung mit Kalilauge gewöhnliche Crotonsäure

$$CH_3 - CH = CH - COOH,$$

obwohl die Isoverbindung

$$CH_2 = CH - CH_2 - COOH$$

zu erwarten wäre. Nun könnte man allerdings annehmen, dafs, wie vorhin erwähnt wurde, zuerst die letztere entstände und dann in erstere übergeführt würde. Es ist jedoch wahrscheinlicher, dafs zunächst unter Auflösung der doppelten Bindung die Elemente des Wassers addiert werden, wobei eine Oxysäure

$$CH_3 \cdot CH(OH) \cdot CH_2COOH$$

entsteht, welche sofort wieder unter Abspaltung von Wasser, nun aber unter Entnahme von an andere Kohlenstoffatome gebundenen Wasserstoffatomen, in Crotonsäure übergeht. Thatsächlich verwandelt sich jene Oxysäure, die *β*-Oxybuttersäure, beim Erhitzen unter Abspaltung von Wasser in Crotonsäure.

Aus Diazoamidobenzol

$$C_6H_5 - N = N - NHC_6H_5$$

entsteht bei Anwesenheit von etwas Anilinsalz das isomere Amidoazobenzol

$$C_6H_5 - N = N - C_6H_4NH_2;$$

diesen Vorgang erklärt man durch Annahme einer zweiten Reaktion, infolge deren eine Zerlegung der Moleküle stattfindet unter stetiger Neubildung von Anilinsalz:

$$C_6H_5 - N = N - NHC_6H_5 + C_6H_4 - NH_2HCl = \atop \qquad\qquad\qquad\qquad\qquad H$$

$$C_6H_5 - N = N - C_6H_4NH_2 + C_6H_5NH_2HCl.$$

Durch verschiedenartige Beobachtungen hatte sich die Vermutung aufgedrängt, manche Körper möchten nicht immer eine und dieselbe Konstitution besitzen, sondern dieselbe je nach den Verhältnissen ändern. So hatte u. a. Baeyer bemerkt, dafs Isatin und Indoxyl Derivate zu liefern vermögen, denen eine andere Konstitution zugesprochen werden mufs als jenen Stammsubstanzen, dafs dieselben bewegliche, »labile«, Atomgruppen enthalten, welche bei dem Übergang in jene eine »stabile« Lage einnehmen. Diese labilen Formen bezeichnet Baeyer als »Pseudo«-Verbindungen, z. B.:

$$\begin{array}{ccc} C_6H_4 & - & CO \\ | & & | \\ N & = & COH \end{array} \qquad \begin{array}{ccc} C_6H_4 & - & CO \\ | & & | \\ HN & - & CO \end{array}$$

Isatin — Pseudoisatin

$$\begin{array}{ccc} C_6H_4 & - & COH \\ | & & \| \\ HN & - & CH \end{array} \qquad \begin{array}{ccc} C_6H_4 & - & CO \\ | & & | \\ HN & - & CH_2 \end{array}$$

Indoxyl — Pseudoindoxyl.

Schon Kekulé's erwähnte Ansicht über die eigentümliche Atombewegung im Benzolmolekül deutet auf ähnliches hin. Griefs hatte darauf aufmerksam gemacht, dafs vermutlich auch die Harnstoffderivate in zwei isomeren Formen aufzutreten vermögen, sich ableitend von dem eigentlichen Harnstoff, dem er die Formel

$$\begin{array}{l} NH_2 \\ | \\ C = NH \\ | \\ OH \end{array}$$

zuschreibt, und einen Scheinharnstoff

$$\begin{array}{l} NH_2 \\ | \\ CO, \\ | \\ NH_2 \end{array}$$

ebenso wie Rathke die Konstitution des Schwefelharnstoffs als der Formel

$$\begin{array}{l} NH_2 \\ | \\ C = NH \\ | \\ SH \end{array}$$

entsprechend angenommen hatte. Auch Zincke, welcher bei der Einwirkung von Phenylhydrazin auf α-Naphtochinon einen mit dem Phenylazo-α-naphtol

$$C_6H_5N = N - C_{10}H_6OH$$

identischen Körper erhielt, sprach die Ansicht aus, dafs man für manche Verbindungen je nach den Umständen verschiedene Strukturformeln anzunehmen habe, für die genannte Verbindung z. B.

$$C_{10}H_6\left\langle\begin{matrix}OH\\ N_2C_6H_5\end{matrix}\right. \quad \text{und} \quad C_{10}H_6\left\langle\begin{matrix}O\\ |\\ N_2HC_6H_5,\end{matrix}\right.$$

für Nitrosophenole die allgemeinen Formeln

$$C_xH_y\left\langle\begin{matrix}OH\\ NO\end{matrix}\right. \quad \text{und} \quad C_xH_y\left\langle\begin{matrix}O\\ |\\ N\cdot OH,\end{matrix}\right.$$

für Acetessigsäure

$$CH_3CO\cdot CH_2COOH \text{ und } CH_3-C(OH)=CH-COOH.$$

Hauptsächlich scheinen es die Stickstoffatome zu sein, welche wegen ihrer Beweglichkeit solche Umlagerungen verursachen.

Für diese Erscheinung, dafs mehrere Formeln für ein und dieselbe Substanz eine gleiche Berechtigung haben, insofern dieselben für das eigentümliche verschiedene Verhalten jener unter verschiedenen Bedingungen eine Erklärung zu geben vermögen, schlägt Laar die Bezeichnung »Tautomerie« vor. So sind die Formeln für Blausäure

$$N\equiv C-H \quad \text{und} \quad C\equiv N-H$$

tautomer, ebenso für die Cyansäure

$$C\left\langle\begin{matrix}N\\ OH\end{matrix}\right. \quad \text{und} \quad C\left\langle\begin{matrix}NH\\ O\end{matrix}\right.,$$

für Phtalychlorid

$$C_6H_4\left\langle\begin{matrix}CCl_2\\ CO\end{matrix}\right\rangle O \quad \text{und} \quad C_6H_4\left\langle\begin{matrix}COCl\\ COCl\end{matrix}\right.,$$

für Succinylchlorid

$$\begin{matrix}CH_2COCl\\ |\\ CH_2COCl\end{matrix} \quad \text{und} \quad \begin{matrix}CH_2CCl_2\\ |\\ CH_2CO\end{matrix}\Big\rangle O$$

Auch die eigentümliche Reaktion der Sulfinsäuresalze, unter Umständen einmal in Sulfone, das andere Mal in Ester überzugehen, spricht für die Annahme tautomerer Formeln, z. B.

$$C_6H_5-\underset{\substack{|\\ H}}{S}\left\langle\begin{matrix}O\\ O\end{matrix}\right. \quad \text{und} \quad C_6H_5-\underset{\substack{\|\\ O}}{S}-OH.$$

Sind jedoch zwei Formen als Verbindungen verschiedenen Charakters beständig, dann ist die Tautomerie zur Isomerie geworden.

Kapitel 29.

Konstitution anorganischer Verbindungen. Oxyde.

Die Gesetze der Atomverkettung sind auf dem Gebiete der organischen Chemie am ausführlichsten studiert worden, wozu die Möglichkeit hier bei der aufserordentlichen Menge und der grofsen Mannigfaltigkeit in den chemischen Umsetzungen der Kohlenstoffverbindungen am ehesten gegeben war. Es ist selbstverständlich, dafs die auf diesem Gebiete erkannten Thatsachen und daraus gezogenen Ansichten auch auf das der anorganischen Chemie übertragen wurden und werden mufsten, da vom theoretischen Standpunkte ein gewichtiger Grund zu einer Scheidung in anorganische und organische Verbindungen nicht vorliegt. Wenn auch das Kohlenstoffatom weit mehr befähigt ist, sich mit anderen seinesgleichen zu vereinigen und somit kompliziertere Verbindungen zu liefern als die übrigen Elemente, so liegt noch kein Grund vor, ihm deswegen eine Ausnahmestellung unter diesen einzuräumen, um so weniger, als ähnliches auch von den übrigen bekannt ist, wenn auch nicht in dem ausgesprochenen Mafse, und Elemente in Kohlenstoffverbindungen eingeführt werden können, welche die in solchen vorzugsweise sich findenden, den Wasserstoff, Sauerstoff, Stickstoff und Schwefel, sehr wohl zu ersetzen im stande sind. Das Silicium, das nächste Analogon des Kohlenstoffs, vermag sich beispielsweise mit Kohlenwasserstoffradikalen zu den Kohlenwasserstoffen ganz entsprechenden Verbindungen zu vereinigen. Das Siliciumtetramethyl $Si(CH_3)_4$ ist ein dem Pentan C_5H_{12} ganz ähnlicher Körper; ja selbst Metalle wie Natrium, Zink, Quecksilber u. a. vermögen häufig die Rolle von Wasserstoff- oder Sauerstoffatomen u. a. zu übernehmen und wohl charakterisierte Verbindungen zu liefern. Komplizierte anorganische Verbindungen, wie es die verschiedenen Kieselsäuren u. a. sind, lassen erkennen, dafs auch die chemischen Vorgänge hier und dort ganz ähnliche sind, wenn auch die Natur der Elemente eine modifizierte ist, der zufolge die Reaktionen anders sich darstellen müssen, als man es bei den Kohlenstoffverbindungen gewohnt ist. Es würde auch in der That dem Naturgesetz zuwiderlaufen, einem einzigen Elemente eine bevorzugte Stellung einzuräumen, und es ist nur recht und billig, wenigstens zu versuchen, ähnliche Anschauungen über die Atomverbindung, wie wir sie bei den Verbindungen des Kohlenstoffs kennen gelernt haben, auch auf anorganische zu übertragen. Wenn dies bislang noch nicht in dem ausgedehnten Mafse geschehen konnte, so liegt es in der Natur der Sache, da uns Verbindungen anorganischer Elemente bei weitem nicht in der Anzahl zur Verfügung stehen, andererseits von diesen wenigen in sehr vielen Fällen nicht einmal das Molekulargewicht mit genügender Sicherheit sich feststellen läfst, ohne dessen Kenntnis wir doch nur auf Vermutungen angewiesen sind.

Die wichtigsten Verbindungen der anorganischen Elemente ergeben sich aus der Vereinigung derselben mit dem Sauerstoff. Unter den so entstehenden Oxyden hat man drei Klassen zu unterscheiden, die Säuren bildenden, die Basen bildenden und die indifferenten, deren Eigenschaften sich nach der Natur der mit Sauerstoff verbundenen Elemente richten, je nachdem dieselben elektronegativen oder elektropositiven Charakter besitzen. Die Oxyde der ersteren Art, meistenteils die der elektronegativen Elemente, vereinigen sich mit den Elementen des Wassers zu Säuren und heifsen deshalb auch S ä u r e a n h y d r i d e; die Basen bildenden Oxyde der elektropositiven Elemente werden unter gleichen Bedingungen in Basen übergeführt und dementsprechend als B a s i s a n h y d r i d e bezeichnet. Die indifferenten endlich entstehen aus der Vereinigung sowohl von elektronegativen, wie von elektropositiven Elementen mit Sauerstoff, vermögen aber, wie N_2O, NO, MnO_2, Mn_3O_4, Pb_2O, PbO_2 u. a. nicht direkt unter Aufnahme von Wasser in Säuren oder Basen überzugehen. Doch ist zu bemerken, dafs eine scharfe Grenze zwischen den ersten beiden Klassen oftmals nicht gezogen werden kann; es existieren Oxyde, wie z. B. das Antimonoxyd Sb_2O_3, das Wismuthoxyd Bi_2O_3, Aluminiumoxyd Al_2O_3 u. a., welche gegen starke Säuren sich wie Basen bildende, gegen starke Basen wie Säure bildende verhalten.

Die Konstitution der Oxyde leitet sich von der des Wassers her, indem man sich beide Wasserstoffatome je eines Moleküls desselben durch andere Atome ersetzt denkt (vgl. Kap. 22). Setzt man an die Stelle des Sauerstoffs im Wasser ein Schwefelatom, so entsteht Schwefelwasserstoff, von dem sich die den Oxyden entsprechenden Sulfide in derselben Weise ableiten lassen.

Die Elemente vereinigen sich in den meisten Fällen mit Sauerstoff in mehreren Verhältnissen. Diese verschiedenen Oxydationsstufen unterscheidet man als Monoxyde, Di-, Tri- etc. Oxyde, je nach der Anzahl der mit dem betreffenden Elemente verbundenen Sauerstoffatome, oder auch als Oxydul, Oxyd und Superoxyd. So existieren vom Stickstoff die Oxydationsstufen:

N_2O Stickstoffmonoxyd, Stickstoffoxydul,
NO Stickstoffoxyd,
NO_2 Stickstoffdioxyd,
N_2O_3 Stickstofftrioxyd,
N_2O_4 Stickstofftetroxyd,
N_2O_5 Stickstoffpentoxyd.

Ist von Metalloxyden eine gröfsere Anzahl bekannt, so benennt man sie als Suboxyde, Oxydule, Oxyde, Sesquioxyde (welche auf zwei Atome des betreffenden Elementes drei Atome Sauerstoff enthalten), Oxyduloxyde, Super- oder Hyperoxyde und eventuell Säureanhydride, z. B.:

MnO Manganoxydul,
Mn_2O_3 Manganoxyd oder -sesquioxyd,
Mn_3O_4 Manganoxyduloxyd,
MnO_2 Mangansuperoxyd,
MnO_3 Mangantrioxyd, Mangansäureanhydrid,
Mn_2O_7 Manganheptoxyd, Übermangansäureanhydrid,
FeO Eisenoxydul,
Fe_2O_3 Eisenoxyd,
Fe_3O_4 Eisenoxyduloxyd,
FeO_3 Eisentrioxyd, Eisensäureanhydrid.

Die Konstitution dieser Oxydverbindungen ist sehr einfach, sobald nur ein zweiwertiges Sauerstoffatom sich mit zwei einwertigen oder einem zweiwertigen Elemente vereinigt; für das Wasserstoffoxyd oder Wasser, Chlormonoxyd, Baryum-, Calcium-, Mangan-, Bleioxyd etc. ist nur je eine Form denkbar:

$$\begin{matrix}H\\H\end{matrix}\!\!>\!O,\quad \begin{matrix}H\\H\end{matrix}\!\!>\!S,\quad \begin{matrix}Cl\\Cl\end{matrix}\!\!>\!O,\quad \begin{matrix}K\\K\end{matrix}\!\!>\!O,\quad Ba = O,\quad Ca = O,$$

$$Mn = O,\quad Pb = O,$$

vorausgesetzt, dafs wir in dieser oder jener Weise die Molekulargröfse der Verbindung als sicher annehmen können.

Verwickelter gestalten sich die Verhältnisse, sobald mehrere Sauerstoffatome sich mit mehreren einwertigen oder einem oder mehreren Atomen mehrwertiger Elemente vereinigen. Für das Chlortrioxyd Cl_2O_3 lassen sich zwei Konstitutionsformeln annehmen, je nachdem man das Chlor als ein einwertiges oder als ein dreiwertiges Element betrachtet:

$$Cl - O - O - O - Cl \text{ und } O = Cl - O - Cl = O.$$

Die Molekularformel für Chlordioxyd berechnet sich als ClO_2 entsprechend; danach würde diese Verbindung als eine ungesättigte anzusehen sein und ihre Formel entweder

$$Cl - O - O -$$

oder

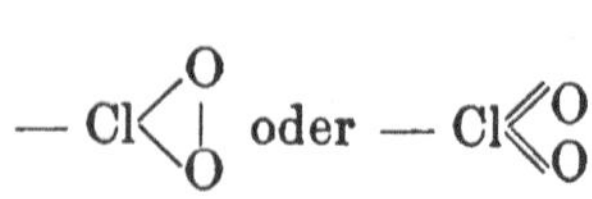

zu schreiben sein, da eine andere Wertigkeit für Chlor anzunehmen, nach seinen übrigen Verbindungen zu urteilen, nicht angängig erscheint. Es ist jedoch wahrscheinlich, dafs die Verbindung im flüssigen Zustande oder das Gas bei niedriger Temperatur der Formel Cl_2O_4 entspricht, wie wir auch für das Stickstoffdioxyd im flüssigen Zustande die Zusammensetzung N_2O_4 annehmen müssen; ihre Formel würde dann entweder

$$\mathrm{Cl-O-O-O-O-Cl} \quad \text{oder} \quad {}^{\mathrm{O}}_{\mathrm{O}}\!\!\gg\!\mathrm{Cl-O-Cl{=}O}$$

zu schreiben sein. Für die Annahme der letzteren spricht die Analogie mit Chlortrioxyd

$$\mathrm{Cl_2O_3 = O{=}Cl-O-Cl{=}O.}$$

Dafs diese Formel nämlich die richtigere sein wird, geht aus dem Verhalten der Verbindung gegen Wasser hervor, mit dem es, wie alle Verbindungen, welche im Molekül zwei gleiche Atomkomplexe durch ein Sauerstoffatom gebunden enthalten, in zwei gleiche Moleküle zerfällt, nämlich in chlorige Säure:

$$\mathrm{(O{=}Cl)-O-(Cl{=}O) + HOH = OClOH + OHClO.}$$

Es ist nicht einzusehen, warum aus Chlortrioxyd bei der Konstitution

$$\mathrm{Cl-O-O-O-Cl}$$

unter gleichen Bedingungen nicht ebenso gut Salzsäure und

$$\mathrm{HO-O-O-O-Cl}$$

resultieren sollten. Ebenso würde dann die Struktur eines Chlorpentoxyds nur einer Formel

$${}^{\mathrm{O}}_{\mathrm{O}}\!\!\gg\!\mathrm{Cl-O-Cl}\!\ll\!{}^{\mathrm{O}}_{\mathrm{O}}$$

entsprechen, das Tetroxyd demnach als intermediäres Produkt zwischen diesem und dem Trioxyd erscheinen:

$$\begin{array}{l} \mathrm{ClO\ -O-ClO} \\ \mathrm{ClO_2-O-ClO} \\ \mathrm{ClO_2-O-ClO_2.} \end{array}$$

Es ist überhaupt nicht wahrscheinlich, dafs so viele Sauerstoffatome kettenförmig vereinigt sind. Schon Verbindungen, welche zwei unter sich in Bindung stehende Sauerstoffatome enthalten, wie das Wasserstoffsuperoxyd

$$\mathrm{H-O-O-H,}$$

die Superoxyde der Säureradikale wie

$$\begin{array}{l} CH_3 \cdot CO - O \\ \qquad\qquad\quad\; | \\ CH_3 \cdot CO - O \end{array}$$

u. a., sind sehr leicht zersetzlich, indem sie einen Teil ihres Sauerstoffs abzugeben bestrebt sind. Das ist zwar auch bei den Oxyden des Chlors der Fall, aber doch nur bei den niederen Oxydationsstufen, während die höheren, namentlich die Hydrate, an Beständigkeit zunehmen.

Von Verbindungen des Schwefels mit Sauerstoff sind vier bekannt, das Dioxyd SO_2, das Trioxyd SO_3, das Sesquioxyd S_2O_3 und das Heptoxyd S_2O_7. Der chemische Wert des Schwefels in denselben wird von einigen zu 2, von anderen zu 2, 4 und 6 angenommen. Hiernach würden sich die Konstitutionsformeln für die beiden erstgenannten Verbindungen als

$$S\left\langle\begin{array}{c} O \\ | \\ O \end{array}\right. \qquad \text{oder} \qquad S\begin{array}{l} /\!\!/ O \\ \backslash\!\!\backslash O \end{array}$$

und

$$S\left\langle\begin{array}{c} O \\ O \end{array}\right\rangle O \qquad \text{oder} \qquad S\begin{array}{l} /\!\!/ O \\ = O \\ \backslash\!\!\backslash O \end{array}$$

ergeben. Da eine organische Verbindung des Schwefels nach der Formel $S(C_2H_5)_3OH$ bekannt ist, erscheint der Schwefel mehr als zweiwertig, man müfste jene sonst als Molekularverbindung von Äthylsulfid $S(C_2H_5)_2$ und Alkohol C_2H_5OH auffassen, wogegen ihre stark basische Natur spricht; auch die Verbindung SCl_4 müfste nach dieser Auffassung als Molekularverbindung SCl_2, Cl_2 betrachtet werden.

Die Konstitution der Oxyde des Stickstoffs würde, wenn man denselben als dreiwertig ansieht, sich folgendermafsen gestalten:

$N = O$ $\backslash /$ O	$-N = O$	$O = N - O$	$O = N - O - O - N = O$
Stickstoff-oxydul.	Stickstoff-oxyd.	Stickstoff-dioxyd.	Stickstofftetroxyd.

$O = N - O - N = O$	$O = N - O - O - O - N = O$
Stickstofftrioxyd, Salpetrigsäureanhydrid.	Stickstoffpentoxyd, Salpetersäureanhydrid.

Doch vermag der Stickstoff auch fünfwertig aufzutreten, nämlich dann, wenn eine oder mehrere Affinitäten durch negative Elemente gesättigt werden, wie aus der Konstitution des Ammoniumchlorids und der organischen Ammoniumbasen hervorgeht. Demgemäfs liefse sich das Salpetersäureanhydrid auch als Verbindung fünfwertigen Stickstoffs auffassen:

$$\begin{matrix}O\\O\end{matrix}\!\!\gg N - O - N \ll\!\!\begin{matrix}O\\O\end{matrix},$$

das Stickstofftetroxyd als

$$\begin{matrix}O\\O\end{matrix}\!\!\gg N - N \ll\!\!\begin{matrix}O\\O\end{matrix} \quad \text{oder} \quad \begin{matrix}O\\O\end{matrix}\!\!\gg N - O - N = O.$$

Für Annahme der letzten Formel spricht die einfachste Erklärung des Zerfalls mit Wasser in Salpetersäure und salpetrige Säure:

$$NO_2 - O - NO + HOH = NO_2\,OH + NO \cdot OH,$$

die Synthese aus Silbernitrit und Nitrylchlorid:

$$NO_2\,Cl + NOOAg = NO_2\,ONO + Ag\,Cl,$$

sowie die Darstellung des Diazobenzolnitrats aus Anilin:

$$NO_2\,O\,NO + H_2\,N \cdot C_6\,H_5 = NO_2\,ON = N\,C_6\,H_5 + H_2\,O.$$

Das Stickstofftetroxyd bildet dann ein intermediäres Anhydrid zwischen dem der Salpetersäure und salpetrigen Säure:

$$\begin{matrix}O\\O\end{matrix}\!\!\gg N - O - N \ll\!\!\begin{matrix}O\\O\end{matrix}.$$

$$\begin{matrix}O\\O\end{matrix}\!\!\gg N - O - N = O.$$

$$O = N - O - N = O.$$

V. Meyer nimmt für das Tetroxyd die Formel mit dreiwertigem Stickstoff an, da dasselbe sich mit Amylen $C_5\,H_{10}$ zu der Verbindung $C_5\,H_{10}\,(NO_2)_2$ vereinigt. Da dieselbe bei der Reduktion Ammoniak liefert und keine Aminbase, müfste der Stickstoff in derselben nicht mit dem Kohlenstoff, sondern mit dem Sauerstoff verbunden sein; die Konstitutionsformel wäre demnach

$$C_5\,H_{10}\begin{matrix}ONO\\ONO\end{matrix}.$$

Gegen diese Auffassung spricht hinwiederum, dafs für die Salpetersäure dann die Formel

$$O = N - O - OH$$

zu setzen wäre:

$$O = N - O - O - N = O + HOH = O = N - OH + O = N - O - OH;$$

dann ist aber die so leicht erfolgende Bildung von Nitroderivaten aus aromatischen Kohlenwasserstoffen und Salpetersäure nicht recht verständlich. Für die Formel mit nur fünfwertigem Stickstoff spricht sich Günsberg aus und formuliert die Umsetzung mit Wasser:

$$O_2N - NO_2 + HOH = O_2N \cdot OH + O_2NH.$$

In jedem Falle erscheint die Bindung zwischen Sauerstoff und Stickstoff im Tetroxyd sehr beweglich, indem bald die Gruppe $-NO_2$, bald $-ONO$ auftritt oder beide ineinander übergehen.

Dem Stickstofftri- und -pentoxyd analog sind die Verbindungen des Phosphors mit Sauerstoff konstituiert:

$$O = P - O - P = O$$

Phosphortrioxyd

$$O = P - O - O - O - P = O$$

Phosphorpentoxyd

oder wahrscheinlicher

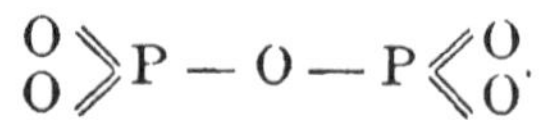

Für die Verbindung des Arsens mit Sauerstoff, welche man gewöhnlich als Arsentrioxyd bezeichnet, ist eine Dampfdichte gefunden, welche nicht einer Verbindung von As_2O_3, sondern As_4O_6 zukommt. Obwohl das Arsen sich nur mit drei Halogenatomen vereinigt, kann es doch als fünfwertiges Element auftreten, wie die Existenz organischer Arsenverbindungen, z. B.

$$As(CH_3)_4J \quad \text{und} \quad As(CH_3)_4OH$$

beweist. Für das Arsentrioxyd, besser Arsenigsäureanhydrid, hat man nach oben nicht die Formel

$$O = As - O - As = O$$

anzunehmen; nach V. Meyer kommt ihm vielleicht die Konstitution

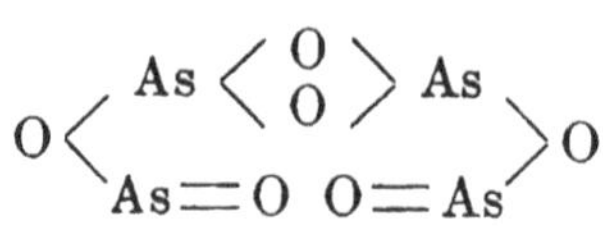

oder

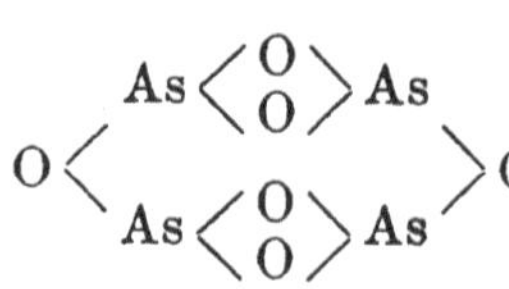 zu.

Von dem Antimon sind drei Oxyde bekannt, welche als Trioxyd Sb_2O_3, Tetroxyd Sb_2O_4 und Pentoxyd Sb_2O_5 bezeichnet werden, deren Strukturformeln analog denen der entsprechenden Oxyde des Stickstoffs zu verzeichnen wären:

$$O = Sb - O - Sb = O.$$

$$\begin{matrix}O\\O\end{matrix}\!\gg Sb - O - Sb = O.$$

$$\begin{matrix}O\\O\end{matrix}\!\gg Sb - O - Sb \ll\!\begin{matrix}O\\O\end{matrix}.$$

Von dem Bor ist nur ein der Zusammensetzung B_2O_3 entsprechendes Oxyd bekannt, dessen Konstitution analog der der Elemente der Stickstoffgruppe ist, nämlich

$$O = B - O - B = O,$$

ebenso von dem Analogon des Kohlenstoffs, dem Silicium, das dem Kohlendioxyd entsprechende Siliciumdioxyd

$$Si \ll\!\begin{matrix}O\\O\end{matrix}.$$

Von Oxyden des einwertigen Kaliums sind mit Sicherheit drei bekannt, das Monoxyd K_2O und die Superoxyde K_2O_2 und K_2O_4, deren Struktur nur durch die Formeln

$$K - O - \dot{K},\ K - O - O - K \quad \text{und} \quad K - O - O - O - O - K$$

ausgedrückt werden kann. Das Natrium bildet mit Sauerstoff ein Oxyd Na_2O, ein Superoxyd Na_2O_2 und ein Suboxyd, vielleicht Na_4O, während die Existenz des entsprechenden Suboxyds des Kaliums zweifelhaft ist. Die Struktur dieser Verbindungen ist dieselbe wie die der Kaliumoxyde; bei einer Zusammensetzung des Suboxydes nach der angegebenen Formel wären ganz ausnahmsweise ein vierwertiges Sauerstoffatom oder zweiwertige Natriumatome anzunehmen, die zum Teil unter sich gebunden sein müfsten. Für ein teilweises Auftreten des Sauerstoffs als vierwertiges Element plädiert Meldola, so dafs z. B. die Verbindung des Methyläthers mit Chlorwasserstoff

$$(CH_3)_2O \quad HCl$$

nicht als Molekularverbindung, sondern als Atomverbindung

$$\begin{matrix}CH_3\\CH_3\end{matrix}\!>O<\!\begin{matrix}H\\Cl\end{matrix} \quad \text{oder} \quad \begin{matrix}CH_3\\CH_3\end{matrix}\!>O = Cl - H$$

anzusehen wäre.

Von Sauerstoffverbindungen des Kupfers sind vier bekannt, das Quadrant- oder Suboxyd Cu_4O, das Oxydul Cu_2O, das Oxyd CuO und das Superoxyd CuO_2. In allen diesen Oxydationsstufen fungiert das Kupfer als zweiwertiges Element:

$$\begin{matrix}Cu - Cu\\ | \\ Cu - Cu\end{matrix}\!>O, \quad \begin{matrix}Cu\\ | \\ Cu\end{matrix}\!>O, \quad Cu = O, \quad Cu<\!\begin{matrix}O\\ | \\ O\end{matrix}.$$

Dafs dasselbe auch in den Oxydulverbindungen zweiwertig ist, geht aus der Dampfdichte des Chlorürs hervor, nach welcher dasselbe die Zusammensetzung Cu_2Cl_2 besitzt. Daraus läfst sich ein Rückschlufs auf die dem Kupfer ähnlichen Metalle, Silber und Quecksilber machen, welche ebenfalls als zweiwertig anzusehen sind:

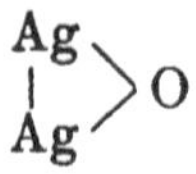

Silberoxyd

$Ag=O$ oder

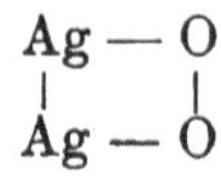

Silbersuperoxyd

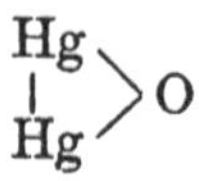

Quecksilberoxydul

$Hg=O.$

Quecksilberoxyd.

Das Blei erscheint sowohl zweiwertig im Oxyd PbO und im Chlorid $PbCl_2$, als auch vierwertig im Tetrachlorid $PbCl_4$, in einer organischen Verbindung, dem Tetramethyl $Pb(CH_3)_4$, und demgemäfs auch wahrscheinlich im Sesquioxyd Pb_2O_3 und Superoxyd PbO_2. Von Oxydationsstufen sind im ganzen vier bekannt, wenn man von der Verbindung von Oxyd und Superoxyd, der Mennige (Pb_3O_4) absieht, nämlich:

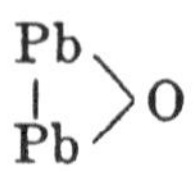

Suboxyd

$Pb=O$

Oxyd

$Pb-O-O-O-Pb$ oder

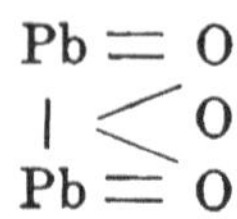

Sesquioxyd

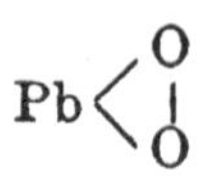

oder

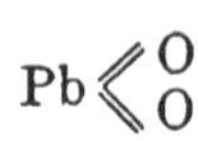

Superoxyd.

Das Aluminium fungiert, nach der Dampfdichte des Chlorids zu urteilen, als dreiwertiges Element, sein Oxyd Al_2O_3 ist demnach

$$O=Al-O-Al=O.$$

Aus gleichen Gründen nimmt man das Eisen als zwei- und dreiwertig an, seine Oxydationsstufen besitzen demnach die Formeln

$Fe=O$	$O=Fe-O-Fe=O$	$O=Fe-O-Fe-O-Fe=O$
Oxydul	Oxyd	Oxyduloxyd.

In dem letzteren sind zwei dreiwertige und ein zweiwertiges Eisenatom enthalten.

Es ist nun aber zweifelhaft, ob in allen diesen Fällen die angeführten Formeln wirklich der Zusammensetzung der Moleküle entsprechen, ob letztere nicht, namentlich bei niederer Temperatur, einen grösseren Atomkomplex darstellen, als die angenommenen einfachsten Formeln angeben. Es sind beispielsweise die Alkalimetalle leicht flüchtig, während ihre Sauerstoffverbindungen diese Eigenschaft absolut nicht zeigen; würden ihre Moleküle wirklich nur aus zwei Atomen Metall und einem Atom Sauerstoff bestehen, so dürfte kaum ein solcher Unterschied in ihrem physikalischen Verhalten sich bemerkbar machen. Möglicherweise fungieren ihre Atome mehrwertig und bilden mit einer entsprechenden Anzahl von Sauerstoffatomen einen grösseren Atomkomplex; dasselbe könnte auch bei den anderen Metallen der Fall sein, wodurch man zu Aggregaten gelangte, deren innerer Zusammenhang durch Formeln wie

$$\mathrm{M}\left\langle\begin{matrix}\mathrm{O}\\ \mathrm{O}\end{matrix}\right\rangle\mathrm{M}, \qquad \mathrm{M}\left\langle\begin{matrix}\mathrm{O-M-O}\\ \mathrm{O-M-O}\end{matrix}\right\rangle\mathrm{M} \quad \text{u. a. m.}$$

illustriert werden könnte.

In neuerer Zeit hat Traube die Ansicht ausgesprochen, es seien unter den Hyperoxyden zwei ganz verschiedene Arten zu unterscheiden, deren Unterschied in dem Vorhandensein von atomistischem und molekularem Sauerstoff beruhe. Hiernach sollte z. B. das Wasserstoffsuperoxyd ein Molekül Sauerstoff enthalten, welches zwei Valenzen besitzt, die »unabhängig von den beiden im Molekül gesättigten Valenzen ihm selbst eigen sind«. Die Konstitutionsformel für dasselbe wäre dann

$$\mathrm{H}-\boxed{\mathrm{O}=\mathrm{O}}-\mathrm{H}$$

zu schreiben. Traube sucht diese Ansicht dadurch zu begründen, das Wasserstoffsuperoxyd vermöchte im Gegensatz zu anderen Superoxyden nur am negativen Pole aufzutreten und nur bei Anwesenheit gewöhnlichen molekularen Sauerstoffs, nicht aber des nascierenden, zu entstehen. Durch die angeführte Strukturformel liesse sich der leichte Zerfall erklären, ebenso die energische Reduktionskraft, da die Verbindung zwischen den Wasserstoffatomen und dem Sauerstoffmolekül nur eine schwache sein kann. Aber auch der Zusammenhang zwischen den Sauerstoffatomen kann nicht mehr so fest sein, infolgedessen die leichte Zersetzbarkeit in Wasser und Sauerstoff. Für das Vorhandensein eines Sauerstoffmoleküls spräche die Eigenschaft des aus dem Superoxyd durch Oxydationsmittel in Freiheit gesetzten Sauerstoffs, welcher sich nicht mehr als nascierender, sondern als gewöhnlicher inaktiver erwiese. Die scheinbar katalytische Wirkung des Blei- oder Manganhyperoxyds beruhe darauf, »dafs zunächst deren Reduktion unter Freiwerden von Sauerstoffmolekülen und Bildung von Wasser und dann wieder eine Oxydation der entstandenen Oxyde stattfindet«.

Eine gleiche Annahme ist nach Traube auch für diejenigen Hyperoxyde zu machen, welche bei der Einwirkung von verdünnten Säuren in Wasserstoffsuperoxyd übergehen, also die Hyperoxyde des Kaliums, Natriums, Baryums, Strontiums, Calciums, Zinks, Cadmiums, Kupfers und Didyms. Auch in ihnen mufs dann das Sauerstoffmolekül zweiwertig auftreten. Für diese Art der Oxyde schlägt Traube den Namen Holoxyde (v. ὅλος, ganz) vor, da sie ein Sauerstoffmolekül enthalten. Das Ozon sei eine Verbindung eines Atoms Sauerstoff mit einem Molekül, $O(O_2)$, da bei seiner Einwirkung stets inaktiver Sauerstoff frei wird und nur das eine Atom Sauerstoff zur Verwendung kommt. Wolle man diese Annahme nicht machen, so müsse in den Superoxyden der Sauerstoff als einwertig angesehen werden.

Das letztere ist absolut nicht notwendig; in den Superoxyden können die beiden Sauerstoffatome gegenseitig mit einer Valenz gebunden, die beiden anderen entweder durch ein zweiwertiges oder durch einwertige Atome gesättigt sein; da Verbindungen, welche mehrere Sauerstoffatome in direkter Bindung enthalten, nur unbeständig sind, ist ein Zerfall derselben in Sauerstoff und Oxyd unter dem Einflufs geringfügiger Ursachen völlig erklärlich.

Kapitel 30.

Konstitution der anorganischen Säuren, Basen und Salze.

Vereinigen sich die Oxyde, mit Ausnahme der indifferenten, mit Wasser, oder, was dasselbe sagt, denkt man sich ihre Sauerstoffatome ganz oder teilweise durch Hydroxylgruppen ersetzt, so entstehen je nach ihrem Charakter Säuren oder Basen. So leitet sich vom Schwefeltrioxyd durch Ersatz eines Sauerstoffatoms durch zwei Hydroxyle die Schwefelsäure $SO_2\,OH_2$, von dem Kaliumoxyd ebenso das Kaliumhydroxyd KOH ab. Jedoch nicht alle Säuren enthalten Sauerstoff; die Halogene vereinigen sich mit Wasserstoff zu Verbindungen, welche ebenfalls den Charakter starker Säuren besitzen. Diese definiert man daher allgemein als Wasserstoffverbindungen elektronegativer Radikale, welche entweder Elemente oder zusammengesetzt sind; die ersteren sind die Halogene, die letzteren bestehen aus einem elektronegativen Elemente und Sauerstoff oder dem Analogon des letzteren, Schwefel. Man spricht deshalb von Wasserstoff- oder besser Haloidsäuren, Sauerstoffsäuren und Sulfosäuren. Von den letzten sind nur wenige bekannt, vermutlich weil sie leicht in Anhydrid (richtiger Sulfid) zerfallen, z. B. As_2S_3, As_2S_5, Sb_2S_3, Sb_2S_5 u. a.

Im Gegensatz zu den Säuren sind Basen Wasserstoffverbindungen elektropositiver Radikale, welche ebenfalls entweder Sauerstoff oder Schwefel enthalten und demgemäfs als Oxybasen und Sulfobasen bezeichnet werden.

Die Konstitution der Oxysäuren sowohl wie der Basen leitet sich von der des Wassers resp. Schwefelwasserstoffs ab, aus denen man sie sich durch Ersatz eines Wasserstoffatoms in je einem Molekül der letzteren durch ein- oder mehrwertige Radikale oder Elemente entstanden denken kann.

$$HOH \qquad NO_2-OH$$

$$\begin{cases} HOH \\ HOH \end{cases} \qquad SO_2\left\langle\begin{matrix} OH \\ OH \end{matrix}\right.$$

$$\begin{cases} HSH \\ HSH \\ HSH \end{cases} \qquad Sb\begin{matrix} / SH \\ - SH \\ \backslash SH \end{matrix}$$

$$HOH \qquad KOH$$

$$\begin{cases} HOH \\ HOH \end{cases} \qquad Ca\left\langle\begin{matrix} OH \\ OH \end{matrix}\right.$$

$$HSH \qquad KSH \quad \text{u. a. m.}$$

(vgl. Kap. 22.)

Basen und Säuren vereinigen sich miteinander zu Salzen und stets unter Abspaltung von Wasser resp. Schwefelwasserstoff. Salze sind also das Reaktionsprodukt der Umsetzung von Säuren und Basen; man kann sie betrachten als Säuren, in denen Wasserstoff durch Metallatome, oder als Basen, in denen Wasserstoff durch Säureradikale oder, bei den Haloidsalzen, die Hydroxyle durch Halogen ersetzt sind. Jedoch sind in den anorganischen Oxysäuren nur diejenigen Wasserstoffatome durch Metall ersetzbar, welche als Hydroxylgruppen in ihnen enthalten sind. Nach der Anzahl der letzteren richtet sich die Basicität der Säure wie die Acidität der Base. Enthalten Säure und Basis gleichviel Hydroxylwasserstoff, so entstehen bei ihrer gegenseitigen Einwirkung normale Salze, d. h. solche, in denen Hydroxylgruppen nicht mehr vorhanden sind. Daraus geht hervor, dafs bei gleicher Anzahl von Hydroxylen in **einem** Molekül der Basis und Säure gleichviel Moleküle, bei ungleicher Anzahl auch eine ungleiche Zahl von Molekülen der Basis und Säure zur Neutralisation erforderlich sind. Salze, welche Hydroxylgruppen intakt enthalten, sind entweder saure oder basische, je nachdem die betreffenden Hydroxyle mit dem Säureradikal oder mit dem Metall in Verbindung stehen; sie entstehen durch nur teilweise Ersetzung der Hydroxylwasserstoffatome oder durch Verbindung eines normalen Salzes mit einem oder mehreren Molekülen Säure oder Basis. Nach der Anzahl der intakt gebliebenen Hydroxyle unterscheidet man einfach, zweifach etc. saure oder basische Salze.

Die Konstitution der Wasserstoff- oder Haloidsäuren ist einfach, da sie im Molekül nicht mehr als ein Wasserstoff- und ein Halogenatom enthalten. Vielschwieriger gestaltet sich die Bestimmung der Konstitution der Sauerstoff- (resp. Sulfo-) Säuren. Es ist im vorhergehenden bemerkt, dafs die Basicität der Säuren der Anzahl der Hydroxylgruppen entspricht. Dafs solche in ihnen überhaupt enthalten sind, beweist die gleichzeitige Ersetzbarkeit von einem Atom Wasserstoff und Sauerstoff durch nur ein Atom Chlor und hinwiederum die Substituierung des letzteren durch Hydroxyl beim Behandeln der Chloride mit Wasser, wobei unter Bildung der ursprünglichen Säure Chlorwasserstoff entsteht. Daraus geht hervor, dafs Sauerstoff und Wasserstoff in den Säuren als einwertiges Radikal enthalten sein müssen. So existieren z. B.

$$NO_2\,Cl, \quad SO_2\!\left\langle{Cl \atop OH}\right., \quad SO_2\!\left\langle{Cl \atop Cl}\right.$$

u. a. Sind die Hydroxyle nur an ein Elementaratom gebunden, wie z. B. Cl OH, dann ist ihre Konstitution ebenfalls leicht verständlich; sind sie dagegen mit Radikalen verknüpft, bleibt die Konstitution der letzteren noch zu ermitteln.

Ersetzt man also die Sauerstoffatome in Oxyden durch Hydroxyl, so entstehen Säuren oder Basen. Auf diese Weise leitet sich von Chlormonoxyd Cl_2O die unterchlorige Säure Cl — OH, vom Chlortrioxyd Cl_2O_3 die chlorige Säure

$$Cl_2\,O_2(OH)_2 = 2\ Cl - O - OH,$$

vom hypothetischen Chlorpentoxyd Cl_2O_5 die Chlorsäure

$$Cl_2\,O_4(OH)_2 = 2\ Cl\ O_2\,OH$$

ab. Die Konstitution der letzteren ist entweder

$$Cl - O - O - OH,$$

oder aber

$$\begin{matrix} O \\ O \end{matrix} \!\!> Cl - OH,$$

wenn Chlor fünfwertig fungiert. Auch das Anhydrid der Überchlorsäure Cl_2O_7 ist nicht bekannt, sondern nur das Hydrat und Salze, entsprechend der Formel

$$Cl_2O_6(OH)_2 = 2\,ClO_3OH,$$

deren Struktur als

$$Cl - O - O - O - OH$$

oder

$$\begin{matrix} O \\ O \\ O \end{matrix} \!\!\equiv Cl - OH$$

mit siebenwertigem Chlor aufzufassen ist. Vom Chlordioxyd leiten sich keine Hydrate ab.

Dem Chlorpentoxyd und -heptoxyd resp. der Chlorsäure und Überchlorsäure entspricht das Jodpentoxyd J_2O_5 resp. Jodsäure HJO_3 und die Über(Per)jodsäure HJO_4, letztere aber nur mit zwei Molekülen Wasser. Dafs dem Pentoxyd nicht die Formel

$$J - O - O - O - O - O - J$$

zukommen kann, sondern

$$\begin{matrix} O \\ O \end{matrix} \!\!> J - O - J < \!\! \begin{matrix} O \\ O \end{matrix},$$

ergibt sich aus der Zersetzung mit Wasser in zwei Moleküle Jodsäure:

$$O_2J - O - JO_2 + H_2O = O_2J - OH + JO_2 - OH,$$

derselbe Fall, wie er bei den Oxyden des Chlors besprochen wurde. Die Konstitution der Jodsäure ist, wie oben, entweder

$$J - O - O - OH$$

mit einwertigem oder

$$\begin{matrix} O \\ O \end{matrix} \!\!> J - OH$$

mit fünfwertigem Jod. Danach ist sie eine einbasische Säure; diesem entgegen vermag sie saure Salze zu bilden, deren Zusammensetzung den Formeln

$$MH(JO_3)_2 \quad \text{und} \quad MH(JO_3)_3$$

entspricht, worin M ein einwertiges Metallatom bezeichnet. Nach der einen Anschauung würde man in diesen Salzen Molekularverbindungen von neutralen jodsauren Salzen und Jodsäure zu erblicken haben, also

$$MJO_3, HJO_3 \quad \text{und} \quad MJO_3, 2\,HJO_3,$$

nach der anderen Derivate des Jodsäureanhydrids

$$JO_2 - O - JO_2,$$

entstanden durch Ersetzung von einem Sauerstoffatom der Gruppe JO_2 durch Hydroxyl resp. OM, und die einwertige Gruppe $-O-JO_2$. Diese gewissermafsen kondensierten Jodsäuresalze würden dann folgende Konstitutionsformeln erhalten:

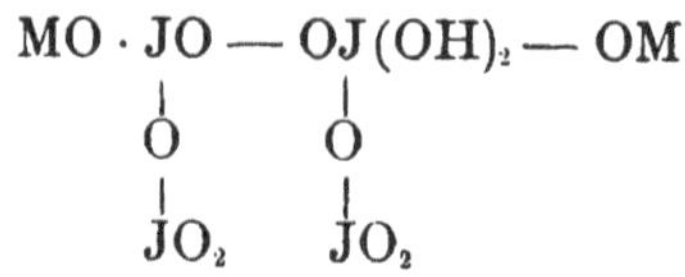

$$= 2\,MH(JO_3)_2$$

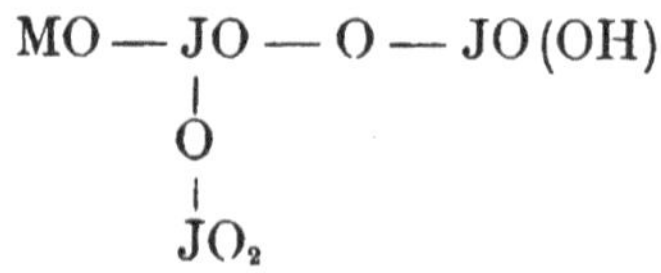

$$= MH_2(JO_3)_3.$$

Thomsen sieht die Jodsäure als zweibasische Säure an, $J \cdot JO_6H_2$, da die Bildungswärmen der Wasserstoffsäuren von der des Chlors zu der des Jods abnehmen, die der Jodsäure aber über das Doppelte der der Chlorsäure beträgt (s. Kap. 18).

Freie Überjodsäure ist nur als Hydrat $HJO_4, 2\,H_2O$ bekannt; ihre Salze leiten sich der Zusammensetzung nach von dem normalen Hydrat HJO_4 und einer Anzahl komplizierter zusammengesetzter ab, entstanden durch Ersatz von Sauerstoffatomen in dem hypothetischen Heptoxyd J_2O_7 durch Hydroxyl:

1) $J_2O_6(OH)_2 = JO_3 \cdot OH$
2) $J_2O_5(OH)_4$
3) $J_2O_4(OH)_6 = JO_2(OH)_3$
4) $J_2O_3(OH)_8$
5) $J_2O_2(OH)_{10} = JO(OH)_5$
6) $J_2O\,(OH)_{12}$
7) $J_2(OH)_{14}$

Von diesen ist in freiem Zustande nur das unter 5) bezeichnete H_5JO_6 bekannt; Salze derivieren von den ersten fünf, man unterscheidet sie als normale, Halb-, Drittel-, Viertel- und Fünftel-, oder als Meta-, Dimeso-, Meso-, Di- und Orthoperjodate. Aufserdem existieren Salze, sogenannte Zweifünftelhyperjodate einer Dimesodihyperjodsäure, welche sich von einem Vielfachen des Überjodsäureanhydrids, J_4O_{11} ableitet, entsprechend der Formel $J_4O_9(OH)_{10}$, vielleicht auch solche von J_6O_{21} u. a. m. Die Konstitution aller dieser Verbindungen kann nur durch Annahme der Mehrwertigkeit des Jods in ihnen erklärt werden. Damit fällt denn auch der Grund fort, die Konstitution durch kettenartige Aneinanderlagerung der einzelnen Sauerstoffatome deuten zu wollen, wie sie zu wiederholten Malen im früheren angegeben ist, eine Bindung, welche überhaupt wenig Wahrscheinlichkeit besitzt und vermutlich, wenigstens in solcher Ausdehnung, nur dem Kohlenstoff zukommt. Die einfachste Struktur für das Jodsäurehydrat H_5JO_6 ergibt sich bei Annahme von siebenwertigem Jod zu $O = J(OH)_5$. Es ist also eine Hydroxylverbindung des fünfwertigen Radikals JO, ebenso wie die Phosphorsäure eine solche des dreiwertigen Radikals PO (s. weiter unten).

Von den Oxyden des Schwefels vermögen nur zwei, das Di- und Trioxyd, Hydrate, Säuren, zu bilden, welche als schweflige Säure und Schwefelsäure bekannt sind. Aufser diesen existiert noch eine Reihe anderer Oxysäuren:

Hydroschweflige Säure	H_2SO_2
Unterschweflige Säure (dithionige)	$H_2S_2O_3$
Unterschwefelsäure (Dithionsäure)	$H_2S_2O_6$
Trithionsäure	$H_2S_3O_6$
Tetrathionsäure	$H_2S_4O_6$

Das nur in Gestalt seiner Salze und Ester bekannte Hydrat H_2SO_3 des Schwefeldioxyds scheint entweder in zwei Formen vorzukommen, entsprechend

$$SO(OH)_2 = HO{-}S{-}O{-}OH \text{ oder } O = S\langle{}^{OH}_{OH} \text{ und}$$

$$H{-}OS{-}O{-}OH \text{ oder } {}^{O}_{\overset{|}{O}}\rangle S\langle{}^{H}_{OH} \text{ oder } {}^{O}_{O}\rangle\!\rangle S\langle{}^{H}_{OH}$$

oder nur in einer, der unsymmetrischen entsprechend. Für die erstere Ansicht wird die Existenz des Thionylchlorürs $SOCl_2$, des Chlorids einer symmetrischen Säure, geltend gemacht, für die letztere das Verhalten der neutralen schwefligsauren Salze gegen die Halogenderivate von Kohlenwasserstoffen, welche damit Salze von Sulfonsäuren bilden:

$$SO_2\langle{}^{K}_{OK} + C_2H_5J = C_2H_5SO_2OK + KJ,$$

d. h. schwefligsaure Salze, in denen das eine Metallatom gegen ein organisches Radikal ausgewechselt ist. Für erstere Ansicht sprechen noch verschiedene Thatsachen, so beispielsweise die Existenz zweier isomerer Reihen organischer Derivate, der Sulfonsäureester und der Schwefligsäureester. Die Säuren jener entstehen direkt aus den Kohlenwasserstoffen unter Abspaltung von Wasser:

$$C_6H_6 + SO_2{}^{OH}_{OH} = C_6H_5SO_2OH + H_2O,$$

und sind sehr beständig, so daſs der Schwefel direkt mit dem Kohlenstoff verbunden zu sein scheint. Durch Einwirkung von Phosphorpentachlorid gehen sie in Säurechloride über, aus denen bei Behandlung mit Alkoholen die Ester entstehen:

$$C_2H_5SO_2Cl + C_2H_5OH = C_2H_5SO_2OC_2H_5 + HCl.$$

Die Schwefligsäureester entstehen aus Thionylchlorid und Alkoholen:

$$SOCl_2 + 2\,C_2H_5OH = SO(OC_2H_5)_2 + 2\,HCl$$

und sind unbeständig, verhalten sich, als ob die Bindung zwischen Kohlenstoff und Schwefel durch Sauerstoff vermittelt würde. Während nämlich die Sulfonsäuren bei der Behandlung mit Phosphorpentachlorid Säurechloride geben, entsteht aus den Estern unter gleichen Bedingungen wieder Thionylchlorid, beziehentlich ein intermediäres Produkt, z. B.

$$C_2H_5 - O - SO - Cl,$$

aus dem durch vorsichtige Behandlung mit Alkalien ein Salz

$$C_2H_5 - O - SO - OK$$

erhalten werden kann, welches von dem der Sulfonsäure vollständig verschieden ist, indem es beim Erwärmen mit Alkali in Alkohol und schwefligsaures Salz zerfällt.

Ferner läſst sich leicht nachweisen, daſs die Hydroxylgruppen in der Schwefelsäure symmetrisch geordnet, d. h. in gleicher Weise gebunden sind; aus Chlorsulfonsäureestern

$$SO_2\langle{}^{OR}_{Cl}$$

(R ein einwertiges Alkoholradikal) und Alkoholen, welche nicht dasselbe Radikal, sondern R^1, enthalten, entstehen genau dieselben Verbindungen

$$SO_2\langle{}^{OR}_{OR_1}$$

wie aus ersteren mit dem Radikal R^1 und Alkoholen mit dem Radikal R.

Es würde sich darum handeln, zu beweisen, ob die Hydroxylgruppen direkt an das Schwefelatom gebunden sind oder nicht. Im ersteren Falle hätte man die Formel

$$\begin{matrix}O\\O\end{matrix}\!\!>\!S\!<\!\begin{matrix}OH\\OH\end{matrix} \quad \text{oder} \quad \begin{matrix}O\\|\\O\end{matrix}\!\!>\!S\!<\!\begin{matrix}OH\\OH\end{matrix},$$

im anderen

$$S\!<\!\begin{matrix}O-OH\\O-OH\end{matrix}$$

Aus dem Schwefelsäurechlorid SO_2Cl_2 können bei der Einwirkung auf Kohlenwasserstoffe Verbindungen erhalten werden, welche man als Sulfone bezeichnet, Körper der allgemeinen Formel SO_2R_2, welche unter Verlust ihres Sauerstoffs in Sulfide SR_2 übergehen. In den letzteren sind die Radikale mit dem Schwefel verbunden; aus ihnen entstehen aber durch Oxydation Oxyde SOR_2 und wieder Sulfone, woraus mindestens Vierwertigkeit des Schwefels hervorgeht:

$$O=S\!<\!\begin{matrix}R\\R\end{matrix}, \quad O_2S\!<\!\begin{matrix}R\\R\end{matrix}, \quad \text{demgemäfs} \quad O_2S\!<\!\begin{matrix}Cl\\Cl\end{matrix} \quad \text{und} \quad O_2S\!<\!\begin{matrix}OH\\OH\end{matrix}.$$

Dann ist in den Salzen der schwefligen Säure das Schwefelatom vier- oder sechswertig wie in der Schwefelsäure. Diese besitzt vermutlich die Strukturformel:

$$\begin{matrix}O\\O\end{matrix}\!\!>\!S\!<\!\begin{matrix}OH\\OH\end{matrix}, \quad \text{oder} \quad \begin{matrix}O\\|\\O\end{matrix}\!\!>\!S\!<\!\begin{matrix}OH\\OH\end{matrix},$$

aber nicht, aus vorhin erwähntem Grunde, die Formel

$$HO-S-O-O-OH.$$

Dann ist die nach der Formel $H_2S_2O_7$ zusammengesetzte Di- oder Pyroschwefelsäure

$$\begin{matrix}O_2S\!<\!\begin{matrix}OH\\ \end{matrix}\\ \quad\quad >O,\\ O_2S\!<\!\begin{matrix}\\OH\end{matrix}\end{matrix}$$

entstanden aus zwei Molekülen Schwefelsäurehydrat durch Austritt von einem Molekül Wasser. In ähnlicher Weise würde sich die Konstitution der übrigen Säuren des Schwefels ergeben:

$$O=S\!<\!\begin{matrix}H\\OH\end{matrix}$$

Hydroschweflige Säure.

$$O_2S\!<\!\begin{matrix}OH\\SH\end{matrix} \quad \text{oder} \quad O=S\!<\!\begin{matrix}OH\\O-SH\end{matrix} \quad \text{oder} \quad O=S=S\!<\!\begin{matrix}OH\\OH\end{matrix}$$

Unterschweflige Säure.

$$\begin{array}{l} SO_2 - OH \\ | \\ SO_2 - OH \end{array} \quad \text{oder} \quad \begin{array}{l} SO(OH) - O \\ | \qquad\quad\;\; | \\ SO(OH) - O \end{array}$$

Unterschwefelsäure.

$$\begin{array}{l} SO_2 - OH \\ | \\ S \\ | \\ SO_2 - OH \end{array} \qquad \begin{array}{l} S - SO_2 - OH \\ | \\ S - SO_2 - OH \end{array}$$

Trithionsäure Tetrathionsäure.

Nach **Mendelejeff** leiten sich die Polythionsäuren vom Wasserstoffmolekül resp. Schwefelwasserstoff durch Ersetzung der Wasserstoffatome in denselben bezw. in

$$S\langle{}^{SH}_{H} \quad \text{und} \quad S\langle{}^{SH}_{SH}$$

durch die Sulfoxylgruppe SO_2OH ab, also

$$H \cdot SO_2OH, \quad \begin{array}{l} SO_2OH \\ | \\ SO_2OH \end{array}, \quad S\langle{}^{H}_{SO_2OH},$$

$$S\langle{}^{SO_2OH}_{SO_2OH}, \quad S\langle{}^{S - SO_2OH}_{SO_2OH},$$

nach **Michaelis** aus denselben Körpern durch Einführung des Restes

$$SO\langle{}^{O-}_{OH}$$

der schwefligen Säure:

$$\begin{array}{l} O - SO - OH \\ | \\ O - SO - OH \end{array}, \quad S\langle{}^{H}_{O - SO - OH}, \quad S\langle{}^{O - SO - OH}_{O - SO - OH},$$

$$\begin{array}{l} S - O - SO - OH \\ | \\ S - O - SO - OH \end{array}$$

Von den Oxyden des Stickstoffs sind nur das Tri- und Pentoxyd Hydrate zu bilden fähig. Beide geben ein charakteristisches Beispiel für die beschränkte Ersetzbarkeit des Sauerstoffs in Oxyden durch Hydroxylgruppen. Beide vermögen nur die Hydrate $N_2O_2(OH)_2 = 2\,HNO_2$ und $N_2O_4(OH)_2 = 2\,HNO_3$, d. h. salpetrige Säure und Salpetersäure, zu bilden. Selbst unter verwandten Elementen ist eine verschiedene Ersetzbarkeit des Sauerstoffs zu beobachten; so bildet das dem Salpetersäureanhydrid entsprechende Phosphorpentoxyd P_2O_5 schon zwei Hydrate. Von wesentlichem Einfluſs ist ferner eine Substitution des Hydroxylwasserstoffs; eines der bekanntesten Beispiele ist das Kohlendioxyd CO_2, welches entsprechende Hydrate $CO(OH)_2$ und $C(OH)_4$ nicht zu bilden im stande ist. Wohl aber existieren von dem ersteren Salze (Carbonate) und Ester, auch von dem zweiten sind Ester $C(OR)_4$, die Orthokohlensäureester, bekannt.

Die Konstitution der Salpetersäure ergibt sich aus ihrer Eigenschaft, mit Kohlenwasserstoffen Nitroderivate zu bilden, welche die Gruppe NO_2 enthalten müssen, da sie bei der Reduktion in Aminbasen übergehen, welche den Stickstoff direkt an Kohlenstoff gebunden enthalten (vgl. Kap. 25). Ein Beweis hierfür ist die Existenz der isomeren sogenannten Salpetrigsäureester, in denen die Verbindung zwischen Kohlenstoff und Stickstoff durch ein Sauerstoffatom vermittelt wird, z. B. $C_2H_5—O—NO$, da Reduktionsmittel eine Überführung in Alkohol und Ammoniak bewirken. Hieraus ergeben sich für die Salpetersäure zwei Strukturformeln, je nachdem der Stickstoff drei- oder fünfwertig angenommen wird:

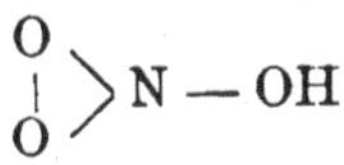
und
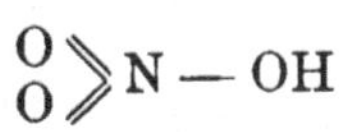

(vgl. übrigens S. 277).

Für die letztere Formel spricht die Existenz einiger sogenannter basischer Bleisalze, welche sich von den hypothetischen Hydraten $N(OH)_5$ und $NO(OH)_3$ ableiten lassen:

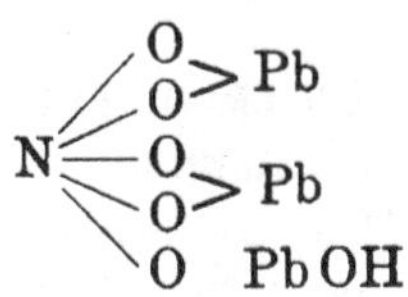

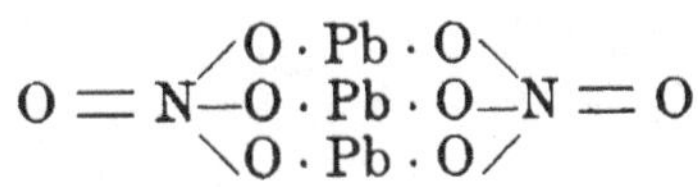

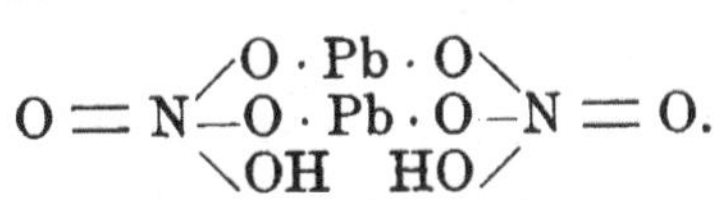

Auch von den hypothetischen Hydraten $N_2O(OH)_4$ und $N(OH)_3$ des Stickstofftrioxyds scheinen sogenannte basische Salze zu derivieren. In einigen Salzen ferner nimmt man sogenannte kondensierte Salpetersäuren an, welche man, ähnlich wie weiter unten bei der Phosphorsäure ausgeführt werden wird, von einer Pyrosalpetersäure

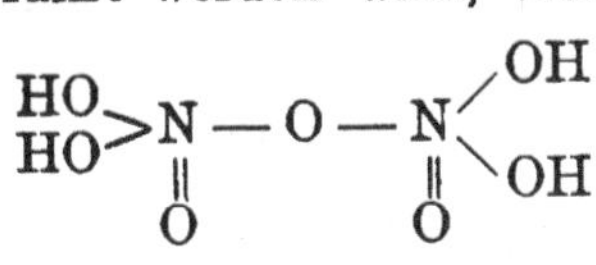

durch Einführung eines einwertigen Restes $—O—NO(OH)_2$ des

Hydrats $NO(OH)_3$ an Stelle einer Hydroxylgruppe ableitet. So entstehen

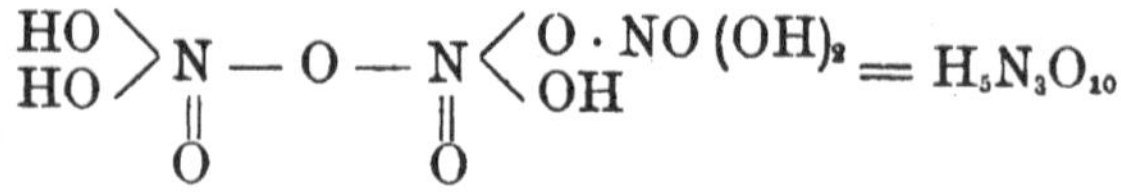

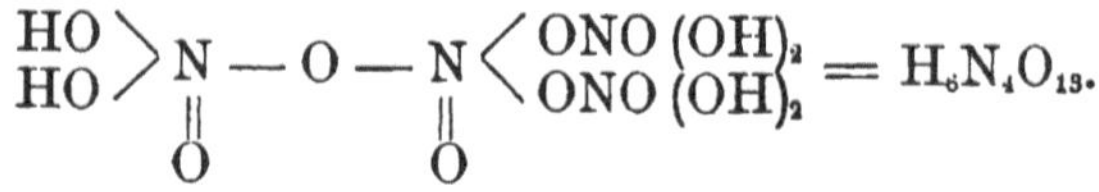

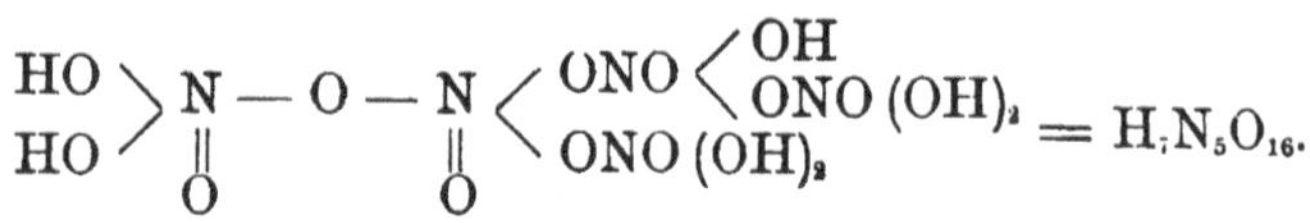

Vom Posphorpentoxyd derivieren theoretisch fünf Hydrate, nämlich

$$P_2O_4(OH)_2 = 2\ PO_2OH \quad \text{(Metaphosphorsäure)}$$
$$P_2O_3(OH)_4 = H_4P_2O_7 \quad \text{(Pyrophosphorsäure)}$$
$$P_2O_2(OH)_6 = 2\ PO(OH)_3 \quad \text{(Orthophosphorsäure)}$$
$$P_2O\,(OH)_8 = H_8P_2O_9$$
$$P_2(OH)_{10} = 2\ P(OH)_5,$$

von denen jedoch nur die ersten drei bekannt sind. Die Konstitution der Orthophosphorsäure ist entweder

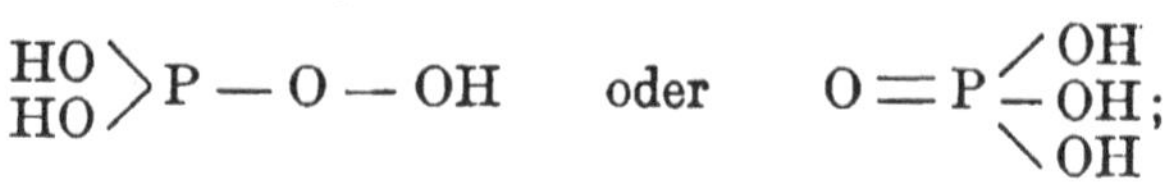

gegen erstere Formel spricht die Bildung aus Phosphorpentachlorid, in dem die Chloratome, wenn man nicht eine Molekularverbindung annehmen will, direkt am Phosphor haften. Hieraus entsteht durch Austausch von zwei Chloratomen gegen ein Sauerstoffatom Phosphoroxychlorid

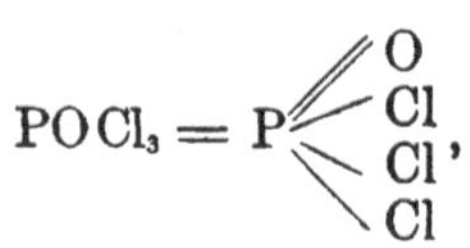

aus diesem mit Wasser die Phosphorsäure

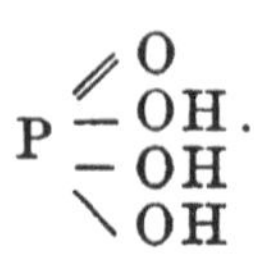

Diese erscheint demnach als dreibasische Säure, welche dreierlei Arten von Salzen, neutrale, einfach und zweifach saure, zu bilden vermag; dabei ist zu bemerken, daſs bei Eintritt zweiwertiger Metallatome das Säuremolekül verdoppelt werden muſs, z. B.

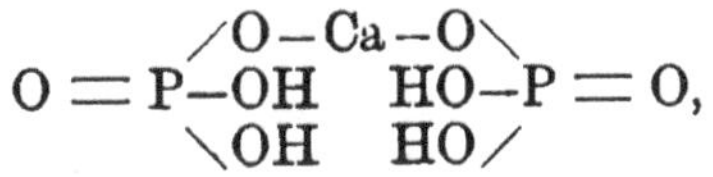

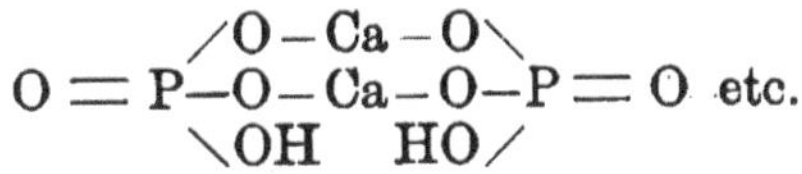

Die Konstitution der Pyrophosphorsäure, welche als aus zwei Molekülen Orthophosphorsäure durch Austritt von einem Molekül Wasser entstanden aufgefaſst werden kann, ist demnach

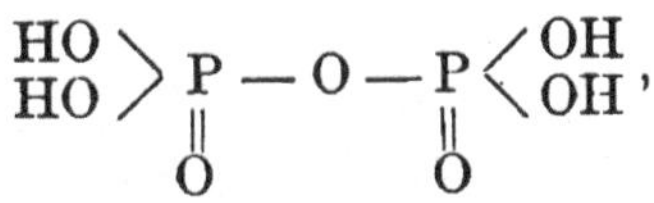

jene also eine vierbasische Säure, welche aber nur zwei Reihen von Salzen zu liefern vermag, je nachdem alle vier oder nur zwei Wasserstoffatome durch Metall ersetzt werden:

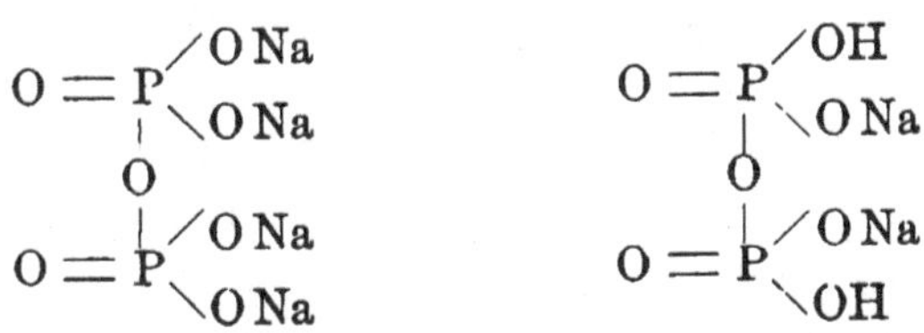

Die Metaphosphorsäure ist einbasisch und ihre Konstitution entsprechend der der Orthophosphorsäure entweder

$O = P - O - OH$ oder 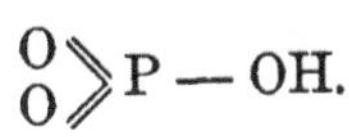

Vom Phosphortrioxyd P_2O_3 leiten sich theoretisch drei Hydrate ab:

$$P_2O_2(OH)_2 = 2\,PO \cdot OH$$
$$P_2O\,(OH)_4 = H_4P_2O_5$$
$$P_2\,(OH)_6 = 2\,P(OH)_3,$$

von denen nur das letzte als phosphorige Säure bekannt ist. Für die Konstitution

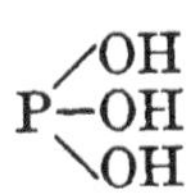

spricht die Bildung aus Phosphortrichlorid und Wasser. Da sie jedoch in ihren Salzen nur zweibasisch auftritt, erscheint die Formel

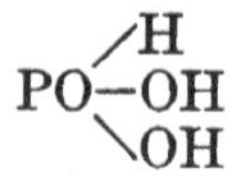

wahrscheinlicher, andererseits sind Ester mit drei einwertigen Alkoholradikalen bekannt, welche bei der Verseifung in gewöhnliche Phosphite übergeführt werden, so dafs es vorläufig dahingestellt bleiben mufs, ob die letzteren den Formeln

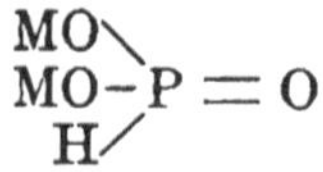

oder

entsprechen.

Die neuerdings von Vredenskij angestellten Versuche, in der phosphorigen Säure Hydroxylwasserstoff durch die Acetylgruppe zu ersetzen, haben gezeigt, dafs wohl einer desselben substituiert werden kann, unter Bildung von monoacetylphosphoriger Säure $(CH_3CO)H_2PO_3$, während die Darstellung einer Triacetylverbindung, welche auf normale Konstitution schliefsen lassen würde, vergeblich versucht wurde.

Aufser diesen Hydraten existieren noch zwei andere Säuren des Phosphors, die unterphosphorige Säure H_3PO_2 und Unterphosphorsäure $H_4P_2O_6$, von denen die Anhydride nicht bekannt sind, und ebenfalls nach der empirischen Formel MPO_3 zusammengesetzte Salze, welche mit denen der gewöhnlichen Metaphosphorsäure jedoch keine Ähnlichkeit zeigen und vermutlich Salze »kondensierter« Phosphorsäuren sind. Für die unterphosphorige Säure ist, da sie nur einbasisch auftritt, die Konstitution

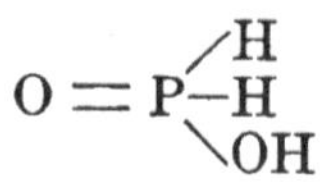

die wahrscheinlichste, d. i. Orthophosphorsäure, in welcher zwei Hydroxyle durch Wasserstoff ersetzt sind; die Konstitution der Unterphosphorsäure ist vermutlich

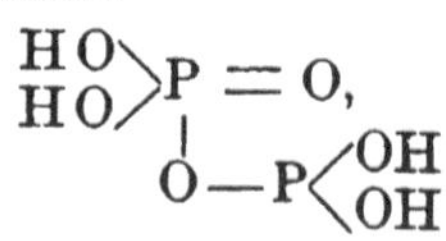

da sie beim Kochen mit Wasser in phosphorige Säure und Phosphorsäure zerlegt wird:

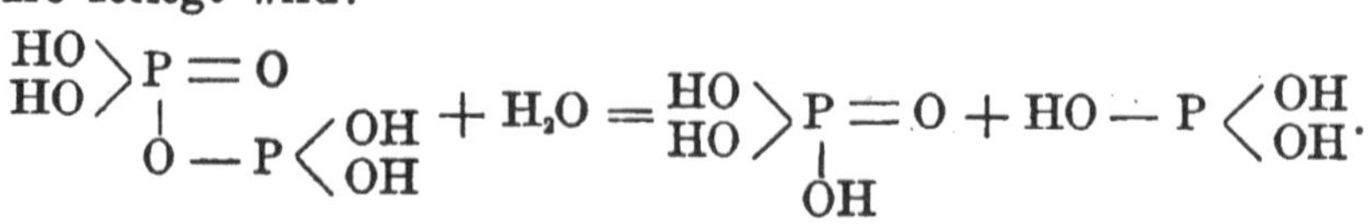

Die Struktur der kondensierten Phosphorsäuren hat man von der des Phosphorpentoxyds hergeleitet; wird in ihm ein Sauerstoffatom durch zwei Hydroxylgruppen ersetzt, so entsteht entweder

$PO_2-OH \; HO-PO_2$ oder $PO_2-O-PO\langle{}^{OH}_{OH}$

2 Moleküle Metaphosphorsäure. Dimetaphosphorsäure.

Die einwertige Gruppe

$$-PO\langle{}^{OH}_{OH},$$

an Stelle eines Hydroxylwasserstoffatoms eingeführt, ergibt:

$PO_2-O-PO\langle{}^{O-PO(OH)_2}_{OH}$ Trimetaphosphorsäure.

$PO_2-O-PO\langle{}^{O-PO(OH)_2}_{O-PO(OH)_2}$ Tetrametaphosphorsäure.

etc.

Man kann sie auch als Polymere der Metaphosphorsäure auffassen, deren Bildung durch Bindung von Sauerstoffatomen mit zwei Phosphoratomen erklärt werden kann:

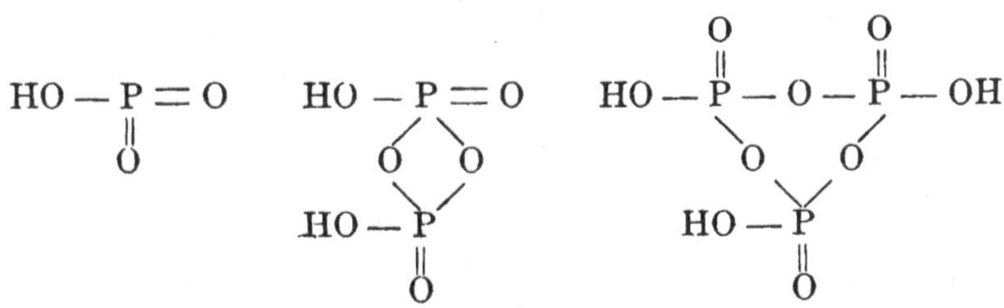

Im Arsentri- und -pentoxyd lassen sich die Sauerstoffatome viel schwerer durch Hydroxyl ersetzen als in den entsprechenden Phosphoroxyden. Vom ersteren deriviert gar kein Hydrat, sondern nur einem solchen entsprechende Salze, sich ableitend von

$$As_2(OH)_6 = As(OH)_3.$$

Vom Arsenpentoxyd würden sich theoretisch dieselben Hydrate wie vom Phosphorpentoxyd ableiten lassen, aber auch hier sind nur drei derselben bekannt, nämlich AsO_2OH Metaarsensäure, $As_2O_3(OH)_4$ Pyroarsensäure, und $AsO(OH)_3$ Orthoarsensäure, deren Konstitution bei Annahme fünfwertigen Arsens die folgende ist:

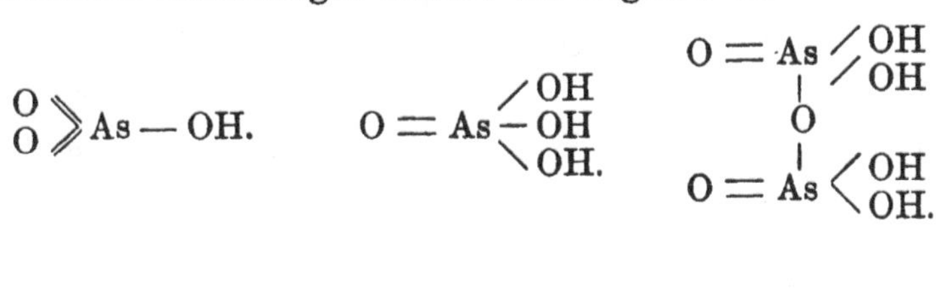

Vom Bortrioxyd leiten sich theoretisch drei Hydrate ab:

$$B_2O_2(OH)_2 = 2\,BO - OH \quad \text{Metaborsäure.}$$
$$B_2O(OH)_4$$
$$B_2(OH)_6 \quad = 2\,B(OH)_3 \quad \text{Borsäure,}$$

von denen das zweite nicht bekannt ist; aufserdem existieren noch kondensierte Borsäuren, deren Konstitution man sich folgendermafsen vorstellen kann:

$$O = B - O - B = O \quad \text{Bortrioxyd.}$$

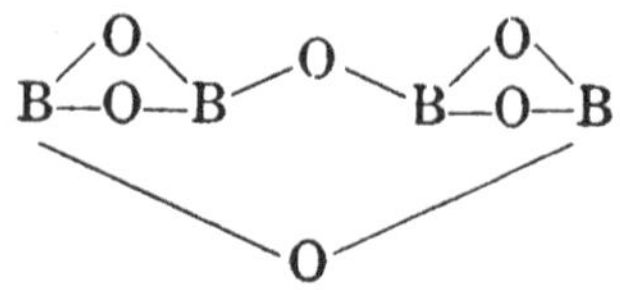

Dibortrioxyd.

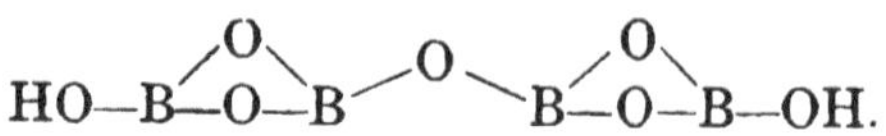

Tetraborsäure.

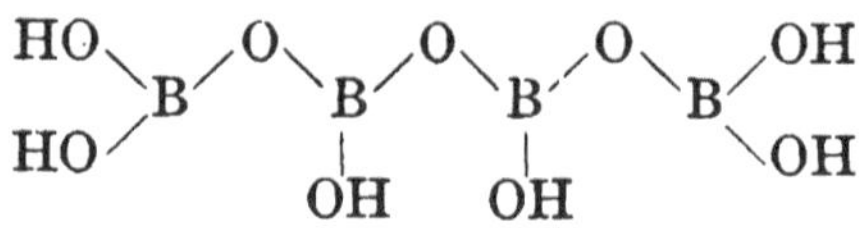

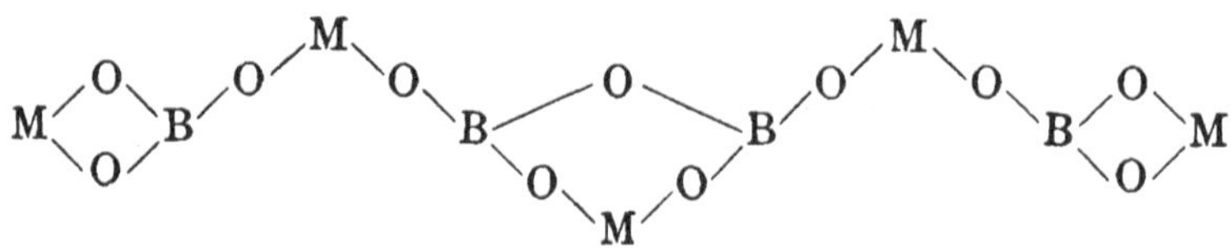

Vom Siliciumdioxyd derivieren zwei Hydrate, $SiO(OH)_2$ Metakieselsäure und $Si(OH)_4$ Orthokieselsäure; ob dieselben wirklich existieren, steht dahin; jedenfalls entsprechen die künstlichen, mit Wasser krystallisierenden Alkalisilicate der Formel M_2SiO_3. Die Zusammensetzung der natürlichen Silicate ist dagegen, soweit dieselben sich nicht direkt von den genannten Hydraten durch Ersetzung von zwei oder vier Wasserstoffatomen durch Metallatome herleiten, eine sehr komplizierte. Man kann sich dieselben von dem Hydrat

$$O = Si{<}{}^{OH}_{OH}$$

durch Ersetzung von Hydroxylgruppen durch je den Rest

$$- O - SiO \cdot OH,$$

resp. durch Ersatz des mit dem Siliciumatom doppelt gebundenen Sauerstoffatoms durch Hydroxyl ableiten. Auf diese Weise entstehen dann Polykieselsäuren wie

$$O = Si \left\langle \begin{array}{l} OH \\ O - Si\,O - OH \end{array} \right.$$

$$O = Si \left\langle \begin{array}{l} OH \\ O - Si(OH)_3 \end{array} \right. \qquad \left. \begin{array}{r} HO \\ HO \end{array} \right\rangle Si \left\langle \begin{array}{l} OH \\ O - Si(OH)_3 \end{array} \right.$$

Dikieselsäuren.

$$O = Si \left\langle \begin{array}{l} O - Si\,O - OH \\ O - Si\,O - OH \end{array} \right.$$

$$O = Si \left\langle \begin{array}{l} O - Si(OH)_3 \\ O - Si(OH)_3 \end{array} \right. \qquad \left. \begin{array}{r} HO \\ HO \end{array} \right\rangle Si \left\langle \begin{array}{l} O - Si(OH)_3 \\ O - Si(OH)_3 \end{array} \right.$$

Trikieselsäuren,

welche alle nach der allgemeinen Formel $n\,SiO_2,\ m\,H_2O$ zusammengesetzt sind.

Die elektropositiven Elemente (Metalle) bilden mit Hydroxyl oder dem Schwefelwasserstoffrest SH basische Hydroxyde oder Sulfhydrate, welche sich mit den Säuren zu Salzen vereinigen. Einsäurig sind die Hydroxyde der einwertigen Metalle, wie des Kaliums, Natriums u. a. Von den mehrsäurigen Basen vermögen einzelne unter teilweisem Austritt von Wasser gemischte Verbindungen zu bilden, welche sowohl Oxyd wie Basis sind und deshalb als Anhydrobasen bezeichnet werden können, deren basischer Charakter jedoch niemals stark ausgeprägt erscheint und nur erst bei der Wechselwirkung mit starken Säuren hervortritt. Das Antimon z. B. vereinigt sich, wie erwähnt, mit Sauerstoff in drei Verhältnissen. Von diesen ist nur das Pentoxyd Sb_2O_5 in ausgesprochenem Mafse ein Säureanhydrid, welches vier Hydrate bildet, nämlich:

$$Sb_2O_4(OH)_2 = 2\,SbO_2OH \text{ Antimonsäure}$$
$$Sb_2O_3(OH)_4 = H_4Sb_2O_7 \text{ Pyroantimonsäure}$$
$$Sb_2O_2(OH)_6 = 2\,SbO(OH)_3$$
$$Sb_2O\,(OH)_8 = H_4Sb_2O_7 + 2\,H_2O,$$

(ein fünftes, das Pentahydrat $Sb_2(OH)_{10} = 2\,Sb(OH)_5$ ist nicht bekannt) während ein Hydrat des Trioxyds sich starken Säuren gegenüber als Base verhält. Das letztere bildet Salze, welche sich von dem Hydrat

$$Sb_2O_2(OH)_2 = 2\,SbO.OH$$

ableiten, in denen also die einwertige Gruppe SbO Antimonyl auftritt. So entsteht durch Auflösung von Antimontrioxyd in rauchender Salpetersäure ein Salz, dessen Konstitution, unter Zugrundelegung einer der vorhin erwähnten kondensierten Salpetersäuren, als

$$\begin{array}{l} OSb \cdot O \\ OSb \cdot O \end{array}\!\!>\!\underset{\substack{\| \\ O}}{N} - O - \underset{\substack{\| \\ O}}{N}\!<\!\!\begin{array}{l} O \cdot SbO \\ O \cdot SbO \end{array}$$

angenommen wird. Zu diesen sogenannten basischen Salzen (siehe weiter unten) wurde früher auch der Brechweinstein gezählt und ihm deshalb die Formel

$$\begin{array}{l} CH(OH)COOK \\ | \\ CH(OH)COO(SbO) \end{array}$$

gegeben; neuerdings ist er als Kaliumsalz der antimonigen Säure $Sb(OH)_3$ aufgefafst, in welcher die Wasserstoffatome zweier Hydroxylgruppen durch den zweiwertigen Rest der Weinsäure ersetzt sind, also

$$\begin{array}{l} CH(OH)CO \cdot O \diagdown \\ | \qquad\qquad\qquad\quad\; \\ CH(OH)CO \;\; O - Sb. \\ \qquad\qquad\quad KO \diagup \end{array}$$

Das Hydrat $SbO \cdot OH$ verhält sich hinwieder gegen starke Basen als Säure, indem es, wenn auch nicht sehr beständige, Salze liefert, welche als die der metantimonigen Säure bezeichnet werden; ähnlich auch die übrigen Hydrate des Antimontrioxyds,

$$Sb_2O(OH)_4 = H_2SbO_5, \quad Sb_2(OH)_6 = 2\,Sb(OH)_3$$

(antimonige Säure).

Das Wismuth bildet mit dem Sauerstoff drei Oxydationsstufen, das Oxydul Bi_2O_2, das Trioxyd Bi_2O_3 und das Pentoxyd Bi_2O_5 (Wismuthsäure). Von diesen bildet das Trioxyd mit Säuren Salze, welche entweder von den Hydraten $Bi(OH)_3$ oder $BiO \cdot OH$ sich ableiten. Die Salze des letztern, die basischen Wismuthsalze, sind die beständigsten und enthalten die einwertige Gruppe BiO Bismuthyl, z. B. das basisch salzsaure Salz $BiOCl$ (Wismuthoxychlorid), das basisch salpetersaure Wismuth $BiO \cdot NO_3$.

Etwas Ähnliches finden wir beim Uran, welches ebenfalls eine einsäurige Basis $UrO \cdot OH$ zu bilden vermag, welche bei Einwirkung von Säuren die Uranylgruppe UrO enthaltende Salze liefert.

Das Aluminium verbindet sich mit Sauerstoff nur zu dem Trioxyd Al_2O_3, von dem sich drei Hydrate ableiten,

$$Al_2O_2(OH)_2 = 2\,AlO \cdot OH, \quad AlO(OH)_4, \quad Al(OH)_6 = 2\,Al(OH)_3.$$

Die ersten beiden bilden die basischen Salze, welche ebenfalls einen aus Metall und Sauerstoff bestehenden, wie ein Element fungierenden Atomkomplex enthalten, der entweder ein- oder mehrwertig auftritt. So existieren die basisch schwefelsauren Salze

$$\begin{array}{l} AlO - O \\ AlO - O \end{array}\!\!>\!SO_2 \text{ und } Al_2O(SO_4)_2,$$

während vom Trihydrat das normale Salz $Al_2(SO_4)_3$ u. a. derivieren. Starken Basen gegenüber verhalten sich aber auch diese Hydroxyde wie Säuren, indem sie Salze, die sogenannten Aluminate, zu bilden vermögen, z. B. $AlO \cdot ONa$, $Al(ONa)_3$.

Auch das Eisenoxydhydrat verhält sich unter Umständen Basen gegenüber als Säure und bildet mit ihnen Salze, welche als Ferrite bezeichnet werden und den Aluminaten entsprechen. Die grofse Anzahl dieser Verbindungen leitet sich von dem Hydrat $Fe_2O_2(OH)_2$ ab, in welchem die Wasserstoffatome durch Metall ersetzt werden können. So verbindet sich dasselbe mit schmelzendem kohlensauren Alkali unter Entwicklung von Kohlensäure zu Verbindungen, welche allerdings nicht rein zu erhalten sind, da sie sich mit Wasser unter Abgabe eines Teiles des Alkalis zersetzen, welche aber vermutlich der Formel $Fe_2O_2(OM)_2$ entsprechen. Das in der Natur vorkommende Mineral Magnoferrit Fe_2O_4Mg ist gleichfalls nach dieser Formel zusammengesetzt, der Franklinit ist gröfstenteils Fe_2O_4Zn.

Ähnliche Verhältnisse finden sich noch bei einigen anderen Elementen. Die Hydroxyde des Chroms, des Bleis, Zinks und Cadmiums zeigen ebenfalls, neben ihrem eigentlich basischen, starken Basen gegenüber einen sauren Charakter, indem sie sich damit zu salzartigen Verbindungen vereinigen. Daher kommt es, dafs die durch ätzende Alkalien resp. Ammoniak in den Lösungen ihrer Salze hervorgebrachten Niederschläge, Hydrate, im Überschufs des Fällungsmittels löslich sind. Von dem ersten Hydrat des Chromtrioxyds $Cr_2O_2(OH)_2$ leiten sich die Chromite genannten Salze ab, also Verbindungen, welche, wie Cr_2O_4Mn Manganchromit, Cr_2O_4Fe Chromeisenstein, an Stelle der Hydroxylwasserstoffatome Metallatome enthalten. In derselben Weise bildet das Bleihydroxyd Plumbite der Formel $Pb(OM)_2$, das Zinkhydroxyd Verbindungen $Zn(OM)_2$, das Cadmiumhydroxyd mit Ammoniak die Verbindung $Cd(ONH_4)_2$.

Die Konstitution der normalen Salze bedarf keiner weiteren Erklärung und ergibt sich nach dem Ausgeführten von selbst. Die sauren Salze entstehen durch nur teilweise Sättigung des Hydroxylwasserstoffs mehrbasischer Säuren durch Metallatome; so gibt die Schwefelsäure mit Alkalimetallen die sauren Salze

$$SO_2\begin{matrix}\diagup OH \\ \diagdown OM\end{matrix}$$

mit mehrwertigen Metallen saure Salze der Formel

$$\begin{matrix} SO_2\begin{matrix}\diagup OH \\ \diagdown O\end{matrix} \\ SO_2\begin{matrix}\diagup O \\ \diagdown OH\end{matrix} \end{matrix}\!\!\Big\rangle M.$$

Die sauren Salze erhielten ihren Namen wegen ihrer sauren Reaktion auf Lakmus u. a., dieselbe ist jedoch nicht allen gemeinsam; das saure, kohlensaure Natrium (Natriumbicarbonat)

$$CO{OK \atop OH}$$

reagiert beispielsweise neutral, das normale Salz

$$CO{OK \atop OK}$$

dagegen alkalisch, das einfach saure Natriumphosphat

$$PO\begin{cases} ONa \\ ONa \\ OH \end{cases}$$

ebenfalls schwach alkalisch, das zweifach saure

$$PO\begin{cases} ONa \\ OH \\ OH \end{cases}$$

schwach sauer.

Fälschlich, da sie keine Hydroxylgruppen enthalten, werden Salze ebenfalls sauer genannt, welche aus saurem Salz durch Ausscheidung von Wasser (z. B. beim Erhitzen, daher Pyrosalze) oder durch Vereinigung normaler Salze mit einem Säure bildenden Oxyde hervorgehen, wie z. B. die Salze der Pyroschwefelsäure:

$$\begin{matrix} SO_2 < {OK \atop OH} \\ SO_2 < {OH \atop OK} \end{matrix} = \begin{matrix} SO_2 < OK \\ \quad > O \\ SO_2 < OK \end{matrix} + H_2O,$$

der Dichromsäure:

$$\begin{matrix} CrO_2 < {OK \atop OH} \\ CrO_2 < {OH \atop OK} \end{matrix} = \begin{matrix} CrO_2 < OK \\ \quad > O \\ CrO_2 < OK \end{matrix} + H_2O,$$

der Pyrophosphorsäure und der im vorgehenden erwähnten kondensierten Säuren.

Die basischen Salze entstehen in entgegengesetzter Weise durch nur teilweise Ersetzung von Hydroxylwasserstoff mehrsäuriger Basen durch Säureradikale. Als ebenso ungenau wie die Benennung der Pyrosalze als sauer mufs die als basisch solcher Salze bezeichnet werden, welche aus eigentlichen basischen, d. h. Hydroxyl enthaltenden Salzen durch Austritt von Wasser hervorgehen, wie z. B.

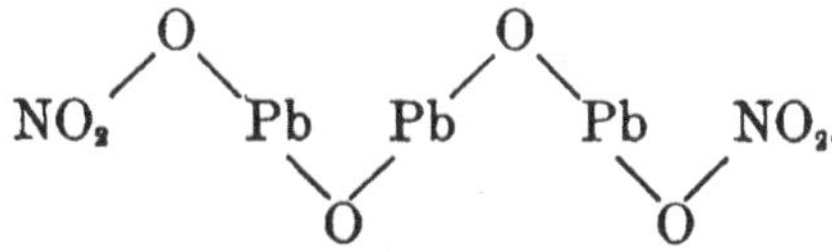

Man kann die eigentlich basischen Salze hydratisch-basisch nennen, zum Unterschied von den anhydro-basischen, die, wie es bei den Oxychloriden schon geschehen ist, als Oxynitrate, Oxysulfate etc. bezeichnet werden könnten.

Mit besonderer Vorliebe pflegen, aufser Wismuth, die Schwermetalle Blei, Kupfer und Quecksilber solche basischen oder Anhydrosalze zu bilden. So deriviert vom Bleioxyd das Hydroxyd $Pb(OH)_2$, die Anhydrohydrate

$$HO \cdot Pb - O - Pb \cdot OH \quad \text{und} \quad Pb\left\langle\begin{matrix} O \cdot PbOH \\ O \cdot PbOH \end{matrix}\right.$$

(Drittelhydrat), das Oxychlorid

$$ClPb{-}O{-}Pb \cdot Cl,$$

die basisch salpetersauren Salze

$$HO - Pb - ONO_2$$

(½ gesättigtes hydratischbasisch-salpetersaures),

$$HO \cdot Pb{-}O{-}PbONO_2$$

(¼ gesättigtes basisches), das basische Acetat

$$Pb\left\langle\begin{matrix} OH \\ O(C_2H_3O), \end{matrix}\right.$$

das basische ½ gesättigte kohlensaure Salz

$$CO\left\langle\begin{matrix} OPbOH \\ OPbOH \end{matrix}\right.,$$

die anhydro-basischen Salze

$$O\left\langle\begin{matrix} PbO\cdot \\ PbO\cdot \end{matrix}\right\rangle SO_2$$

(basisch schwefelsaures),

$$(Pb\left\langle\begin{matrix} O \cdot Pb \cdot O \cdot NO_2 \\ O \cdot Pb \cdot O \cdot NO_2 \end{matrix}\right.$$

(⅓ gesättigtes),

$$O\left\langle\begin{matrix} Pb \cdot O \cdot Pb \cdot O \cdot Pb \cdot O \cdot NO_2 \\ Pb \cdot O \cdot Pb \cdot O \cdot Pb \cdot O \cdot NO_2 \end{matrix}\right.$$

(⅙ gesättigtes).

Das Kupfer bildet u. a. das basisch salpetersaure Salz

$$HO \cdot CuO \cdot Cu . ONO_2,$$

das ½ gesättigte basisch kohlensaure

$$CO\left\langle\begin{matrix} O \cdot CuOH \\ O \cdot CuOH \end{matrix}\right.$$

(Malachit), das ²/₃ gesättigte basische

$$Cu\langle{}^{O\cdot CO\cdot O\cdot Cu\,OH}_{O\cdot CO\cdot O\cdot Cu\,OH}$$

(Kupferlasur), das ¹/₂ gesättigte Anhydrosalz

$$CO\langle{}^{O\cdot Cu\cdot O}_{O\cdot Cu\;\;O}\rangle Cu,$$

und ein sauerbasisches Salz

$$Cu\,SO_4\,H_2O = Cu\langle{}^{O-SO_2\cdot OH}_{OH\cdot}$$

Vom Quecksilber derivieren ein ¹/₂ gesättigtes basisches Mercuronitrat

$$\begin{array}{l} Hg - OH \\ | \\ Hg - ONO_2 \end{array}$$

Anhydrosalze wie das ¹/₃ gesättigte Carbonat

$$CO\langle{}^{O\;Hg\;O}_{O\;Hg\;O}\rangle Hg,$$

das ¹/₃ gesättigte Mercurisulfat

$$Hg\langle{}^{O\cdot Hg\;O}_{O\cdot Hg\;O}\rangle SO_2$$

u. ä. m.

Kapitel 31.

Physikalische Methoden zur Ermittelung der Konstitution.

Es dürfte wohl keinem Zweifel unterliegen, dafs die meisten physikalischen Eigenschaften im wesentlichen von der Natur und der Art der Verkettung der Atome unter einander abhängen. Dafs wir eine klare Einsicht in diese Verhältnisse noch nicht gewonnen haben, liegt in der Schwierigkeit der Sache; aber es läfst sich schon jetzt erkennen, dafs die Wissenschaft einen Weg betreten hat, der sie der Erforschung der verschiedenartigen Beziehungen der Atome zu einander näher zu bringen vermag. In welcher Weise dieser Weg beschritten ist, mögen die nachfolgenden Erörterungen andeuten.

Die bislang erkannten Beziehungen der Konstitution zum Molekularvolumen, dem Schmelzpunkt, der spezifischen Wärme, dem Siedepunkt, sind schon in den Kapiteln 11, 15 und 16 ausgeführt worden. Es erübrigt, hier noch einiger Erscheinungen zu gedenken, welche ebenfalls Schlüsse auf die Konstitution chemischer Verbindungen zu ziehen gestatten.

Was zunächst die Verbrennungs- und Bildungswärme, vorzugsweise der organischen Verbindungen, anbelangt, so haben verschiedene Forscher, besonders Thomsen, Favre und Silbermann u. a. eine grofse Anzahl von Untersuchungen ausgeführt, die jedoch, ganz abgesehen von ihrer teilweisen Ungenauigkeit, sichere Schlüsse auf die Konstitution noch nicht ziehen lassen, wenngleich jene mit Theorien nicht gekargt haben. Es ist unleugbar, dafs der Thermochemie grofse Bedeutung für die Lösung von Fragen betreffs der Struktur chemischer Verbindungen zukommen wird, einstweilen würde es voreilig sein, Schlufsfolgerungen aus Beobachtungen ziehen zu wollen, welche noch vieles zu wünschen übrig lassen.

Über Farbe und Färbevermögen ist von Witt eine aus Erfahrungen hervorgegangene Theorie aufgestellt worden. Witt unterscheidet Chromophore und Chromogene; jene sind Radikale, welche durch ihren Eintritt in eine ungefärbte Verbindung derselben Farbe erteilen und damit Chromogene bilden, denen salzbildende Gruppen, vornehmlich die Amidgruppe NH_2 und die Hydroxylgruppe OH, sobald sie in das Molekül eingeführt werden, auch selbst färbende Kraft verleihen. Das ungefärbte Benzol wird durch Azotierung, d. h. durch die Einführung der Azogruppe $-N=N-$, in gefärbtes Azobenzol $C_6H_5N=NC_6H_5$ verwandelt, welches sogleich einen Farbstoff liefert, sobald eine Amid- oder Hydroxylgruppe eintritt, also Amidoazobenzol $C_6H_5N_2C_6H_4NH_2$ oder Oxyazobenzol $C_6H_5N_2C_6H_4OH$ gebildet wird. Witt hat folgende Reihe chromophorer Gruppen aufgestellt:

NO	Chromophore	Gruppe	der	Nitrosofarbstoffe.
NO_2	„	„	„	Nitrofarbstoffe.
$-N=N-$	„	„	„	Azofarbstoffe.
$=N-N=$	„	„	„	Azine.
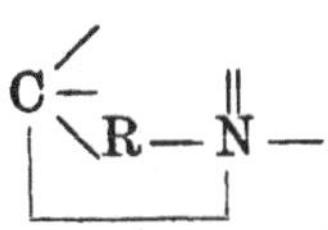	„	„	„	Rosaniline.
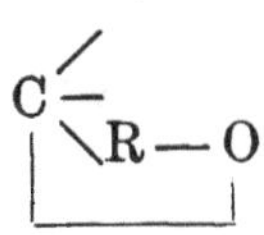	„	„	„	Rosolsäure.
$\langle{CO \atop CO}\rangle$	„	„	„	Anthrachinonfarbstoffe.
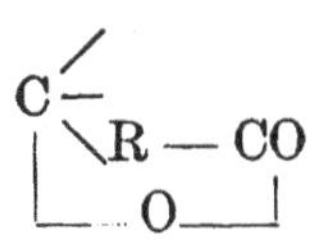	„	„	„	Phtaleine.

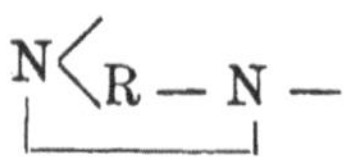 Chromophore Gruppe der Indamine.

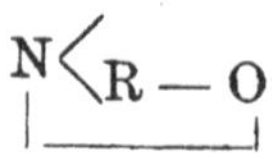 „ „ „ Indophenole.

 „ „ „ Lauthschen Farbstoffe.

Die Fluorescenz mancher Verbindungen, also ihre Eigenschaft, einfallendes Licht mit veränderter Wellenlänge zurückzuwerfen, scheint ebenfalls mit der Konstitution in Verbindung zu stehen, wenigstens hat Liebermann konstatiert, dafs von den Körpern der Anthracenreihe nur diejenigen Fluorescenz zeigen, in welchen die Gruppe

enthalten ist, wo *R* ein einwertiges Element oder Radikal bedeutet, während allen denjenigen Derivaten, welche die Gruppe

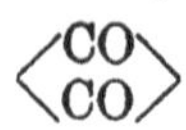

enthalten, die genannte Eigenschaft abgeht.

Aus Beobachtungen, welche über das Lichtbrechungsvermögen einer Reihe von organischen Verbindungen im flüssigen Zustande angestellt wurden, hat man gewisse Beziehungen zwischen jenem und der Konstitution erkannt. Es sei zunächst daran erinnert, dafs, wenn ein Lichtstrahl auf die Berührungsstelle zweier durchsichtiger Körper, also beispielsweise diejenige von Luft und Wasser oder Luft und Glas fällt, derselbe neben einer teilweisen Reflexion eine Brechung bei seinem Eindringen aus dem einen Medium in das andere erleidet. Errichtet man in dem Punkte, wo der Lichtstrahl die Grenzfläche der beiden Medien trifft, ein Lot (Einfallslot), so liegen dieses Lot, der einfallende und der gebrochene Strahl in einer Ebene. Zwischen dem Einfalls- und dem Brechungswinkel, d. h. denjenigen Winkeln, welche der einfallende resp. der gebrochene Strahl mit dem Einfallslot bildet, waltet eine einfache Beziehung ob, der Sinus des Einfallswinkels α steht zu dem des Brechungswinkels β in einem unveränderlichen Verhältnis

$$\frac{\sin \alpha}{\sin \beta},$$

welches man als den Brechungskoefficienten (n), Brechungsexponenten oder Brechungsindex für den betreffenden Körper bezeichnet. Nun ist von verschiedenen Forschern, namentlich Gladstone,

Landolt u. a. konstatiert, dafs der um eins verminderte Brechungsindex n eines festen oder flüssigen Körpers mit der Temperatur sich in fast gleicher Weise ändert wie die Dichte d, dafs also der Quotient

$$\frac{n-1}{d},$$

d. i. das specifische Drehungsvermögen, ein konstanter, von der Temperatur unabhängiger, aber von der chemischen Natur des betreffenden Körpers abhängiger Wert ist. Bedeutet M nun das Molekulargewicht einer Substanz, so ist der Ausdruck

$$M\left(\frac{n-1}{d}\right),$$

das Produkt aus dem specifischen Brechungsvermögen und dem Molekulargewicht, das Refraktionsäquivalent des Moleküls der Verbindung, welches auch als molekulares Brechungsvermögen oder Molekularrefraktion bezeichnet wird. Die Formel

$$\frac{n-1}{d}$$

ist eine rein empirische, genügt aber den meisten Anforderungen. Landolt hat die Beziehungen zwischen Lichtbrechung und chemischer Zusammensetzung von Körpern untersucht, welche nur Kohlenstoff enthalten, und aus diesen Versuchen folgende Schlüsse gezogen:

Isomere Körper besitzen gleiches Molekularbrechungsvermögen.

		$M\frac{n-1}{d}$
$C_3H_6O_2$	Ameisensäureäthylester	29,18
	Essigsäuremethylester	29,36
	Propionsäure	28,57
$C_4H_8O_2$	Essigsäureäthylester	36,17
	Buttersäure	36,22
$C_5H_{10}O_2$	Buttersäuremethylester	43,97
	Valeriansäure	44,05
$C_6H_{12}O_2$	Ameisensäureisoamylester	52,09
	Buttersäureäthylester	51,32
	Isovaleriansäuremethylester	51,71
	Capronsäure	51,61
$C_4H_{10}O$	Äthyläther	35,53
	Butylalkohol	35,45
	Isobutylalkohol	35,41
	Trimethylcarbinol	35,53
C_3H_6O	Propylaldehyd	25,42
	Aceton	25,55

Bei verschiedenartig zusammengesetzten Körpern entsprechen gleichen Unterschieden in der Zusammensetzung auch gleiche Unterschiede der Refraktionsäquivalente. So wächst in homologen Reihen das Molekularbrechungsvermögen für jeden Unterschied von CH_2 um einen gleichen Betrag, im Mittel 7,60.

		$M\frac{n-1}{d}$	Differenz
Methylalkohol	$C\,H_4\,O$	13,17	
Äthylalkohol	$C_2\,H_6\,O$	20,70	7,53
Propylalkohol	$C_3\,H_8\,O$	28,30	7,60
Butylalkohol	$C_4\,H_{10}\,O$	36,11	7,81
Amylalkohol	$C_5\,H_{12}\,O$	43,89	7,88
Ameisensäure	$C\,H_2\,O_2$	13,91	
Essigsäure	$C_2\,H_4\,O_2$	21,11	7,20
Propionsäure	$C_3\,H_6\,O_2$	28,57	7,46
Buttersäure	$C_4\,H_8\,O_2$	36,22	7,65
Valeriansäure	$C_5\,H_{10}\,O_2$	44,05	7,83
Capronsäure	$C_6\,H_{12}\,O_2$	51,61	7,56
Heptylsäure	$C_7\,H_{14}\,O_2$	59,40	7,79
Acetaldehyd	$C_2\,H_4\,O$	18,18	
Propylaldehyd	$C_3\,H_6\,O$	25,42	7,24
Butylaldehyd	$C_4\,H_8\,O$	32,93	7,51

Auch Gemenge homologer Körper besitzen gleiche Refraktionsäquivalente wie einfache Substanzen von gleichprozentischer Zusammensetzung.

	$M\frac{n-1}{d}$
1 Mol. Essigsäure $C_2\,H_4\,O_2$ + 1 Mol. Buttersäure $C_4\,H_8\,O_2 = C_3\,H_6\,O_2$	28,69
Propionsäure $C_3\,H_6\,O_2$	28,57
3 Mol. Methylalkohol $CH_4\,O = C_3\,H_{12}\,O_3$ + 1 Mol. Amylalkohol $C_5\,H_{12}\,O = 4\,C_2\,H_6\,O$	20,83
Äthylalkohol $C_2\,H_6\,O$	20,70
1 Mol. Essigsäure $C_2\,H_4\,O_2$ + 1 Mol. Methylalkohol $CH_4\,O = C_3\,H_8\,O_3$	34,42
Glycerin $C_3\,H_8\,O_3$	34,32

Aus dem molekularen Brechungsvermögen verschiedenartiger Körper lassen sich nun nach obigem die Refraktionsäquivalente der Elemente in den Verbindungen berechnen; zu dem Zweck vergleicht man Verbindungen, deren Formel sich um ein oder mehrere Atome eines einzigen Elementes unterscheidet. Es ergeben sich beispielsweise für Kohlenstoff, Sauerstoff und Wasserstoff die Refraktionsäquivalente folgendermaſsen:

		$M\frac{n-1}{d}$			$M\frac{n-1}{d}$	Differenz.
Acetaldehyd	C_2H_4O	18,85	Methylalkohol	CH_4O	13,41	5,44 für C.
Aceton	C_3H_6O	26,12	Äthylalkohol	C_2H_6O	20,70	5,42
Propionsäure	$C_3H_6O_2$	28,57	Glykol	$C_2H_6O_2$	23,77	4,80
Essigsäureanhydrid	$C_4H_6O_3$	36,56	Milchsäure	$C_3H_6O_3$	31,81	4,75
Benzaldehyd	C_7H_6O	54,56	Phenol	C_6H_6O	47,73	6,83
Essigsäure	$C_2H_4O_2$	21,11	Aldehyd	C_2H_4O	18,58	2,53 für O
Propionsäure	$C_3H_6O_2$	28,57	Aceton	C_3H_6O	26,12	2,45
Glykol	$C_2H_6O_2$	23,77	Äthylalkohol	C_2H_6O	20,70	3,07
Milchsäure	$C_3H_6O_3$	31,81	Propionsäure	$C_3H_6O_2$	28,57	3,24
Äthylalkohol	C_2H_6O	20,70	Acetaldehyd	C_2H_4O	18,58	2,12 für H_2.
Propylalkohol	C_3H_8O	28,30	Aceton	C_3H_6O	26,12	2,18
Glykol	$C_2H_6O_2$	23,77	Essigsäure	$C_2H_4O_2$	21,11	2,66
Glycerin	$C_3H_8O_3$	34,32	Milchsäure	$C_3H_6O_3$	31,81	2,51

Diese Bestimmungen für das Refraktionsäquivalent für Kohlenstoff, Sauerstoff und Wasserstoff finden noch eine Kontrolle in der früher angegebenen Differenz 7,60 für CH_2. Multipliziert man nämlich bei den Säuren $C_n H_{2n} O_2$ diese Differenz mit n und subtrahiert die erhaltene Zahl von dem Refraktionsäquivalent, so bleibt für O_2 ein Mittelwert von 6 oder für $O = 3$. Wiederholt man die gleiche Rechnung entsprechend bei den Alkoholen $C_n H_{2n+2} O$ und subtrahiert aufserdem für O die erhaltene Zahl 3, so ergibt sich für H_2 ein Mittelwert von 2,6, für H also 1,3. Da aufserdem $CH_2 = 7,6$ und $H_2 = 2,6$, so ist $C = 5$, also Refraktionsäquivalente, welche ganz nahe mit den in der vorstehenden Tabelle gefundenen übereinstimmen.

Mit Hilfe dieser letzten Zahlen und der Dichte einer Verbindung kann man den Brechungskoefficienten n leicht berechnen; der erhaltene Wert mufs dann, falls obige Zahlen richtig sind, mit dem durch direkte Beobachtung gefundenen übereinstimmen. Setzt man die Formel

$$M\frac{n-1}{d} = R$$

(Refraktionsäquivalent), so ist

$$n = \frac{Rd}{M} + 1$$

Die nachfolgende Tabelle, welche noch für viele andere Verbindungen erweitert werden könnte, ergibt die geforderte Übereinstimmung zur Genüge.

Verbindung	Formel	d	R berech.	R beob.	n berech.	n beob.
Methylalkohol	$C\,H_4\,O$	0,7964	13,20	13,17	1,328	1,328
Äthylalkohol	$C_2\,H_6\,O$	0,8011	20,80	20,70	1,326	1,361
Propylalkohol	$C_3\,H_8\,O$	0,8042	28,40	28,30	1,381	1,379
Butylalkohol	$C_4\,H_{10}\,O$	0,8074	36,00	36,11	1,393	1,394
Ameisensäure	$C\,H_2\,O_2$	1,2211	13,60	13,91	1,361	1,369
Essigsäure	$C_2\,H_4\,O_2$	1,0514	21,20	21,11	1,371	1,370
Propionsäure	$C_3\,H_6\,O_2$	0,9963	28,80	28,57	1,388	1,385
Buttersäure	$C_4\,H_8\,O_2$	0,9610	36,40	36,22	1,397	1,396
Ameisensäureäthylester	$C_3\,H_6\,O_2$	0,9078	28,80	29,18	1,353	1,358
Essigsäuremethylester	$C_3\,H_6\,O_2$	0,9053	28,80	29,36	1,352	1,396
Essigsäureäthylester	$C_4\,H_8\,O_2$	0,9021	36,40	36,17	1,373	1,371

Es ergibt sich daraus, dafs das Refraktionsäquivalent einer chemischen Verbindung der Summe der Refraktionsäquivalente ihrer Bestandteile gleich ist.

Nun hat Brühl, auf Grund von Untersuchungen Gladstones, welcher bei aromatischen Verbindungen und ungesättigten der Methanreihe eine Abweichung der beobachteten Refraktionsäquivalente von den berechneten fand, konstatiert, dafs die Refraktionsäquivalente der mehrwertigen Atome von der Art ihrer Verkettung abhängig sind, die der einwertigen Atome dagegen nicht, und dafs die Molekularrefraktion nur von gesättigten Verbindungen obigen Gesetzen folgt, dafs bei ungesättigten dieselbe gröfser gefunden wird, und zwar für je eine Doppelbindung unter den Kohlenstoffatomen im Mittel um zwei Einheiten.

Verbindung	Formel	R gef.	R berech.	Differenz
Tetrachloräthylen	$C_2\,Cl_4$	49,7	47,8	1,9
Allylalkohol	$C_3\,H_6\,O$	27,1	25,2	1,9
Akroleïn	$C_3\,H_4\,O$	25,3	22,6	2,7
Allylchlorid	$C_3\,H_5\,Cl$	32,6	30,6	2,0
Allyläthyläther	$C_5\,H_{10}\,O$	42,2	40,1	2,1
Essigsäureallylester	$C_5\,H_8\,O_2$	42,2	40,4	1,8
Amylen	$C_5\,H_{10}$	39,3	37,2	2,1
				Mittel 2
Valerylen	$C_5\,H_8$	38,7	34,6	4,1
Diallyl	$C_6\,H_{10}$	46,0	42,1	3,9
				Mittel 4
Benzol	$C_6\,H_6$	42,2	36,9	5,3
Anilin	$C_6\,H_7\,N$	49,8	43,5	6,3
Nitrobenzol	$C_6\,H_5\,NO_2$	52,6	46,8	5,8
Toluol	$C_7\,H_8$	50,1	44,3	5,8
Benzylalkohol	$C_7\,H_8\,O$	53,2	47,2	6,0
Mesitylen	$C_9\,H_{12}$	65,8	59,2	6,6
				Mittel 6

Auch bei dem Sauerstoff und Schwefel übt die verschiedenartige Bindung einen Einfluſs aus, je nachdem sie mit beiden Affinitäten oder nur mit einer an Kohlenstoff gebunden sind; im ersteren Falle erhöht sich das Refraktionsäquivalent.

Es fiel auf, daſs die Differenzen in den Refraktionsäquivalenten homologer Verbindungen nicht konstant sind. Daraus zieht Schröder den Schluſs, daſs der Einfluſs der Elementaratome auf die Molekularrefraktion der Verbindungen nicht konstant sei, sondern mit dem Atomgewicht wachse. Vergleicht man die Alkohole mit ihren zugehörigen Säuren, so ergibt sich, daſs die Gruppe CO auf die Molekularrefraktion in ein und derselben Verbindung denselben Einfluſs ausübt wie die Gruppe CH_2, derselbe selbst in verschiedenen Verbindungen fast gleich ist.

		R	Differenz
Ameisensäure	$C\ H_2\ O_2$	13,61	0,68
Methylalkohol	$C\ H_4\ O$	12,93	
Essigsäure	$C_2 H_4 O_2$	20,69	0,38
Äthylalkohol	$C_2 H_6 O$	20,31	
Propionsäure	$C_3 H_6 O_2$	28,01	0,01
Propylalkohol	$C_3 H_8 O$	28,00	
Buttersäure	$C_4 H_8 O_2$	35,50	0,05
Butylalkohol	$C_4 H_{10} O$	35,45	
Isobuttersäure	$C_4 H_8 O_2$	35,50	0,09
Isobutylalkohol	$C_4 H_{10} O$	35,41	

Vergleicht man ferner die Säuren:

				Differenz
Ameisensäure	$C\ H_2 O_2$	13,61	7,08	0,24
Essigsäure	$C_2 H_4 O_2$	20,69	7,32	
Propionsäure	$C_3 H_6 O_2$	28,01	7,49	0,17
Buttersäure	$C_4 H_8 O_2$	35,50		

so ergibt sich ein gleicher Einfluſs der zwei Sauerstoffatome der Carboxylgruppe auf die Molekularrefraktion wie der von CH_2. Dieser Einfluſs ist in der Ameisensäure zweimal, in der Essigsäure dreimal, in der Propionsäure einmal etc. enthalten:

Ameisensäure	$C\ H_2\ O_2$	13,61 = 2 . 6,80
Essigsäure	$C_2 H_4 O_2$	20,69 = 3 . 6,90
Propionsäure	$C_3 H_6 O_2$	28,01 = 4 . 7,00
Buttersäure	$C_4 H_8 O_2$	35,50 = 5 . 7,10
Isovaleriansäure	$C_5 H_{10} O_2$	43,16 = 6 . 7,19
Capronsäure	$C_6 H_{12} O_2$	50,56 = 7 . 7,22
Heptylsäure	$C_7 H_{14} O_2$	58,19 = 8 . 7,27

wobei ein sehr regelmäſsiges Wachsen des Refraktionsmaſses stattfindet.

Aber auch der Gruppe —H · OH der Alkohole kommt derselbe Einfluſs zu wie CH_2, was schon aus der fast gleichen Molekularrefraktion der Säuren und Alkohole hervorgeht:

Propionsäure	$C_3H_6O_2$	28,01
Propylalkohol	$C_3H_6OH_2$	28,00 etc.

Stellt man die Refraktionsäquivalente der Säuren und ihrer zugehörigen Aldehyde zusammen:

			Differenz
Essigsäure	$C_2H_4O_2$	20,69	2,51
Aldehyd	C_2H_4O	18,18	
Propionsäure	$C_3H_6O_2$	28,01	2,59,
Propylaldehyd	C_3H_6O	25,42	

so läſst sich erkennen, daſs die Differenz für ein Sauerstoffatom in OH etwa = 2,5, also etwa der dritte Teil des Einflusses von CH_2 = 7,49 = 3,25 ist.

Aus diesen Thatsachen folgert Schröder, daſs in den gesättigten Verbindungen jedes Atom Kohlenstoff, Sauerstoff und Wasserstoff gleichviel, nur der Sauerstoff der Carboxylgruppe doppelt soviel zum Refraktionsäquivalent beitrage. Diesen Anteil nennt er eine Refraktionsstere, deren Wert sich auf 2,3 bis 2,4 berechnet. Ihre Anzahl in den aus Kohlenstoff, Wasserstoff und Sauerstoff bestehenden gesättigten Verbindungen ist gleich der Summe der Atome, vermehrt um so viel Einheiten, wie Sauerstoffatome als Carbonyl vorhanden sind.

		Anzahl der Steren	R	Wert der Stere
Ameisensäure	CH_2O_2	6	13,61	2,27
Essigsäure	$C_2H_4O_2$	9	20,69	2,30
Propionsäure	$C_3H_6O_2$	12	28,01	2,33
Buttersäure	$C_4H_8O_2$	15	35,50	2,37
Valeriansäure	$C_5H_{10}O_2$	18	43,16	2,40
Capronsäure	$C_6H_{12}O_2$	21	50,56	2,41
Heptylsäure	$C_7H_{14}O_2$	24	58,19	2,42

So berechnet sich z. B. die theoretische Molekularrefraktion der Propionsäure zu $3 \cdot 2{,}33 + 6 \cdot 2{,}33 + 2{,}33 + 4{,}66 = 27{,}96$; gefunden ist 28,01.

Bei den ungesättigten Verbindungen ergibt sich für jedes doppelt gebundene Kohlenstoffatom eine doppelte Anzahl von Steren, für den Allylalkohol $CH_2 = CH - CH_2OH$ z. B. die Anzahl 12.

Das Benzol hat das gleiche Molekularbrechungsvermögen wie der Propyläthyläther, Isoamylalkohol u. a., also ebenfalls wie diese 18 Steren:

		R
Benzol	C_6H_6	42,16 = 18 . 2,34
Propyläthyläther	$C_5H_{12}O$	42,86 = 18 . 2,38
Isoamylalkohol	$C_5H_{12}O$	43,64 = 18 . 2,39
Isovaleriansäure	$C_5H_{10}O_2$	43,16 = 18 . 2,40

Das Toluol hat das gleiche Molekularbrechungsvermögen wie der Buttersäureäthylester, Valeriansäuremethylester u. a., deshalb 21 Steren. Da auf die Methylgruppe 4 Steren kommen, bleiben für die Phenylgruppe noch 17 Steren übrig. Dem Benzol entsprechen 18 Steren, also bleibt für das eine Wasserstoffatom eine Stere. Wir nehmen an, dafs die Wasserstoffatome des Benzols gleichwertig sind, alsdann bleiben für die sechs Kohlenstoffatome 12 Steren übrig. Hiermit stimmen alle Beobachtungen überein. Das Molekularbrechungsvermögen des Benzols ist 45,71; da den sechs Kohlenstoffatomen 12 Steren, den übrigen Wasserstoff- und Sauerstoffatomen je eine Stere zukommt, was man in der Formel $\overset{12}{C_6}.\overset{5}{H_5}.\overset{1}{O}.\overset{1}{H}$ ausdrücken kann, sind zusammen also 19 Steren vorhanden, dem Brechungsvermögen 45,71 = 19 · 2,41 entsprechend.

Alle Beobachtungen deuten darauf hin, dafs der Kohlenstoff der Phenylgruppe einen doppelt so grofsen Einflufs auf die Molekularrefraktion ausübt als in den gesättigten Methanderivaten. Das spräche für drei Doppelbindungen, entsprechend der Kekuléschen Benzolformel, während Schröder die Prismenformel für allein zulässig hält.

Vergleicht man mit dem Ausgeführten die Schrödersche Theorie der Volumkonstitution, wie sie im Kapitel 11 gegeben ist, so ergibt sich eine genaue Übereinstimmung.

Für die vorn angegebene empirische Formel

$$\frac{n-1}{d}$$

haben A. Lorentz und L. Lorenz eine theoretisch begründete

$$\frac{n^2-1}{(n^2+2)\,d}$$

angegeben, nach welcher die Werte für das specifische Brechungsvermögen kleiner werden als nach der ersten; die stöchiometrischen Resultate sind aber, wie Landolt nachgewiesen hat, aus beiden Formeln übereinstimmend.

Neuerdings hat Brühl wieder einen interessanten Beitrag zur Kenntnis des Einflusses der mehrfachen Bindung der Kohlenstoffatome auf das Lichtbrechungsvermögen geliefert, aus dem hier einiges Platz finden möge.

Die Atom- resp. Molekularrefraktion

$$\frac{n^2 - 1}{(n^2 + 2)\,d} \cdot p = r \qquad \text{resp.} \qquad \frac{n^2 - 1}{(n^2 + 2)\,d} \cdot M = R,$$

worin p und M das Atom- und Molekulargewicht bedeuten, bezieht er auf den Brechungsindex für die Linie C des Sonnenspektrums und stellt für einige Elemente r als folgende hin:

	r
C' (einfach gebunden)	2,48
H	1,04
O' „ „	1,58
O'' (doppelt gebunden)	2,34
Cl	6,02
Br	8,95
J	13,99
N' (einfach gebunden)	3,02
Refraktionswert der doppelten Bindung = (Äthylenbindung)	1,78
Refraktionswert der dreifachen Bindung ≡ (Acetylenbindung)	2,18

Aus der folgenden Tabelle, in welche übrigens nur einige Verbindungen aufgenommen sind, ergibt sich dann der Wert für die Differenz (Refraktions-Inkrement) aus dem Molekularbrechungsvermögen und dem nach der Molekularformel berechneten:

Körper mit einer Äthylenbindung.

Verbindung	Molekularformel	$\frac{n^2-1}{(n^2+2)\,d} M$	R aus der Molekularformel ber.	Refraktions-Inkrement
Allylalkohol	C_3H_6O'	16,85	15,26	1,59
Akroleïn	C_3H_4O''	16,01	13,94	2,07
Allylchlorid	C_3H_5Cl	20,32	18,66	1,66
Allylbromid	C_3H_5Br	23,78	21,59	2,19
Amylen	C_5H_{10}	24,64	22,80	1,84
Allyläthyläther	$C_5H_{10}O'$	26,39	24,38	2,01
Allylacetat	$C_5H_8O'O''$	26,26	24,64	1,62
Octylen	C_8H_{16}	38,61	36,48	2,13
Allyldiäthylcarbinol	$C_8H_{16}O'$	39,72	38,06	1,66
			Mittelwert	1,80

Körper mit zwei Äthylenbindungen.

Verbindung	Molekularformel	$\frac{n^2-1}{(n^2+2)\,d} M$	R aus der Molekularformel ber.	Refraktions-Inkrement
Valerylen	C_5H_8	24,16	20,72	3,44 = 2 · 1,72
Diallyl	C_6H_{10}	28,77	25,28	3,49 = 2 · 1,75
Diallylcarbonat	$C_7H_{12}O'$	34,88	31,42	3,46 = 2 · 1,73
Diallylmethylcarbinol	$C_8H_{14}O'$	39,29	35,98	3,31 = 2 · 1,66
			Mittelwert	3,50 = 2 · 1,75

Benzolverbindungen.

Verbindung	Molekularformel	$\frac{n^2-1}{(n^2+2)d}M$	R aus der Molekularformel ber.	Refraktions-Inkrement
Benzol	C_6H_6	25,93	21,12	4,81 = 3 · 1,60
Phenol	C_6H_6O'	27,75	22,70	5,05 = 3 · 1,68
Chlorbenzol	C_6H_5Cl	30,90	26,10	4,80 = 3 · 1,60
Brombenzol	C_6H_5Br	33,76	29,03	4,73 = 3 · 1,58
Nitrobenzol	$C_6H_5N'O_2''$	32,35	26,26	6,09 = 3 · 2,03
Anilin	C_6H_7N'	30,27	25,18	5,09 = 3 · 1,70
Toluol	C_7H_8	30,79	25,68	5,11 = 3 · 1,70
Anisol	C_7H_8O'	32,71	27,26	5,45 = 3 · 1,82
Benzylalkohol	C_7H_8O'	32,23	27,26	4,97 = 3 · 1,66
Benzaldehyd	C_7H_6O'	31,77	25,94	5,83 = 3 · 1,94
			Mittelwert	5,4 = 3 · 1,80

Brühl zieht hieraus den Schlufs, dafs in den Benzolderivaten drei Äthylenbindungen vorhanden sind, was für die Benzolformel Kekulés spricht, gibt jedoch zu, dafs statt der drei doppelten Bindungen neun einfache vorhanden sein könnten, wenn nämlich durch diese ein Refraktionsüberschufs entstände, der dem nach der obigen Formel gleichkäme, also wenn zwei einfache Bindungen einer doppelten optisch äquivalent wären. Da das Letztere nicht der Fall ist, so sind auch in dem Benzol mehrfache Bindungen anzunehmen.

Die Polymerisation von Acetaldehyd zu Paraldehyd wird allgemein als eine Umwandlung von je einer doppelten Bindung in drei Aldehydmolekülen in sechs einfache Bindungen angesehen (s. Kap. 23). Dem entspricht auch die Abnahme des specifischen Brechungsvermögens; für Acetaldehyd ist die Molekularrefraktion 11,5, für den Paraldehyd aber nicht 3 · 11,5 = 34,5, sondern 32,40, also um 2,1 kleiner. Das Brechungsinkrement für eine Doppelbindung zwischen Sauerstoff und Kohlenstoff beträgt 0,76 (2,34 — 1,58), der dreifache Wert 2,28 ist also dem gefundenen 2,1 fast gleich. Wenn nun das Benzol bei der Entstehung aus Acetylen durch Umwandlung dreier dreifacher Bindungen in neun einfache entstände, müfste das Refraktionsinkrement der drei Acetylenmoleküle 3 · 2,02 = 6,06 verschwinden. Dem ist jedoch nicht so, denn die Differenz zwischen den Molekularrefraktionen beträgt nur 27,18 — 25,93 = 1,25 = 3 · 0,42. Das läfst schliefsen, dafs im Benzol mehrfache Bindungen vorhanden sind.

Kapitel 32.

Physikalische Isomerie. Optische Aktivität. Lagerung der Atome im Raume.

Während die Verschiedenheit des chemischen Charakters bei isomeren und polymeren Substanzen in allen Fällen mit Unterschieden der physikalischen Eigenschaften verbunden ist, zeigen sich letztere auch häufig da, wo eine Verschiedenartigkeit in dem chemischen Verhalten bei gleicher Zusammensetzung und gleichem Molekulargewicht sich nicht nachweisen läſst. Diese Erscheinung, für welche heute zum Unterschied von jener chemischen Isomerie der Ausdruck »physikalische Isomerie« gebraucht wird, ist längst bekannt. Berzelius sah das Vorkommen verschiedener Modifikationen der elementaren Körper als etwas wesentlich Verschiedenes von dem der Verbindungen an und nannte das erstere Allotropie, während für die letztere Erscheinung die Bezeichnungen Dimorphie, Polymorphie, Heteromorphie in Aufnahme kamen.

Nach der atomistischen Anschauung vereinigen sich die Elementaratome zu Molekülen; diese legen sich wiederum zu einer sinnlich wahrnehmbaren Masse zusammen, und zwar entweder in regelmäſsiger oder unregelmäſsiger Form, die wir als krystallinischen und amorphen Zustand bezeichnen. Es läſst sich erkennen, daſs diese Modifikationen je nach der gröſseren oder geringeren Dichte der Molekulargruppierung auch einige unterschiedliche Merkmale in ihrem Verhalten aufweisen müssen, während eine verschiedene Gruppierung der Atome, sei es nun bei gleicher oder verschiedener Anzahl derselben, neben den physikalischen auch wesentliche Unterschiede der chemischen Eigenschaften bedingt. So kann die regelmäſsige Aneinanderlagerung der Moleküle in Krystallen den Raum vollständiger erfüllen und daher ein höheres specifisches Gewicht, eine gröſsere Dichte, eine gröſsere Widerstandsfähigkeit gegenüber chemischen Reagentien verursachen als die zwanglose Gruppierung in amorphem Zustande. Die Unsicherheit unserer Erkenntnis jedoch ist die Ursache, warum wir einen deutlichen Unterschied zwischen beiden theoretisch völlig verschiedenen Arten von Isomerie nicht immer zu machen vermögen.

Das Auftreten eines und desselben Körpers in verschiedenen Modifikationen ist häufig beobachtet. So krystallisiert der Kohlenstoff regulär als Diamant, monosymmetrisch als Graphit, als Kohle ist er amorph, der Schwefel rhombisch und monosymmetrisch, der Phosphor tritt regulär (gewöhnliche Modifikation) und amorph (? rote Modifikation) auf, das Zink regulär und hexagonal, das Eisen regulär (Stabeisen) und rhombisch (Spiegeleisen), arsenige Säure regulär und rhombisch, die Kieselsäure hexagonal (Quarz), rhombisch und asymmetrisch, das Schwefeleisen regulär (Eisenkies) und rhombisch (Markasit), das Natriumnitrat hexagonal (Natronsalpeter) und rhombisch (künstlich), das Kaliumnitrat rhombisch (Salpeter) und hexagonal, das Calciumcarbonat hexagonal (Kalkspat) und rhombisch (Aragonit) u. a. m. Das letztere scheidet sich in der rhombischen Form aus Kalksalzlösungen in der Hitze aus, unter 30° bilden sich aber Kalkspatkrystalle.

Der Übergang aus der einen in die andere Form tritt namentlich häufig unter dem Einfluſs der Wärme auf; so zerspringen Krystalle von Aragonit beim Erhitzen, und das Krystallpulver besteht dann aus kleinen Krystallen von Kalkspat. Eine bekannte Erscheinung einer solchen Umwandlung bietet das Quecksilberjodid, welches aus Lösungen mit roter Farbe in tetragonaler Form krystallisiert, bei Sublimation aber rhombische Form und gelbe Farbe annimmt; bei gewöhnlicher Temperatur gehen diese rhombischen Krystalle wieder in tetragonale über, indem sich gleichzeitig auch die Farbe ändert. Dieselbe Erscheinung findet sich beim Schwefel, der aus Lösungen in rhombischen, aus dem geschmolzenen Zustande in monoklinen Krystallen auftritt, welche jedoch mit der Zeit unter Trübung in erstere übergehen, während andrerseits die rhombischen beim Erhitzen die monokline Form annehmen. Es ist jedoch die Frage, ob Allotropie und Polymorphie auf Verschiedenartigkeit der Gruppierung der Moleküle oder der Anordnung der Atome zurückzuführen sind.

Auch auf dem Gebiete der organischen Chemie hat man eine ganze Reihe physikalisch-isomerer Modifikationen kennen gelernt, welche sich namentlich durch die Verschiedenheit des Schmelzpunktes, der Krystallform, der Löslichkeit, des optischen Verhaltens kennzeichnen. So tritt das Benzophenon $(C_6H_5)_2CO$ in zwei Formen auf, von denen die rhombische bei 48—49°, die monosymmetrische bei 26° schmilzt. Die α-Dibrompropionsäure $CH_3\,CBr_2\,COOH$ bildet zwei isomere Formen vom Schmelzpunkt 64° und 51°, das *m*-Chlornitrobenzol $C_6H_4\,Cl.NO_2$ zwei Formen vom Schmelzpunkt 44° und 23° u. a. m. Zwar lieſsen sich diese Verschiedenheiten auch durch verschiedenartige Lagerung der Moleküle erklären; da aber manche Erscheinungen nicht nur in festem, wofür jene allein Geltung haben könnte, sondern auch in flüssigem Zustande bestehen bleiben, so ist diese Annahme ausgeschlossen, falls man nicht etwa das Bestehen eines Komplexes einer bestimmten Anzahl von Molekülen auch in flüssigem Zustande gelten läſst. Eine weit bessere Erklärung gibt die Annahme einer bestimmten Lagerung der Atome im Raume (geometrische Isomerie).

Unter den physikalischen Eigenschaften der Kohlenstoffverbindungen ist die Fähigkeit einer Anzahl derselben von ganz besonderem Interesse, die Ebene des polarisierten Lichtstrahls in einer für jede derselben ganz bestimmten Weise zu drehen.

In einem gewöhnlichen Lichtstrahl schwingen die Ätherteilchen nach allen senkrecht zur Achse liegenden Richtungen. Geht derselbe durch einen Kalkspatkrystall hindurch, so wird er in zwei Strahlen zerlegt, von denen der eine, der ordentliche Strahl, dem allgemeinen Brechungsgesetze folgt, wogegen der andere, der aufserordentliche, eine schwächere Ablenkung erfährt. Beide Strahlen sind von dem einfallenden Strahl wesentlich verschieden; in ihnen finden die Schwingungen nur noch in einer einzigen Richtung statt, sie sind linear polarisiert, und zwar liegt die Schwingungs- oder Polarisationsebene des ordentlichen Strahls im Hauptschnitte des Krystalls, d. i. jede Ebene, welche die, zwei stumpfe Winkel des Rhomboëders verbindende, Hauptachse enthält oder derselben parallel durch den Krystall läuft, während die Schwingungsebene des aufserordentlichen Strahls senkrecht dazu liegt.

Im Gegensatz zu dieser Polarisation durch Doppelbrechung kann ein Lichtstrahl auch durch Reflexion polarisiert werden, und zwar in dem Fall, wenn er unter einem Winkel von 55° zum Einfallslot auf einen Glasspiegel trifft, durch den er nach einer andern Richtung reflektiert und zugleich polarisiert wird. Die durch den auffallenden und den reflektierten Strahl gelegte Ebene ist die Polarisationsebene.

Nun besitzt eine Anzahl von Körpern das Vermögen, die Polarisationsebene eines durch sie hindurchgehenden polarisierten Lichtstrahls zu drehen, entweder nach rechts oder nach links. Man bezeichnet diese Erscheinung als Zirkularpolarisation und diejenigen Substanzen, welche sie hervorrufen, als zirkularpolarisierende oder optisch aktive. Unter diesen lassen sich zwei verschiedene Arten unterscheiden, nämlich solche, welche nur in krystallinischem Zustande die Fähigkeit besitzen, die Polarisationsebene zu drehen, dieselbe aber zugleich mit ihrer Krystallform verlieren, und solche, welche in flüssigem oder amorphem Zustande diese Eigenschaft besitzen. Die zu der letzten Klasse gehörenden Substanzen sind sämtlich Kohlenstoffverbindungen, während von den anorganischen keine in gelöstem Zustande Drehungsvermögen besitzt. Aus letzterem geht hervor, dafs die Ursache der Drehung nur in der Struktur der Krystalle, in einer bestimmten Gruppierung des Moleküle zu suchen ist. Wäre bei den Substanzen, welche in Lösung Drehungsvermögen besitzen, die Ursache hierfür ebenfalls in einer gewissen Anordnung in dem Lösungsmittel befindlicher Molekülkomplexe zu suchen, so würden dieselben ihre Fähigkeit verlieren müssen, sobald sie in Dampfform übergeführt würden. Angestellte Versuche haben jedoch das Gegenteil erwiesen, so dafs ersichtlich ist, dafs das Drehungsvermögen nicht in der Anordnung der Moleküle, sondern vielmehr in der in demselben befindlicher Atome seine Ursache hat. In dem folgenden wird allein auf das Drehungsvermögen flüssiger Substanzen Rücksicht genommen werden, da nur dieses in das Gebiet der Chemie gehört.

Pasteur unterscheidet wie unter allen materiellen Gegenständen nach ihrer Gestalt auch zweierlei Arten von Molekülen, je nachdem sie ihr Spiegelbild zu decken (Würfel, gerade Treppe) oder nicht zu decken (irreguläres Tetraëder, Schraube, Wendeltreppe) vermögen, je nachdem also ihre Atome symmetrisch oder unsymmetrisch gelagert sind. Die Weinsäure z. B. vermag bekanntlich in mehreren optisch verschiedenen Modifikationen aufzutreten, deren Erklärung in einer nach rechts oder links geschraubten Atomanordnung angenommen werden müfste. Die Traubensäure besteht aus gleichen Molekülen dieser Rechts- und Linksweinsäure und erscheint daher optisch inaktiv; das Gleiche ist aber auch der Fall bei anderen Modifikationen der Weinsäure, welche nicht aus rechts- oder linksdrehender Säure zusammengesetzt sind, deren Moleküle also entweder eine schraubenfömige Struktur nicht besitzen, „aufgedreht“ sind, oder aus zwei Atomgruppen von entgegengesetztem Drehungsvermögen bestehen.

Man kennt eine ganze Anzahl solcher optisch sich verschieden verhaltender Substanzen, die Zuckerarten, Amylalkohol, Äpfelsäure, Asparaginsäure u. a. m.

Die Beobachtung, dafs auch verschiedene Derivate solcher aktiver Substanzen Aktivität besitzen, liefs Hoppe-Seyler und Mulder vermuten, dafs letztere nicht in der Anordnung sämtlicher Atome des Moleküls ihre Ursache habe, sondern nur einige derselben möchten auf das Verhalten beeinflussend sein. Le Bel hat zuerst die Ansicht ausgesprochen, asymmetrische Kohlenstoffmoleküle, d. h. solche, in denen vier verschiedene Radikale mit einem und demselben Kohlenstoffatom verbunden sind, müfsten ein derartiges Drehungsvermögen besitzen. Im Jahre 1875 veröffentlichte van t'Hoff eine Broschüre „La chimie dans l'espace“, in welcher er eine Hypothese über die Lagerung der Atome im Raume aufstellte und die gleiche Ansicht entwickelte. Diese Hypothese, neuerdings von Wislicenus erweitert und in den Vordergrund theoretischer Spekulationen gerückt, basiert auf der Anschauung, dafs in einem Molekül, welches ein Kohlenstoffatom mit vier einfachen oder zusammengesetzten Radikalen verbunden enthält, die Atome der letzteren um das Kohlenstoffatom so gruppiert sind, dafs die Lage der Orte, in denen sie sich befinden, wie die Ecken eines Tetraëders angeordnet sind, dessen Gestalt übrigens beliebig sein kann. Denkt man sich diese Ecken mit vier unter sich verschiedenen Teilchen *a*, *b*, *c* und *d* besetzt, also die vier Affinitäten eines solchen „asymmetrischen“ Kohlenstoffatoms durch verschiedene Atome oder Atomkomplexe gesättigt, so können dieselben jedesmal in zweierlei Lage geordnet sein; die so entstehenden Moleküle unterscheiden sich von einander wie ein Gegenstand von seinem Spiegelbilde. Denkt man sich selber in ein solches Tetraëder versetzt (s. Figur), mit den Füfsen auf der Kante *a b*, mit dem Kopf

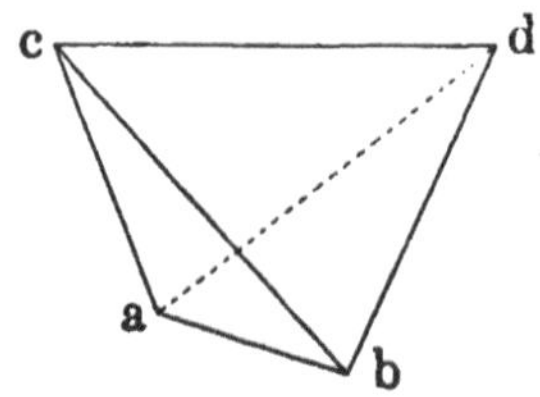

nach *cd*, das Teilchen *c* zur Rechten, *d* zur Linken, so ergibt sich sofort eine zweite Anordnung, sobald man *d* mit *c* vertauscht. Das Tetraëder läfst sich jetzt nicht mehr so drehen, dafs die zweite Anordnung der ersten gleich erscheint. Infolge der ungleichen Anziehung der vier verschiedenen Radikale werden dieselben sich auch in verschiedener Entfernung vom Kohlenstoffatom befinden, so dafs ein derartiges Molekül einem irregulären Tetraëder entspricht, welches keine Symmetrieebene mehr besitzt, dessen Ecken in Bezug auf ein und dieselbe Achse eine schraubenförmige Anordnung aufweisen, welche in den beiden möglichen enantiomorphen Formen entweder nach rechts oder nach links gedreht erscheinen mufs.

Es hat sich herausgestellt, dafs alle optisch aktiven Substanzen stets ein oder mehrere solcher asymmetrischen Kohlenstoffatome enthalten. Damit ist aber nicht gesagt, dafs auch alle Verbindungen mit asymmetrischem Kohlenstoffatom aktiv sein müfsten. Nachweislich sind solche Verbindungen zuweilen inaktiv, wofür der Grund in intramolekularer Kompensation oder in einer Mischung oder Verbindung zweier isomerer Körper mit gleich grofsem, jedoch entgegengesetztem Drehungsvermögen zu suchen ist.

Von den organischen aktiven Verbindungen mit aymmetrischem Kohlenstoffatom seien u. a. erwähnt:

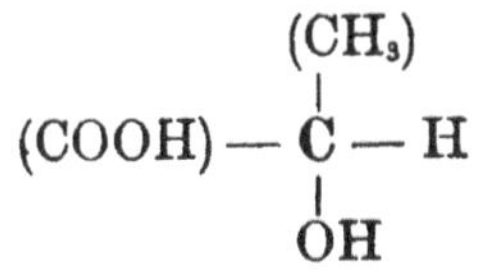 Äthylidenmilchsäure.

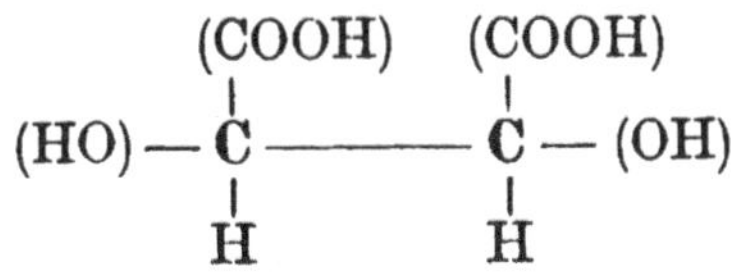 Weinsäure,

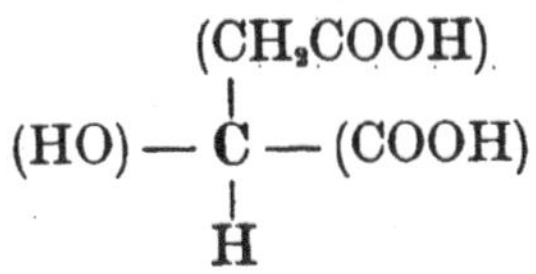 Äpfelsäure.

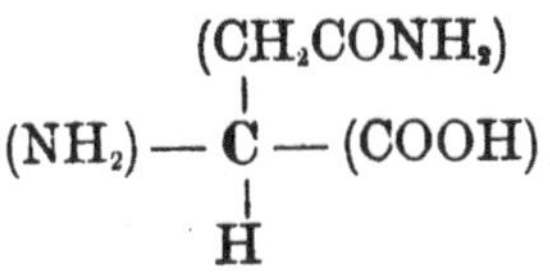 Asparaginsäure.

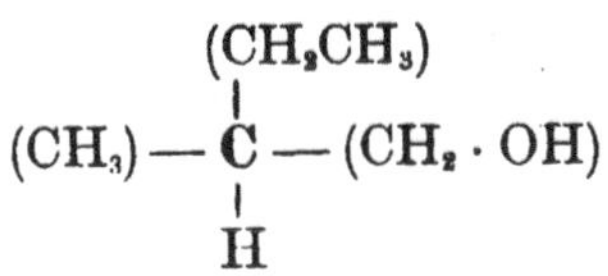 Amylalkohol,

während

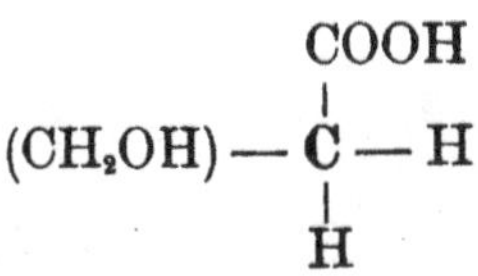 Äthylenmilchsäure,

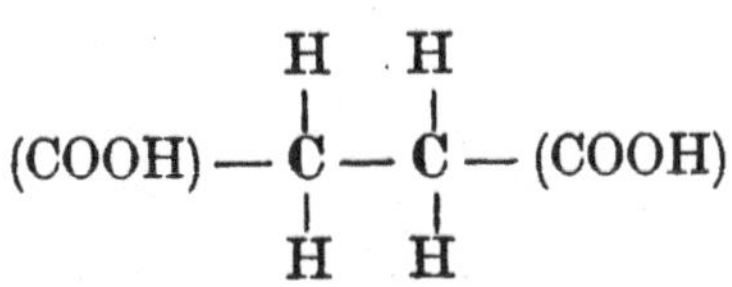 Bernsteinsäure

u. a. inaktiv sind, da sie kein asymmetrisches Kohlenstoffatom enthalten.

Sind zwei Kohlenstoffatome unter einander einfach verbunden, die übrigen sechs Valenzen durch andere Atome oder Atomgruppen gesättigt, so sind an nur einer Ecke mit einander vereinigte Tetraëder um eine gemeinsame Achse drehbar, sowohl in gleichem, wie in entgegengesetztem Sinne, wie sich aus der nachstehenden Figur ergibt:

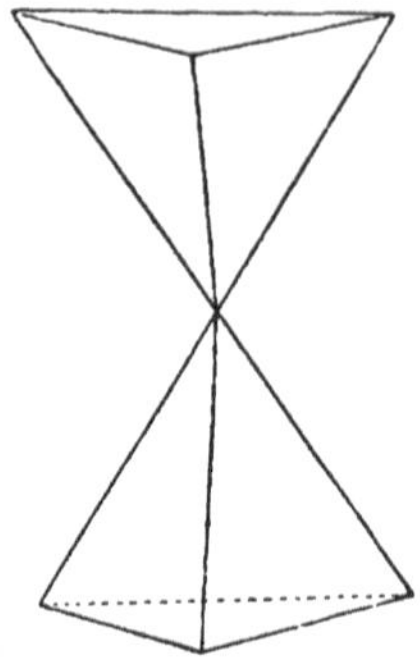

Sind jedoch die beiden Kohlenstoffatome mit mehreren Valenzen gebunden, so kann eine Drehung der beiden Systeme in entgegengesetztem Sinne oder in gleichem Sinne, aber mit verschiedener Geschwindigkeit nicht mehr stattfinden:

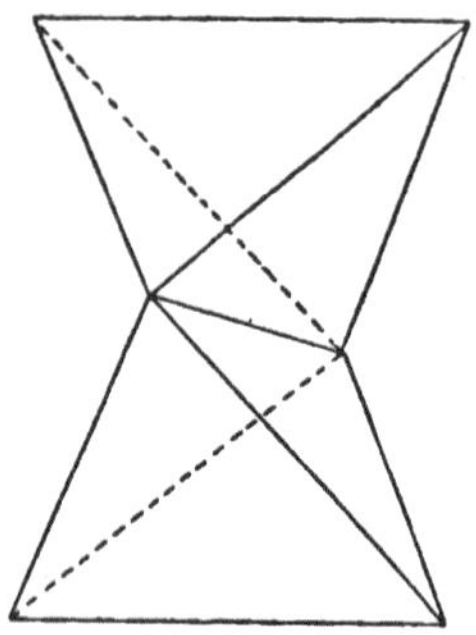

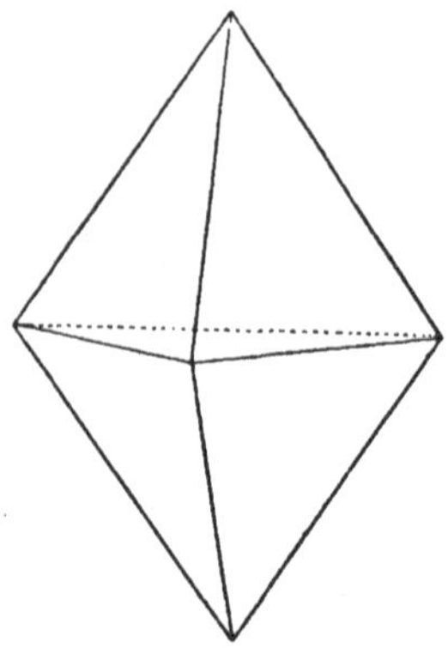

Für die doppelte Bindung ergeben sich dann folgende Isomerien, welche leicht verständlich auch einfach durch Buchstabenformeln, gegeben werden können:

$C_2a_2b_2 =$

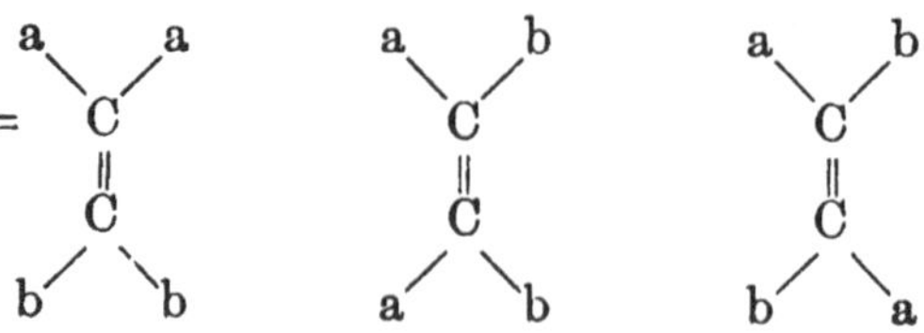

$C_2a_2bc =$

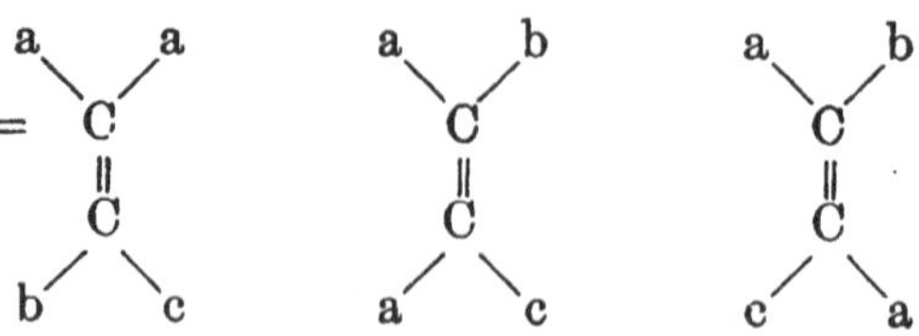

C_2abcd

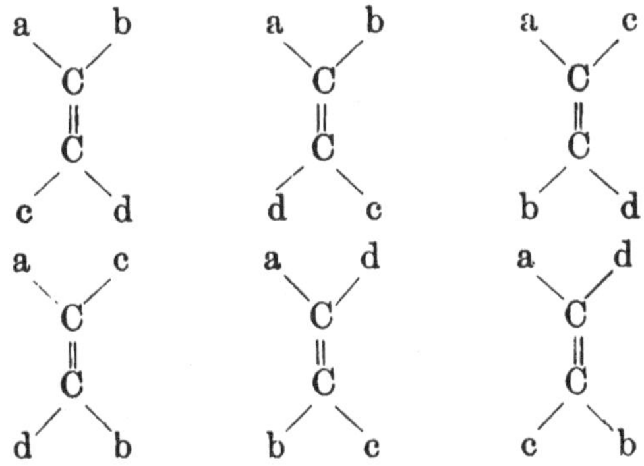

Geht nun die dreifache Bindung zweier Kohlenstoffatome durch Addition elementarer Bestandteile (2*c*) in doppelte über, so kann man sich dieselbe gewissermafsen durch Loslösung der beiden mit einer ganzen Seitenfläche auf einander ruhenden Tetraëder an der einen Ecke hervorgegangen denken, wobei dann die in der ursprünglichen Verbindung vorhandenen Bestandteile *a* und *b* immer auf dieselbe Seite der den beiden Systemen gemeinsamen Achse fallen müssen:

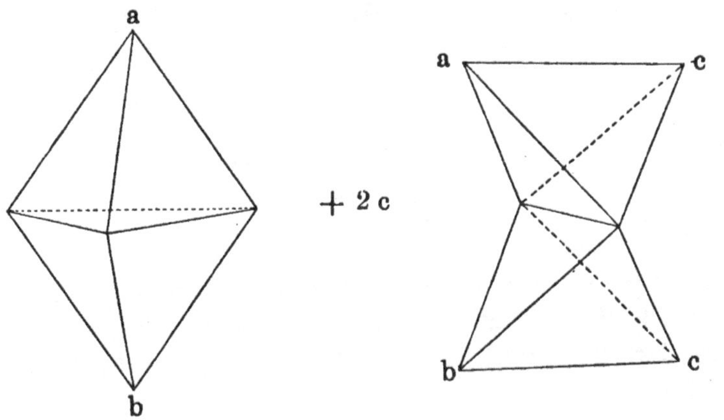

Geht auch die doppelte Bindung durch Addition in einfacht über, so lösen sich die beiden Tetraëder auch an der zweiten Ecke. Wenn umgekehrt aus einer gesättigten Verbindung eine ungesättigte entsteht, so werden durch Abspaltung je eines mit jedem Kohlenstoffatom gebundenen Atoms oder Radikals die freigewordenen Ecken nun auf einander fallen müssen. Dann ist bei der in einer gesättigten Verbindung möglichen Drehung beider Tetraëder gegen einander erklärlich, dafs durch Aufnahme von Elementaratomen aus einer ungesättigten Verbindung zunächst eine gesättigte, aus dieser weiterhin durch Abspaltung derselben Elementaratome nach erfolgter Drehung eine andere, mit jener isomere Verbindung entstehen kann. So geht die Maleïnsäure $C_2H_2(COOH)_2$ durch Aufnahme von Bromwasserstoff in Monobrombernsteinsäure $C_2H_3Br(COOH)_2$, diese unter Abspaltung von Bromwasserstoff aber nicht wieder in jene, sondern in Fumarsäure $C_2H_2(COOH)_2$ über. Da Maleïnsäure bei längerem Erhitzen auf 130° in Fumarsäure sich verwandelt, so muſs man annehmen, daſs infolge der erhöhten Temperatur, wobei man eine Lockerung der Bindung unter dem Einfluſs der Wärme und demnächst erfolgende Drehung annehmen muſs, die Drehung der Systeme von statten gehen kann, hervorgerufen durch das Bestrehen der mit gröſserer Verwandtschaft ausgestatteten Atome, sich einander möglichst zu nähern. Den Vorgang der Bildung von Fumarsäure aus Maleïnsäure kann man sich leicht wieder mit Hilfe des Tetraëderbildes verdeutlichen:

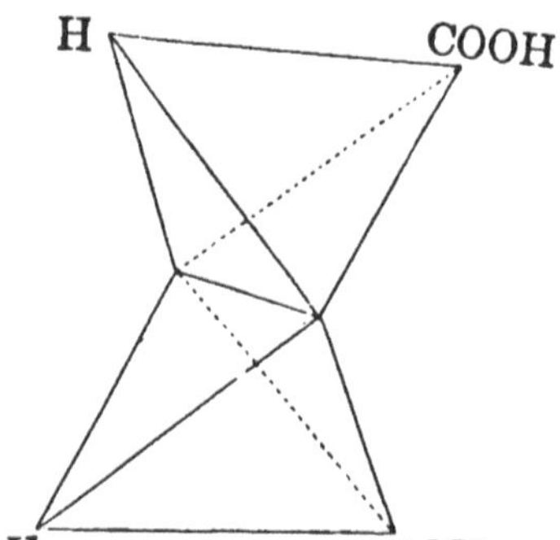

+ HBr =

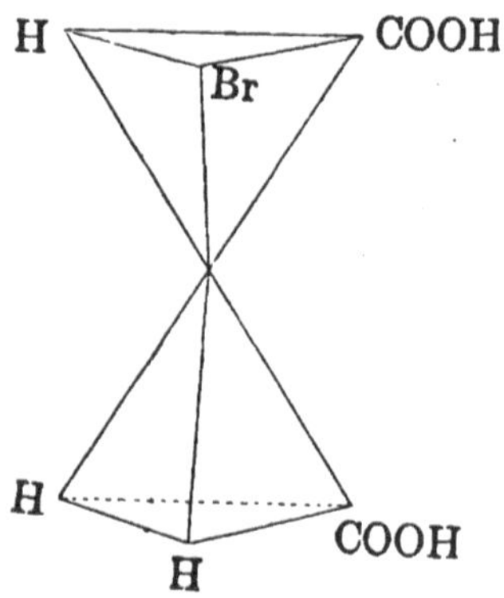

Maleïnsäure — Monobrombernsteinsäure

Die Monobrombernsteinsäure nimmt aber, da das Brom einen richtenden Einfluſs ausüben wird, eine andere bevorzugtere Lagerung an, aus der sie dann unter Abspaltung von Bromwasserstoff in Fumarsäure übergeht:

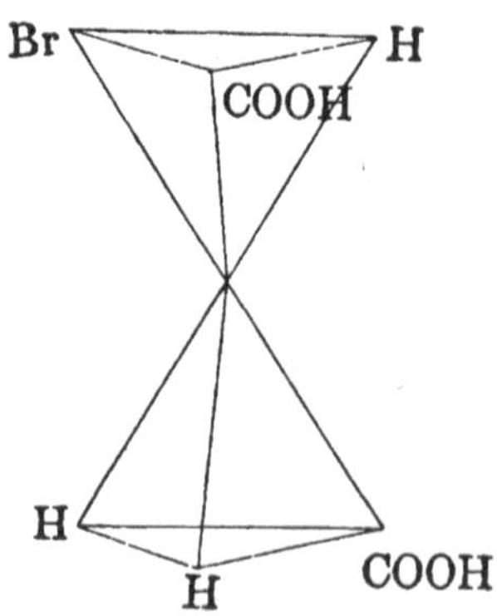

= HBr +

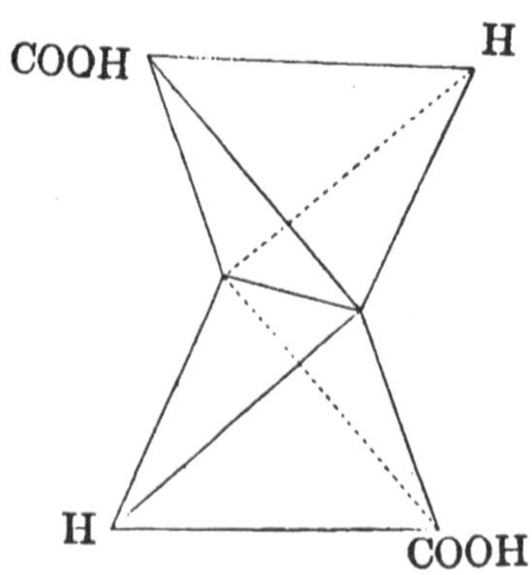

Monobrombernsteinsäure — Fumarsäure.

Sachregister zum II. Teil.

T.

U.

www.ingramcontent.com/pod-product-compliance
Lightning Source LLC
LaVergne TN
LVHW042229300926
849161LV00003B/312

* 9 7 8 3 4 8 6 7 2 6 1 9 0 *